·网络空间安全技术丛书·

构建新型网络形态下的

网络空间安全体系

张晓兵 编著

机械工业出版社
CHINA MACHINE PRESS

图书在版编目（CIP）数据

构建新型网络形态下的网络空间安全体系 / 张晓兵编著. —北京：机械工业出版社，2023.3

（网络空间安全技术丛书）

ISBN 978-7-111-72745-3

Ⅰ.①构… Ⅱ.①张… Ⅲ.①互联网络 - 安全技术 - 研究 Ⅳ.① TP393.408

中国国家版本馆 CIP 数据核字（2023）第 040055 号

机械工业出版社（北京市百万庄大街 22 号 邮政编码 100037）

策划编辑：王　颖　　　　　责任编辑：王　颖　冯秀泳

责任校对：张昕妍　梁　静　责任印制：李　昂

河北宝昌佳彩印刷有限公司印刷

2023 年 6 月第 1 版第 1 次印刷

186mm×240mm · 18 印张 · 386 千字

标准书号：ISBN 978-7-111-72745-3

定价：99.00 元

电话服务

客服电话：010-88361066

010-88379833

010-68326294

网络服务

机　工　官　网：www.cmpbook.com

机　工　官　博：weibo.com/cmp1952

金　书　网：www.golden-book.com

机工教育服务网：www.cmpedu.com

自　序

经过 30 多年的发展，安全已经深入到信息化的方方面面，形成了一个庞大的产业和复杂的理论、技术和产品体系。

因此，需要站在网络空间的高度看待安全与网络的关系，站在安全产业的高度看待安全厂商与客户的关系，站在企业的高度看待安全体系设计与安全体系建设之间的关系。

这是对安全行业的一次以网络空间为框架，以思考为刀，以安全产品与技术为刃，以企业安全体系建设为牛的深度解构与重构。

如果你是投资人，可以在这里看到整个产业发展的驱动力，看到安全技术和厂商的发展趋势，看到未来优秀的安全厂商和技术的特点，以及未来十年的厂商与技术格局。

如果你是客户，你可以在数以十计的安全标准和安全理论、数以百计的安全厂商及数以千计的产品和解决方案之间，找到一种合理的组合逻辑，从而让安全建设变得有理、有据、有序。

如果你是安全从业者，由于平时工作内容的聚焦，可能会对安全的某个点有深入研究，但是对整个安全系统还缺乏完整的理解。比如写反病毒引擎的，可能并没有机会分析病毒；写客户端程序的，可能不了解服务器端技术。在这里，你可以系统地了解安全是什么，安全有什么，安全该怎么做，安全的未来将会如何发展。

如果你是安全爱好者，这里还有大量的安全基础知识与有趣的安全故事来等你发掘。

在这里，安全不再是一堆零配件，而是一个完整的有机体。你可以沿着某种视角，由远及近、由外而内地了解安全，然后更好地驾驭它。

前　言

从本质上说，这是一本探究安全灵魂和提升安全认知的书，或者说，这是一本用“价值”的视角来看安全的书。

知识已经成为我们生活的一部分，那种出了校门就无须学习的说法早已过时，现在是一个终身学习的时代。终身学习没有错，但是如何学习知识，是一个值得探讨的问题。

因为知识积累的是信息，而在以网络空间为基础的新型社会，信息已经大爆炸，所以除了要对信息进行筛选，对摄取信息的途径做减法外，最有效的学习方式，就是尽快提高认知能力。现在整个社会都在讲“认知升级”，这跟大家之前谈的“意识决定命运”如出一辙，其实讲的都是一种认知上的升维动作。只有认知维度越来越高，对事物的理解和辨析才能达到一个新高度，才能“聪者听于无声，明者见于无形”，才能更深刻地理解事物，建立属于自己的方法论。

在信息时代，认知升维的本质是什么？已经不是信息的获取能力，因为你每天只要打开手机和计算机，海量的信息就会扑面而来。但是，看了大量信息后，你会感觉就像吃了一堆垃圾食品，虽然饱了，但是总不够健康。信息时代，认知升维的本质是信息的高效处理能力与深度应用能力。

那么如何才能做到呢？核心的动作是梳理知识结构，建立思考框架，并能够提供决策模型。认知升维与探寻事物本质的最终目的并不是单纯的学术研究，而是希望能对自己的职业生涯起到指导作用。当你看到一些很少人看到和关注的东西时，理解一般人理解不了的意义，然后扎根进去，学习、研究，再通过时间的沉淀，就可以达到一般人达不到的高度，帮助你在职业生涯中走得更好。

书是认知升级的有力武器。有人说：从报纸、电视、网站、微信、微博上读文章或听新闻仅能获取单点知识，这种学习方式可用来消除你的碎片时间，但不能提供一种深度思考能力，所以你增长的只是见识，而不是认知。而书籍是经过长时间的积累并不断对知识进行重构和解构的系统体系，它能提供某个方面的完整逻辑和深度思考的依据，所以可以有效地提升认识。虽然这种说法失之偏颇，但至少说明了长期思考和短期思考这两种模式产生的效果不同。

本书试图站在行业的高度，以中立的角度来阐述安全的底层逻辑，阐述安全、企业与个人的关系，向广大读者提供一条有效的安全认知升维的途径，以下目标，便是本书的目的和初心。

安全视野与安全视角

安全视野是对安全产业宽度的度量，视野的大小取决于你所处的时代背景，以及你的知识背景、工作背景和思考背景，这些客观因素的叠加，基本上就是一个常量，所以安全视野可能只是一个知识体系。

因此，如果想真正地理解安全，需要谈视角。视角本身又有两个层次：一是角度，二是维度。角度很好理解，就是不同的侧面，就像“横看成岭侧成峰，远近高低各不同”，不同角色的人，眼里的安全行业是不一样的，比如甲方客户、安全爱好者、学生、安全厂商等；维度很抽象，但也是产业热词，接触过的读者非常容易理解。可以把维度当成对安全产业深度的度量，认知的维度越高，表明你的认知能力就越强，对一个事物的把握就越精准，对安全的理解就越深刻。

用维度的视角看安全将会怎样呢？你看到的安全将是一个不断演化的动态有机系统，在这个有机系统下，首先分出层次，随后不断分离出各种元素，然后你看到元素之间的关系，最后找到驱动这些关系的背后逻辑，这样你就能对安全有一个全新的认知，形成另外一种看安全的能力。因此，你拥有越多的看安全世界的维度视角，就拥有越强的安全产业的解析能力。

探究安全本源，让安全更容易理解

如今安全已经是一个庞大的产业，已经渗透到各个行业。有人说安全人才是“万金油”，因为任何一种安全，都不是独立属性，它需要与某个产业、某个场景做贴合。因此，搞安全的人不但要了解安全本身的逻辑，还要了解与安全相关的行业或应用的业务逻辑。

本书是一本探究安全本源的书。有时候，你只有从源点开始慢慢梳理，才能了解整个脉络，否则难以形成完整的概念和思想。但本书也不是安全导论，有了完整的概念后，还是希望能够更深入地探讨每个知识点。另外，虽然本书不想做太多的科普，但是有时候了解历史上的一些背景知识，能让安全更容易理解。

揭示安全的核心本质，建立安全思维模式

有人说安全是防病毒，有人说安全是攻防对抗，有人说安全像保险，有人说安全像医院，等等。总之，安全经历了三十多年的发展，已经进入百家争鸣的时代，而且不同发展阶段有不同的理论体系做支撑，就愈加显得纷乱了。只有抓住安全的核心本质，建立一套完整的安全思维模式，才能拥有独立思考安全的能力。

尽量避免罗列产品或代码

讲到安全，必然要讲相关的理念、技术、产品。但是本书希望：讲理念，尽量深入浅出，避免故弄玄虚；讲产品，尽量避免讲成产品说明书，成为功能的罗列集合；讲技术，尽量避免讲成攻防秘籍与速成，粘贴大量晦涩难懂的代码。

基于对整个行业的理解进行提炼

网络空间已经是我们目前能描绘的网络形态的最大框架了，在这个框架下讨论的安全，基本上能有比较长的生命力。另外，同一个需求，会有不同的安全理解和理念，在不同的时期，也会有不同的解决方案，因此"术"本身容易过时，但是，如果我们基于"道"来描述安全，则可以有更长的生命力。所以，本书尽量讲述安全之"道"。

另外，本书是属于计算机范畴的，会出现大量的英文词汇，因为有很多概念都是源于英文的，如果只看翻译的中文，理解上可能有偏差。

写作风格说明

由于很多新的信息技术源于美国，因此大量的原创文章和概念都是英文的，虽然我们可以翻译，但是由于地区不同、时间不同，对一个事物的理解不同，导致只看翻译可能会影响对事物本源的理解，所以在 IT 行业习惯于中英文混杂使用，这不是想证明自己比别人厉害多少，很多时候只是为了表达的准确性。

举个例子，1999 年在我国上映的一部非常著名的跟计算机网络相关的美国科幻电影 *Matrix*，大陆翻译为《黑客帝国》，台湾翻译为《母体》，香港翻译为《22 世纪杀人网络》，从翻译就可以看出不同地区的不同文化而导致的不同风格。台湾采用的是直译法，大陆采用的是意译法，而香港则采用的是市场导向的译法。

事实上整个影片讲述这样一个故事：未来人工智能（Artificial Intelligence，AI）已经发展到可以和人类智能抗衡的水平并产生了自主意识，AI 希望享有跟人类平等的权利，但是人类不同意，于是爆发了 AI 与人类的战争；人类转移到了地下，并用核武器封住了大气层，导致 AI 失去了太阳能这唯一的能量来源，而最终 AI 建造了一个名叫 Matrix 的人工智能网络，将人类肉体控制起来，为 AI 输出生物电能。

Matrix 在英文中有母体、矩阵的意思，但是如果了解计算机科学的话，会知道计算机网络出现的早期，人们习惯称网络为 Matrix，即"计算机相连的矩阵"的意思，而影片本身其实是一个计算机科学的哲学思辨类的原创科幻电影，因此翻译成"矩阵"是最合适的。事实上，随着人们对该影片的认知提升，在 2003 年上映 *Matrix* 的第三部 *Revolutions* 时，大陆就译为《矩阵革命》，这样就准确了许多，但是你如果一开始就知道英文原名的话，会更容易帮助你去理解影片本身。

再比如 Software 这个词，大陆译成“软件”，而台湾则译成“软体”，Assembly Language 大陆译成“汇编语言”，而台湾则译成“组合语言”，等等。

所以为了能够更好地理解一些计算机相关的概念和行业术语，本书采用中英文混搭的写法，必要时也会对英文做进一步的解释，对于一些著作的引用，也会标出原始的英文名称，方便感兴趣的读者进一步查找原著。虽然这样的写法会影响整个书的阅读体验，但是思忖再三，还是为了表达的准确性而舍弃了一些阅读的流畅性，毕竟写作初心并不是为了圈内人士的互相交流，而是希望有更多的安全爱好者能够更好地理解安全，从而转变为安全从业者，加入安全的大阵营。

目　录

开 篇 语

过去，安全从未如此复杂；

现在，安全从未如此重要；

未来，安全更需如此洞察。

让我们一起开启网络空间安全的大航海时代！

第1章

安全认知的硬核概念

本章是安全的大框架，从安全的最外围，以宏观的视野来鸟瞰网络空间与信息文明是什么，它们的关系是什么。

为什么要谈大逻辑？举个例子，如果我们要想了解人类，那我们该如何下手呢？是了解丰富的历史、灿烂的文化，还是强大的科技？即便是文化，我们是要了解人类创造的哲学、心理学、政治学，还是艺术？即便是艺术，我们是要了解诗歌、音乐、建筑，还是绘画？……

一个体系一旦过于庞大复杂，从任何一点进入，都会像是进入了一个知识迷宫，很难找到有效路径。最佳的方法就是先找源点，从源点出发，提纲挈领，方能直指要害，快速形成正确的认知和逻辑。

随着第二届世界互联网大会召开（2015年12月16日，浙江乌镇），习近平主席在开幕式上提出：网络空间是人类共同的活动空间，网络空间前途命运应由世界各国共同掌握。各国应该加强沟通、扩大共识、深化合作，共同构建网络空间命运共同体。

从那以后，网络空间与网络空间命运共同体就成了科技领域里的热词。而“网络安全”的传统叫法，也顺理成章地被“网络空间安全”代替，其中的“安全和发展是一体之两翼、驱动之双轮。安全是发展的保障，发展是安全的目的”也成了安全厂商介绍产品的PPT里最经常看到的开篇语。

从那以后，大多数人都会开始思考：网络空间是什么？跟我们之前提到的互联网有什么不一样？而网络空间安全又是什么？跟我们之前提到的信息安全又有什么不一样？

要想解决这些问题，我们最好是从文明的尺度出发，重新梳理一下安全。

1.1 安全世界与我们的关系

物质、能量与信息已经被公认为世界组成的三大基本要素。“大爆炸宇宙论”（The Big Bang Theory）是现代宇宙学中最有影响的一种学说，它提出137亿年前，宇宙先出现了

“奇点”(Singularity)，随着大爆炸便产生了能量与物质，最终构成了今天的“物理世界”。

然后出现了水和生命，当出现了人类时，就产生了人类意识，构成了完全虚拟的“意识世界”，当人类形成组织时，组织之间的交流活动就产生了“信息”(Information)，由于人类的科技文明，当信息和计算机相结合时，就产生了数字信息，当每个计算机通过网络连接在一起时，就产生了反映物理世界与意识世界的“数字世界”，大家也往往把数字世界称为“信息世界”，在本书中，数字世界与信息世界是通用的。

数字世界与人类文明进一步融合，就形成了数字信息文明（以下简称“信息文明”）。由于数字世界的各种安全需求，就产生了“安全世界”(如图 1-1 所示)。

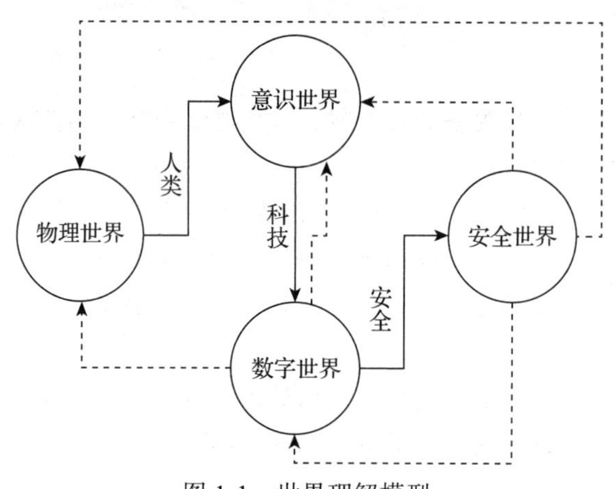

图 1-1 世界理解模型

随着“数字世界”的高速发展，数字世界开始与意识世界和物理世界进一步融合，从而使得安全世界开始反向影响数字世界、意识世界与物理世界。

虽然电报、电话也是通过电能和网络将物理世界的信息变成电信号传递到远方，但是它们只是信息的简单传递，跟古代的驿站系统本质上是一样的。而计算机最大的区别是本身具有信息处理能力，信息与信息之间有反馈能力，因此信息不单纯是传递，还会自我演化。

所以当 1946 年 2 月 14 日世界上第一台现代电子计算机“埃尼阿克”(Electronic Numerical Integrator And Computer，ENIAC）在美国宾夕法尼亚大学的莫尔电机学院诞生时，就标志着一个前所未有的信息文明时代开启了。

信息文明已经与农业文明、工业文明并列为三大文明。有着 5000 年历史的农业文明解决人类的生存问题；300 年的工业文明将人类从使用自然动能演化到使用人造动能，提升人类改造自然和社会的能力；而出现不到 100 年的信息文明，虽然诞生于工业文明的襁褓，却以最独特的方式构建了一个全新世界。它与我们的物理世界紧密相连却又截然不同，虽然有时候它是物理世界的一个映射，但是绝大多数时候有着自己独特的法则。

而信息文明又是今天我们谈论的安全世界的摇篮，所以在谈论安全之前，我们要先会会信息文明的四大奠基者：诺伯特·维纳（Norbert Wiener)、克劳德·艾尔伍德·香农（Claude

Elwood Shannon)、约翰·冯·诺依曼（John Von Neumann）和艾伦·麦席森·图灵（Alan Mathison Turing）。

1.2 构建信息文明的大师

1.2.1 维纳的赛博空间

我们今天谈论的“网络空间”（Cyberspace），英文单词是“控制论”（Cybernetics）和“空间”（Space）两个词的组合，它是由美国科幻小说作家威廉·吉布森（William Ford Gibson）在1982年发表于*OMNI*杂志的短篇小说《全息玫瑰碎片》（*Burning Chrome*）中首次创造出来的，并在1984年发表的《神经漫游者》(*Neuromancer*）中被普及，他开创了“赛博朋克”科幻流派，该流派主要是描绘技术、控制与计算机网络对人类的影响。

在20世纪90年代，Cyberspace被当作一个科幻概念译为“赛博空间”，而随着互联网的发展，如今已经演变为“网络空间”这样一个科技概念，而我们今天提到的“网络安全”也已经是英文“Cyberspace Security”的内涵了。

我们再来看控制论（Cybernetics），它是由计算机科学界的大牛人维纳开创的。它涵盖了工程学、系统控制学、计算机科学、生物学、神经系统科学、哲学和社会组织学等众多领域的知识，并且为以后的自动导航、模拟计算、人工智能、神经科学和可靠通信奠定了理论基础，是一个典型的横断科学理论。

维纳（1894—1964，美国）是一名数学家与哲学家，麻省理工学院（MIT）的数学教授。他是名副其实的神童，3岁就开始接触生物学和天文学的初级读物，7岁开始深入物理学和生物学领域，11岁进入塔夫茨大学，14岁获得数学学士学位，15岁转到康奈尔大学学习哲学，16岁回到哈佛大学继续学习哲学，18岁获哈佛大学哲学博士学位。

也许正是这样跨学科的经历，使维纳在1948年发表了20世纪重要的横断科学论著——《控制论（或关于在动物和机器中控制和通信的科学）》（*Cybernetics or Control and Communication in the Animal and the Machine*)，后文简称《控制论》，在书中维纳创造了“Cybernetics”这个词汇，后被译为“控制论”，后来该词汇便成了“Cyberspace”的前身。

说起“Cybernetics”的中译名，还有一段鲜为人知的故事。它最早在1953年5月苏联的《哲学问题》杂志中一篇名为《Cybernetics为谁服务》的文章中被批判，该词条后被收录于1954年的《简明哲学辞典》。文章和辞典中对该词条的判决词是“一种反动的伪科学”，在哲学上是“人是机器”的机械论的现代变种。后来的中译本根据原书词条的阐释翻译为“大脑机械论”。1955年苏联开始重新讨论和评价“Cybernetics”的时候，国内就根据该词的希腊字源和这门科学的现实内涵译为“控制论”。因为该译名有历史局限性，所以国内也有学者认为译成“赛博学”更贴切。

《控制论》的核心主题其实是讨论了“机械的自动化问题”。维纳用控制和通信拟合了生物和机器的界限，提出了“信息既不是质量也不是能量”的科学论断，揭示了机器中的通信和控制机能与人的神经、感觉机能的共同规律，为现代科学技术研究提供了崭新的科学方法，用维纳自己的话说，控制论是“一种对人类关于宇宙和社会的知识的全新阐释”。

维纳抓住了一切通信和控制系统的共同特点，提出了反馈机制，他指出：一个通信系统总是根据人们的需要传输各种不同思想内容的信息，一个自动控制系统必须根据周围环境的变化，自己调整自己的运动，具备一定的灵活性和适应性。

在维纳看来，机器是可以从经验中学习的，也指出随着人类建造出性能更优越的计算机器，随着人们对自己大脑的探索更为深入，计算机与人类大脑将会越来越相似，这其实就是预言了人工智能的产生。

总之，维纳发明了控制论，利用信息和反馈机制，构建了一个拥有不同世界观和方法论的全新空间。

1.2.2 香农的信息世界

谈到信息，就必须谈谈计算机科学界的第二个大牛人香农。

香农（1916—2001，美国），数学家、电子工程师、密码学家和“信息论”之父。香农 16 岁进入密歇根大学，虽然不算神童，但绝对是个学霸。他 20 岁在美国密歇根大学毕业时获得数学和电子工程双学士学位，24 岁获得麻省理工学院（MIT）数学博士学位和电子工程硕士学位，25 岁加入贝尔实验室数学部，40 岁成为麻省理工学院客座教授，42 岁晋升为终身教授。

1948 年香农发表了一篇划时代的论文《通信的数学理论》（*A Mathematical Theory of Communication*），它奠定了现代信息论的基础。论文对信源、信道、编码、译码、信宿的概念做了精确的描述，描述了信息的信源通过编码进入信道，经过译码到达信宿的一个完整链条。而今天，信息已经发展成为一个全人类的大产业，信息技术的缩写“IT”也已经成为最热的科技名词之一。香农在论文中正式使用“比特”（Binary digit，Bit）或“位”来作为信息的度量单位，1 比特（或 1 位）只有两种状态：0 或 1。2 比特就有 2^2 共 4 种状态，8 比特就有 2^8 共 256 种状态，以此类推，只要不断增加比特数，就可以表示无穷大的信息，所以今天的信息世界，也被称为“比特世界”。

香农除了给出了信息定量计算的标准，还独创了“信息熵”（Information Entropy）的概念，完美地统一了信息世界。“熵”（Entropy）是热力学第二定律里引入的概念，是度量分子运动混乱程度的参量，后来就成了体系混乱程度的度量标准。“信息熵”则是指信息的不确定程度，香农认为信息就是“用以消除随机不确定的东西”，信息熵值越大，用来消除它的信息量就会越大。

1.2.3 冯·诺依曼的计算机帝国

计算机是信息文明的物理载体，可以形象地说，计算机是信息文明的基础设施，而我们这里要介绍的这位大牛人，则是计算机之父“冯·诺依曼”。

冯·诺依曼（1903—1957，美国），数学家、物理学家、计算机科学家，被后人称为“计算机之父”和“博弈论”之父。

冯·诺依曼是个数学与记忆的天才，他从孩提时代起就过目不忘，6 岁时能心算做 8 位数除法，8 岁时掌握微积分，10 岁时花费数月读完一部四十八卷的世界史，并可以对当前发生的事件和历史上某个事件做出对比，12 岁就读懂领会了波莱尔的大作《函数论》要义。

冯·诺依曼是当之无愧的计算机之父，他 1945 年发表的《关于 EDVAC 的报告初稿》（*First Draft of a Report on the EDVAC*[㊀]），奠定了今天计算机的硬件基础，提出了现代计算机体系结构，被后人称为“冯·诺依曼体系结构”。该方案明确提出，数字计算机的数制采用二进制，计算机应该按照程序顺序执行，同时也描述了计算机由运算器、控制器、存储器、输入设备和输出设备这五部分组成，并描述了这五部分的职能和相互关系，为计算机的设计树立了一座里程碑，即使是计算机工业已经如此发达的今天，计算机制造也没有超越他提出的计算机体系结构的范畴。

1.2.4 图灵的计算智能

最后一个出场的图灵（1912—1954，英国），数学家、计算机科学家、逻辑学家、密码学家、哲学家和理论生物学家，被称为“理论计算机科学”与“人工智能”之父，虽然少年时代的经历没有上述三人传奇，却是获得头衔最多的人，是不折不扣的天才。

图灵 15 岁就已经理解了爱因斯坦的《相对论》，19 岁考入剑桥大学国王学院，26 岁在普林斯顿获博士学位，40 岁时被指证为同性恋后接受了“化学阉割”，42 岁在家中服毒自杀，死时床前还放着一个被咬了一口的含剧毒的苹果。据说乔布斯苹果公司标志的创意就是来自图灵的“咬了一口的苹果”。

1936 年，24 岁的图灵发表了他一生中最重要的代表作《论可计算数及其在判定性问题上的应用》（*On Computable Numbers, with an Application to the Entscheidungsproblem*），里面提出了“图灵机”的设想，它的意义是，在人类历史上第一次在纯数学的符号逻辑与物理世界之间建立了联系，描述了计算机早期的原型。

至此，信息文明的四大奠基者就介绍完了。可以说，冯·诺依曼的计算机体系是信息世界的躯体，香农的信息论是信息世界的血液，维纳的控制论是信息世界的生命，图灵理论则是信息世界的灵魂。

1.3 网络空间是如何产生的

网络空间本是源于科幻小说的一个文学词汇，但如今已经被广泛用于计算机领域和信息安全领域，成了一个科技流行词汇。互联网与网络空间其实都是网络的另外一个称呼，

㊀ EDVAC 是 Electronic Discrete Variable Automatic Computer 的缩写。

都是指由物理主机通过网络技术相连而成的网络，但它们之间的内涵是不同的。

20世纪70年代和80年代，当我们提到网络的时候，其英文名称叫"Network"，这时候其实指的是计算机局部互联的形态，所以这时候听到更多的是局域网（Local Area Network，LAN）、城域网（Metropolitan Area Network，MAN）和广域网（Wide Area Network，WAN）这样的名词。

20世纪90年代，当我们提到网络的时候，更多写成"Internet"，直译成"因特网"或意译成"互联网"，也曾经短暂地出现过"万维网"的叫法，不过万维网准确的说法是Web网络，或者"WWW（World Wide Web，世界广域Web服务）网络"，它只是互联网的一个子集。它是通过"超文本传输协议"（HyperText Transfer Protocol，HTTP），利用链接即我们常说的"统一资源定位符"（Uniform Resource Locator，URL）把计算机里的信息资源链接起来。

我们在浏览器地址栏上输入一个链接地址来打开网站，利用超链接这种形式，就可以在不同的网站、不同的网页之间任意跳转，通过鼠标单击，就可以轻松在互联网的世界里无限徜徉，所以在互联网发展的初期，上网被叫作"冲浪"。当然冲浪的叫法也源于当时知名的提供计算机服务的"网景公司"（Netscape），它推出了世界上第一款Web服务浏览工具"Netscape Navigator"，而"Navigator"是航海家、领航员的意思。后来，微软公司推出了"Internet Explorer"网页浏览工具，并捆绑在微软的Windows操作系统里一起出售，虽然"Explorer"有探险家的意思，但是并没有人称上网为探险，而该工具也被正式地叫作"浏览器"（Browser）。

再后来，WWW网络也没有人再提了，大家都习惯统称为互联网了。这个由"美国军用计算机网"（ARPANET）发展起来的全球性网络，通过TCP/IP技术，用IP地址、域名将全球计算机连接了起来，这时候听到更多的是PC互联网、移动互联网这样的说法，而局域网，大家一般习惯叫"Intranet"，即网络中的节点是计算机的网络，而"Internet"，则定义为节点为网络的网络。

2010年以后，网络空间的说法逐渐进入公众视野，如今已经成为社会热词。可以近似地讲，以计算机为节点，以网络协议为连线，就组成了"计算机网络"（Network），由不同的计算机网络相连，就构成了"互联网"（Internet），不同形态的互联网彼此相连，就形成了"网络空间"（Cyberspace）。在网络空间时代，我们听到的更多的是云计算、大数据这样的新词汇。

为什么今天网络空间出现的频率越来越高，而互联网的说法将会越来越少？如果我们按网络、互联网和网络空间的说法把整个计算机网络划分成三个时代，则可以看到：当我们谈论网络时，它的功能主要是在做信息处理和信息加工，这时候的网络是我们工作的一个支撑，可以认为这个时代发生的是"信息处理革命"；当我们谈论互联网时，它的功能主要是在做内容的生产，这时候的互联网已经成为我们生活的一个支撑，它的存在更多的是在帮助我们更好地生活，可以认为这个时代发生的是"信息内容革命"；而当我们谈论网络空间时，它将会全方位地渗透到我们的生活之中，将成为我们生命的一个支撑，它将会成为一种新的思维模式和意识形态，可以认为这个时代发生的是“信息意识革命”。

如果说互联网是一个更加有广度的横向连接的网络，那么网络空间就是一个更加有深度的纵向连接的网络。互联网承载的是信息化，是一个技术维度的概念，而网络空间承载的是整个信息文明，是一个更趋向于哲学维度或社会学维度的概念，它将是与农业文明、工业文明并列的第三大文明——信息文明的基础设施。

就像互联网的出现会产生互联网思维一样，网络空间的出现，同样也会产生许多新的思维模式和逻辑体系，很多问题需要用网络空间的视野来分析和解决。

1.4　网络空间安全的认知捷径

欢迎正式进入网络空间安全的世界，我们正处在网络空间安全之旅的起点。网络空间安全是一个由时间、空间、信息、人交织在一起的复杂巨系统世界，如何才能快速理解这样一个世界？最佳的方法就是解构，即找出关键元素、梳理出架构、抽离出逻辑，然后沿着时间轴找到演化的规律。

要想正确理解网络空间安全，我们需要看看安全的一个完整认知链条是什么样的，它是整个安全领域里最大的逻辑（如图 1-2 所示），其中包括：安全概念体系、威胁技术与文化体系、安全技术与文化体系、安全产品与产业体系、安全方法论体系和安全实践体系等六大体系。沿着这个六大体系的安全认知链条，能够迅速将纷乱的安全元素构成一条有序的铁轨，本书就像一列火车一样，会沿着安全的始发站，有序地驶到安全的终点——未来安全。

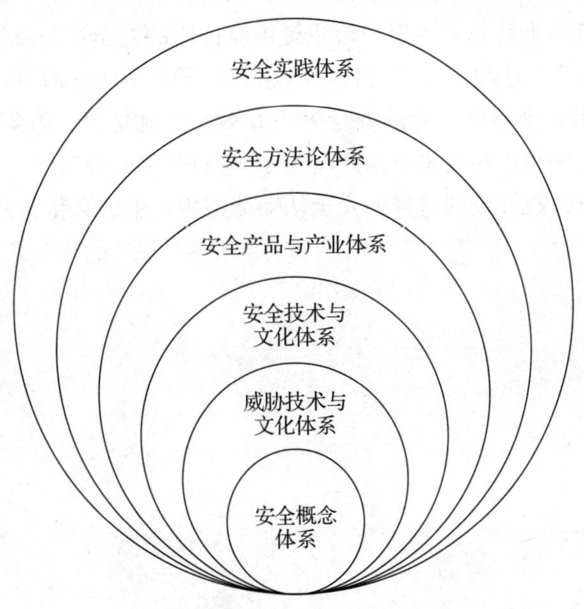

图 1-2　网络空间安全完整认知链条

从下面往上看，首先要接触“安全概念体系”。我们需要了解一些基本的概念，关键不是背几个名词，而是要理解整个概念背后的本质。

建立了初步的安全概念后，我们最先接触的应该是“威胁技术与文化体系”。了解了这一层后你就会清楚威胁的演化规律。你也会明白，为什么安全领域会有那么多讲威胁技术的书籍，这部分是安全行业里最有特色的部分，也是独有的部分，这部分在其他行业里是不允许存在的。

接下来，我们要接触的是“安全技术与文化体系”。安全圈里流传最广的一句话是“未知攻，焉知防”，所以在了解了威胁技术和文化之后，我们的目的是成为安全世界里的战士，而不是网络空间里的恐怖分子。因此，我们需要更深入地了解“安全技术与文化体系”，如果我们决定进入安全圈，要首先弄清楚自己的技术方向和人生走向。

安全技术与文化的外延就是“安全产品与产业体系”。技术总要变成产品，公司与公司之间就会形成产业，大家互相竞争，又相互合作，商业竞争上打得你死我活，私下里却又来回跳槽，形成了鲜明的“竞合关系”。如果不了解这一层，你就不会知道安全是如何演化的，安全的核心本质是什么，为什么说安全是“安全感经济”。

安全在中国已经演变成一个完全的 ToB（To Business，2B）行业，即它的最终付费用户是企业而非个人。企业市场跟个人市场最大的不同就是必须有“安全方法论体系”。企业用户不但关心“你能”，还关心“你为什么能”和“你将来还会怎样能”。如果你不了解安全的方法论体系，没有先进的安全方法论，将很难打动客户并在竞争中胜出。而接下来，安全业将会出现一个颠覆式的变革，即方法论先行的时代，所以建立先进的方法论体系，将会是安全从业者的一门必修课。

有了方法论，接下来就是要为客户最终提供高价值的安全产品或服务，这时候就需要了解“安全实践体系”。它的一个重要核心思想是：要基于先进的方法论和客户的真实安全需求，为客户提供一个行之有效的安全解决方案。也就是说，你要寻找到客户的痛点，然后利用先进的方法论和产品技术体系来完美地解决客户的“问题”。

接下来的章节里，我会按照这样的安全认知链逻辑，带你真正认知安全。

第2章

如何快速掌握安全的内核

安全是什么？安全的本质是什么？这些好像司空见惯的问题，在安全行业里实际上还没有统一的答案。

本章核心解决安全是什么，安全是如何产生的，安全的核心本质是什么，行业里几个悖论式的经典论断是什么等问题。要想知道安全怎么做，就必须先搞清楚安全有什么；要想搞清楚安全有什么，就必须先搞清楚安全是什么；而要想搞清楚安全是什么，就要搞清楚威胁是什么。

威胁是安全产生的“因”，而安全却未必是威胁的“果”，所以，我们需要从安全本源出发，看一看什么是安全。

2.1 安全本质

每一个学科都有独立的世界观和方法论。比如用牛顿经典力学的思维逻辑就很难理解相对论里的一些原理，用相对论的思维逻辑来理解量子理论也会显得不合时宜，理解信息安全，也需要一种新的世界观和方法论。

世界上任何一种事物在初期都是简单的，甚至是简陋的，但是随着演化，就会越来越复杂，我们通常把这种状态叫作“专业”。专业形成了圈子，同时也阻隔了普通人想要找寻真相的权利，甚至发展到后来，各种乱象也会让圈内人找不到方向。

安全行业经过三十多年的发展，目前就处在这样一种状态，因此非常有必要从现在开始，回归安全本源，重新探寻一下安全的底层逻辑。

2.1.1 安全本质的分析

本书谈论的安全是我们常说的“信息安全”，是2015年7月1日第29号主席令颁布的《中华人民共和国国家安全法》里涉及的政治安全、国土安全、军事安全、经济安全、文化安全、社会安全、科技安全、信息安全、生态安全、资源安全、核安全等十一个安全分类中的一种。

同时我们看到，国家互联网信息办公室在2016年12月27日发布的《国家网络空间安全战略》里提到：网络空间已经成为与陆地、海洋、天空、太空同等重要的人类活动新领域，国家主权拓展延伸到网络空间，网络空间主权成为国家主权的重要组成部分。同时，网络安全会对政治安全、经济安全、文化安全、社会安全和国际竞争产生重要影响。《国家网络空间安全战略》中还列举了网络安全的五种表现形式，即网络渗透、网络攻击、网络有害信息、网络恐怖和违法犯罪以及网络空间国际竞争。

这里的信息并不是指“信息”本身，而是指整个信息技术产业，大家习惯称为IT（Information Technology），但是信息产业如今已是一个包罗万象的巨大产业群。谈及信息产业的安全又有诸多的分类，如终端安全、网关安全、应用安全、数据安全、内容安全、云安全、移动安全、工控安全、安全服务等，每一个分类下面又有众多子类，每个子类下面又有众多的厂商和产品。除此之外，不同时期又有不同的概念，比如现在流行的互联网安全、车联网安全、万物互联安全、大数据安全等概念，新旧杂陈让人眼花缭乱。所以我们最好先闭上眼睛，抛开眼前的乱象，将自身抽离来理解信息安全本身。

信息安全到今天为止还没有一个共识性的定义，但是大多数相关书籍谈及信息安全时都会谈到CIA三原则，即机密性（Confidenciality）、完整性（Integrity）、可用性（Availability），后来又在这个基础上扩展了真实性、可靠性、不可抵赖性、可控制性、责任性、可审计性等众多属性。这个维度其实是基于信息本身特性来考虑的安全特性，按照这个逻辑，随着信息技术的发展，将来会有更多的特性依附于信息安全之上，会让信息安全的概念变得越来越复杂，而事实上，这些形式化的描述对理解信息安全的定义并没有实质的帮助。

如果本书给信息安全下个定义，那么**信息安全**是指：以冯·诺依曼体系建立起来的计算机系统的安全和计算机系统之间构成的环境的安全。

为什么要提“冯·诺依曼体系”这个概念呢？因为如果单说计算机的话，我们脑海中大致想到的就是个人使用的“个人计算机”（Personal Computer，PC）和企业使用的“服务器”（Server）。但是智能手机、工业控制计算机、嵌入式计算机、物联网（Internet of Things，IoT）智能硬件等，这些计算机系统的安全目前也已经纳入了信息安全范畴，它们的形态和用途与我们平常生活中所指的“计算机”差异很大，硬件架构和应用环境也不同。但是不管它们之间差异多大，有一点是一致的，即都是基于二进制数制的，CPU指令运算+数据存储+I/O交互的“冯·诺依曼体系”。

网络空间安全，本质上是指在网络空间框架下的信息安全。网络空间框架是传统IT网络框架的外延化和泛化，跟传统的IT网络框架比主要体现在三个方面：一是从标准计算机系统扩展到移动计算机系统和各种嵌入式系统；二是从计算机网络环境扩展到涉及陆、海、空、天等所有信息环境；三是从物理设施扩展到人。因此，**网络空间安全**完整的定义是：所有类型的计算机系统和计算机网络环境、物理环境及相关人的安全。

我们之所以要抛弃传统的计算机系统框架或计算机网络框架，而要在网络空间的框架下谈论安全，是因为我们生理上依赖的物理世界和意识上依赖的数字世界之间的关系已经发生了根本性的变化。原来的数字世界是物理世界的一个补充，而信息技术也只是我们改造物理世界的一个工具，它们之间是一种“交互”关系：从物理世界给数字世界一个输入，通过数字世界的加工和处理，再把结果返回给物理世界。这时候信息技术的主要作用就是“信息处理”，而我们的生存空间的运转逻辑是“物理世界控制数字世界”。

随着信息技术的发展，人类社会所在的物理世界的正常运转都建立在数字世界之上，物理世界跟数字世界已经形成一种“你中有我，我中有你”的“共生”和“孪生”关系，数字世界里发生的异常，往往会导致物理世界的异常。例如“勒索病毒”导致医院系统的瘫痪、“震网病毒”导致伊朗核电站的停摆等安全事件都是这种情况。这时候信息技术的主要作用就从“信息处理”变成“信息控制”，而我们的生存空间的运转逻辑也变成“数字世界控制物理世界”。

当然，以上定义和描述只是建立起了信息安全与网络空间安全的初步概念，我们常常认为“定义”是用来更好地理解事物的，其实“定义”只是用来区分事物的。而为了能够被明确区分，冗长的描述反而会带来理解上的困难。

就拿“信息安全”这个概念举个例子来体会一下。百度百科援引国际标准化组织（International Standard Organization，ISO）的定义是：为数据处理系统建立和采用的技术、管理上的安全保护，为的是保护计算机硬件、软件、数据不因偶然和恶意的原因而遭到破坏、更改和泄露。

读完的感觉就好像是“你似乎说得很明白，但其实我依然很糊涂”。因为对每一个定义的理解都需要大量的专业背景知识做铺垫，就像当用一个人的名字、身高、体重、家庭成员、籍贯、性格等属性来描述这个人的时候，我们还是无法真正理解这个人一样，所以要想真正地快速理解安全，不能看定义，而是需要看本质。但是本质，会因为洞察的维度不同而产生不同的答案。

有的观点认为：安全的本质是人（红客）与人（黑客）的对抗。从根源上看，任何安全问题都可归因于人与物（技术、环境）的综合或部分欠缺。从另一个角度看，安全活动所追求的目标，也正是要保护人和物（技术、环境），修补相关欠缺。网络安全的核心就是研究黑客的“攻”与红客的“守”这对矛盾的运动变化和发展规律。

有的观点认为：安全的本质是信任问题。一切解决方案设计的基础，都是建立在信任关系上的，必须有一些基本的假设，安全方案才能得以建立；如果我们否定一切，安全方案就会如无源之水、无根之木，无法设计，也无法完成。从另一个角度来说，一旦我们作为决策依据的条件被打破、被绕过，那么就会导致安全假设的前提条件不再可靠，变成一个伪命题。

有的观点认为：安全的本质是风险管理，绝对安全本身就是一个笑话，原因是攻防不对等，防御者要防御所有的面，而攻击者只要攻破其中一个面上的一个点就可以了。理论上说可以在所有的面上重兵布防，但实际绝对做不到。计算机用0和1定义整个世界，而企业的信息安全目标是解决0和1之间的广大灰度数据。安全需要找到某个自己可以接受的“信任点”，并在这个点上取得成本和效益的平衡。

还有的观点认为：安全的本质是保障业务的正常运行。

“安全的本质是人与人的对抗”的观点强调了人的因素，但是忽略了病毒这类自动化攻击的因素。虽然病毒说到底也是人为制造的，但是病毒是可以独立于人而自动在网络空间里存活的，甚至被释放到网络空间之后，病毒的行为就处于失控状态。事实上安全相当一部分任务就是与病毒对抗，因此人与人对抗的特性并不能真实地反映安全的本质。

“安全的本质是信任问题”的观点有很大的局限性，因为很多时候安全恰恰是要以不信任为前提，安全方案也要基于不信任的假设来设计。比如2018年安全界提出的“零信任”概念，就是要将网络完全置于不信任的场景下来重新考虑安全建设的问题。

“安全的本质是风险管理”的观点目前在业内还算是一种共识。但是风险本身是一个泛概念，所有与预期不符的结果都可以定义成风险。另外，管理本身也是一个泛概念，它包括对资源进行有效的决策、计划、组织、领导、控制，以期高效地达到既定组织目标的过程。

从另一方面讲，很多时候风险是不需要处理的。比如说我们住在十五层的楼房里，阳台的窗户都有被打碎的风险，家庭成员都有从窗户掉下去的风险，但是我们却不需要把窗户上面都装上结实的栏杆，因为发生上述事故的概率几乎为零，所以没必要为概率几乎为零的风险来准备解决方案。当然，也有“风险的不管理也是一种管理”的说法。

“安全的本质是保障业务的正常运行”的观点跟上面类似，都是甲方视角的安全理解，这种视角虽然很好，但是不涉及本质，比如说，如果企业的办公终端中了“后门木马”，或者网站业务系统发现了“漏洞”，这些事实上都没有给业务的正常运行带来任何影响，但是很明显这些场景也是安全需要解决的重要问题。

上面罗列的观点，无论是“风险”还是“信任”，本质上都是基于物理世界里“人与人之间的关系”这样一个逻辑框架来描述安全本质的。事实上，在数字世界里，我们看到的却是程序与数据，它们借助终端、网络、服务器这样的信息载体来发生关系。而在网络空间安全的框架下，有一个变量已经变得越来越突出与重要，那就是“威胁”(Threat)。因此本书想提出一种公理性的描述，即**安全的本质**是威胁对抗。尽可能地发现威胁，消除威胁，处置威胁发生后遗留的问题，就成了**安全的基本任务**。

由于“对抗”是一个动态的动作，此消彼长，因此安全又被称为“魔道之争”，道高一尺，魔高一丈，永无止境。由于安全建设的结果完全不能做到“天下无毒”，因此安全建设的本质并不是消灭威胁，而是要在安全要求和安全建设成本之间进行平衡，要根据威胁发展的态势，进行有计划、分阶段的投入。因此，安全界有一种说法叫“攻防平衡”，就是指安全工作者的工作目标是要不断提高攻击成本，降低防御成本，以达到“不战而屈人之兵”的效果。

当然，如果对安全下一个更完整的定义，**安全**应该是：与信息世界产生的威胁进行对抗，对可能出现的风险进行管理，从而保障业务的正常运行。

2.1.2 安全行业到底有没有“银弹”

“没有银弹”（No Silver Bullet）是软件工程领域的一个经典说法，最早来自图灵奖的获得者、IBM大型机之父佛瑞德·布鲁克斯（Frederick P. Brooks）在1986年发表于第十届IFIP世界计算机大会的一篇受邀论文，论文题目为“没有银弹——论软件工程的本质性与附属性工作”（No Silver Bullet — Essence and Accident in Software Engineering）。

作者在该文中提到：在民间传说里，所有能让我们产生梦魇的怪物当中没有比狼人更可怕的了，因为它们会突然从一般人变成恐怖的怪兽。但是一发银弹就可以神奇地撂倒它们。这一点很像软件项目，至少以一个非技术管理者的角度来看是这样，平常看似单纯而率真，但很可能一转眼就变成一个工期延误、预算超支、产品充满瑕疵的“怪兽”。所以，我们听到了绝望的呼唤，渴望有一种银弹能够有效降低软件开发的成本，就像计算机硬件成本的快速下降一样。但是，我们预见从当前开始的十年之内，将不会看到任何银弹，无论在技术上或管理上，都不会有任何单一的重大突破能够保证在生产力、可靠度或简洁性上获得改善，甚至连一个数量级的改善都不会有。

简单地总结一下，“没有银弹”就是指在软件工程中，目前还找不到一种能够快速降低软件开发成本、提高软件开发质量的有效的技术或管理方法。

安全行业也有“没有银弹”的说法，意思是在解决安全问题的过程中，不可能一劳永逸，安全是一个持续的过程，攻防手段要升级，产品本身要升级，就连最基础的操作系统、硬件系统都要升级。

如果从动态这个角度把安全具象到工程实践上来看，安全既然是基于威胁对抗思想，本身就是动态的，不存在静态的安全。如果再往抽象去想，事实上，我们本身就处在一个动态世界中，一切都是动态的，因此整个世界都不存在静态的概念。对于现实世界来说，因为有国家形态、政府组织和治安机构的存在，所以许多安全问题是可控的。但是对信息世界来说，整个信息世界是无政府和无监管的，信息流动与演化的速度要比现实更快，因此这种动态性就更加明显。

我们再用稍微宏观的视角来看一下安全：虽然安全公司和安全产品越来越多，但是安全产品整体的大逻辑并没有太多的改变；虽然威胁跟安全厂商的对抗程度越来越高，但是整体威胁对抗技术在近十年也没有太大的突破；虽然风险越来越多，但是风险本身的逻辑复杂性并没有太大的提高。因此在威胁对抗的技术领域，理论上我们是有可能找到一种方法，来有效控制新威胁的产生。

另外，从安全体系建设的角度来看，虽然对于厂商来说产品种类越来越多且产品体系越来越庞大，对于一个企业来讲安全投入的成本越来越高且安全建设周期越来越长，但是其中有很多非技术的因素在里面，非技术因素往往扭曲了安全的建设本质，抛掉这些非技术因素的影响，理论上也应该存在一种安全体系建设方法来实现低成本和高效果。

在接下来的篇幅里，我们试图尽量不断回到安全这个“母体”，不断拆解和重构，从而帮助读者和用户找到这样的“安全银弹”。

2.1.3 学术、工程与方法论的区别

任何一个高科技细分领域，都可以分为工程界和学术界两大范畴。安全产业跟现在最火的人工智能产业不同，人工智能产业是先有了学术研究成果，成果的应用过程就产生了工程化的实践，形成了AI产业。安全从一开始就是一个工程化的课题，出现安全问题，解决安全问题，然后把解决问题的过程产品化，形成通用的产品解决方案，在产品演进的过程中进行抽象整理，逐步建立起一些安全的理论模型和方法论，然后再指导下一次的安全迭代。虽然“迭代”这种螺旋上升的发展脉络几乎是所有科技发展的通用模式，但是在安全领域则尤为明显，其中一个重要的原因在于：威胁事件变异速度极快，造成损失巨大，发展态势完全不收敛。

如果说安全领域里有学术概念的话，那就是基于数学的密码学体系，现在广泛应用的加解密、证书、PKI、软件签名等工程化的技术都是密码学体系理论成果的实际应用。我们知道，密码学算法都是公开的、免费的，但是基于密码学体系的工程化应用，就成了各种收费的安全产品，在多年的发展过程中，也形成了很好的商业模式。

如果把安全行业抽象并切片的话，工程与学术是安全的两极，在两极之间，还有一个“工程化学术”的中间层存在，这一层承载的是安全方法论，构成的三个要素是模型（Model）、架构（Architecture）和框架（Framework）。这三类要素能够很好地帮助我们思考，并将思考的结果进行抽象，然后用于分析，最终形成有价值的研究成果。

在指代安全方法论的场合，这三个词是可以混用的，比如在很多场合下，零信任模型、零信任架构和零信任框架表述的是一个意思。

为什么要提这一层呢？因为首先是安全领域有非常多的此类概念需要我们能够理解，其次是未来的安全建设、安全规划和安全设计都需要跟安全方法论打交道。

模型是指对某个实际问题或客观事物、规律进行抽象后的一种形式化表达，任何模型都由三部分组成，即目标、变量和关系。我们常说的有数学模型、程序模型、逻辑模型、结构模型、方法模型、分析模型、管理模型、数据模型、系统模型等。

架构指的是组成一个系统的不同元素之间的关系、设计和演化原则，或者一种组件结构和组件之间的相互关系、设计原则、指南，以及演化的原则和指南。我们常说的有逻辑架构、物理架构、系统架构、软件架构、硬件架构、数据架构、业务架构、技术架构、安全架构、企业架构等。

框架本来是建筑学概念，指的是一种约束性和支撑性，是一个基本概念上的结构，用来解决和处理复杂的问题。我们常说的有软件框架、应用框架、安全方法论框架等。

在日常的工作中，我们并不是仅仅为了分清这三者的概念，而是要具体应用以解决实

际问题，因此更需要知道这三者的关系。但是由于这三者在概念上都是递归和迭代关系，模型里可以包含模型、架构、框架，架构里也能包含架构、模型和框架，因此很难把它们严格区分开来，或者说不同的人有不同的理解，很容易陷入争论。

这里对其关系提供了一个参考描述，并从实用角度给出了抽象程度和作用范畴两个比较尺度（如图 2-1 所示）。

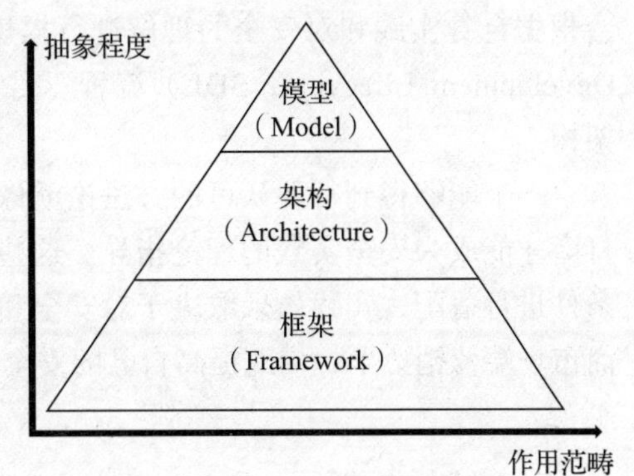

图 2-1 模型、架构、框架的关系

从抽象程度高低来看，模型抽象程度高于架构，架构高于框架。从作用范畴大小来看，框架大于架构，架构大于模型。从实际应用角度来看，模型更适合描述单一问题，架构更适合描述复杂的关系，框架提供一种整体的系统化思维。因此其中的一种典型应用实例是先建立一个框架，明确约束和支撑条件，然后在框架里面设计相应的架构，在架构内部用模型来说明。

安全方法论有三个作用：

一是实践的理论支撑。虽然安全建设是一个“亡羊补牢”式的解题思路，总是先出现威胁，再出现威胁解决方法，但是安全工作者也希望能够做到“未雨绸缪，防患于未然”，希望能够通过方法论来给自己的实践工作提供理论基础。

二是统一话语体系，降低沟通成本。方法论本身是一种分析现有问题的工具，掌握了工具的人们之间就形成了一套统一的话语体系，大家用同一套话语体系说话，可以极大地降低沟通成本，提高沟通效率，让沟通双方有更多的时间来关注更核心的问题。

三是开阔视野，体现专业性。方法论是一种集体智慧，通过这些成熟的模型、架构和框架可以快速看清你不了解的领域里的核心问题，同时当你基于方法论来阐述你的观点时，也能体现出专业性。而事实上，“有效性”和“先进性”是安全产品两大核心竞争力，当无法通过有效性来证明自己产品优秀的时候，往往可以通过方法论的匹配来证明自己产品的先进性，这也是目前安全产品的典型营销模式。

安全方法论的来源有三个：

一是国际知名机构或组织，如美国国家标准与技术研究院（National Institute of Standards and Technology，NIST）、美国国土安全部（Department of Homeland Security，DHS）、美国国防信息系统局（Defense Information Systems Agency，DISA）、国际标准化组织（International Standard Organization，ISO）等，像 NIST、DHS、DISA、ISO 这些机构或组织会经常推出一些安全参考架构或实践框架，具有很高的借鉴意义。

二是安全咨询或市场研究公司，如 Gartner（高德纳公司）、IDC（国际数据公司）、Forrester（福雷斯特研究公司）等，它们有大量的研究员，会基于行业的技术现状进行理论化抽象和趋势预测，方法论本身已经相对完备和逻辑自洽。

三是行业领导厂商，如微软（Microsoft）、谷歌（Google）、思科（Cisco）等，它们也会根据自身实践和对安全的理解进行提炼和总结，如微软的安全开发生命周期（Security Development Lifecycle，SDL）流程、谷歌的BeyondCorp方法和思科的“自防御网络”架构。

一个能够得到行业认可的方法论就像围棋里的“定式”一样，往往要经过五到十年的打磨才能成为安全实践的理论指导。这些方法论非常抽象，在指导安全实践时要根据自身条件进行适配，实践效果取决于对安全和方法论的理解。因此更常见的用法是成为安全厂商市场端营销话术，借此提高自己的安全格调。

2.2　威胁本质

“暗物质”（Dark matter）是理论上提出的可能存在于宇宙中的一种不可见的物质，它可能是宇宙物质的主要组成部分，但又不属于构成可见天体的任何一种目前已知的物质。大量天文学观测中发现的疑似违反牛顿万有引力的现象可以在假设暗物质存在的前提下得到很好的解释。

安全的世界里也存在这样的“暗物质”，即我们说的“威胁”（Threat）。它真实存在，却又几乎不可见，它可以来自信息本身，也可以发源于人类。因为它的出现，让信息世界变得混乱，所以有人称之为“安全熵”。过去三十多年，人们对威胁的终极认知是威胁最终是可以消亡的，所以那时候提出了“天下无毒”的商业口号。但是现在，人们已经清醒地认识到，威胁已经成为信息世界的一部分，是标准的“暗物质”，它们将会随着人类文明和信息文明永远存在下去。

2.2.1　威胁本质的分析

前面谈到安全的本质是“威胁对抗”，那么威胁是什么？这个问题看似简单，但是事实上在整个业界还没有统一的答案。

这里的“威胁”指的是信息世界里产生的有害“物质”。“威胁”与“风险”（Risk）是安全界非常常用的两个词汇，由于这两者有关系，因此在很多场景下威胁和风险是混用的。例如有的人把没有发生的威胁称为风险，这种用时间尺度来区分定义的说法是有问题的，举个例子，勒索病毒在没有爆发的时候它也应该是一种威胁，就像一个没引爆的原子弹，其存在本身就是一个极大的威胁。

再看看微软的定义：威胁是指一个系统被危害的可能性。后来微软研究员Talhah Mir又做了补充：威胁是攻击产生的，攻击是漏洞产生的，前提是在它们还没有被缓解之前。通过微软的定义可以看到，微软认为威胁就是我们常说的“黑客攻击”，这种定义也不完整。举例来说，计算机病毒也是一种威胁，很多时候它没有系统危害，而像DDoS攻击也并不是由漏洞产生的。计算机病毒和DDoS都是利用了系统的特有机制。

威胁和风险其实不是同一维度的概念，威胁是一个定性的概念，而风险是一个定量的概念。对威胁的正确认知是首先要将威胁进行分类；而对风险的正确理解是要对风险进行分级。可以把风险当作威胁定量分析的工具，或者把风险当作威胁产生的后果之一。因此，我们可以把**风险**定义为：小概率发生的或低等级的威胁事件。

讲清楚了威胁跟风险的关系，下面的篇幅里主要讲一下什么是威胁，以及威胁的本质是什么。

早期，这些威胁从信息世界里产生，只能作用于信息世界，给计算机等信息系统带来危害。而现在，信息世界不断融入人类社会，而人类意识不断融入信息世界，比如万物互联的发展就是这样的现状。接下来很显然的一个事实就是，这些从信息世界里产生的威胁不但会危害信息世界里的信息系统，同时还会危害物理世界的物理设施，甚至是人，这就是威胁从产生之初到现在为止性质上发生的最大变化。

威胁虽然没有生命，但却拥有智能，要想搞清楚威胁的本质，就要从计算机智能开始说起。在这里，我们要简单谈谈前面提到的信息文明的四大奠基者跟智能的关系。

神童维纳的《控制论》里有一章叫作“能学习和自我复制的机器”（On Learning and Self-Reproducing Machines），在该章里他论述了机器可以像生命系统那样进行学习和自我复制。

而学霸香农则在1951年的一个学术交流会议上展示了一只名叫“忒修斯”（Theseus）的走迷宫的磁性老鼠，忒修斯是希腊神话里解开米诺斯迷宫的雅典国王，而这只老鼠被称为“香农的老鼠”。它能够在随机的25×25格的迷宫中通过记忆和试错找到迷宫的出口，如果把老鼠重新放回到起点，它会直接沿着正确的路走到终点。

数学天才冯·诺依曼最大的成绩虽然是发明了计算机和博弈论，但是他在1948年就提出了物理上的非生物自我复制系统的详细建议，而后在他的遗作《自我复制自动机理论》（*Theory of Self-Reproducing Automata*）里详细阐述了复杂自动机的进化增长理论和实现，该理论被公认为最早的计算机病毒理论。

对于图灵来讲，1943年初，虽然正值第二次世界大战，但是香农和图灵就经常在贝尔实验室里谈论机器是否可以思考的问题。1950年，38岁的图灵发表了论文“计算机和智能”（Computing Machiery and Intelligence），提出了关于机器思维问题，引起了广泛的注意并产生了深远的影响。同年他提出了著名的“图灵测试”模型，它是一种用于判定机器是否具有智能的试验方法，即如果第三者无法辨别人类与人工智能机器反应的差别，则可以论断该机器具备人工智能。只是可惜到目前为止，还没有人工智能可以通过该测试。为了纪念图灵对计算机科学的巨大贡献，美国计算机协会（ACM）于1966年设立了一年一度的图灵奖，该奖项被喻为“计算机界的诺贝尔奖”。

这里谈的无论是自动机的老鼠，还是自我复制的程序，或者图灵设想的人工智能，我们可以笼统地称为计算机智能，这些计算机智能理论也直接孕育了威胁。因此，**威胁**是一种恶意智能，它可以是根据当前的环境情况自动进行判断和感染的计算机程序——**病毒**，也可以是不断发现系统脆弱性、突破系统脆弱性的人类智能——**黑客**，还可以是未来根据智能算法进行自我演化的人工智能——**黑 AI**。

如果我们再深究一下计算机智能的本质，事实上它们是计算机科学里最核心的东西——“算法”（Algorithm）。算法其实就是一个逻辑系统，给定信息的输入，能产生新的信息输出。因此，**威胁**本质上可以理解为一种能够产生破坏行为的算法，这个算法可以由程序自动执行，也可以由人工手动执行。如果再仔细想想，算法就像生物界里的 DNA 一样，输入和输出都可以无穷变化，但是算法执行的逻辑总保持一致。因此可以说，算法就是信息世界的 DNA，而 DNA 就是生物世界的算法。

2.2.2　威胁与安全的关系

如果对安全有所了解的话，会发现每年都会有大量的威胁事件，而随着对这些威胁事件的处理，就形成了一个庞大的安全产业。针对威胁行为、威胁事件和安全建设，业内抽象出很多理论化的模型，就连大家熟悉的微软的 STRIDE 模型，其本质是针对“攻击”（Attack）而非“威胁”（Threat）的建模，这些我们会在后面的章节中专门论述。到目前为止，还没有人专门研究过威胁本身是由哪些基本要素构成的。

为了更好地理解威胁，这里提供一个威胁与安全的关系图（如图 2-2 所示）。

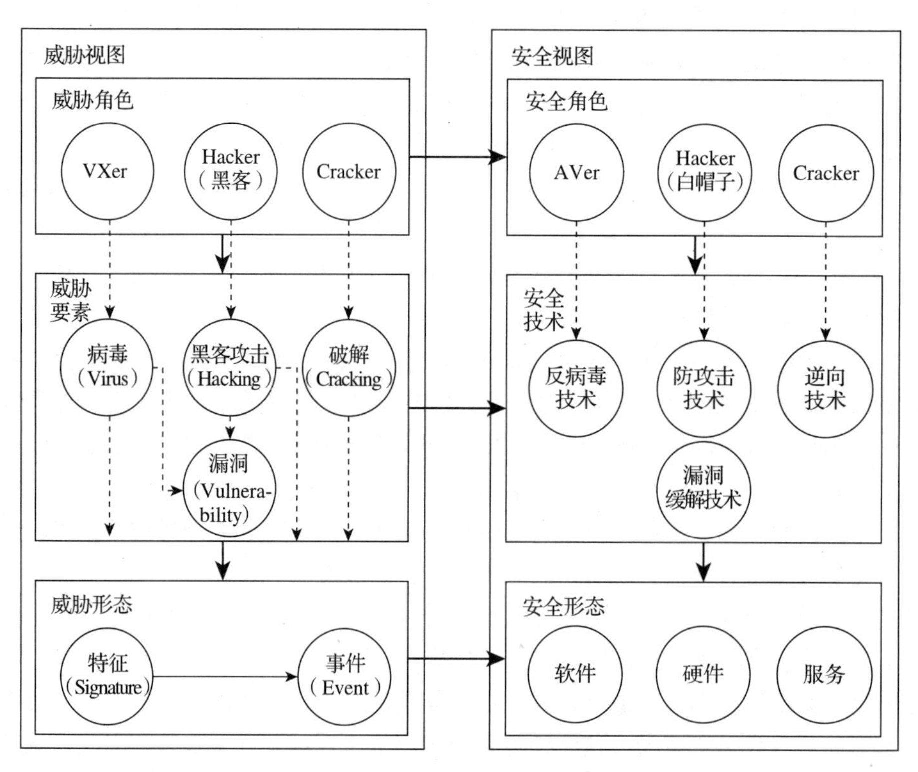

图 2-2　威胁与安全的关系图

如果站在安全的概念角度来看，因为安全是威胁对抗，所以会同时产生威胁视图和安全视图两个视图的结构。

先说左侧的威胁视图，它本身又可以分为威胁角色、威胁要素和威胁形态。为什么要把威胁分为角色和要素？是因为威胁在某些场景下指的是人，但是在某些场景下指的又是一种有害行为。如果把产生威胁事件背后的角色拿出来看，这些角色是VXer、Hacker和Cracker（这三个词其实都是自造词）。"VXer"的含义是"Virus eXchanger"或"Virus Maker"，即计算机病毒制造者，不过却没有标准的中文名字；"Hacker"指的是发起网络攻击的人，中文叫"黑客"；Cracker是指破解计算机软件版权限制的人，也没有标准的中文称呼。之所以威胁角色有三个，主要是因为不同角色的技术路线和需要的知识积累是完全不同的。

再看看威胁要素与威胁角色的关系。VXer本身并不是威胁，但是"病毒"（Virus）是由这种角色创造的。特殊之处在于，病毒被创造出来之后，就成了一种能够根据所处环境自动繁衍与危害的独立体，对于安全来说，对抗的目标就从VXer本身转移到了病毒身上，因此在威胁要素里，VXer就被"病毒"这个独立主体替换。

而黑客是物理世界里真实的人在信息世界里的一个数字身份投射，黑客实施的一个个威胁动作被称作"黑客攻击"（Hacking）。在黑客出现之初，基本都是通过信息世界里各种系统的未发现或未修复的漏洞来实施攻击的，"尽早发现漏洞，尽早缓解漏洞对系统产生的影响"就成了安全的另外一个任务，因此"漏洞"（Vulnerability）就成了另外一个威胁要素。

Cracker实施的威胁动作被称为"破解"（Cracking）。虽然Cracker是威胁实施的另外一个独立角色，但是他本身除了对软件版权做破解、造成企业经济损失之外，并不会对企业的正常运营产生不良影响，因此从对抗角度来看，Cracker已经不能算是一个要素了。

在威胁要素里，病毒和黑客攻击既可以通过漏洞来对目标实施危害或不良影响，也可独立产生危害或不良影响。

当这些威胁要素处于活动状态时，它们就会产生威胁行为，这些威胁行为被称为"特征"（Signature），这些行为作用于目标系统，就会成为威胁"事件"（Event），这是威胁的两种形态。

我们再看右侧的安全视图，与威胁角色相对应的是安全角色，包括AVer、Hacker、Cracker三种角色。可能细心的读者已经发现了，除了第一种角色与威胁角色不同外，其他两个英文名称跟威胁角色是一样的，与病毒对抗的安全从业人员被称为"AVer"，其英文含义是"Anti-Virus people"，中文可以叫"反病毒工作者"或"反病毒工程师"，但是事实上这是一个职业称谓，并不是名字。为什么会有这样的区别？是因为反病毒技术跟病毒技术在本质上是有差异的，病毒技术研究的是操作系统的自动化机制，而反病毒技术主要研究病毒文件的结构，以及用什么样的方式来更快、更全地识别和清除病毒和病毒带来的影响。

安全领域里的“Hacker”，虽然英文名称与威胁里的“黑客”一样，但是中文名称是不同的，安全领域中Hacker的中文名称是“白帽子”。两者英文相同的原因是，这两种角色除了价值观不同外，技术本质是一样的。威胁角色里的“Cracker”，也是因为技术本质一样，在安全领域的英文名称才相同，中文一般叫“逆向工程师”。

在安全视图里，跟威胁要素对抗的是安全技术，反病毒技术用来对抗病毒，防攻击技术用来对抗黑客，漏洞缓解技术如今也属于黑客对抗技术的一种，逆向技术用来对抗破解。逆向技术又被称为“驱动技术”或“内核技术”，在安全领域，更多的是把这些技术应用于数据安全的场景。

简单地讲，有了与威胁对抗的安全技术，就衍生出了各种安全手段，它们的主要形态就三种——安全软件、安全硬件和安全服务，这三种形态也就成了今天看安全市场格局的一个主要视角。

2.2.3 威胁的原理

下面谈谈威胁的产生原理。

1. 恶意软件与病毒

病毒就是危害计算机的程序，英文被称为“Virus”，最早是通过感染操作系统的可执行文件进行传播的，后来又出现了通过网页下载传播的特洛伊木马（Trojan）、通过网络协议漏洞传播的蠕虫（Worm）等数十种类型。

一般来讲，病毒会不断消耗操作系统的内存资源，并感染所有可执行文件。可执行文件是操作系统本身提供的，可以在CPU中被执行的指令型文件通常叫程序文件；相对应的是数据文件，数据文件往往不可被CPU直接执行，而是通过程序文件间接被调用。木马就是偷盗计算机上的有价值信息，如账号、密码等；蠕虫就是消耗掉用户的网络带宽资源。再后来，又出现了后门程序（BackDoor）、有害程序（Harm）、玩笑程序（Joke）、捆绑程序（Binder）、广告插件（Adware）、间谍软件（Spyware）等更多的形态，当这些都被称为病毒时，又会和通过感染可执行文件进行传播的“Virus”混为一谈，为了避免歧义，后来整个安全行业又把以上有害程序的集合，称为“恶意软件”或“恶意代码”，英文创造了一个词“Malware”（malicious software的组合）。但是平时大家还是习惯称之为“病毒”，为了避免产生歧义，就把原来的“Virus”称为“感染式病毒”。恶意软件目前只会出现在较正式的场合，而私下里大家还是以病毒相称，为了照顾说话习惯，下面也用病毒来指代恶意软件或恶意代码。

值得一提的是，安全行业曾经有一个广为流传的说法：杀毒软件厂商总是先造毒再杀毒来保证自己的杀毒软件好卖。这种说法似乎符合逻辑，却不是事实，这就和“玻璃商为了玻璃好卖总是雇人砸别人家窗户”的假设一样，近似于荒诞。

从本质上看，VXer研究的是操作系统内核工作机制和可被利用的能力，而AVer研究的是病毒提取什么样的特征码才能被更快、更好地识别，用什么样的方法才能更安全地将病毒从系统中清除。这两种人的能力方向和思维模式是完全不同的，虽然有一些能力强的AVer也有编写病毒的能力，但是大部分AVer跟VXer没有任何关系。

另一方面，病毒数量激增的现状也导致正常病毒都处理不完，更不用说去造毒了。一般厂商都有一个待处理的被称为“BackLog”的病毒样本池，反病毒工程师每天工作的内容就是不断地从这个池里捞出样本并把它标识为黑或白，然后放入“黑样本列表”（Black List）和“白样本列表”（White List）里供杀毒软件当作知识库来使用。

2. 入侵、漏洞与黑客

入侵是指对远程系统进行非法攻击并尝试控制该系统的过程。英文称为“Hacking”，中文俗称“黑”。当你听到“某某又黑了某某系统”的说法，指的就是这种网络入侵和系统控制行为。跟病毒界的VXer和AVer一样，安全行业里专门进行入侵的人被称为“黑客”或“骇客”，英文都是“Hacker”。早期互联网的出现就是为了信息共享，所以早期的黑客信奉“互联网上一切平等、自由”，他们入侵系统也只是为了打破围栏，实现这种平等与自由，这就是早期的“黑客精神”。随着互联网从“工作的工具”变成“生活的支撑”，这种追求平等自由的精神就成了对企业利益的危害和对个人隐私的侵犯。

漏洞是指系统中存在的能被入侵或控制的缺陷代码。一些有计算机软件开发基础的读者，经常把“漏洞”跟“Bug”弄混。其实“Bug”是软件编程中的错误，而“漏洞”是软件编程中的缺陷，即不严谨的编码习惯，而非错误。

比如说正常情况下，在一个程序中输入中文用户名，名字长度是不会超过4个汉字即8字节的，因此软件工程师在编程过程中就默认设置“名字”这个字段的长度为8字节，并且不对名字字段长度做检查，当该程序执行时，就会在内存中申请一个长度为8字节的“缓冲区”（Buffer）。这种编码习惯在绝大多数情况下是不会出问题的，但是一旦有人发现了这个漏洞，就会精心构造一个超长的字符串当作名字输入，由于没有做长度判断和截断处理，就会导致这段超长的字符串直接在缓冲区中溢出，并在内存中覆盖掉程序的正常代码，导致这段精心构造的字符串被当作指令执行，如果该程序拥有系统的最高权限，那么这段代码就也同样具备了系统最高权限，这种情形就是经典的“缓冲区溢出攻击”。

漏洞如果在硬件系统中被发现，则称为“硬件漏洞”；如果在操作系统文件中被发现，则称为“系统漏洞”；如果在其他软件系统中被发现，则称为“二进制漏洞”；如果在Web服务程序中被发现，则称为“Web漏洞”或“脚本漏洞”。

业内对漏洞按严重性进行了分级，一般分为0-Day漏洞、高危（严重）漏洞、中危漏洞和低危漏洞。低危漏洞一般可以理解为风险，不修复对安全的影响也不大，所以客户往往会选择忽略；高危漏洞是指能够获得操作系统最高权限并造成最大程度破坏的漏洞；而0-Day漏洞则是指那些还没有修复方案（俗称“补丁”）的高危漏洞，一旦这样的漏洞被黑客发现并利用，就如入无人之境，没有任何防护办法，因此0-Day漏洞也称为“网络军火”，一个0-Day漏洞在黑市上价格是非常高的。

之所以会把入侵和漏洞放在一起说，是因为黑客往往会利用漏洞来实施入侵。他们利用漏洞，可以进入任何一台存在漏洞的服务器中，控制并拿到这台服务器上的最高权限和所有数据，这个过程又称为黑客攻击、网络攻击、网络渗透等。

但是如今在不同的语境下，Hacker有黑客、白帽子和红客三种不同的称呼。随着各种非法入侵事件的曝光和非法入侵给企业带来的损失增大，黑客就变成了一个贬义词。后来，安全领域里需要专门研究如何识别入侵行为和阻止入侵行为发生的人，为了与带有贬义的“黑客”区别开来，就发明了“白帽子”这一称谓。因此，一般情况下，干坏事的“Hacker”被称为黑客，正义的“Hacker”被称为白帽子，爱国的“Hacker”则被称为红客。

如今，黑客动作具备明显的“人与人对抗”属性，因此又被称为“攻防”，黑客技术又被称为“攻防技术”。

3. 逆向与破解

破解是指对商业程序本身的一种非授权修改行为，使用的技术手段被称为“逆向”（Reverse），学名叫作“反汇编”（Disassembling）。研究破解之道的人，有一个有趣的英文名字，叫“Cracker”，但是中文名称并不叫“拆客”或者“破解者”，而是直接称为“逆向”。一般专业人士互相交流时，Cracker往往会这样介绍：“我是搞逆向的”“他是破解高手”等。现在，也有人把“Cracker”翻译成“骇客”，其实这是不准确的，因为早期骇客和黑客都是指“Hacker”这个群体，只是“骇客”这个词在感情色彩上更具破坏性而已。

我们知道：世界上有一半的程序是通过将源代码编译成二进制可执行文件的形式在操作系统下直接运行的，这种过程叫汇编；二进制可执行文件是机器码，人类无法直接理解；正常情况下，人们没有源代码就无法修改程序的行为。但是Cracker利用反汇编工具和自身的知识，能够将二进制文件可逆地翻译成人们能理解的伪源代码的形式，从而在没有源代码的前提下对程序的行为进行修改。

Cracker的信条是软件免费，所以逆向最直接的作用就是去除软件的商业化限制，产生盗版。破解者或者直接修改程序（这被称为“暴力破解”，通过暴力破解手段得到的软件被称为“破解版”），或者通过分析软件的版权验证机制，得到软件的版权验证信息，如“注册文件”（Key File）或“序列号”（Serial Number）。

在互联网发展起来之前，软件都是收费的，而且价格很高，所有正版软件都用序列号的验证方式来保护自己的版权，你要正常使用，就得去软件店或互联网购买软件序列号或激活码。在互联网上销售的商业软件，那时被称为“共享软件”（Shareware），共享软件都是通过试用的方式来达成最终的销售，而在互联网上免费使用的软件，则被称为“免费软件”（Freeware）。在共享软件繁荣的时期，涌现了大量的Cracker，他们破解软件要么自用，要么分享，要么制作盗版。1995年到2005年是盗版软件最疯狂的十年，后来，盗版软件成了病毒的温床，免费的盗版光盘中往往掺杂着病毒。

随着互联网免费模式的兴起，所有面向个人用户的软件都免费了，Cracker 这一群体也就迅速衰落了。后来，随着智能手机的普及、移动互联网的兴起和早期安卓市场的混乱，大量移动 App 被通过逆向的方式进行二次打包，即表面上看是一个正常 App，其实内部已经捆绑了恶意软件，不明真相的用户下载到本地运行时会同时激活病毒。因此，App 加固就成了移动安全行业里一个特殊的生意。

由于 Cracker 这一群体拥有很好的操作系统原理知识，对操作系统内核的工作模式非常了解，而操作系统内核都是由被称为驱动程序的文件构成的，因此程序逆向和驱动编写，并称为两大内核能力。如今大部分的 Cracker 都在做内核研究工作，而一个公司里写底层驱动的软件工程师则往往是逆向高手。

随着互联网安全的崛起与 IoT 时代的到来，一些兼具攻防思想和破解能力的安全研究人员开始针对智能设备安全展开了新的研究，并进行了大量的破解工作。这类特殊的人群被冠以一个新的名字——“安全极客”(Geek)。极客这个名词在 IT 的其他领域是指那些专业的超级发烧友，而在安全领域，特指这些智能硬件的攻防高手，他们每年还会举办各种安全极客大赛。

2.3　掌握两个推论，拥有安全基本洞察力

我们对一个事物进行研究和分析时，一定会遵循先抽象、再还原的方式。通过抽象分析，能够很快抓住事物的本质，分析清晰后，形成一定的理论基础和方法支撑，然后将这些理论和方法再还原到真实的场景中，从而指导实际的工作。

为了能够看清楚威胁与安全的性质，掌握安全的核心原理，能够分析一些特有的安全现象，甚至在某些场景下做出正确的决策，我们需要在这里引入一些推论体系。因为只是为了分析问题方便，而不是做学术研究，所以这些推论体系不是基于严格的数学证明，而是基于事实和逻辑推导。

2.3.1　威胁推论

我们先基于对威胁本质的理解和历史上的事件，对威胁进行一次抽象的分析，看看威胁本身具备哪些通用的原理。下面我们先提出一个“威胁绝对性”原理。

原理 1（威胁绝对性）：*威胁是绝对的，在网络空间里威胁必然永远存在。*

威胁的绝对性看似是一个简单的通识，但这也是整个安全行业在与威胁对抗的过程中慢慢得出的行业共识结论。早期的安全厂商，对威胁的认知基本上处于理想状态，认为威胁是可以消灭的，但是随着对威胁理解的深入，现在大家开始逐渐明白，威胁是绝对的，在整个网络空间内必然永远存在。接下来，我们再根据整个威胁发展的规律得出以下威胁推论。

推论 1.1（威胁熵增）：从整个网络空间的视角来看，威胁永远处于熵增状态。

就像香农将熵引入信息理论一样，如果将熵引入安全领域，用它来度量威胁混乱程度的话，从整个网络空间的视角来看，威胁将会永远处在熵增状态，即威胁数量会越来越多，整个网络空间的威胁会处于越来越混乱的状态。

威胁与信息文明是相伴而生的，随着信息文明的发展，商业软件一定会越来越多，计算机的算力一定会越来越大，软硬件系统也一定会越来越复杂，IT 系统会越来越庞大。只要是 IT 系统，就会存在一定比例的漏洞，就会有通过漏洞传播的各种威胁，因此威胁永远是处于熵增状态。

推论 1.2（威胁局部消减）：威胁在局部时间或空间范围内可以消减，但在整个时间和空间内一直增加。

根据威胁绝对性原理和威胁熵增推论来判定，威胁发展的整体趋势是增加的，但是从安全的本质来看，安全发展的目的就是威胁对抗，就是不断用更先进的技术和产品解决威胁，因此威胁总会在局部时间或空间范围内被安全手段所消减，只是威胁对抗的成本会逐年上升。

推论 1.3（威胁局部客观性）：威胁在局部存在的状态具有客观性，不以是否发现为转移。

威胁是系统里客观存在的非安全点，无论你是否发现，它都将存在于那里。因此当有人发现你的系统里的非安全点时，你需要做的不是追究发现人的责任，而是尽快解决这些非安全点，并对出现的问题进行反思。

这个看似极简单的通识，很多企业的安全负责人却并不理解。这两年经常发生企业状告白帽子的事件就说明了这一点。企业安全负责人的理由是：如果这些白帽子没有发现我们的漏洞，那么一些别有用心的黑客也不会注意到我们有漏洞，所以白帽子发现企业的漏洞就是不应该的，是需要被举报的。在类似这样的事件里，企业安全负责人的认知就违背了威胁局部客观性推论。

推论 1.4（威胁演化性）：旧的威胁会因为不适应新的环境而消亡，但是新的威胁会立刻产生。

从病毒依附的计算机环境的发展来看，Windows 操作系统的出现直接促成了 DOS 病毒的消亡，但是随之出现了更多的 Windows 病毒，Windows XP SP2 增加了一项称为 DEP（Date Execution Prevention，数据执行保护）安全技术，直接促成了感染式病毒的消亡，但是随着互联网的发展，却出现了更多的木马；从漏洞依附的计算机环境的发展来看，Web 服务成为当今互联网服务主流后，不但没有使操作系统漏洞减少，反而使 Web 漏洞大量增加；

从软件的发展来看，在所有软件都收费的时代，软件价值很高，因此破解横行、盗版泛滥，但是随着互联网免费模式的发展，破解迅速消亡，不过同时滋生了大的“流氓软件”。因此旧威胁虽然会消亡，但是新威胁会立刻产生，这就是威胁本身的演化规律。

推论 1.5（威胁周期性）：威胁的爆发总是呈现出类似生物病毒爆发的周期性特征，开始的时候少量中招，然后数量激增，最后趋于稳定。

根据历史上发生的安全事件来做个统计分析，就会发现所有的威胁爆发事件都呈现出周期性规律，都是开始时少量用户中招，然后疫情面迅速扩大，形成社会性恶性事件，最后趋于稳定，变成常态化。这个周期的经验值为 30 天，跟我们熟知的生物病毒爆发周期和规律近似。

推论 1.6（威胁伴生性）：威胁总是与信息系统相伴而生，威胁产生的数量与信息系统规模正相关。

威胁产生数量与信息化系统的规模呈正比关系，相应的信息系统就会产生相应的威胁，这个是客观规律，不以人的意志为转移。

2.3.2 安全推论

接下来我们按照威胁推论体系的分析逻辑建立一套安全推论体系。

原理 2（安全相对性）：安全是相对的，绝对的安全是不存在的。

根据“原理 1（威胁绝对性）”可以知道，安全与威胁是一对角色，既然威胁是绝对的，那么安全就是相对的，即不存在 100% 的安全，所以任何声称可以做到 100% 安全的产品就像“永动机”一样，是不可能存在的。同样，任何期待 100% 解决安全问题的方案出现的想法，也是不切实际的。

这种结论今天看来似乎不用解释就可以理解，但是在安全行业里却真实地出现过这样的例子。当年确实有杀毒厂商为了吸引眼球，声称自己的安全产品可以 100% 查杀病毒，只是很快就被用户口诛笔伐了。

推论 2.1（安全无效性）：安全不能通过处理过的威胁来证明有效，却可以通过未处理的威胁来证明无效。

该推论描述起来很拗口，实际道理说出来却非常好理解，因为安全行业是效果导向的。安全难做的其中一个原因就是在客户的认知逻辑里，你杀掉了 1 万种病毒，没用，这是你应该做的，一旦你错过了一个病毒，造成了严重的后果，那么对不起，你的产品不行。

我们做个假设，假如你是安全厂商，假如在勒索病毒爆发时买了你安全产品的客户中招了，作为厂商你会怎么办？你跟客户讲："我的产品能够干掉1000万种病毒，但就是这一种没干掉，这不是我的问题，这是行业里的正常现象。"你觉得客户会买账吗？

虽然这是个假设，但实际上这种情况是非常常见的。所以当一个恶性病毒爆发时，所有能处理的厂商都会花大力气做市场营销，告诉客户自己的产品行，能干掉这个病毒！但是一旦客户出现杀不掉病毒的情况，厂商往往做的第一件事情就是迅速派人到现场，帮客户先把问题解决了，然后再分析原因。基本上原因都是客户没有及时升级或者及时打补丁，或者服务器被入侵导致厂商的软件不起作用之类的，除非证据确凿，一般情况下厂商不会承认自己的产品有问题。如果碰巧有安全厂商在没升级的情况下也能查杀了，那肯定又是营销满天飞，昭告天下。当然，后面我会详细介绍一下好的产品和技术应该是什么样的。

推论 2.2（能力不可证）：安全产品无法自证自己的威胁处理能力，也无法通过第三方机构证明自己的威胁处理能力。

虽然安全行业建立了大量的标准，也有一些安全的评测机构，专门负责检测、发证书，还有市场准入门槛，必须经过权威部门的产品能力检测才能拿到销售许可证。但事实上安全产品是没有办法自己证明自己的威胁处理能力的，也无法通过第三方机构证明自己的威胁处理能力。

这种说法可能存在争议，所有安全厂商也不愿意接受这样的结论，但是我们从逻辑分析的角度来看就是这样，而从现实情况看这也是事实（如图2-3所示）。

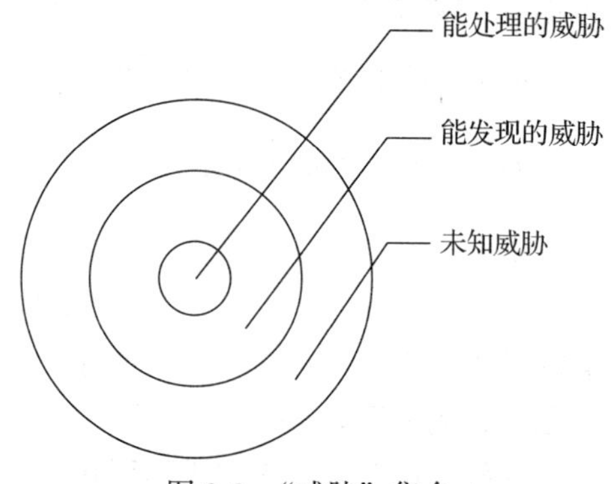

图2-3 "威胁"集合

我们可以看到，"威胁"集合是由"未知威胁""能发现的威胁"和"能处理的威胁"共同构成的。"能发现的威胁"和"能处理的威胁"可以统称为"已知威胁"。

第一，未知威胁是厂商安全产品还没发现的威胁，因此厂商没办法证明自己的未知威胁处理能力。第二，厂商没办法证明自己拿出的"已知威胁处理能力证明"的真实性和有效性，因为厂商不可能把自己的安全引擎和规则库完全开放给客户，而客户也完全没有独立的能力来验证这种证明的真实性和有效性。由于客户不会相信厂商的自证，因此厂商需要第三方的威胁处理能力证明。第三，现状是厂商、客户、第三方评测机构的测试样本集不是同一个，也无法统一，所以已知威胁和未知威胁就成了一个相对概念，有可能对于厂商A是未知威胁的，对于厂商B却是已知威胁。因此根据"推论2.1（安全无效性）"，总能找到该厂商无法覆盖的样本集，同样，第三方机构只能基于自己的样本集来测试产品的能力，都是相对结果，因此无法作为严格的证明来用。

你过了评测也不能证明你就一定能保护客户，你没过评测也不能证明你保护不了客户，所以从这个角度来看，安全的有效性是一个相对概念，用了安全产品不出事也只是一种巧合，是碰巧你的样本集正好覆盖了客户的实际情况。因此安全产品只能进行功能性验证，而无法进行威胁防护能力验证，而评测也只能是市场准入门槛，而无法成为产品品质的保证。

比如，如果一个安全厂商声称能查杀1000万种病毒，或者发现10万个漏洞，应该怎么证明呢？即使证明了有这个能力，那么怎么证明该产品在实际应用中会安全、有效呢？

推论2.3（叠加效用递减）：同类安全产品同时叠加使用时，随着产品叠加数量的上升，实际效果呈下降趋势。

我们都有以下常识：如果想更暖和，就多穿衣服；如果想活干得快一些，就多找人来帮忙；如果怕自行车丢，就多加把锁……好像所有的事情都可以通过量的叠加来做到效果的叠加。

但是安全却不一样。第一，所有的安全产品都会消耗一定的计算机资源，所以安全产品越多，消耗的资源就越多；第二，同类安全产品的原理一样，所以会出现对同一个目标的资源和控制权的抢夺问题，反而会造成系统不稳定，这一点在终端安全软件上尤为明显。试想一下，在计算机上安装10款安全软件的场景是怎样的？有的用户尝试过，在计算机上装上两款以上的安全软件，整个计算机的使用体验就会难以忍受。所以有一种戏谑的说法——杀毒软件就是最大的病毒，这其实也不是完全没有道理。杀毒软件往往要拿到操作系统的最底层控制权限；随着病毒越来越多，内存占用则会越来越大；随着功能越来越多，就会造成系统的访问I/O越来越高，严重时还会带来明显的计算机卡慢问题。

推论2.4（安全非垄断）：安全行业随着垄断状态的增加，整体安全性降低。

几乎所有的行业在经过市场的良性竞争后，最终都会形成寡头或垄断状态，这符合"马太效应"的"强者恒强"原理。能进行更多的投入，就会有更多的产出，而大部分行业是呈线性发展规律的。

安全行业不同。第一，很难形成垄断状态，因为该行业的发展是呈非线性规律的，很多时候威胁对抗能力跟企业大小没太大关系，大企业在某个威胁点上的处理能力未必比小厂商更强。第二，一旦形成垄断状态，根据"推论2.2（能力不可证）"，势必会造成一言堂，最终导致产品能力下降，从而使社会整体安全性降低。

推论2.5（边际成本递增）：安全建设的边际成本会随着安全的投入不断上升，即投入越多，成本增速变快，而效果增速变慢。

安全建设的投入与产出规律符合"二八定律"，即你在没有任何安全防护的情况下，只需要投入20%的成本就可以解决掉80%的安全问题，但是根据"原理1（威胁绝对性）"，随着安全成本的增加，安全效果的增加会越来越慢，比如就我们目前安全建设阶段来看，从基础威胁技术对抗、高级威胁技术对抗，到大数据分析技术对抗，解决威胁问题的效果呈线性增长状态，但成本却呈指数增长状态。

为什么要建立“安全推论体系”？不是为了故弄玄虚，而是需要一些基本的共识性原则作为分析一些现实问题的依据，这些原则能够帮助你对安全进行更好的理解，能对安全事件进行更深度的分析，从而快速建立正确的安全观并形成解决问题的思路。在接下来的内容里，我会利用这套安全推论体系对一些现实事件做更深入的分析。

2.4 安全的避坑指南

下面谈到的悖论，其实并不是数学里提到的严格意义上的“悖论”，而是一些安全行业里存在的两难现象，或者说是一种认知谬误，通过分析这些现象，我们可以了解很多安全行业里独特的东西。

2.4.1 保险悖论

这里先讲个真实的故事。我有一个朋友很少坐飞机，因为他觉得极不安全，每次不得已要坐飞机时，会一次性买十份保险，每当安全到达目的地时，他都会说一句：“完了，这次的钱又白花了。”这其实是一个很有意思的心理状态：害怕出事，所以一次性购买十份保险作为保障，但是当付出了十倍价钱时，如果不出事，又会觉得钱花得很冤。

在安全行业，客户也经常有类似的心理。如果没出事，不是觉得你很厉害，帮他把很多事搞定了，第一反应却是：钱白花了，本来就没什么事！如果出事了，用户的第一反应是：钱白花了，竟然没用！如果安全产品把系统管得很严，任何行为都提示一下用户，让用户选择下一步该如何做，用户的第一反应也是：钱白花了，什么事都得自己判断，看来没什么用！

究其原因，这其实是一种错误的心态在起作用，用户是拿买药品的思路来买保健品。保健品我们都知道，在价格上比药品贵了很多倍，就拿复合维生素这个保健品类来说，一瓶复合维生素至少要几十元，而去药店买单一的维生素药片来配一瓶复合维生素，成本要低很多，但是买复合维生素的人却不会计较这些。

另外，几乎所有的药品都是“药到病除”，很容易看到效果，而几乎所有的保健品都是有延时效应的，不会立刻看到效果。甚至很多保健品就是安慰剂，肯定对你的身体没坏处，但也未必有多大的好处。即使这样，基本上没人会质疑保健品的效果和价格，为什么呢？因为大家已经相信了“健康比疾病更重要，健康就是慢性的，治病就是快速的”这样一个逻辑，所以大家能接受保健品这类高价低效的产品。

而大家对药品的态度却是截然相反的：如果药没作用，那就是假药；如果作用来得慢，那就不是好药；如果价格太高，就会觉得商家黑心。其原因就是大家天生认为药就应该是低价高效的。

我们再来看看安全产品，客户之所以会出现上面的反应，是因为大部分客户把安全产品当作药品，希望装上安全产品杀一下病毒，整个世界就干净了。而事实上，安全产品大部分时间充当的是保健品的角色，尤其是企业安全类产品，它更多的是帮助客户提升企业的整体安全基线，是基于运维的系统保健品，它要依赖管理体系和管理策略，不是头痛医头、脚痛医脚的处理单点威胁的安全特效药。

之所以客户会对安全产品产生“药品”的价值印象，更深层次的原因是安全厂商在安全行业发展早期遗留下来的工具化思维和弱威胁时代的营销套路。

在安全行业发展早期，没有那么多的威胁，基本上是出现一个干掉一个，像防病毒产品，也基本上是单机版，强调资源占用少、安全有效。所以那时候整个市场营销的套路就是新病毒炒作，导致客户对安全产品的认知就是特效药品而不是保健品。但是，威胁对抗的环境已经变了，威胁对抗思路也要相应地改变，后续章节我们会继续深入地讨论这个问题。

当然，为了缓解客户的这种认为安全产品没用的心理，安全行业在产品设计中还总结出了“适度打扰”原则，即一些需要客户频繁交互的产品功能，尽量通过运营的方式、预置策略的方式做到自动处置，少让用户选择，而一些没有威胁就没动静的功能，可以适当地通过弹窗、通知等策略性地对用户进行适度打扰，让用户感觉到安全产品在起作用。

2.4.2 误报悖论

威胁对抗的结果就是要看对“样本”(Sample)的处理能力，除了样本数量外，“误报”与“漏报”是衡量安全产品安全能力的两个最重要的指标。

“样本”在安全行业里是一个通用的术语，它可以是一个文件，也可以是一段代码，还可以是内存或磁盘中的一段数据。“误报”是指把正常样本识别成威胁样本，即错杀行为；“漏报”就是把威胁样本识别成正常样本，即漏杀行为。正常样本一般被称为“白样本”，威胁样本一般被称为“黑样本”。对于一个安全产品来说，最优的指标是零漏报和零误报，但是根据前面提到的“原理 1（威胁绝对性）”和“原理 2（安全相对性）”，穷举所有样本是不可能的，所以一定会存在漏报或误报现象。

目前还没有人论证过误报和漏报是否存在函数关系，但是根据实际的情况看，它们之间至少存在一个反比关系，即降低漏报率，就会引起误报率的升高（如图 2-4 所示）。

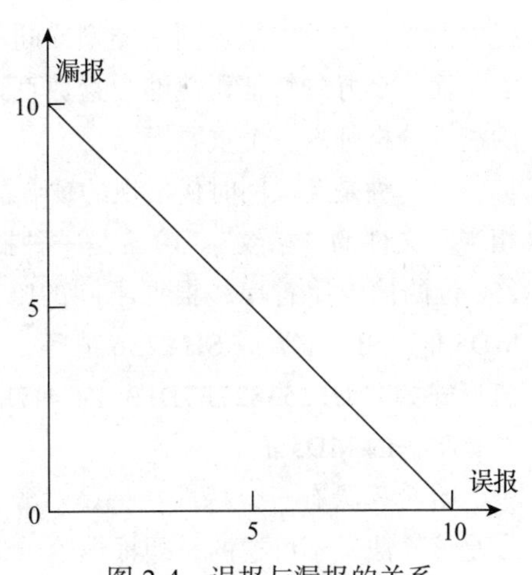

图 2-4　误报与漏报的关系

理论上在极端的情况下，只要做到 100% 漏报，自然就会达到 0 误报，反之亦然。但是，这样的结论在实际中却没有任何价值。真实的情况是，安全厂商的目标是尽量让漏报与误报逼近于零。下面我们通过分析样本关系来证明一下这种目标不可能实现的原因（如图 2-5 所示）。

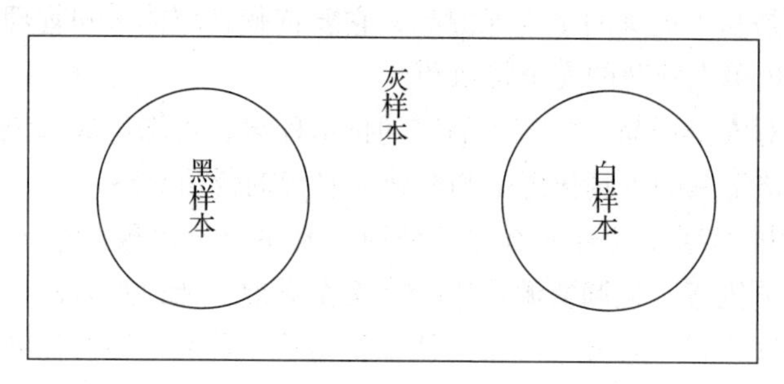

图 2-5　样本关系

整个样本集合可以分为前面提到的威胁样本即“黑样本”，正常样本即“白样本”，还有另外一种没有被判定为黑或白的样本，业内称为“灰样本”。这种灰样本的产生有两个原因：一是还没有被发现，例如新编写的软件程序；二是被发现了，但还没机会去判断或还无法判断它的黑白属性。比如我们在日常生活中碰到的骚扰行为，你说这种行为犯法，不对，但是你说正常，好像也不对，很多时候需要根据实际的场景来辅助判断。所以灰样本是黑样本与白样本的临界状态，在正常的理解中，临界状态的事物是少数派，而现实情况是，灰样本的数量要占到样本集合的绝大多数。

威胁识别的本质就是样本识别，所有威胁识别的过程，都是先基于样本分析得到样本特征，最终用这个特征来对灰样本进行匹配，能匹配黑样本库的就是威胁，能匹配白样本库的就是正常样本。

特征识别技术是威胁识别的核心技术，目前有两种流派。一种是早期出现的“特征码”（Signature）技术。特征码基于对样本的人工分析得到，相当于一个文件的“DNA”，只要提取得当，它可以覆盖同一类型或同一家族的众多样本。一个差的特征码只能覆盖几个样本，而一个好的特征码能够覆盖数百万的样本，因此特征码的样本覆盖数量就成了衡量好的病毒分析师的一个重要指标。

另一种是互联网时代出现的“哈希”（Hash）技术。哈希值基于对样本的自动分析得到，相当于文件的“指纹”。哈希是一种摘要算法，能够将任意长度的字符串处理成 128 位或 256 位的摘要字符串，根据不同的哈希算法，最终运算出来的数值会有不同的叫法，如 MD5 值、SHA1 值或 SHA256 值等，最常用的是 MD5 值。举个例子，一个文件的 MD5 值形式如“DF253827E7DF35DC41DA4A751CFAC8DB”，在绝大多数情况下，一个文件只有唯一的 MD5 值。

哈希算法有三个特性：一是对源文件任何一个小改动，都会造成哈希值巨大的变化；二是该算法是不可逆的，即根据哈希值无法倒推出原文件内容；三是哈希值可以由计算机自动生成。这三个特性使哈希算法成了互联网时代威胁标识的标准算法，也使得“哈希特征”成为威胁标识的“第二特征码”。

接着谈上面的漏报与误报话题。由于灰样本集的样本数量的不确定性，一定会出现漏报现象；由于灰样本集的样本行为的不确定性，一定会有一些样本的行为很难界定，条件松了，可能就漏报了，条件紧了，可能就误报了。尤其是在采用启发式技术、机器学习技术进行威胁识别的场景下，这种情况就更加明显，你需要不断地通过降低样本识别的精准度来降低样本识别的误报率。

2.4.3 测试悖论

在安全行业里，还有一种普遍存在的现象，就是甲方客户在做安全建设的过程中，往往会采用样本测试的方式来验证厂商提供的安全产品的有效性。根据前面提到的“推论2.2（能力不可证）”，安全厂商无法证明自己的产品是有效的，同样甲方客户也没有能力来证明。

但是，甲方客户在安全建设的过程中又需要一个依据，于是现实中的操作方式是：客户让所有参与厂商自己提供样本和测试方案，客户把所有样本混合起来，形成一个整体样本测试集，把测试方案也混合起来，形成一个整体测试方案，然后拿这个混合方案分别去测试各家的产品。

这里就会出现两种情况。一种是参测厂商在提供样本和方案之前，就已经预知了竞标的其他厂商，进而一定会挑出其他厂商都不满足的样本和测试方案。这种方式测出来的结果肯定是各厂商都有满足项，也都有不满足项，最后再综合其他部分的内容，最终形成一个厂商投标总分，然后按照分数情况决定最后的中标方。另一种就是厂商私下结盟，商量好配合机制，私下里互通方案，最终通过相互配合来共同完成这桩生意。

其实这两种结果都不是甲方客户想看到的，但是之所以还会采用这种方法，是因为到今天为止，整个行业还没有想到一个好的度量产品效果的方法，在后续的章节里，我们会对这方面内容展开论述。

2.4.4 云查杀悖论

在安全行业里，还有一个基于云查杀技术的“云查引擎”与基于特征查杀技术的“本地引擎”之争的经典例子（如图 2-6 所示）。

云查引擎的样本查杀能力是依赖于样本自动化收集、分析和处理机制的，通过遍布的终端节点和互联网的爬虫系统，能够收集海量的样本。

安全厂商利用历史数据，能够积累出庞大的黑样本库、白样本库和灰样本库，然后通过自动化分析机制，迅速将灰样本变成白样本库或黑样本库，在有良好的网络支撑的前提下，能够在不占用计算机本地资源的前提下，快速进行样本鉴定。即便是在企业的隔离网络环境下，也能通过私有云服务器来完成企业内网样本的快速识别和鉴定。

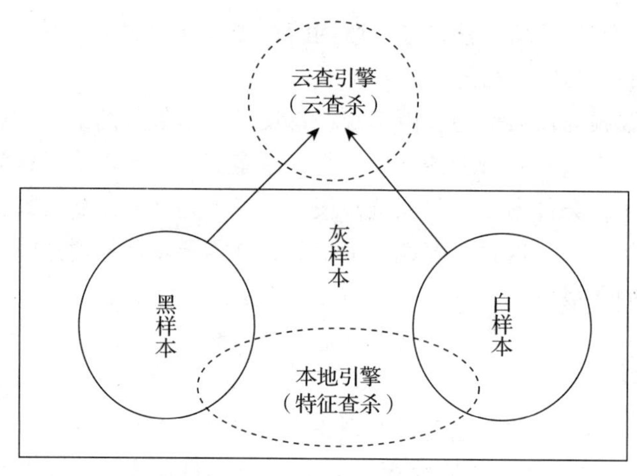

图 2-6 云查引擎与本地引擎

本地引擎是基于特征码的人工分析技术，就像上面提到的，云查引擎使用文件的唯一指纹即“哈希值”来做判定依据，而本地引擎使用文件的DNA即“特征码”来做判定依据。

本地引擎由于采用的是通杀机制，即上面提到的一条特征对应多个文件的模糊匹配模式，因此在一个封闭的网络，对于一些没有预先识别的样本，只要命中了模糊匹配的规则，就能有很好的检出率。而云查引擎是文件一对一的精确匹配模式，对于没有预先识别的样本，查杀率几乎为零。

而本地引擎的问题在于所有特征都在本地存储，内存占用和本地存储占用比云查引擎的大。也就是说，云查引擎是用网络访问和云存储空间来换取本地存储和内存资源的占用，更适用于互联网环境，而本地引擎则更适合应用于企业隔离网络。因此，用户可以根据要适配的环境来对安全产品做评估。

2.5 网络空间安全统一框架

2016年前后，国外的安全词典开始出现“Cyberspace Security”这样的词汇，国内都统一翻译成“网络安全”。今天，整个行业已经形成共识，都将它翻译成“网络空间安全”了。但是网络空间安全目前也只是停留在定义阶段，还没有形成清晰的概念共识。这里提出一个网络空间安全的概念框架——网络空间安全统一框架，以方便大家理解网络空间安全的完整概念（如图2-7所示）。

用信息化概念来描绘整个网络空间时，可以形成一个六层结构：终端层（Terminal Level）、局域网层（Network Level）、互联网层（Internet Level）、网络空间层（Cyberspace Level）、身份层（Identity Level）、信息流层（Information Flow Level）。

图2-7中倒三角的三个顶点，代表了网络空间安全概念中的三个元素：威胁、资产和

数据。其中资产是威胁的实施对象，主要是指各类IT基础设施；数据是指资产上承载的一切有价值的信息。

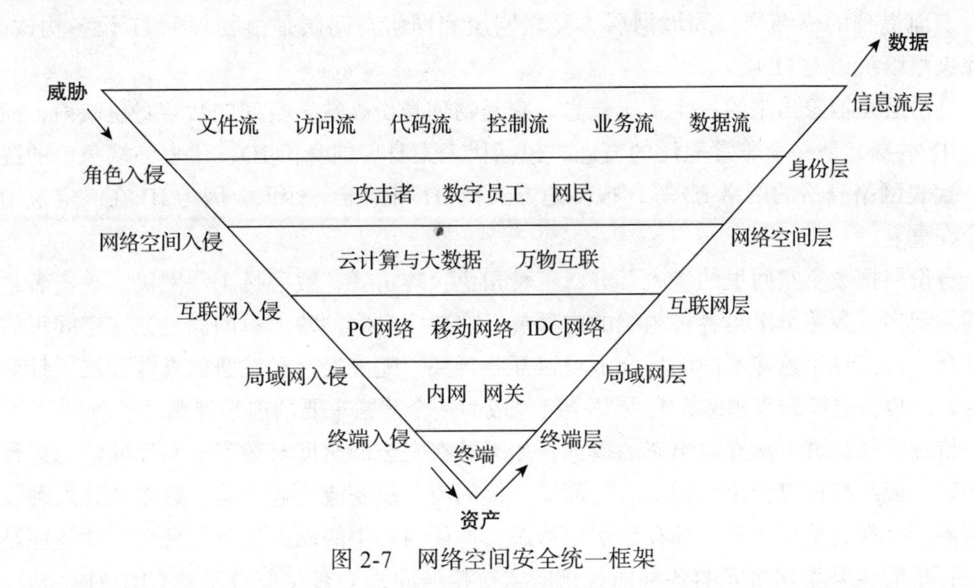

图2-7 网络空间安全统一框架

威胁、资产、数据三要素的关系是：所有威胁会沿着网络空间最外层逐步向内入侵资产，共有五种类型的入侵形式；入侵成功后，资产就会受到不同程度的影响或破坏；数据则会沿着由内向外的路径进行逃逸。通过图2-7可以看到，网络空间安全虽然复杂，但是核心任务却非常简单，就是要防止威胁对资产的入侵和数据向外的逃逸。

终端层的核心是各类终端。终端既是物理世界与数字世界的连接点和交互桥梁，又是数字世界的原点和构建数字世界的基石。一切数据与信息都从终端产生，终端可以是PC、移动设备、服务器这类办公终端，可以是打印机、扫描仪这类哑终端，可以是ATM、收银机这类自助终端，还可以是智能硬件、视频摄像头、闸机这样的IoT终端。

在终端层之上是局域网层。如果是个人环境，就叫家庭网络；如果是企业环境，就叫企业网络。企业网络也是我们常说的边界，它包括内网和网关两个概念。内网是个逻辑概念，它本身又包括三种状态：与互联网联通、逻辑隔离和物理隔离。大型企业会有多张网和多种状态并存的情况。网关是企业内部网络互联或与互联网连接的关口，这种互联依赖于交换机或路由器等网络连接设备。每个交换机或路由器所在的位置就是一个网关，所有安全硬件设备都会放置在这个位置，对进出的访问流量做分析或处置。

局域网层之上是互联网层，这是离我们每个人生活最近的一层，这里包括传统的三大网络：PC网络、移动网络和IDC网络。PC网络是承载个人用户的网络，就是我们常说的小区宽带网；移动网络是承载智能手机用户的网络；IDC网络是承载企业用户的网络，就是各个IDC运营商经营的数据中心网络。

网络空间层则是指在互联网的基础之上构建的云计算与大数据、万物互联等特殊的IT

形态。将云计算与大数据放一起说明的原因是它们的基础架构相同，构建安全解决方案的逻辑基本一致。万物互联是物物互联的网络形态，与互联网相交但不重合。

上面提到的终端层、局域网层、互联网层和网络空间层是由物理的IT设备构建的，因此也可以统称为IT层。

身份层是抽象出来的一个逻辑概念，它是物理身份在数字空间的数字身份映射，简称ID。ID本身又是一个非常宽泛的概念，包括代表人身份的身份ID、代表终端身份的终端ID、代表网络身份的网络ID等，很多地方又把ID叫作唯一标识，因为ID在一定范围内不允许重复。

身份层把数字空间里的“人”分成三种角色：攻击者、数字员工和网民。攻击者是威胁的发起者；数字员工是各种组织的内部员工在数字空间的映射；网民是数字空间里的普通群众。这三种角色在不同的场合下可以互相转换。随着安全和威胁的纵深发展，针对身份发起的攻击已经越来越多，身份安全已经成为一个非常重要的前沿课题。

信息流层是进一步抽象出来的概念，如果站在安全的角度对数字空间里的信息进行分类的话，最终都可以分成文件流、访问流、代码流、控制流、业务流、数据流这六种信息流对象。文件流是指各种外部存储中的静态文件或内存中的动态进程，恶意软件往往是该形态；访问流是指网络间的各种协议访问或链接访问，黑客攻击与恶意URL往往是该形态；代码流是指用脚本语言或编译型语言编写的源程序，软件供应链攻击往往会针对这一对象发起，漏洞和Bug也会在这里产生；控制流是数字世界产生的与配置、权限相关的信息流对象，木马、后门、越权攻击、弱口令攻击就是该形态；业务流是指数字世界产生的逻辑流转，业务欺诈、逻辑漏洞就是该形态；数据流是数字世界产生的各种有价值数据，数据泄露就是针对该形态的威胁后果。

网络空间无论如何分层，最终就是上述六种信息在流动，网络空间安全的本质，就是针对这些信息流里的威胁来进行相应的分析和处理。

第3章

威胁的演化路径与发展趋势

自从有了计算机威胁，就开始了与计算机威胁对抗的历史，至今人们已经与威胁对抗了三十多年，遭受了数不尽的财产损失。但是直到今天，我们其实还没有认真思考过，威胁到底是什么？威胁是如何演化的？未来它又会如何发展？

下面让我们正式进入威胁的技术文化体系当中，解开威胁的正确认知方式。

3.1 威胁的演化路径

就像黄、绿、蓝三原色能够幻化出无穷的色彩，构造出七彩斑斓的自然世界一样，前面提到的威胁要素就像这样的基础变量一样，它们随着时间、环境的变化不断演化，形成了今天我们不得不面对的无法穷尽的“威胁宇宙”。

然而，看似无穷又无序的威胁集合，当我们用某种方法对其进行分解时，威胁会呈现出一些规律性的特征，我们现在就沿着威胁的演化路径来看看（如图 3-1 所示）。

整个威胁路径会沿着威胁要素→威胁技术→威胁利用→威胁后果这样的脉络发展，即威胁要素会产生威胁技术，各种威胁技术融合会产生典型的威胁利用场景，不同的威胁利用场景会造成不同的威胁后果。

安全的使命，就是要不断地了解威胁技术，与典型的威胁利用场景对抗，最终防止或消除这些威胁造成的后果。

恶意软件的体系化发展产生了病毒技术，入侵的体系化发展产生了黑客攻击技术，漏洞的存在孕育了漏洞利用技术。

威胁技术在不同时间、不同环境的应用，就产生了各种威胁利用的安全事件。对目前出现的所有安全事件进行归类，大致可以归为十种威胁利用形态，图 3-1 中按照出现的大致时间顺序进行了排序。其中病毒攻击（Virus）、黑客入侵（Hack）、互联网诈骗（Internet Fraud）可以被大致认为是单一技术应用而产生的威胁利用形态，如病毒技术的直接应用就导致了病毒攻击，黑客技术的直接应用导致了黑客入侵和互联网诈骗。

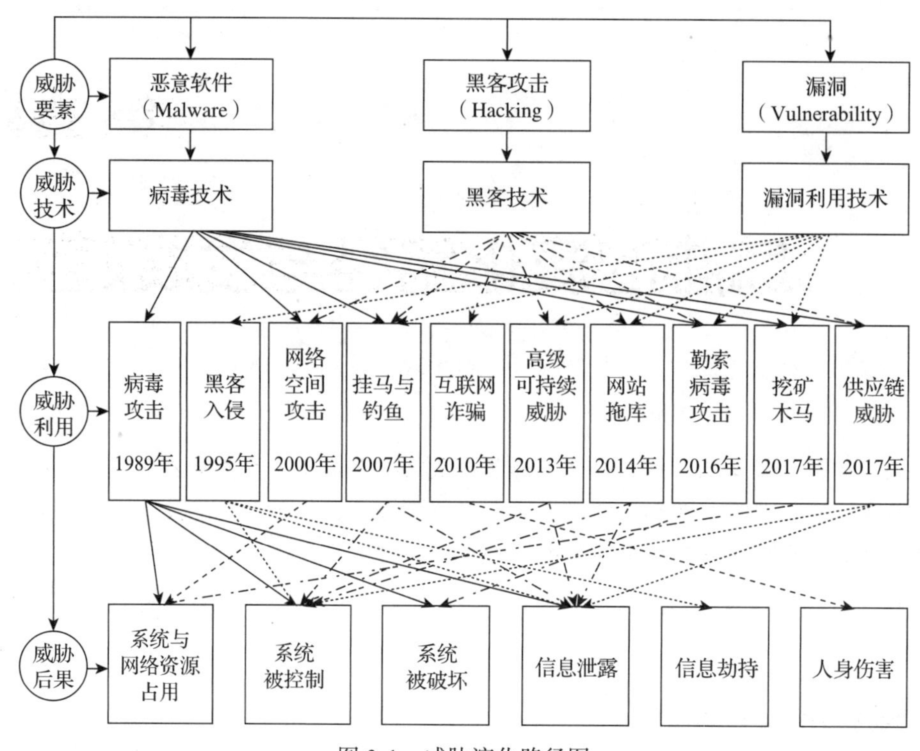

图 3-1 威胁演化路径图

而网络空间攻击（DDoS/CC）、挂马与钓鱼（Fishing）、高级可持续威胁（APT）、勒索病毒攻击（Ransomware）、挖矿木马（Coin Miner）、供应链威胁（Supply Chain Threat）这六种威胁利用形态则是以上威胁技术的综合利用产生的结果，由于会产生极大的经济利益或政治利益，这六种威胁利用形态往往是团队协作的产物，属于复杂的或高级的威胁利用形态。

从威胁技术向威胁利用形态的射线图可以看出，绝大多数的威胁利用形态都与病毒技术和黑客技术有关，因此在绝大多数情况下，安全问题就演变成了如何与病毒、黑客进行有效对抗的问题。

上面提到的这十种威胁利用形态最终产生了六种威胁后果：系统与网络资源占用、系统被控制、系统被破坏、信息泄露、信息劫持和人身伤害。如果我们从威胁利用维度看，比如病毒攻击往往会诱发系统与网络资源占用、系统被控制、系统被破坏、信息泄露等多种风险，而网络空间攻击则只会产生系统与网络资源占用这一种后果。

如果从威胁后果维度看，系统与网络资源占用、系统被控制、系统被破坏、信息泄露这四类威胁后果是由多种威胁利用形态导致的，而其中导致信息泄露和系统被控制的威胁利用种类最多。

虽然互联网诈骗早期只是造成个人经济损失，但是近年来由于互联网诈骗事件泛滥导致了“人身伤害”这样的严重后果，造成了恶劣的社会影响，因此防欺诈迅速成长为一个新的产业形态。

综上可以看出，威胁路径图是一个很好的分析威胁事件和判断安全产品的工具。比如大部分人看到信息泄露，就会理解为数据安全问题，甚至数据安全厂商也会打着防止信息泄露的旗号。其实数据安全解决的是如何防止企业内部网络中的密级数据外泄，而黑客通过漏洞利用导致网站数据被盗窃这种情况不属于数据安全的范畴。

通过威胁路径图我们可以看到，信息泄露后果是由病毒攻击、黑客入侵、挂马与钓鱼、高级可持续威胁、网站拖库、供应链威胁等多种威胁利用形态产生的，每种威胁利用形态的解决方法是不同的，因此可以说，某种安全产品具备防信息泄露的能力，但是市场上不会出现通过单一的产品就能解决信息泄露问题的安全解决方案。

通过对这些威胁的分解与分析，能够清晰地看到威胁的全过程，但是从实际已经发生的情况来看，病毒与黑客这两个变量是“威胁宇宙”里最主要的两极，也因此产生了两大技术与文化流派。

3.2 病毒的演化

虽然病毒与黑客是威胁的最重要两极，但是准确地说，安全产业的发源是从计算机病毒开始的。病毒就像信息世界里的幽灵，无所不在又无处寻觅。它以亿万财富的瞬间消失为代价成了一个家喻户晓的社会性概念，也使得杀毒软件成为仅次于操作系统的第二大装机软件。

大家习惯把跟病毒的对抗过程称为“魔道之争”，取“魔高一尺，道高一丈”之意，形象地表达了杀毒领域这种螺旋上升的动态对抗特点。

虽然现在提起早期的病毒已经没有太大的意义——它们早已湮没于信息世界的长河之中，但是只有解读历史，才能更好地看到未来，尤其是杀毒软件是紧跟着病毒的发展而发展的，因此有必要重温一下病毒发展的脉络，看看整个病毒的发展简史。

3.2.1 病毒的起源

谈起病毒起源，目前有两种说法：一种是贝尔实验室的“磁芯大战”（Core War）起源论；一种是巴基斯坦兄弟的“大脑”(C-Brain）病毒起源论。

第一种说法是：相传在20世纪60年代，贝尔实验室的三位年轻人麦耀莱、维索斯基和莫里斯在工作之余发明了“磁芯大战”计算机程序游戏，该游戏便是病毒的起源。其实，对“磁芯大战”进行完整描述的是琼斯（D. G. Jones）和杜特尼（A. K. Dewdney）于1984年3月在《科学美国人》（*Scientific American*）杂志上发表的文章“磁芯大战指南”（Core War Guidelines）。

“磁芯大战”使用一种被称为“红码”(Redcode)的汇编语言编写，运行在一个被称为Core的有8000个地址队列的循环空间中，通过一个名叫MARS（Memory Array Redcode Simulator）的程序来执行多个“对战程序”(Battle Program)。

MARS以一种“多用户、单任务”的模式来执行对战程序，游戏一开始，MARS会将两段对战程序随机分配在内存地址中，这两段对战程序互相不知道对方的位置。然后MARS通过“轮询”的方式来分别执行两段对战程序，即A对战程序执行一步，B对战程序再执行一步，依次循环往复。两段对战程序在内存中移动的同时，可以用数据来填充移动过的地址，假如A对战程序移动到一个新的地址上，碰巧该地址上存在B对战程序，则B对战程序被清除，成为失败者，以下为对战时的场景（如图3-2所示）。

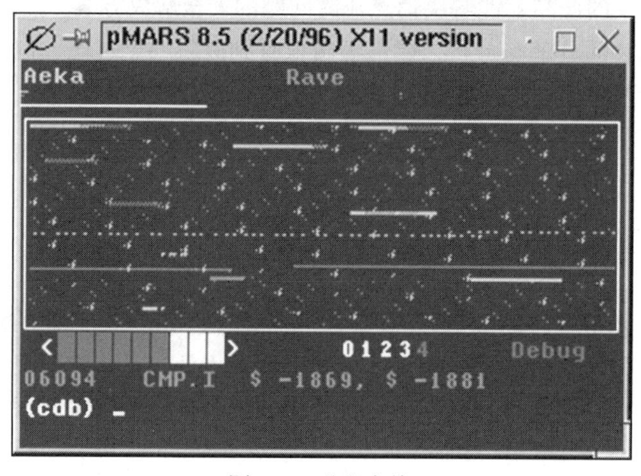

图3-2　磁芯大战

通过上述介绍大家会发现一个事实，就是“磁芯大战”其实跟之后出现的计算机病毒并没有直接的关系，本身只是一个供娱乐的游戏程序，可能对战程序之间“厮杀”的特性让人们能够联系到生物界的“病毒”，就像许多人把冯·诺依曼称为计算机病毒先驱一样，许多人也把“磁芯大战”称为病毒的始祖。

事实上，整个业界更倾向于将“大脑”病毒称为世界上第一个计算机病毒，该病毒又被称为“巴基斯坦兄弟”病毒。

“大脑”病毒是1986年1月，由一对巴基斯坦的兄弟巴斯特（Basit Farooq Alvi）与阿姆捷特（Amjad Farooq Alvi）所编写，运行在微软公司推出的命令行操作系统MS-DOS的环境下。巴基斯坦兄弟编写该病毒的主要目的是防止他们的软件被盗版，只要有人盗拷他们的软件，“大脑”病毒就会发作，发作时会将软盘的标签改为“©Brain”，并出现类似图3-3所示的信息。

```
Welcome to the Dungeon

(c) 1986 Basit & Amjad (pvt) Ltd.
BRAIN COMPUTER SERVICES

730 NIZAB BLOCK ALLAMA IQBAL TOWN

LAHORE-PAKISTAN

PHONE :430791,443248,280530.
Beware of this VIRUS....
Contact us for vaccination...........
$#@%$@!!
```

图 3-3 “大脑”病毒发作现象

“大脑”病毒属于引导区病毒，是通过改写软盘的引导扇区（Boot Sector）程序来运行的，并通过钩挂硬盘的 INT13 中断来达到隐藏自身的目的。“大脑”病毒真正地打开了病毒世界的潘多拉魔盒，而 1988 年，“小球”病毒正式登陆中国，成为中国境内被发现的第一个病毒，从此之后，便上演了轰轰烈烈、经久不衰的“魔道之争”故事。

3.2.2 种类的启蒙

这里的病毒指的是广义的病毒，即我们在正式场合下说的“恶意软件”（Malware）。很多人谈论病毒，都会从隐藏性、潜伏性、传播性、可触发性、表现性、破坏性等特征属性的维度来谈。实际上，病毒在三十多年的发展过程中，已经是一个百亿量级的庞大家族，不同时期也出现了不同目的、不同特性、不同形态的病毒，用通用特性已经很难完整和清晰地描述病毒这一庞大的群体。因此了解病毒的最佳方式，就是从病毒种类开始。

随着安全技术与理念的发展，有许多历史上的病毒分类方法已经不适用了，目前还适用的有三种：一是用生存环境来区分病毒的**环境分类法**；二是用存在的形态来区分病毒的**形态分类法**；三是用行为特性来区分病毒的**行为特性分类法**（如图 3-4 所示）。

这三者的关系是：在同一环境下的病毒可以分为不同的形态，同一形态的病毒有可能有不同的行为。行为特性分类法由于跟病毒的命名法紧密相关而成为目前病毒分类的事实标准。

1. 环境分类法

按照病毒的生存环境，病毒可分为 DOS 病毒、Windows 病毒、Unix/Linux 病毒、Android 病毒、macOS/iOS 病毒。DOS、Windows 是微软公司出品的操作系统，其中 DOS 操作系统主要应用于 PC，而 Windows 操作系统则广泛应用于 PC、服务器、上网本、嵌入式计算机等领域；Unix/Linux 主要应用于服务器领域；Android 操作系统是谷歌公司出品的智能手机操作系统；macOS/iOS 是苹果公司出品的，前者是 PC 操作系统，后者是跟 Android 并列的智能手机操作系统。

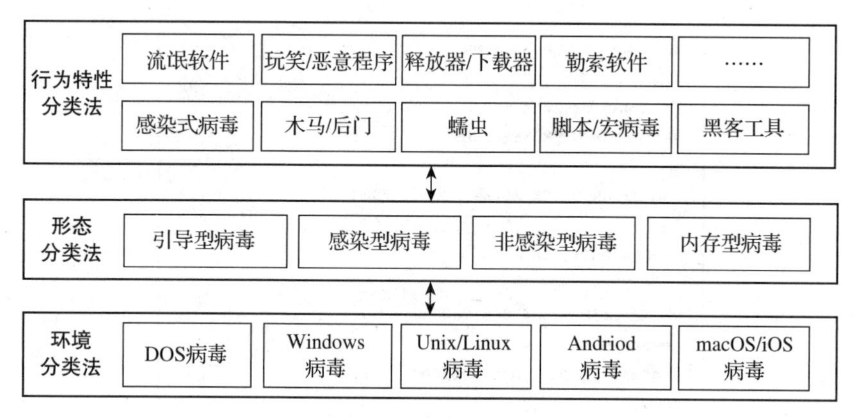

图 3-4　病毒分类法

DOS 病毒随着 Windows 操作系统的兴起而退出了历史舞台；Unix/Linux 由于个人用户基数小、发行版本众多、内核开源等特点而病毒数量极少；macOS/iOS 用户基数也小，而且应用环境封闭，因此病毒数量也极少。目前主流的病毒还是以 Windows 病毒与 Android 病毒为主，占了病毒总数的 99.9% 以上。

2. 形态分类法

按照病毒存在的形态，病毒可分为引导型、感染型、非感染型、内存型四种。

引导型病毒是指通过操作系统引导扇区感染和传播的病毒。我们知道，就磁盘来说，无论是软盘、硬盘还是 U 盘，最小单位都是扇区，而无论是 DOS 操作系统还是 Windows 操作系统，在磁盘的（0,0,1）号扇区里都存在一个主引导程序（MBR），在磁盘的（0,1,1）号扇区里存在一个引导程序（Boot Loader），主引导程序主要用于识别磁盘的分区，而引导程序主要用于引导后续的操作系统。

基本上，一个 PC 加电后，会先执行主板上 BIOS 芯片里的程序来进行硬件的自检，硬件自检完成后就会读出引导扇区的程序来加载软件操作系统。因此可以简单地认为，引导扇区是介于硬件系统与软件系统之间的连接层，当病毒藏匿于该区域后，基本上是跨操作系统的，需要用特殊的方法清除。由于操作系统会把（0, 1, 1）号扇区当作第 1 个起始扇区，因此当病毒藏匿于（0, 0, 1）号扇区时，就会出现即使是用操作系统的格式化命令也无法清除该病毒的情况。

感染型病毒是以操作系统中的正常可执行文件为宿主，将自身病毒代码寄生到可执行文件体内的病毒，即我们经常说的“Virus”；非感染型病毒是自身就是操作系统的一个可执行文件的病毒；内存型病毒是自身没有文件实体，依靠网络从一台计算机的内存传播到另一台计算机的内存的病毒。

之所以要从病毒存在的形态来对病毒进行分类，是因为这几类病毒的清除方式是完全不同的。引导型病毒由于形态是扇区级的代码，因此只能用非常底层的扇区级操作来清除。虽然感染型和非感染型病毒都是以文件形态存在的，但是它们的清除方法却不同：感染型病毒需要完全解析被感染的可执行文件的结构和完全理解病毒代码，将病毒代码摘除后，还需要将被感染文件完全还原并保证其可用，这个过程只能借助于有经验的病毒分析工程师来完成，有时候还需要编写一些专门的病毒清除程序；非感染型病毒的清除则简单得多，直接将病毒文件删除即可。内存型病毒目前数量很少，对它们的清除只能通过内存监控的方式进行。

3. 行为特性分类法

按照行为特性，病毒可以分为以下二十一种类型：感染式病毒（Virus）、蠕虫（Worm）、木马（Trojan）、后门（Backdoor）、黑客工具（Hacktool）、脚本病毒（Script）、宏病毒（Macro）、玩笑程序（Joke）、捆绑器（Binder）、恶意程序（Harm）、损坏程序（Junk）、释放器（Dropper）、下载器（Downloader）、广告软件（ADware）、色情软件（Pornware）、间谍软件（Spyware）、行为记录件（Trackware）、病毒壳（Packer）、病毒生成器（Constructor）、内核病毒（Rootkit）、勒索软件（Ransomware）。

当然，不同的厂商会有自己定义的不同的类型，上面的二十一种类型是行业公认的基础病毒类型，为了便于理解，我们再将这二十一种病毒类型简单进行一下聚类，按照共性归成十个子类（如表 3-1 所示）。

表 3-1 病毒类型的聚类

序号	聚类	病毒类型
1	单机环境类	感染式病毒
2	局域网环境类	蠕虫
3	互联网环境与黑产类	木马、后门、黑客工具
4	脚本环境类	脚本病毒、宏病毒
5	X-File 类	玩笑程序、恶意程序、损坏程序
6	病毒工业化类	病毒壳、病毒生成器
7	流氓软件与灰产类	广告软件、色情软件、间谍软件、行为记录件
8	APT 类	捆绑器、释放器、下载器
9	内核对抗类	内核病毒
10	新型黑产类	勒索软件

感染式病毒可以单独归为一类。它是最古老的病毒品种，它只感染系统的可执行文件，可以将自己植入目标文件体内，或驻留内存，或加密变形，一旦中招，很难清除。杀伤力极强的 CIH 就是这类病毒，它会在系统里的所有可执行文件中都插入它自身的病毒代码，只要文件运行，就会优先获得执行权。这类病毒在感染过程中如果损坏了目标文件，那么这个文件就无法正常恢复了。这类病毒是单机时代的产物，通过文件进行传播，以消耗计算机系统资源为主要目的。

蠕虫可以单独归为一类。蠕虫是利用网络漏洞传播的病毒，如果说感染式病毒的传播载体是文件，那么蠕虫的传播载体则是内存和网络，它会通过漏洞直接进入目标计算机的内存，在内存里开始枚举网络中相邻的其他计算机，如果有漏洞就自动入侵，然后重复上述的感染过程，由于是链式反应，因此一旦爆发，就会带来大规模的网络阻塞，像红色代码、冲击波就是这类病毒。这类病毒是局域网络时代的产物，通过局域网漏洞传播，以消耗内部网络带宽资源为主要目的。

木马、后门、黑客工具可以归为一类。木马是数量最多的病毒，约占整个病毒样本集的40%，也是目前最主流的形式。它的特点是不会自我复制，往往通过邮件、网页挂马链接、网页漏洞、即时通信软件等媒介进入用户计算机中，然后就隐藏在后台自动运行，或者给系统开一个后门，等待远程控制程序的指令，或者将用户计算机变成一台被操纵的僵尸机器，或者偷盗用户计算机上的账号和密码等信息。该病毒名称的来源正是“特洛伊木马”的故事，表面上看是一个正常的网络程序，实际上做的是控制用户计算机、盗取信息的事。后门则以开辟网络访问的隐匿通道为主要目的。黑客工具以攻击或控制目标计算机为主要目的。往往一个典型的配合是：木马通过网页或邮件进入用户计算机系统中，然后释放一个后门程序，建立一个远程连接通道，木马程序通过后门程序和远程的黑客工具相连，将用户的信息盗出后传递到远程的黑客工具上，或者黑客通过黑客工具给用户计算机上的木马发送系统控制指令。这三类病毒是互联网时代的产物，利用互联网进行传播，以控制系统和盗取信息为目的，它们的存在往往同经济利益相关，属于“黑产类”病毒。

脚本病毒、宏病毒可以归为一类。脚本病毒是利用脚本语言编写的病毒，如利用JavaScript语言编写的JS脚本病毒、利用VBScript语言编写的VBS脚本病毒、利用PowerShell脚本语言编写的PS脚本病毒等。这类病毒本身编写容易，基本上以网页为感染和传播介质，由于是解释型语言，因此本身的哈希值极易被改变，只能通过人工分析提取特征，或者构造一个脚本语言解释器来自动提取特征。事实上，宏病毒也是一种脚本，它只存在于微软Office系列办公软件之中，使用Office软件里的宏语言编写，但是由于它的影响太大，而且清除方式跟脚本病毒不太一样，因此单独列出一类。这类病毒是紧随时代变迁的病毒，不同时期流行不同的脚本语言，就产生不同类型的脚本病毒，它目前也往往和木马、后门进行配合，形成综合的破坏力。

玩笑程序、恶意程序、损坏程序可以归为一类。玩笑程序是指运行后不会对系统造成破坏，但是会对用户造成心理恐慌的程序。比如一个程序，你点击运行时，会提示要格式化你的硬盘，但是结果什么也没发生。恶意程序是指那些不传播也不感染，运行后直接破坏本地计算机（如格式化硬盘、大量删除文件等），导致本地计算机无法正常使用的程序。损坏程序是指包含病毒代码但是病毒代码已经无法运行的残缺病毒文件。这三类程序都是既不传播也不感染的，很难界定为病毒，但是它们又对用户造成了侵扰，因此很多时候这类程序也被称为“X-File”，即未知文件。这类病毒也是单机时代的产物，随着互联网的发展很快就消亡了，属于“骚扰类”病毒。

病毒壳、病毒生成器可以归为一类。“病毒壳”是指使用某种压缩或加密的算法对恶意代码进行加密和压缩的工具，目前是对可执行文件进行自动的变形，这类壳有个特点，就是壳非常小，往往是自解压，不用使用任何辅助程序，在商业领域可以用于软件保护，而在病毒领域就是为了“过杀软”，即阻碍杀毒软件的正常识别。“病毒生成器”内置加密和变形引擎，能够批量产生出“哈希值”完全不同，但是功能相同的恶意程序。这两类病毒都是用自动化技术来对抗杀毒软件的，因此属于“工业化”类病毒。

广告软件、色情软件、间谍软件、行为记录件可以归为一类。广告软件运行时会弹出广告。色情软件运行时自动链接色情网站。间谍软件运行时能够偷偷执行某些恶意任务。行为记录件是记录用户的计算机操作行为的恶意软件。这几类病毒国内有一个统一的名字“流氓软件”，特指一些用极端手段编写的带有商业目的的软件。这类病毒是互联网发展初期的产物，在大家都在抢用户的蛮荒时代，流氓软件大量出现，它们可以被称为“灰产类”病毒。

捆绑器、下载器、释放器可以归为一类。捆绑器能够将一个恶意软件和一个正常程序打包成一个文件，打包后的文件在执行时会优先在后台运行恶意软件，然后再运行正常程序，用户以为在运行一个正常的程序而对恶意软件毫无察觉。下载器运行时会自动链接某个网站，自动下载最新版本的恶意程序。释放器本身没有危害，只是运行时会释放出多个有危害的恶意文件。而在现实中，一个下载器往往会先下载一个释放器，释放器到本地后再释放出木马文件。通过这些描述你能够很清楚地知道，这几类病毒都是在伪装自己，而且用简单的手法就能改变自身的哈希值，可以很轻松地骗过云查杀引擎，而像下载器、释放器这种互相配合的分段式攻击是 APT 攻击里常用的手法，因此可以将这类病毒归为“APT 类”病毒。

内核病毒可以单独归为一类。它是一种越权执行的恶意软件，它设法让自己达到和内核一样的运行级别，甚至进入内核空间，这样它就拥有了和内核一样的访问权限。本来 Rootkit 是 Linux 操作系统的概念，从字面上看就是拥有 Root 权限的工具箱，是指能够以透明的方式隐藏于系统，并获得 Linux 系统最高权限的一类程序，而后来被病毒制作者借鉴。病毒的 Rootkit 技术指的是那些能够绕过操作系统的 API 调用，直接利用更底层的调用来接管操作系统的高级 API 调用，当有程序试图查找它们时，便返回假信息，从而隐藏自己的技术。由于目前的杀毒软件都是直接调用系统 API 来进行病毒扫描的，因此采用这种技术的病毒，都能够轻松躲避杀毒软件的查杀。如果从引导区就开始入侵，则被称为 Bootkit，我们知道引导区病毒是 DOS 时代的产物，那么这类病毒跟前面讲的引导区病毒有什么区别呢？区别在于 DOS 时代感染引导区就是目的，会通过软盘去感染更多的软盘或硬盘的引导区。DOS 操作系统是运行在“实模式”下的操作系统，而 Windows 操作系统运行在“保护模式”下，因此早期的引导区病毒很难对今天的 Windows 操作系统再造成伤害。而 Rootkit 入侵引导区的目的是在操作系统运行之前先运行自己，然后再进一步进入操作系统内核从而控制整个操作系统，是一种更高级的技术手段，在流氓软件初期，很多流氓软件都会采用类似的技术来保护自己，因此很难真正清除干净。

勒索软件可以单独归为一类。勒索软件又叫勒索病毒，是至今为止唯一一种无法完全清除和追踪的病毒。这类病毒会通过系统漏洞进行传播，运行时会利用高阶加密手段，将本地计算机上的文档文件全部加密，而且采取的是非对称加密方式，一次一密，保证每台计算机的解密密钥都不相同。要想解密，就必须通过加密网络来支付比特币赎金，造成整个过程都无法追溯。当支付赎金后，病毒会自动通过在线的方式发送解密密钥。当用户中招时，一般情况下，只有支付赎金一条路，因此该病毒只能事前预防，不能事后清除。当然，由于编写水平的差异，勒索病毒里也有少部分是可以解密的。勒索病毒自产生开始，已经有近百个家族，近万个变种，是目前病毒发展的最新形态，也是至今还在不断给企业带来大量危害的"威胁新物种"。

3.2.3　典型的家族

虽然上面对二十一种病毒类型都进行了简单的描述，但是实际危害最大、数量最多的是感染式病毒、蠕虫、木马、脚本病毒、流氓软件、勒索病毒这六类，它们占据了整个病毒样本集的99%以上。勒索病毒由于其特殊性，后面会专门论述，在这里就先详细介绍一下前面的"黑五类"。

1. 逝去的感染式病毒

感染式病毒是最古老的一种恶意软件，技术含量最高，也是与操作系统联系最为紧密的一种恶意软件。每次操作系统的变革，总会产生一些经典的病毒，如DOS时代的"大脑"病毒、Windows时代的"CIH"病毒等。

首先需要搞清楚的是，感染式病毒只针对系统中的可执行文件，在DOS操作系统环境下，就是扩展名为EXE和COM的文件，在Windows操作系统环境下，就是我们常说的PE格式的文件，它是微软创造的一种能够执行代码的文件，扩展名为EXE、SYS、DLL的文件都是这类格式。

（1）感染形态回顾

感染式病毒的形态分为两种：一种是文件型，一种是内存型。文件型是指病毒将自己的代码插入可执行文件中，当该文件运行时，会感染其他可执行文件，感染速度比较慢；内存型是指带毒可执行文件运行时，会驻留内存，即使带毒文件退出内存，病毒还是会继续待在内存中，只要打开任意可执行文件，都会触发病毒的感染动作，因此这类病毒感染速度极快。Windows操作系统是建立在CPU保护模式基础上的按权限来运行的新型操作系统，它的出现已经让内存型的感染式病毒消亡了，而随着Windows操作系统的升级，安全机制越来越多，安全性越来越高，感染式病毒已经难以存活了。另外，编写感染式病毒本身也带不来更多的经济利益，因此研究这类病毒的VXer也越来越少了，不过这类病毒最独特的地方就是它们的感染方式。

（2）感染方式一览

感染式病毒的感染方式有感染头部、感染中间、感染尾部和分段感染四种（如图 3-5 所示）。

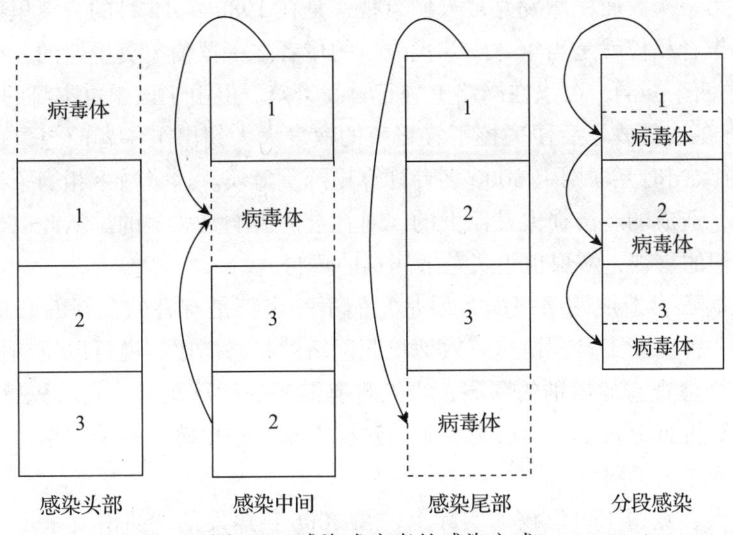

图 3-5　感染式病毒的感染方式

感染头部是病毒将自身代码放入正常文件的头部，文件执行时先运行病毒代码；感染中间是病毒将自身代码放入正常文件的中间，然后将中间代码移到尾部，运行时先跳转到病毒代码执行，病毒执行后将移走的文件块在内存中再还原；感染尾部是将病毒代码放到文件尾部，运行时会直接跳转到尾部去先执行病毒代码；分段感染是病毒将自身代码打散到可执行文件其他部分的感染方式，运行时会先执行一个病毒代码拼接的动作。从图 3-5 可以看出，分段感染方式是不会增加文件长度的，因此隐蔽性更好。事实上，CIH 就是利用这种方式感染 Windows 操作系统文件的。

从图 3-5 还可以看到，由于感染式病毒对目标文件进行了修改，而且修改的方式各不相同，因此要针对每个感染式病毒进行单独分析。简单的感染式病毒可以通过通用修复方法来清除，而复杂的往往还要单独编写修复程序，因此感染式病毒的清除难度是最高的。由于每个病毒的编写水平不同，有可能还会出现感染时部分损坏目标文件的情况，这样就会导致清除病毒的同时带来目标文件的损坏。

（3）病毒防治

从上面的描述中可以看出，此类病毒一旦感染，只能用专杀工具或专业的杀毒软件来处理，不可能用手工的方式来进行应急处理。不过幸运的是，研究此类病毒的人已经越来越少，目前市场上几乎所有的杀毒软件都能处理此类过时的病毒。

2. 离不开网络的蠕虫

虽然病毒都有网络化的趋势，但是蠕虫才是真正意义上的网络病毒，因为它从诞生的那一天起就没有离开过网络。蠕虫这个名字形象地说明了它的特点，就是像虫子一样，从网络的一台计算机爬行到另一台计算机，不停地繁殖自己。

（1）蠕虫由来

蠕虫真正第一次大面积爆发并被人们重视，是在1988年12月的“莫里斯蠕虫”事件中。该病毒的作者相传就是当年“磁芯大战”的作者之一罗伯·莫里斯的儿子。该蠕虫利用Unix系统的两个漏洞，可以在网络上进行自我繁殖。但由于该蠕虫本身的Bug（程序中的错误），病毒在被释放之后便失控了，繁殖的速度大大超出了作者的想象，这个小小的“虫子”最终导致当时互联网上6000多台计算机严重瘫痪。这个数字相当于当时全世界一半的网络节点，造成的经济损失是巨大的，对社会的影响是恶劣的。从此以后，蠕虫的破坏性得到了人们的重视，蠕虫也正式登上病毒的舞台。

虽然蠕虫病毒会造成网络瘫痪，但是它们不一定都是有害的，好的蠕虫病毒还可作为网络设备的一种诊断工具，快速有效地检测网络的状态。比如说可以研制出一种漏洞蠕虫，这类蠕虫会检查它能识别的漏洞，当发现有漏洞的计算机时，它就先感染该计算机，再自动帮该计算机打上补丁，然后再自杀，这样一来，蠕虫感染一遍网络，网络中的漏洞就没有了，等于加固了网络。

也许有些人会觉得不可思议，实际上，在2005年爆发的“冲击波杀手”就是这样的蠕虫，它就是利用“冲击波”病毒使用的漏洞进行传播，然后检查该计算机是否有冲击波病毒，如果有就把该病毒杀掉，只不过由于该病毒本身也存在Bug，因此才好心办坏事，又造成了新一轮的病毒泛滥。

（2）蠕虫入侵

蠕虫程序一般由两部分组成：主模块和引导模块。主模块会收集与当前计算机联网的其他计算机的信息，然后尝试利用系统漏洞在这些远程计算机上建立其引导程序，这个引导模块又把蠕虫病毒带入它感染的每一台计算机中。

蠕虫常驻于一台或多台计算机中，并有自动重定位的能力。由于蠕虫是通过网络进行传播的，因此每一个蠕虫都内置了一个网络扫描器，每一个蠕虫在被激活时的第一件事就是扫描周围的计算机，看看有没有其他有同样漏洞的计算机。有的蠕虫为了能广泛地感染计算机，还设置了不重复感染机制，只在检测到网络中的某台计算机未被感染时，才把自身复制到那台计算机中。

每一个被复制的蠕虫都能识别它将要感染的计算机和本身占用的计算机，从而在网络上的每一台计算机中运行。因为它有繁殖性，所以蠕虫病毒在大面积泛滥时会大量占用网络资源与系统资源，造成网络阻塞甚至瘫痪。因此蠕虫病毒爆发造成的损失是空前的。

上面提到的蠕虫是具有网络特性的网络蠕虫，此外还有邮件蠕虫，这类蠕虫自身内建SMTP邮件发送引擎，只要感染计算机就会主动寻找用户的通信录，然后根据联系人名单把自己作为附件发送出去。既然是通过邮件传播，社会工程学的应用是少不了的，这些蠕虫会生成一封可读性很强的信件来迷惑收到邮件的人。比如2001年爆发的“求职信”病毒，它发送的信件的内容就是一封想要找工作的求职信件，如果有哪些公司急需人才的话就会很容易上当。

邮件蠕虫泛滥的直接后果也是阻塞网络，不过跟上面提到的网络蠕虫不同的是：网络蠕虫是利用系统未打补丁的漏洞进行传播，只要漏洞打了补丁，病毒就无法再进行传播了，像冲击波这类病毒在经过一周的传播周期后会突然消失，就是这个原因；而邮件蠕虫是基于信任链传播的，并且不依赖于漏洞，因此只要病毒编写得足够好，这类病毒就会长期在网络中震荡、生生不息，虽然也有爆发周期，但是周期过后依然会“细水长流”。

（3）蠕虫发展

蠕虫的发展可分为三个阶段。第一个阶段是从1988年到1998年，即从第一个蠕虫“莫里斯”产生到中国互联网逐渐成熟。在此期间，无论在危害上，还是在传播范围上，蠕虫病毒并不占主要地位，这一阶段病毒主要攻击的对象不是Windows平台，而是UNIX、Macintosh等国内并不常用的平台，自然普通老百姓遇到它的机会也就非常小。

第二个阶段是从1999年到2015年，这段时间是互联网快速发展的时期，因此蠕虫病毒也得到了广泛的发展，逐渐在病毒排行榜上占据了绝对优势，从数量上和危害程度上都占据了主导地位。这一阶段的蠕虫跟第一阶段的蠕虫有很大不同，首先是攻击对象以Windows平台为主，其次是采用各种手段诱骗用户点击。随着互联网的广泛应用，邮件蠕虫成为蠕虫作者最爱使用的传播方式。后来出现了像“尼姆达”这种有着感染式病毒属性的复合型蠕虫。

第三个阶段是2015年之后，随着Web业务和云计算的发展，蠕虫进入了平稳发展期，到如今蠕虫虽然在企业内部还是感染数量最多的病毒类型，但是已经没有大规模爆发的恶性事件了。

（4）蠕虫防治

蠕虫的通用防范思想就是掐断传播途径。对于网络蠕虫，最简单的方法就是定期给操作系统打补丁，使这类蠕虫无漏洞可用。对于邮件蠕虫，需要在公司的邮件服务器上设定邮件过滤规则，以防止邮件蠕虫在内网爆发并阻塞网络。

3. 无处不在的木马

木马是绝对数量最多的病毒种类，无论去看哪家的病毒库，都会发现木马病毒要占到病毒总数的一半以上。这固然是因为木马病毒相对比较容易编写，更重要的是木马可以实现人们的一些经济目的。

（1）木马往事

木马的名称最早源于古希腊“木马屠城”的故事，因为特洛伊城就是被藏在超大木马里的士兵攻陷的，所以木马病毒又被称作“特洛伊木马”。早期的木马程序都有着好看的界面或者看似正常的外表来诱使用户运行，在背地里执行一些见不得人的勾当，特别像木马屠城里的场景。不过如今的木马已经没有了好看的外表，也变得更加隐蔽了。因此现在木马的定义已经变为：通过网络潜入并隐藏在操作系统中，伺机窃取或者通过网络非法获得用户私密数据的一类恶意软件。

现在的木马定义我们很难和木马屠城的故事联系在一起，而更容易想到的是间谍，那是因为木马从诞生到现在，已经发生了很大的变化，离木马的形象越来越远了。因此，只有了解了木马病毒的形态，才能真正了解木马病毒的含义。

最早的木马病毒不如现在的复杂，它是一些虚假的登录程序，这种程序首先被人为或者通过网络释放到计算机中自动运行，它会先于系统运行，运行时产生一个系统登录界面，当用户在这个界面里输入用户名和密码时，它也许会弹出密码错误提示，要求用户重新输入，或者会直接帮助用户调用真正的系统登录框。不管是哪种情况，木马都只有一个目的，就是获得用户的登录账号和密码，之后会通过邮件或者网络传回指定的地址，可以说木马天生就带着强烈的目的性。

（2）木马变迁

纵观木马本身的发展，也经历了三个阶段。第一个阶段是信息盗取。在互联网发展的初期阶段，木马程序以信息盗取为主要目的，其中也经历了三波浪潮。第一波浪潮是QQ盗号。随着QQ聊天软件的流行，首先出现了盗取QQ聊天记录的木马；随着QQ收费和QQ人数的增多，低位数的QQ号逐渐成为身份的象征，于是出现了盗取QQ号码的盗号木马。第二波浪潮是网游盗号。随着网络游戏的流行，虚拟财产开始出现，于是便出现了盗取网游账号、获取虚拟财产的网游木马。第三波浪潮是网银盗号。随着网上银行业务的开展，大量盗取网银账号与密码的网银木马开始涌现。

第二个阶段是远程控制。在2008年之后，随着“灰鸽子”病毒的剿灭，地下黑产开始正式浮出水面，随后出现了僵尸网络与DDoS攻击，于是木马开始与黑产相结合，大量网页挂马与网络钓鱼出现，导致这一时期的木马主流形态都是控制用户计算机。

该时期的木马病毒与黑客程序多半成对出现，也就是说这类程序有两个完整的部分。从技术上讲，一部分称作服务器端（Server），另一部分称作客户端（Client）。服务器端部分被反病毒界叫作木马，这部分很小，往往只有几万字节，如果用户不慎点击运行后，这部分会自动消失，其实它是将自己拷贝到用户的系统目录并驻留内存，在用户计算机中建立起一个可以直接和外部网络沟通的通道，然后等待远程客户端的连接。这就等于给用户计算机开了一个用户并不知情的后门，后果可想而知。而客户端部分本身很庞大，因为它有复杂的操作界面，它不会潜入用户系统，而是留在病毒制作者的手中，这部分被反病毒界称为“黑客程序”。

客户端本身有查找远程服务器端木马的能力，因为它们之间有一套自定义的通信协议，当找到远程的木马后，客户端的拥有者就可以通过这个复杂的操作界面执行各种功能。比如可以任意浏览、下载用户硬盘上的文件；可以监控用户屏幕，用户在计算机上的每一步操作都会通过截屏的方式发回；当然还可以远程使用用户计算机自动重启或者死机。中了木马的用户计算机不但会像没有门的房屋，任由黑客出入，还会像着了魔一样随时撒癔症，出现各种奇怪的症状。

第三个阶段是高级攻击。在2014年之后，木马基本上成为黑客组织和黑产组织必备的武器，一些高级形态的木马开始成为主流。如在APT攻击过程中负责进行远程控制的“APT木马”、利用漏洞占用企业云服务器资源来挖取数字货币的“挖矿木马”、利用漏洞占用企业云服务器资源并向其他服务器发起DDoS攻击的“流量木马”、发起供应链攻击的“供应链木马”等。

（3）木马防治

虽然木马是绝对数量最多的病毒种类，但是木马讲究的是隐蔽性，因此对系统资源占用很低。另外，木马病毒有一个最大的弱点，就是文件自身的哈希值是固定的，因此清除起来最简单，直接删除文件即可。目前反病毒领域的“云查杀”技术就是对付木马病毒最有效的武器。

4. 穿越环境的脚本病毒

由于脚本语言是跨平台的，因此脚本病毒也是跨平台的。

（1）脚本病毒往事

脚本病毒最早可以追溯到1999年的“美丽莎”病毒。脚本病毒的出现使得病毒编写的门槛大大降低了，稍具计算机知识的用户经过简单的学习就可以轻松编写出这种病毒，而且破坏性一点儿不比传统的病毒差。脚本病毒也像其他病毒一样，随着技术的发展不断地产生着新种类。

最早的脚本病毒只有一种，就是利用微软Office系统提供的宏功能编制的病毒，通常被称作“宏病毒”，后来，随着JS、VBS、PS这样真正的脚本编程语言的出现，脚本病毒这个名称才被正式提出来。

（2）脚本病毒变迁

在宏病毒之后，出现了各种感染HTML网页文件的脚本病毒，如“欢乐时光”病毒，它采用VBS脚本语言进行编写，隐藏在网页中，当用户中了该病毒之后，病毒便会将用户系统里的所有网页文件都感染上病毒代码。该病毒不但可以在传染的过程中改变大小，还能将自己作为信件的模板文件发送出去。

后来，脚本病毒成了木马病毒的帮凶。编写病毒离不开编程语言，而编程语言的一个基本规律是：编程语言越高级，编程就越简便，但是能实现的底层功能就越有限，因为语言被层层封装，已经失去了灵活性。脚本语言是封装级别最高的语言，它本身的破坏是比较有限的，因此脚本病毒就甘居幕后，做起了木马病毒的帮凶。这类病毒首先会给用户发送一些带有诱惑性标题的邮件，当你感兴趣并链接那个网址时，就落入了病毒的圈套。该网址的首页就是一个脚本病毒，它一般会利用系统的网页漏洞偷偷地给用户系统安装一个木马，或者告诉用户缺少一个插件，希望用户点击下载，其实这个插件就是一个木马病毒。当木马病毒溜进用户系统后就开始完成开后门、偷密码等“地下”工作，给用户带来很大的安全隐患。

近两年，则出现了新的脚本病毒形式——PowerShell 脚本病毒。PowerShell 是微软公司于2006年第四季度正式发布的一款功能强大的应用于服务器领域的脚本语言，使用 .NET 强大的类库，能够完成许多高难度的工作。PowerShell 在2016年开源，成为跨 Windows、Linux、macOS 三大操作系统的超级脚本解释器，最新版本是7.3。

由于 PowerShell 功能强大、易于编写，于是利用该脚本的病毒开始大量出现。这类病毒目前在企业内网比较普遍，跟上面介绍的模式一样，脚本病毒自己不再作为独立传播源，而是跟木马病毒一起，完成一些更复杂的动作。这类脚本病毒的出现往往伴随着木马病毒。

（3）脚本病毒防治

脚本病毒文件跟木马病毒文件一样，都是可以直接删除的。但是脚本病毒由于是由文本字符组成的，多一些空格和空行并不影响脚本程序的解释与执行，但是文件的哈希值就会发生变化，因此自动化清除脚本病毒的最有效手段是脚本病毒识别引擎，利用“云查杀”技术会带来大量的漏报问题。

5. 野蛮生长的流氓软件

在没有出现流氓软件这个称呼之前，大家熟知的是“X-Ware”，即间谍软件、色情软件、广告软件、行为记录件的总称，是指通过网页传播的一些插件型程序。这类程序会利用浏览器、网页等漏洞潜入用户的系统中，在用户启动网页时，自动将用户引导到一些特定的页面上，有些甚至还能自动上网，通过用户银行账户直接划款，给用户带来经济损失。

（1）流氓软件往事

2005年前后，一些中文上网插件等软件引发了所有反病毒厂商的声讨，成了全社会的焦点，引发了业内熟悉的“流氓软件大战”。随后当时的反病毒领导厂商瑞星公司联合了软件行业协会，发起了一场声势浩大的反流氓软件运动，并联合十几家互联网企业共同签署了“行业自律条约”，流氓软件的名称便从这时正式出现，这些历史性事件将“流氓软件”推上了一个前所未有的热度。

这类插件没有正常的安装界面，不能正常卸载，或者为用户的卸载设置很多障碍，目的就是尽可能地占据用户计算机。这类软件往往由正规公司编写，本身还具有一些实用的特性，只不过由于它们太不友好，用户不想安装的时候它会自动给用户装上，用户想卸载的时候又不好卸载，即使用户卸载了，它还会在系统中留下一副“马甲”，当用户连接网络时自动激活。对于这类软件，用户虽然喜欢它们提供的功能，但是不喜欢其“人品”——就像是对用户计算机“耍流氓”。因此，这类软件被形象地称为“流氓软件”。

（2）流氓软件含义

我们通过当时几家权威机构对流氓软件的定义，可以感受一下流氓软件的真实内涵。中国互联网协会认为，流氓软件是指在未明确提示用户或未经用户许可的情况下，在用户计算机或其他终端上安装运行，侵犯用户合法权益的软件，但已被我国现有法律法规规定的计算机病毒除外。

ITwiki 认为流氓软件是中国对网络上散播的符合如下条件（主要是第一条）的软件的一种称呼：①采用多种社会和技术手段，强行或者秘密安装，并抵制卸载；②强行修改用户软件设置（如浏览器主页、软件自动启动选项、安全选项），强行弹出广告，或者有其他干扰用户、占用系统资源的行为；③有侵害用户信息和财产安全的潜在因素或者隐患；④未经用户许可，或者利用用户疏忽，或者利用用户缺乏相关知识，秘密收集用户个人信息、秘密和隐私。

中国反流氓软件联盟认为凡是具有以下流氓行径的软件均属于流氓软件：①强行侵入用户计算机，无法卸载；②强行弹出广告，借以获取商业利益；③有侵害用户的虚拟财产安全的潜在因素；④偷偷收集用户在网上消费时的行为习惯、账号密码。

通过上面的定义可以看到，流氓软件实质上是指一些恶意推广的商业型软件，与传统的 X-Ware 不同的是，它利用了更强的技术。

（3）流氓软件技术

流氓软件往往会使用隐藏技术。隐藏是流氓软件的天性，也是病毒的一个特征，任何流氓软件都希望在用户的计算机中隐藏起来不被发现。首先是隐藏窗口，它们在运行时会将自己的程序窗口属性设为“不可见”。对于专业用户来说，虽然程序窗口不可见，但是程序产生的进程却很容易通过系统的任务管理器看到，因此便出现了隐藏进程技术。同时流氓软件还会采用隐藏文件技术，在安装时将自身拷贝到系统目录，然后将文件的属性设置为隐藏。

流氓软件还会采用线程插入技术。线程是 Windows 系统为程序提供的并行处理机制，它允许一个程序在同一时间建立不同的线程，完成不同的操作。另外 Windows 操作系统为了提高软件的复用性，将一些公用的程序放在动态链接库（DLL）文件中，因此每一个可执行程序除了自身的程序体外，还包括许多外部的模块。流氓软件正是利用了这一点。它们的可执行程序不是 EXE 形式的，而是 DLL 形式的，它们通过“线程插入”的方式，插入某个进程的地址空间。一般地，如果流氓软件想控制浏览器，则它们往往会将自己注入浏览器（explorer.exe）的进程空间，只要浏览器运行，就会自动调用该流氓软件。

流氓软件还会采用 Rootkit 技术。线程插入对于普通用户来说很难处理，但是对于杀毒软件来说却非常简单，于是为了能够躲避杀毒软件的查杀，流氓软件开始采用 Rootkit 技术。

流氓软件还会采用“借尸还魂”的碎片技术。这种技术的思想很简单，就是在进入用户系统时，产生多个相同或不同的碎片文件，这些文件除了分布在系统目录、一些盘符的根目录下，它们还会隐藏在其他软件的目录、临时文件夹甚至系统的“回收站”里。这些碎片文件之间互相保护，一旦一个文件碎片被删除了，另外一些碎片就会重新将这个文件恢复。如果系统中存在这样的碎片文件，这些碎片文件只要有一个能够激活，在用户连接网络的时候，就能够通过网络进行升级，从而重新还原成一个完整的流氓软件体系。而且一旦升级，这些新升级的流氓软件还会将这些碎片文件删除，然后产生新的碎片文件，能够在一定程度上躲避反病毒软件的查杀。有的流氓软件有多达数十个碎片文件，这对于采用手动清除方式的用户来说，几乎是不可能彻底清除的，即便是杀毒软件，也未必能将数十个碎片文件都一一识别出来，因此会产生杀不干净的问题。即使是只剩下一个碎片，流氓软件也可以通过升级和下载“借尸还魂”。

（4）流氓软件防治

从上面的介绍可以看出，流氓软件是极难进行手工清除的，而今天很多安全产品里都有一个“插件清理”功能，就是用来对付难以清除的“插件型”流氓软件的。现在，已经有越来越多的病毒开始采用流氓软件的这些高级技术，因此今天的病毒对抗局面会更加复杂。

流氓软件泛滥的时代虽然早已过去，但是它毕竟是中国互联网发展史上的一个标志性事件，时至今日，我们可以将流氓软件看成是中国互联网蛮荒时代企业野蛮生长的一个时代缩影。

3.2.4 数量的激增

可能大家并不清楚，病毒样本数量的增长，也能对整个反病毒技术发展产生明显的影响。接下来，我们从病毒样本数量的角度来看一下病毒的整体发展趋势和病毒数量驱动反病毒技术发展的逻辑（如图3-6所示）。

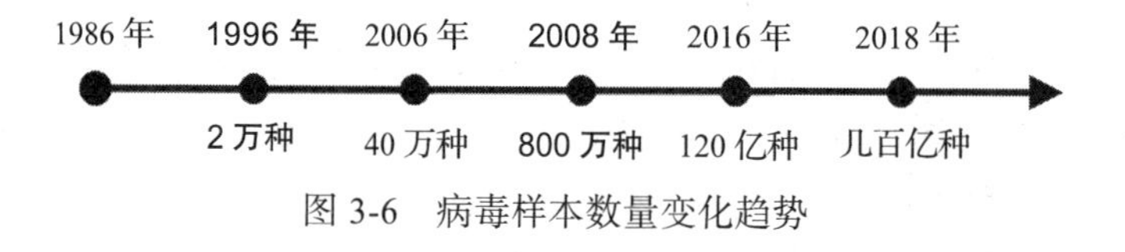

图3-6 病毒样本数量变化趋势

从1986年第一个病毒开始，我们来看看病毒数量的变化。1996年全球病毒样本2万种，2006年全球病毒样本40万种，2016年全球病毒样本120亿种，而2018年及以后全球病毒样本总量则更是达到了几百亿种，日均产生新样本数百万种。

安全是一个工程化的技术，所以从病毒数量暴涨的几个分界点上，就可以简单看出反病毒技术的几个明显变化趋势。第一个时间分界点是1996年，病毒样本达到2万种，在此之前，病毒数量较少，所以杀毒软件就是一个病毒样本的批处理集合，一个病毒一段查杀代码。但是随着病毒样本的增多，反病毒厂商开始研究一些通用的方法来解决大量病毒的查杀问题，于是病毒特征库的概念就出现了。这时候就出现了引擎的概念，引擎负责病毒识别逻辑，特征库负责病毒识别依据，只要提取得当，一条病毒特征就可以查杀上百个乃至上万个病毒样本。

第二个时间分界点是2008年。2006年之前病毒数量是数以十万计，那时需要一个病毒分析团队来对病毒样本进行全球范围的收集、分析和提取特征。但是随着互联网的发展，2008年之后，病毒样本数量突然激增至千万量级，这时你会发现，无论你建立多大规模的病毒分析团队，也无法分析完新产生的样本，于是就产生了“云查杀”核心技术的变革。

“云查杀”是一套对抗病毒样本数量激增状况的基于互联网思维的技术解决方案，本身包括自动化分析和云鉴定两大部分。自动化分析就是利用一些自动化手段，自动判断样本是否是病毒，并将病毒样本的指纹特征直接提取出来的过程，而云鉴定则是将特征库保留在云端，不下放到本地，当本地扫描发现不能识别的样本时，就直接连接云端进行云端鉴定。这种做法，有效地降低了本地特征库的尺寸和资源消耗，已经成为主流的反病毒技术。

而且这么大的样本量级，也给传统的基于特征的精确匹配技术带来了巨大的挑战，于是启发式技术、机器学习这类模糊匹配技术得到了发展。目前大量的病毒样本都是通过这些模糊匹配模型进行识别的，在样本数量激增之前，大家还在提倡单引擎技术，即一个反病毒产品一个引擎，但是在样本数量激增之后，单引擎技术已经不能很好地应对样本数量激增的现实了，因此安全厂商都默认采用多引擎技术来解决病毒数量激增的问题。

3.2.5　命名的标准

目前，病毒样本情报在全世界范围内还处于割裂状态，没有统一，因此就像前面“测试悖论”里讲的，客户组织的小样本集测试没有意义。另外，病毒样本本身也没有标准的危险等级评定，就连病毒样本的命名也没有统一的规范。不过，全球的反病毒厂商提供的样本的命名结构是大致相同的。我们往往可以通过病毒名称来判断该病毒的基本特性，从而辅助我们做安全决策，下面是业内通用的病毒命名格式（如图3-7所示）。

图3-7　业内通用的病毒命名格式

病毒采用分段式命名方式，每段之间用符号“.”或“:”来连接。前四段为必选项，第五段为扩展字段，该字段由各安全厂商自行定义。扩展字段为可选项，主要用于标识其他重要信息或中文通用名称，扩展字段可以为多组。图3-7方框里是一些反病毒公司的命名例子，可以用来感受一下风格的差异，下面就介绍一下每个字段的含义。

“类型标识”就是前面介绍的行为特性分类法里的那几种，见3.2.2节。

“环境标识”则分三大类：操作系统环境、脚本环境、宏病毒环境。

其中操作系统环境标识大致有以下内容：

- WinCE
- Unix
- Solaris
- QNXS
- OS2
- BeOS
- DOS
- IRIX
- FreeBSD
- EPOC
- Win9x
- Win64
- Win32
- Win16
- Linux
- Mac
- DOS32
- Novell
- SymbOS
- SunOS
- Palm

其中脚本环境标识有以下内容：

- Perl
- WinINF
- WinREG
- WScript
- BAT
- BAS
- HTML
- PHP
- Python
- JS
- ASP
- VBS/WBS
- CSC
- HTA
- TSQL
- Ruby
- SAP
- Java
- IRC
- Macro
- Script
- ABAP
- ALS
- SQL
- MSIL

其中宏病毒环境标识有以下内容：

- M for Word1Macro
- W2M for Word2Macro
- WM for Word 95 macros
- XM for Excel 95 macros
- W97M for Word 97/2000/XP/2003 macros
- X97M for Excel 97/2000/XP/2003 macros
- PP97M for PowerPoint 97/2000/XP/2003 macros
- P98M for Project 98/2000/XP/2003 macros
- A97M for Access 97/2000/XP/2003 macros
- V5M for Visio5 macros
- O97M for Office 97 macros (affects Word, Excel, Powerpoint)
- OpenOM for OpenOffice Macro
- XF for Excel Formula
- HE for some macro scripting (Autocad possibly)

“家族标识”就是我们常说的病毒名称，该字段是病毒之间最本质的区别，是病毒真正的名字，也是各个反病毒厂商最不统一的地方。一般地，反病毒工程师会通过病毒的特性、文件特征、代码编写习惯等多种因素来确定病毒的家族。比如CIH病毒就是在病毒体内有一个特殊的字符串“CIH”，因此而得名。

“变种标识”是同一种病毒家族的不同版本，由于整体差异很小，因此会用单字母或叠字母的方式来命名，如果变种不超过26个，就从A到Z进行命名，如果超过26个，就用AA-ZZ这样的命名方式。

由于病毒完整名称的每一个分段都有明确的含义，因此看到病毒名称，就能大致推断出该病毒的特性。例如：Trojan.Win32.Dropper.B就是一个在32位Windows平台下的木马病毒，该木马病毒运行时就是释放出其他恶意软件，这个病毒是该病毒家族的第二个变种。

不过，实际上随着多引擎的应用，随着机器学习技术的应用，病毒命名将会越来越乱，而且可读性会越来越差。比如图3-7中Mcafee:the Generic PWS.ao trojan这个名称，它是“迈克菲”（Mcafee）公司的一个病毒命名，Generic是机器学习提取的特征标识，从这个命名可以看出，它是一个通用的盗取密码的木马，而且变种已经超过26种。

3.2.6 趋势的演变

接下来，我们看看病毒的演变历史和演化逻辑。病毒的演化是与IT基础设施的演化和互联网的演化息息相关的。不同的IT环境会孕育不同的病毒形态，互联网发展的不同阶段也会产生不同的病毒形态。在三十多年的魔道之争中，病毒共经历了单机化、网络化、商业化、高级化四个时代。

1. 单机化

大约从1986年到1996年，病毒主要寄生于DOS操作系统之下，而IT环境主要以单机为主，因此这一时期也被称为DOS病毒时代，病毒主要通过软盘介质进行传播。DOS病毒是指寄生于微软16位操作系统的病毒，它以DOS操作系统为代表，从通过引导区传播的第一个病毒“大脑”，到第一个通过文件传播的“黑色星期五”，从可以产生无数变种的“幽灵王”，再到利用驱动原理使硬件防毒卡失效的“DIRII”，病毒不断翻新着编写技术，每一次病毒的爆发都是一次病毒技术的盛宴。

一方面，病毒的确迫使反病毒工作者不断突破固有思维，研制出更新的病毒反制技术；另一方面，病毒的某些技术确实也曾经应用于商业领域，例如病毒在内存方面的处理被当时许多游戏厂商借鉴，做出了更加华丽的游戏效果。由于操作系统本身的脆弱性，这个时期的病毒出现了“百家争鸣”的局面，这一时期最典型的特征就是感染式病毒繁荣。

2. 网络化

从1996年到2004年，局域网已经非常普遍，而互联网也处在井喷的前夜，这时候Windows操作系统大行其道，因此该时期也被称为Windows病毒时代。微软Windows操作系统揭开了32位计算的面纱，把保护模式引入操作系统的开发中，在成就了Windows 9X系列操作系统史无前例的安全性外，也将复杂性引入程序开发中，于是DOS病毒开始消亡。

CIH病毒的爆发标志着病毒开始进入Windows平台时代，它不但证明了在32位平台下完全有可能出现内存式的病毒，还证明了在该平台下运行的病毒将会有更强的破坏性，因为它是第一个可以将主板引导芯片内容擦除的病毒，也是第一个能够删除硬盘数据的病毒。这在当时的说法是烧主板、破坏硬盘。因为在病毒爆发的早期，人们遇到这种情况唯一能做的就是更换主板，而被擦除的硬盘里的数据要想恢复，只能求助于专业的硬盘数据恢复公司，在CIH爆发后的十年间，硬盘数据恢复也形成了一个庞大的产业，在北京中关村电子城的各个角落，都有专业恢复硬盘数据的工作室。

接下来，以网络传播为目的的蠕虫类病毒（如冲击波、震荡波、红色代码）开始全球泛滥，这一时期最典型的特征就是蠕虫繁荣。

3. 商业化

互联网经历了2000年的泡沫期，从2004年开始，随着Web 2.0的到来开始复苏，直到2013年左右，这段时期可以称为病毒的商业化时代。这段时间里，主流的病毒包括以虚拟财富为目的的各类盗号木马、以网络控制为目的的专项木马、以恶意推广为目的的流氓软件、以黑产为目的的下载木马等。

这一时期是前面提到的病毒数量激增的时代，也是免费安全时代。个人杀毒软件开始完全免费，而云查杀技术开始超越传统特征码技术的地位，成为主流反病毒技术。这一时期最典型的特征就是木马繁荣。

4. 高级化

2013年之后，高级可持续威胁（Advanced Persistent Threat，APT）正式进入安全视野，出现了“APT木马”，而这个时期出现的全流量分析技术、沙箱技术，就是为了对付这类病毒威胁。

接着，云计算成为产业新地标，各个云厂商都开始补贴用户，于是针对公有云环境的“流量木马”和“挖矿木马”开始泛滥。流量木马是试图入侵公有云租户的服务器，入侵成功后会将公有云租户的服务器变成“肉鸡”，利用服务器随时在线的性质和充足的带宽资源，发起DDoS攻击。挖矿木马是入侵公有云租户的服务器后，利用服务器的计算资源产生数字货币，木马始作俑者从中获利。

2014年出现了“敲诈者”病毒，2017年出现了“永恒之蓝”，勒索病毒则是目前病毒发展的最高级形态。勒索病毒通过“高阶加密—加密网络传输—比特币支付”的手法，形成了全通道产业链。运行时将入侵计算机上的所有文档都进行加密，并且采用非对称的技术，一次一密，保证每台计算机的解密密码不同，要想解密，就必须通过加密网络传输的方式来支付比特币赎金，而且整个过程还无法追溯和破解。勒索病毒自产生开始，已经有近百个家族。

软件供应链攻击也是最近几年出现的新型攻击手段，它是指利用软件供应商与最终用户之间的信任关系，在合法软件正常传播和升级过程中，利用软件供应商的各种疏忽或漏洞，对合法软件进行劫持或篡改，从而绕过传统安全产品检查而达到非法目的的攻击类型。

综上所述，APT 木马、流量木马、挖矿木马、勒索软件和供应链攻击是病毒发展的最新形态，这类病毒也被统称为“高级威胁”，因为发现、清除和防治都需要使用新型的威胁对抗思想与综合的技术手段。

3.3 黑客与攻防

安全源于攻防，攻防源于黑客，而黑客是一群被神化和黑化的人。

“威胁宇宙”里最主要的两极就是病毒和黑客。黑客更像比特世界里的超人，他们能够打破任意国家和企业的疆界，只要网络存在，就能如入无人之境地“游走”于任何两台计算机之间。所以在艺术界，黑客往往被描述成天才少年，像《黑客帝国》里无所不能的“尼奥”(Neo)，或者《独立日》里那个通过病毒将外星入侵者主机感染的软件工程师。

后来，黑客的形象演变成《 V 字仇杀队》里的主角，一个惨白的面带不羁笑容的面具人。这得归功于世界上著名的黑客组织“ Anonymous ”的自我宣传。于是黑客在人们的心中就成了法律意识淡薄、无所不为而又到处入侵搞破坏的无政府主义者。如今由于市场的猎奇性，一方面把一些典型黑客用少年、美女、最高颜值等标签来神化，另一方面又把整个黑客群体黑化成一类戴着黑帽子，看不到正脸的惊悚神秘人。

黑客本来是一个自我型称谓，是业内人士交流时对研究方向的一种划分，并没有更多的感情色彩，但是当把黑客拿到聚光灯下时，多少变了些味道。哪怕今天把一些正义的黑客叫作“白帽子”，那跟“安全专家”的叫法在气质上还是差很多。

随着意识形态的演变，黑客一词如今有了一些负面色彩，而为了解决这一问题，安全圈内又出现了白帽子的说法，试图将正义的网络攻防技术研究与邪恶的网络攻击区别开来。但是对于企业来说，黑客和白帽子之间只差道德，一旦道德约束消失，正义的白帽子就会瞬间变成黑客。在今天，随着市场的宣传，企业一方面似乎已经接受了白帽子这一特殊的群体，但是另一方面，在企业心里已经形成了一种轻微的偏见，不出问题还可，一旦有些风吹草动，这些企业首先想到的是：白帽子变坏了。

另外，看看黑客发展史，黑客在历史上也经历了几次“颜色”和时代的变迁。

3.3.1 欺骗与入侵的艺术

黑客最早是英文“ Hacker ”的中文音译，该词本来跟“黑”一点关系都没有，但是翻译过来就成了“黑客”。早期的黑客崇尚一种“黑客精神”，他们认为互联网的精神是信息开放、平等、共享，任何互联网上的信息和资源都应该免费获得，他们的使命就是打破“信息不对称”的壁垒。这个时期的黑客虽然利用漏洞对系统进行入侵、获取信息，但是仅仅是为了“知情权”。

公认的世界第一黑客是凯文·大卫·米特尼克（Kevin David Mitnick），他1963年8月6日出生于美国洛杉矶，曾经成功闯入北美空中防护指挥系统，被美国FBI通缉并多次入狱，1999年获准出狱后便不断地在世界各地进行网络安全方面的演讲。出版了两本有影响力的著作——《反欺骗的艺术》和《反入侵的艺术》，分别介绍社交工程与网络入侵。如果用一句话对黑客行为做一个精准描述的话，就是“欺骗与入侵的艺术”。

3.3.2 红客时代

中国红客联盟（Honker Union of China）成立于2000年12月31日，2004年12月31日，创始人lion关停了中国红客网站，7名核心成员在网络世界里消失。2011年9月22日，中国红客联盟宣布重新组建，新网站于2011年11月1日开放。但是这时候的互联网和安全行业已经发生了翻天覆地的变化，中国红客联盟已经失去了行业影响力。

3.3.3 黑客时代

信息的价值驱动了信息黑市和黑色产业（简称“黑产”）的发展。当入侵可以带来大量财富时，黑客开始变“黑”。2007年以后，全球病毒样本突然从几十万种暴增到800万种，各种木马大量涌现，标志着“黑客时代”正式到来。

我们仔细分析一下，黑产从形式上可大致分为四种形态：挂马与盗号、僵尸网络与DDoS攻击、Web入侵与拖库、勒索病毒攻击。

1. 挂马与盗号

挂马是针对个人计算机用户的攻击方式，可以说，黑产是从挂马开始的。挂马就是利用网站的网页漏洞或浏览器漏洞，在网页里植入包含木马的链接，用户访问该网页时，浏览器就会自动下载并运行该网页里包含的木马，木马进入个人计算机系统后就会偷偷运行。早期这类木马主要会偷盗用户的银行账号、网络游戏账号等信息，然后把这些信息通过信息黑市销售出去，获得非法利益。

所以，这类木马被统称为盗号木马，盗号木马面临的最大问题就是杀毒软件的剿杀，因此这时相关的黑产组织要做的工作就是通过免杀技术来尽可能让木马存活得久一些。但是随着云查杀技术和免费安全的兴起，木马存活的时间越来越短，因此这类攻击的成本越来越高了。

2. 僵尸网络与DDoS攻击

僵尸网络是挂马的另外一种黑产变现形式。除了盗号木马，还有一种远控木马。当用户的计算机被远控木马感染后，就会受到一个远程控制中心的统一控制，黑客可以通过远程控制中心下达任何命令。被远控木马感染的计算机俗称“肉鸡”，数以万计的“肉鸡”就形成了僵尸网络。黑客操纵僵尸网络，可以对一些企业网站发起DDoS/CC攻击，给企业带来损失。

3. Web 入侵与拖库

随着互联网的发展，互联网公司越来越多，通过互联网来开展业务的传统公司也越来越多，这些业务都是通过 Web 服务实现的。Web 业务的高速发展导致 Web 漏洞越来越多，黑客通过 Web 漏洞就可以轻易拿到企业的经营数据和用户数据，然后在黑市上售卖。业内把利用 Web 漏洞非法拿到企业的经营数据或用户数据的行为称为“拖库”，也就是非法入侵你的 Web 网站后，用合法操作指令把你的数据库数据全部拖走的意思。

2010 年以后，各大互联网公司就不断被曝出用户信息泄露的新闻，在社会上引起了极大的反响。

4. 勒索病毒攻击

2014 年以后，黑产组织又发明了勒索病毒这种新的获利模式，该病毒的影响随着 2017 年 5 月 12 日“永恒之蓝”的爆发而达到顶峰。勒索病毒是目前最流行的一种黑产模式，见效快且难以追踪，几乎各大行业都受到过影响。

从上面的介绍中可以看出，除了 Web 入侵与拖库这一攻击行为是点对点的人工攻击形式外，挂马与盗号、僵尸网络与 DDoS 攻击、勒索病毒都是黑产组织操纵病毒进行攻击，因此你会发现一个事实：在互联网时代，病毒与攻击已经密不可分了。

3.3.4 白帽子时代

在传统的攻防文化领域，攻防研究爱好者也被称为黑客。这些黑客为了标榜自己跟那些从事黑产的黑客不同，开始自称为“白帽子”，从此黑客被分成了黑、白两大阵营。

漏洞响应模式是鼓励白帽子提交各个企业的漏洞，平台方审核之后无条件公开。白帽子在这个平台上可以从事技术交流并获得社区认可，企业在这里可以获得自己的漏洞详情，并鞭策自己提高安全性。漏洞响应模式面向的是企业已经上线的业务系统，白帽子提交漏洞和企业领取漏洞都是免费的。

安全众测模式则是面向企业未上线的业务系统，企业支付一定的奖金，吸引白帽子主动发现企业业务系统的漏洞并帮助企业快速修复，从而保证正式上线的系统具有足够的安全性。奖金根据漏洞的危险等级来定价，危险等级一般分为低危、中危和高危。一般情况下，低危漏洞价格是几十元，中危漏洞价格是几百元，高危漏洞价格是几千元，有的厂商为了吸引眼球或者为了鼓励更多的白帽子发现更多的高危漏洞，会发出几万乃至几十万元的高额奖金。

这两种模式都是网聚了民间的力量，后来又被业内人士总结为“安全的共享经济”模式。其核心内容就是平台方利用互联网连接更多的企业和白帽子，让白帽子利用自己的专业能力，通过平台为企业发现更多的安全问题。平台方作为监管方和服务方，既为企业和白帽子提供了服务的平台，又为双方提供了“信任缓冲”，避免了白帽子直接和企业打交道，这对双方都是一种保护。这种模式比传统的由安全厂商提供的安全渗透或安全评估服务更加有效，而且费用更低。

当黑客的含义从“自由战神”演变成作恶的“黑客”时，白帽子就成了有作恶能力但是不作恶的黑客的新称谓。今天，随着各厂商 SRC 的设立和像“补天平台”“漏洞盒子”这样第三方漏洞响应平台的崛起，“白帽子”便成了只发现漏洞而不利用漏洞的民间安全研究人员的代名词，而“黑客”则变成特指利用漏洞干坏事的人的代名词。

现在国家对黑产打击的力度越来越大，相关法律越来越健全，企业对安全越来越重视，社会对安全人员需求的缺口越来越大。白帽子可以去甲方公司，可以去安全公司，还可以在各大 SRC 平台提交漏洞，做个安全的自由职业者。总之，白帽子利用技术可以帮助更多的企业，从而合法地获得更好的回报，而不是踏入黑色产业，走一条不归路。

3.4 攻击者心理学

无论病毒、黑客或者其他类型的威胁，归根到底都是人类创造的，因此就出现了一个有意思的话题：攻击者创造威胁的动机是什么？攻击背后的逻辑又是什么？

经过对目前出现的所有威胁的综合分析，可以总结出三大类动机：技术炫耀、经济勒索与恶意竞争、信仰冲突。

3.4.1 技术炫耀

如果我们把计算机及网络组成的世界称为信息世界，则可以看到信息世界里的终极逻辑是“选择”。虽然“信息”是信息世界的基本构成元素，但是站在理解威胁的角度，我们需要把信息世界拆解成相对独立的两部分：“数据”（Data）与“程序”（Program）。

虽然站在信息学的角度看，程序也是一种数据，但是在行为上，程序是一个具备自动化和智能化特征的“主体”，而数据只是静态的、非智能化的一组“信息集合”。前面提到维纳的控制论可以让程序通过反馈机制在信息世界里单独存活，而不再依赖于人的指令控制。这种反馈机制其实就是一种基于环境变量的不同选择，编写过程序的人都会知道，程序的基本逻辑构成就是各种“选择判断语句”。

能够在信息世界里编写出类似生物世界里的各种“智能化”的病毒，这是一种技术上的挑战，因此总有一些安全极客利用系统提供的自动化机制，不断突破系统建立的安全壁垒，编写出更加复杂和智能的病毒。对于漏洞也是一样，有人会更加深入地研究系统的逻辑，不断地发掘新的漏洞。

从某种角度看，这是一种信息智力的角逐，因此会有一部分个人或组织以技术挑战为目的来编写各种病毒，突破各种系统。突破之后，出于炫耀心理，会把研究的结果公布出来以获得技术上的心理认同感。这种心理认同感驱动了更多的爱好者加入进来，形成了一个个威胁的源头。

从时间上看，单机时代的威胁大多数以技术炫耀为主要目的。

3.4.2 经济勒索与恶意竞争

各国对黑客攻击和病毒制造行为都有严厉的惩罚措施，但是为什么还会有这么多的威胁事件产生呢？一方面是因为网络本身是基于匿名思想设计的，没有强制的实名认证的要求，IPv4 的地址空间也不允许每个设备都具备唯一的地址；另一方面是因为这些攻击里面也蕴藏了大量的利益。

随着互联网的发展，经济利益确实已经成为威胁产生的主要驱动力。由于网络攻击可以有高额利润回报，因此一些黑客组织开始通过威胁来谋利。

当然，其中还有一种业内人士称之为"买凶杀人"的情况，即一些合法的企业，为了达到自身利益的最大化，总是通过非市场化竞争手段来进行恶意竞争。它们会通过买通攻击组织来实施对竞争对手的"降维打击"。据说有一个风险投资机构希望通过低价来投资某个企业，但是该企业报价千万，风险投资商觉得价格太高，于是买通攻击组织，将百万日活的明星企业瞬间打成几万日活的垃圾企业，于是低价入手，这就是恶意竞争的典型例子。

那么，有哪几类企业容易遭受这样的危机呢？原则上讲，初创型或发展型的纯互联网企业由于自身的安全能力较弱而极易受到这样的攻击。再进一步缩小范围的话，就是那些商业模式简单、产品极易同质化而且现金流又高的互联网企业极易受到攻击，比如棋牌游戏类公司、P2P 金融类公司，由于产品同质化严重又是强现金流，就成了网络攻击的重灾区。

从时间上看，互联网时代的威胁大多数以经济勒索与恶意竞争为主要目的。

3.4.3 信仰冲突

还有一些黑客组织，由于政治、文化、信仰冲突，为了捍卫自己的意志或表达自己的观点，会对一些政府网站、重要的国家单位实施网络攻击和 APT 入侵。这些黑客组织往往拥有世界顶级的威胁技术，也形成了组织化分工，我们把这种威胁组织称为"组织型黑客"。这种黑客就像武侠小说里的顶级高手或者现实世界中的特种部队，拥有超强的杀伤力。

目前在全球范围内，领先的安全厂商都会对这类组织型黑客进行长时间的追踪和研究，会定期推出各种 APT 攻击报告。一些安全厂商的研究报告称，全球的 APT 攻击组织已经从几支发展到几十支，而 APT 攻击事件的数量也从数十起达到上百起，而且还有继续增多的趋势。

从时间上看，网络空间时代以信仰冲突为主要目的的威胁将会越来越多。

3.5 网络空间的威胁发展逻辑

研究威胁的发展脉络，并不是为了好玩或有趣，而是试图从已经出现的非典型安全事件中抽离出典型的威胁发展规律，以便未来的安全架构能够基于威胁发展的趋势来构建，而非基于已经发生的威胁事件来构建。这就是我在开篇中所说的，只有了解了威胁发展历史和趋势，才能真正找出“安全的银弹”，而不是将安全湮没于威胁之中。那么，在网络空间框架下，未来的威胁会呈现出怎样的规律性呢？

具体来说，新威胁的产生依赖三个基础变量的变化：技术的升级、环境的改变与威胁攻击面的扩张。接下来按照这个逻辑，沿着威胁元素、威胁技术、威胁利用、威胁环境、威胁攻击面、网络空间战争这样的脉络进行表述（如图 3-8 所示）。

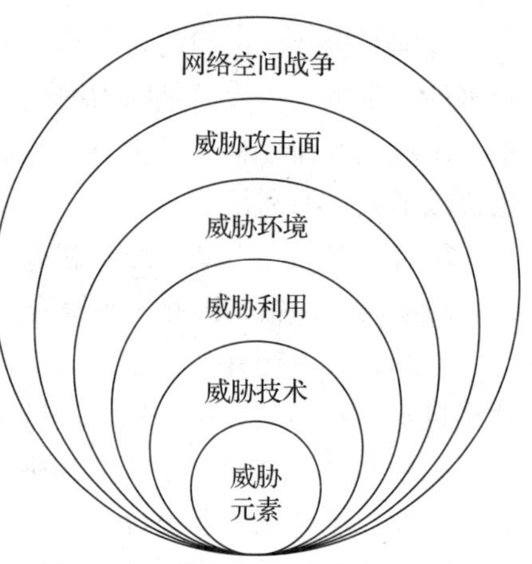

图 3-8　网络空间的威胁发展逻辑

3.5.1　技术的升级

新威胁产生的第一个依赖变量是技术的升级。威胁发展的逻辑是：先产生新的 IT 技术，然后前沿威胁的研究者会根据新的 IT 技术尝试应用在威胁上，这就产生了“元威胁”，在威胁技术领域被称为“概念型威胁”，如病毒领域里的“概念病毒”或攻防领域里的“漏洞利用 POC（Proof Of Concept，概念验证）”。随着研究的深入和威胁技术的不断迭代，就形成了完整的威胁技术体系，然后利用这个威胁技术体系再产生新的“威胁元素”，当新的威胁元素产生后，跟旧的威胁元素进行混合，就会产生更加强大的威胁利用手段，整个过程类似于生物的进化。

站在人类信息文明的高度，当今最先进的技术就是 AI。谷歌公司出品的“阿尔法狗”（AlphaGo）是一款基于人工智能技术的围棋程序，已经先后击败了多位人类围棋的世界顶级高手，将人类棋类智慧的最后一块高地攻破，从此人工智能开始进入产业化时代，大量人工智能公司涌现，冲入平常人的视野。而最近的 ChatGPT 则是另外一款顶级 AI。

这是人类信息技术的一次全球狂欢，同样也是人类意识的一次集体反思，“人工智能威胁论”开始浮出水面。人类将何去何从？是会继续统治世界，还是会像《黑客帝国》影片里构想的那样“最终被机器奴役”？这已经成为人工智能领域里不可或缺的话题。

很明显，人工智能技术在物理世界的产业迭代速度肯定要落后于信息世界里的迭代速度，当社会舆论还在讨论人工智能在现实中的应用还很幼稚时，人工智能在安全领域已经开始如火如荼地应用了。先不用看全球数千家安全厂商都声称自己应用了人工智能这一事实，单从威胁领域，也已经看到了强力发展的迹象。

在病毒领域，2018 年的黑帽安全技术大会上，IBM 研究院已经演示了“AI 概念病毒”。该病毒是利用机器学习模型进行训练，通过人脸识别、地理定位信息和语音识别等方式对特定实施对象进行定点打击。

从原理上看，这还是一种外挂式 AI 应用，即使用的是 AI 领域里较为成熟的图像与语音识别技术，而不是对信息世界特有的对象如操作系统环境、互联网环境和漏洞进行智能识别。但是根据上面介绍的逻辑，随着技术的进一步迭代，很快就会形成AI威胁技术体系，从而产生量产的AI病毒。

再看攻防领域，有着攻防领域奥林匹克之称的CTF攻防大赛（CTF是Capture The Flag的缩写，一般译作“夺旗赛”）这几年得到了广泛的发展，虽然早期的CTF比赛都是团队与团队的对抗，但是随着AI技术的全球共振，比赛中开始出现“AI攻防”项目，攻守双方各自利用AI机器人进行“红蓝对抗”。

从本质上，这种AI机器人还是在一个已经典型化的攻防环境中进行判断，跟多年前实时对抗游戏里的“陪练机器人”（BOT）没有什么区别，还属于AI技术在攻防领域应用的早期，但是这种技术已经不是上面讲的那种外挂式技术，而是真正的AI威胁技术了。这种技术目前还只能像“香农的老鼠”那样在一个特定的环境里寻找有效路径，脱离这个特定环境还不能独立存活，但是随着AI威胁技术体系的成熟，在信息世界里出现独立的、有着人工智慧的威胁是完全有可能的。

如果真正的AI威胁元素出现，那么威胁世界里就会出现一个新的元素和新的技术，该元素如果独立出现，可以带来单纯的智能威胁，如果和之前的威胁利用手段相结合，就会产生更多的、更复杂的新型“威胁利用”，会对安全厂商提出更加严峻的挑战。

3.5.2　环境的改变

新威胁产生的第二个依赖变量是环境的改变。就像生物病毒只能依赖于宿主一样，毫无疑问威胁只能依赖于IT环境而存活。系统病毒依赖于操作系统的发展，脚本病毒依赖于脚本语言的发展，漏洞则依赖于各类软件系统的发展。接下来威胁的新环境是云计算环境、信创环境和万物互联环境。

云计算环境按层可以分成基础设施即服务（Infrastructure as a Service，IaaS）、产品即服务（Product as a Service，PaaS）和软件即服务（Software as a Service，SaaS）三层。如果拿PC环境来进行类比，可以近似地认为，IaaS是操作系统层面，PaaS是应用系统层面，SaaS是业务系统层面。目前针对IaaS层的漏洞和病毒已经大量出现，而云主机里面的IaaS层的业务系统跟传统的互联网服务器里装的Web系统没有什么不同，因此传统的威胁都可以在云计算环境中无障碍地生存。

而近年来整个云计算行业流行的“云原生”（Cloud Native）概念，本质上是利用云开发运维（DevOps）的方式来保持云计算业务系统的软件工程弹性，因此基于云开发运维的攻击会成为未来的一个新趋势，基于容器的新型攻击也会越来越多。如果威胁侵入开发过程中，就等于威胁走入了一个新的软件供应链条里，会产生基于云原生的软件供应链攻击。

“信创”是“信息技术应用创新”的简称，早期也叫“国产化”。信创操作系统是基于有自主知识产权的硬件架构如X86、MIPS和ARM构建的有自主知识产权的操作系统。

虽然信创操作系统内核是基于 Linux 的，但是跟传统 Linux 操作系统环境不同的是：传统的 Linux 操作系统是用于服务器环境的，用来承载各种业务系统，而信创操作系统的核心本质是用于办公环境的，用来承载日常的办公。应用场景的不同就会导致不同的威胁攻击目的和攻击形式，信创体系重构国内 PC 办公环境的同时，会带来基于该环境的新威胁集合的产生。但是好的一方面是，在信创环境还没有大规模推广的时候，信创环境下的应用体系和安全体系就已经同步建设了。目前的安全体系架构里也有了许多应对未知威胁的技术，至少已经在信创环境里有了环境信息的采集点，即使在信创环境中出现了安全产品无法识别的新威胁，也已经拥有了一个主动的威胁响应体系，这种事前进行安全设计的思路被称为“内生安全设计思想”，是非常正确的。

万物互联环境是未来最大的新兴信息环境，而且目前还处于安全的蛮荒时代，即攻击事件已经呈上升趋势，而整个安全防御体系还处于早期阶段。IPv6 的发展是万物互联发展的基础，未来几乎无限的 IP 地址会让万物快速智能化和互联网化。互联网化还有更深一层的含义：物联网会从原来的窄带网快速进化到宽带网，会从工业联网协议快速过渡到互联网协议，因此威胁会从互联网环境平滑移动到万物互联环境。

3.5.3　攻击面的扩张

新威胁产生的第三个依赖变量是攻击面的扩张。前面提到一个核心原理，就是威胁产生的数量与信息化系统的规模呈正比关系，因此威胁攻击面是随着信息化面的扩张而自动扩张的。

根据市场上不同调研公司对信息化系统规模的一些调研数据，我们就可以很清晰地看到未来威胁的攻击面是如何扩张的。

据 Cybersecurity Ventures 市场调研机构预测，基于历史网络犯罪数据的损失预测，2021 年网络犯罪将给世界造成 6 万亿美元损失，2015 年为 3 万亿美元，损失将 6 年翻一倍，这是网络犯罪面的扩张。

随着 1991 年第一个网站上线，2018 年全球已经有近 19 亿个网站，而全球互联网用户已近 40 亿，2022 年全球互联网用户已达 50 亿，在这样的状况下，互联网面临的网站攻击面会扩张。

据相关数据，全球需要保护的网络口令有近 3000 亿个，而每年都要新增近 1110 亿行软件代码。按每千行代码出现 1 个漏洞的经验数值来计算，全球每年就要增加 1.1 亿个漏洞，因此通过漏洞产生的攻击面也将扩张。

随着勒索病毒的泛滥，“暗网”（Dark Web）开始浮出水面。如果用环境的视角把整个互联网分层的话，互联网可以分为“表层网络”和“深网”(Deep Web)，深网里又包括“暗网”。暗网通常被认为是深网的一个子集，其显著特点是使用特殊加密技术刻意隐藏相关互联网信息。表层网络处于互联网的表层，能够通过标准搜索引擎进行访问，而深网中的内容无法通过常规搜索引擎进行访问。

据业内推算，暗网规模是表层网络的500倍以上，而暗网的无法监管和匿名性，会导致各种灰色、黑色交易充斥其中，成为各种威胁的温床。而区块链的发展，也会出现另外一个匿名的记账式网络，这些都极大地增长了新威胁的攻击面。

3.5.4 网络空间的战争

谈完了新威胁产生的技术、环境和攻击面，那么威胁的综合发展和叠加演进，会不会最终像AI技术那样带来人类终局问题——爆发网络空间战争？

从国家层面来看，因为网络空间已经上升到国家主权的地位，所以对主权的侵犯和捍卫就会上升到“战争”的层面。

从产业层面来看，信息世界与物理世界的连接越来越紧密，尤其是万物互联的发展，从网络空间实施的物理基础设施攻击的成本是最低的，这也会成为网络战争的诱因。比如2010年出现的攻击伊朗核电站的“震网”病毒，2016年出现的造成美国东海岸大面积断网的“Mirai”病毒，都是典型的由网络空间发起的作用于物理基础设施的真实案例。

从整个威胁发展层面来看，病毒已经向着越来越“武器化”的方向发展，比如2017年爆发的“永恒之蓝”就是病毒武器化的经典例子，而有网络军火之称的“0-Day”漏洞则早已经是组织对抗的战略性资源。

总之，网络空间是人类文明与信息文明的双重载体，而网络空间对抗，也将是网络空间里的永恒主题。

第 4 章

安全行业赛道与底层逻辑

整个安全逻辑是先产生威胁，与威胁对抗的过程中产生了安全技术，依据安全技术提供安全产品与服务就产生了企业，企业、产品、客户、员工形成一个巨大的生态群落就构成了安全行业。

在全球视野下，安全行业是一个横跨三十多年的，由千万家目标企业、数千家安全企业、数百万安全从业者构成的庞大“猎场”，即便在中国的安全版图里，也有400万目标企业，其中有近3000家上市公司，有约400家安全厂商和约30万名安全从业者。每个想了解或试图踏足安全领域的企业和个人，首先需要对这个行业有一个清晰的认知。

这里提供一个简单的行业理解模型，从技术结构、生态结构和发展结构这三大产业结构入手，快速看清安全产业的过去、现在和未来。

接下来，我们先站在产业的外围，看看安全行业呈现出来的样子是什么。再看看产业发展的本质是什么，为什么会呈现出这种样子。最后再深入到产业核心，看看驱动这个产业的内核和驱动力是什么。这样，你就能清楚地知道这个产业将会呈现出怎样的发展趋势。

4.1 安全行业的总体特征

当我们尝试进入一个新行业时，首先要初步建立起对该行业的概念认知。但是对于一个只有三十多年历史的高科技行业，建立这样的概念认知也是不容易的。接下来，我们就用鸟瞰的方式，快速了解一下安全行业外围的样子。

4.1.1 切割行业的外部视角

这里我们就先了解一下传统行业视角和咨询公司视角下的安全行业。

1. 安全厂商的两大阵营

在很长时间里，安全行业被分成反病毒和网络安全两大阵营。信息世界里最先普及的是PC，因此依赖于PC的病毒最早泛滥，于是出现了世界上第一批以杀毒为目标的安全厂商：反病毒厂商。卡巴斯基、赛门铁克、迈克菲是当时世界顶级的反病毒厂商。

反病毒厂商研制的安全产品被称为杀毒软件，它工作在单机环境下。开始的时候只有病毒扫描和查杀能力，随后慢慢出现了能够实时发现病毒的病毒监控能力，再后来出现了能够拦截来自网络攻击行为的个人防火墙能力，然后出现了针对企业环境的网络版杀毒软件。随着时间的推移，不断进行功能上的叠加演进，就形成了今天的杀毒加管控的终端安全管理软件。

反病毒厂商有两个特点：一是以病毒和PC操作系统为研究对象，关键技术点就是微软操作系统的内核机制研究、文件格式解析以及病毒的分析和识别；二是产品以软件为主要交付形式。因此这类厂商又被称为杀毒软件厂商。

随着局域网的发展，企业内部网络开始成形，并使用NAT（Network Address Translation，网络地址转换）技术与互联网通信。不管企业内部有多少个子网和IP地址，对外都统一映射成一个出口IP地址，这个位置就像是古代的关口一样，“一夫当关，万夫莫开”，因此也被称为“网关”(Gateway)。

当企业内网与互联网有了连接，就有了黑客入侵的可能，就需要对进出网络进行管理，于是第一个安全硬件产品“防火墙”（Firewall）出现了。防火墙可以通过IP地址、端口、域名、时段等联网元素的限制达到一定的安全性，因此被划归安全产品类。严格意义上讲，防火墙是一个网络连接管理设备，不应该算安全产品，后来，随着黑客入侵事件的增多，IDS/IPS产品出现了。IDS（Intrusion Detection System，入侵检测系统）与IPS（Intrusion Prevention System，入侵防御系统）是1996年成立的安全厂商——启明星辰于2000年首先发明的，如今已经成为安全的一个标准品类了。

由于像防火墙、IDS/IPS这类产品都以硬件形式出现，并且工作在网关的位置，跟企业内网的工作计算机没有直接关系，于是研发这类安全产品的厂商就被叫作“网络安全厂商”，也被称为“安全硬件厂商”。

从此，安全行业被天然地分割为两大阵营：反病毒和网络安全（如图4-1所示）。

反病毒厂商以微软系列操作系统为研究对象，主要解决病毒问题；网络安全厂商以网络协议为研究对象，主要解决黑客入侵问题。国内反病毒厂商以瑞星、金山、江民为代表，国内网络安全厂商以启明星辰、绿盟、天融信为代表，而杀毒软件、硬件防火墙、IDS/IPS被业内戏称为“安全老三样”，已经成了整个安全行业的标志。

后来，随着行业纵深发展，安全行业开始进行领域级分化，一些安全初创厂商往往会从更小的点位入场，于是反病毒就演变成了终端安全领域，网络安全就演变成了网关安全领域，除此之外，还出现了更多新的安全领域。

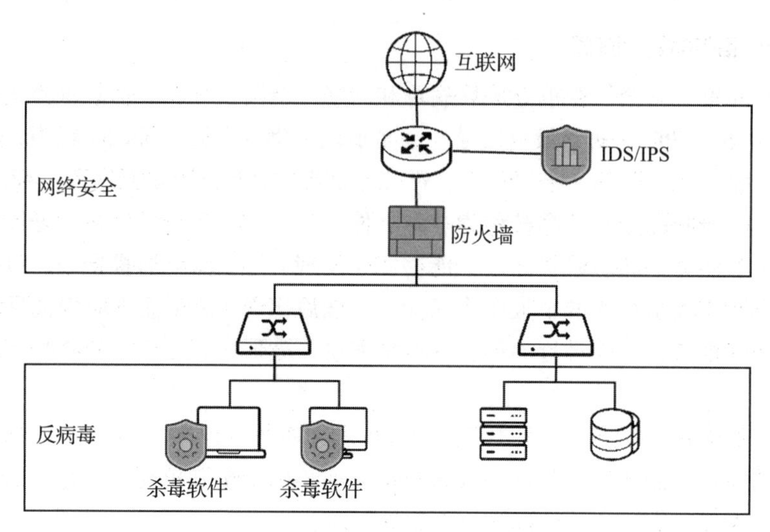

图 4-1　安全行业的两大阵营

2. IDC 的三元世界

外行如果想了解安全行业，往往是从市场研究公司的市场研究报告开始的。IDC（International Data Corporation，国际数据公司）是最早进入中国的世界级科技市场研究机构，今天行业内提到它时几乎不会用中文名称，就像提到 IBM 一样，但注意不要混同为“互联网数据中心”(Internet Data Center，IDC)。

IDC 在全球已经覆盖 110 个国家，拥有 1100 名分析师，它的报告拥有很强的行业公信力。它将整个安全行业分成了硬件、软件、服务三大部分。

硬件市场中包括 UTM 防火墙（UTM Firewall)、统一威胁管理（Unified Threat Management)、安全内容管理（Security Content Management）三大头部细分市场，该三大细分市场占整个硬件市场 80% 的份额。

软件市场中包括身份和数字信任软件中的单点登录（Single Sign-On)、端点安全软件中的安全套件 (Security Suites）以及同属身份和数字信任软件的身份验证 (Authentication）三大头部细分市场，三者总和占整个软件市场 40% 的份额。

服务市场中三个头部细分市场依次为托管安全服务（包括驻场 MSS 等)、安全集成服务（包括系统集成等)、安全咨询服务（包括 IT 咨询等)。

按照 IDC 三元法的分类逻辑，IDC 会把整个安全市场分成硬件、服务、软件 3 个一级分类。硬件一级分类市场里又分为身份认证硬件和安全硬件 2 个二级分类，身份认证硬件里又包含身份 KEY、智能卡、生物识别硬件 3 类产品，安全硬件里又包含防火墙 /VPN、安全内容管理、IDS、IPS、UTM 5 类产品；服务一级分类市场里又分为咨询规划、部署实施、运维、教育和培训 4 个二级分类；软件一级分类市场里又分为身份管理、安全与风险管理、安全内容管理、威胁管理、其他安全软件 5 个二级分类。

2018年，IDC修正了对安全市场的分类方法，共推出网络安全、内容检测、互联网防御、终端安全、安全AIRO（安全分析、情报、响应和编排）、身份和数字信任、应用安全与开发安全、平行市场与其他安全产品8个一级分类，形成32个二级分类和43个细分安全品类，但是它在最新的报告里还依然沿用三元法的分类逻辑。

硬件、软件、服务三元法在安全行业里已沿袭多年，但在今天这样的安全产业环境中已经略显粗暴了。更重要的是，随着安全的发展，国内安全行业的商业形态已经发生了很大的变化，用三元法的视野很难看到行业的真正发展逻辑。

之前安全行业的销售模式确实是将软件、硬件、服务分开售卖，软件厂商只生产纯软件形态的产品，硬件厂商只生产纯硬件形态的产品。但是在今天网络空间的框架下，产品的形态已经不是制约厂商发展的手段了，而对资本市场来说，如果投资者仅从这三个方面分析得出某个领域更值得投资的结论，会显得过于武断和粗犷。

在今天的安全行业，几乎所有的安全销售形态都是融合状态，以软件为主的产品体系里会有硬件，以硬件为主的产品体系里也会有软件，而服务体系里有可能会搭载软件或硬件。原因是，随着安全行业的纵深发展，简单的单一化安全需求正在被复杂的场景化安全需求所替代，在这样的新安全趋势下，客户要求交付的是一个完整的安全能力而非一个安全工具，因此，如果今天再按照软件、硬件、服务这样的切割维度和粒度，已经无助于理解安全行业了。

3. Gartner 的多维空间

安全行业里还有另外一家风头正盛的咨询公司“Gartner”（高德纳）。它是一家国际知名的IT咨询与数据调研公司，覆盖全球100个国家，拥有15 000名员工，其中有4000名安全研究员。

Gartner出品的安全魔力象限（Magic Quadrant）和技术成熟度曲线（Hype Cycle）两大商业模型分别从企业、技术两个维度来洞察整个安全行业，得到了行业的普遍认可和追捧，而且它还会每年推出十大技术趋势的预测和解读以及安全市场峰会，也成了业内人士洞察安全技术未来发展的一个重要窗口。

从Gartner发布的安全报告里可以看到，整个安全市场大致分为防火墙设备、咨询、实施、IT外包、消费者安全软件、其他安全软件、入侵预防系统设备、安全Web网关、端点保护平台（企业）、安全信息与事件管理（Security Information Event Management，SIEM）、身份治理与管理、硬件支持、其他身份访问管理、安全邮件网关、Web访问管理（WAM）、数据泄露防护、安全检测等17个细分市场。从这些分类可以看出切割行业的逻辑并不清晰，这对理解整个安全市场是很大的障碍。

4. 安全牛的碎片化全景

在整个安全行业，本地化和国际化可以说是一对矛盾体。所有的安全厂商都希望能够国际化、走出国门，所有安全企业却又总是拿本地化作为跟国外安全品牌竞争的重要筹码。因为现实情况是，几乎所有的国外安全厂商都没有在中国设立研发机构，最多是设立了售后服务团队，所以研发级产品问题的解决周期会十分漫长。

安全牛是一个本地化的专注于安全行业的安全资讯厂商，它从2016年开始推出网络安全行业全景图，已经得到了安全行业的初步认可。它原来是将安全市场分成十几个一级分类，每个一级分类再分成若干二级分类，一共形成70个左右的分类矩阵，然后把厂商的产品和收入按照这个分类逻辑打散，分别贴到这些分类矩阵中，形成一张行业全景图。

2020年4月发布的全景图（第七版）又重新调整了分类逻辑，它把安全行业按预防、防御、检测三个纵深阶段进行大块划分，同时围绕网络安全、数据安全、安全管理［安全运营中心（Security Operation Center，SOC）、风险管理］、应急响应、人为因素等五大核心需求和要素进行聚合，重新构造中国网络安全的产业生态模型，方便甲方用户更快检索和审视网络安全，同时也为安全厂商定位网络安全市场机遇提供参考。

2022年3月31日，安全牛第九版中国网络安全行业全景图正式发布，整个架构没有改变。

下面以安全牛全景图（第七版）为例进行详细说明。它把安全行业分为15个一级安全领域、88个二级细分领域，共涉及313家国产网络安全企业和相关行业机构，实际收录1143项。整张全景图因为是站在安全分类的角度来切割厂商，又是LOGO的形式，所以很大，现在我把它提炼成一张表，你可以看到这样一个安全行业矩阵图（如表4-1所示）。

全景图里的一级安全领域包括计算环境安全、数据安全、身份与访问安全、通信网络安全、应用安全、开发安全、业务安全、安全管理、云安全、智能安全、物联网安全、移动安全、工业互联网安全、区块链安全、安全服务等15个一级领域，其中每个一级领域又包括若干二级领域。

这种用安全特性进行行业分类，然后用行业分类来透视安全行业和安全企业的视角，是非常有价值的，但是接下来会带来两个问题。一是行业视角碎片化。如果我们站在资本的角度，用如此碎片化的视角来看行业，很难总结出整个行业或某个领域的发展规律，从而很难得出更加有效的行业投资决策。二是厂商视角碎片化。如果我们站在甲方的角度，用这样的视角把厂商的能力进行切割，也很难找到一个合适的逻辑来对安全厂商的整体能力进行评估。

另外，对于一个想要进入安全行业的人来说，“我进入该行业的依据是什么？”“进入哪个公司？”“哪个技术领域会更有前途？”之类的问题，从这样的全景图上很难找到答案。

事实上，站在安全厂商的视角，这张全景图非常适合安全厂商用来研究同行和标定自己的行业位置，可以看到整个安全版图有多大、自己有多少空白还没有涉及、在要涉及的空白里存在哪些厂商等信息，从而能够辅助厂商做战略决策。所以安全全景图更像安全厂商的航海图，对于甲方、资本方和入行者来说，想要更简单、更清晰地看懂整个安全行业，需要一个新的行业切割逻辑和新的视角来理解行业的整体运行规律。

表 4-1 安全牛全景图矩阵

序号	一级领域	二级领域										
		1	2	3	4	5	6	7	8	9	10	11
1	计算环境安全	可信计算	主机入侵防范	恶意代码防护	零信任技术	防病毒	终端安全管理	主机安全	终端检测与响应	办公设施安全		
2	数据安全	数据平台安全	加解密	备份与恢复	数据防泄密	数据脱敏	勒索软件防护	文档安全	大数据保护			
3	身份与访问安全	身份认证	IAM（4A）	数字证书	堡垒机							
4	通信网络安全	通信安全	上网行为管理	网络流量管理	电信级流量检测	UEBA	网络隔离	搞 DDoS	网络入侵防范	网络接入安全	访问控制	访问控制（AIFW）
5	应用安全	Web 应用防护（WAF）	Web 应用扫描与监控	负载均衡	域名安全	邮件安全	网页防篡改					
6	开发安全	应用安全测试	软件成分分析	安全开发流程管控	源代码安全							
7	业务安全	业务反欺诈	内容安全	应用软件安全管理	视频专网							
8	安全管理	审计与日志（SIEM）	密码管理	安全和 IT 风险管理平台	应急响应 / 支持防护	风险及脆弱性管理	安全运营中心	安全监控	资产扫描与发现	漏洞管理	等保工具与服务	安全合规
9	云安全	云网络架构安全	云原生安全	云安全其他	云访问安全	云应用安全						
10	智能安全	态势感知	威胁情报	威胁捕捉	APT 高级威胁防护	网络空间资产测绘	取证 / 溯源	大数据与人工智能				
11	物联网安全	车联网安全	其他物联网安全									
12	移动安全	移动业务安全	移动应用安全	移动终端管理	手机防病毒							
13	工业互联网安全	工控安全管理类	工控安全培训	工控防护类	工控检测类							
14	区块链安全	区块链安全										
15	安全服务	安全集成	测评与认证	安全咨询与审计服务	安全运维服务	安全培训服务	安全实验室与靶场	安全会议与活动	渗透测试			

4.1.2　行业的基本特征

除了通过切块来看整个行业，刚接触安全行业的人，可能要问的入门级问题就是：这个行业有什么特点？为什么会有这样的特点？未来的发展方向如何？发展的速度如何？

那么我们就需要将这个行业从三百六十行里单独拿出来，通过跟其他行业对比来看看它的特点。通过我的观察，安全行业呈现出碎片化特征、技术驱动特征、伴生性特征、本地化特征和无周期性特征等五大特征。

1. 碎片化特征

几乎每个行业都有顶级玩家，而基本上顶级玩家可以拿下整个市场 70% 的份额，第二名和以后的所有玩家来瓜分剩下的 30% 的市场份额，会呈现出明显的强者恒强的“马太效应”。但是安全行业例外，它首先呈现出来的是碎片化特征。

拿一个典型数据来看，2018 年，全球网络安全排名前 15 的企业加起来，仅占到全球市场规模的 30%。国内前 10 名（亿元以上）企业的收入加起来仅占整个中国市场的 39%。2022 年，中国安全市场的整体规模是 900 亿元左右，而其中市场顶级企业的营收是 60 亿元左右，约占整个市场 7% 的份额。

通过这种碎片化特征，我们至少可以得出这样的结论：安全行业不存在能在短时间内颠覆整个行业竞争格局的颠覆式创新方法。了解了这一点，你会发现一个事实：在安全宇宙里，互联网思维和互联网方法是失效的。像我们看到的团购行业的百团大战、支付行业的平台争霸，这种集结优势兵力快速颠覆市场的打法在各行业都很常见，但是在安全行业里，却从没发生过这样的故事。

2. 技术驱动特征

熟悉联想公司的读者可能听过关于联想的经典战略：贸、工、技。意思是说联想整个发展的脉络就是先做贸易赚钱，再做工程化的产品，最后做技术研发。和联想公司相反，华为公司就是典型的“技、工、贸”战略思路，每个领域都是集结优势兵力，重投技术研发，重仓拿下市场。联想和华为是性质类似的企业，但是却有截然相反的企业战略，而且都很成功。这就是说，在 IT 硬件行业，技术驱动的特征并不明显，选择什么样的企业战略取决于领导者的视野和喜好。

但是安全行业不同，安全行业是一个明显的技术驱动型市场，每个企业入场都是拿到了安全领域里不可再生的稀缺性技术资源，能够构建天然的技术壁垒。在互联网行业，大家会经常提到“企业生态位”，意思是说，一个初创型的互联网企业，只要有一个行业机会点就可以快速入场，只要有一款体验不错、能够满足客户痛点的产品，就能完成从 0 到 1 的突破，但是接下来还必须在从 1 到 N 的市场扩张过程中拿到某个细分市场的生态位，才能真正生存下来，才能有发展，否则面临的就是互联网顶级玩家入场后的快速死亡窘境。

而安全行业不会出现这样的宿生宿死。初创安全企业一入场就能拿到技术的生态位，几乎所有安全创业公司的创始人都是行业资深的安全专家，创始人团队里都有行业里的技术大拿。这些人至少拥有10年的从业背景，至少都有拿得出手的技术，所以在安全行业里，虽然企业发展很艰难，但是想“死”也是不容易的。同样，后面章节会详细介绍该特征背后的逻辑。

3. 伴生性特征

前几年业内都有这样的通识：安全是刚需，是人人都需要的。但是这几年大家逐渐想明白了，安全其实不是刚需，因为安全本身并不是用户的直接诉求。

认为安全是刚需的，这是因为安全的伴生属性，它可以附属在任何商品之上，给任何商品提供附加价值，比如安全浏览器、安全手机、安全聊天软件就比不安全的相应产品更能获得用户青睐。认为安全不是刚需的，这恰恰也是因为安全的伴生属性，安全并不是客户的最终目标，比如用户使用安全浏览器，只是想安全地上网浏览而已，上网浏览才是他的最终诉求。

安全的伴生属性还有一个重要特性，就是安全是伴随IT的发展而发展的。也就是说，安全的终局就是IT的终局，只要IT发展，安全就会随着发展，而且今天安全支出占IT支出的比例已经稳定在3%～5%。

4. 本地化特征

这里的本地化特征，其实是指安全越来越具备以国家为单位的区域属性，而非全球属性。全球经济一体化已经是全球经济的整体调性，但是安全这个行业却有些例外，尤其是在网络空间升级为“第五主权空间”之后，网络空间安全已经上升到国家安全的层次，成为国家级战略。安全产品与服务如果出现刻意留下的后门或漏洞，那就会给一个国家的网络空间带来极大的安全隐患，因此安全本地化其实是一个国家安全的需求，在这种需求的驱动下，安全行业会从国家战略本地化逐渐过渡到安全市场本地化，这种本地化将是世界各国的共识。

由此可知，在安全领域，无论中国资本想投资国外的厂商，还是国外资本想投资国内的厂商，直接投资都会有一定的资本安全风险，可能需要换一种迂回的方式。

5. 无周期性特征

无周期性是安全行业的另外一个特征，在这里有三种情况。

一是指产品的生命周期目前看起来是无期限的。例如在反病毒公司一年一个大版本的研发惯例下，瑞星杀毒软件网络版如今已经是第17个大版本了，依然还有其生命力；在今天的安全市场上，虽然新技术、新产品层出不穷，但是杀毒软件、硬件防火墙、IDS/IPS老三样依然是销售最火的产品。另外安全行业还有这样一个戏称：老锤子发现了新锤子，然后把老钉子砸一遍。这句话揭露了安全行业里的产品研发现状：老技术解决老问题，老技术解决新问题，新技术解决老问题，新技术解决新问题。这个现状的背后逻辑是新威胁不断产生，而旧威胁依然存在，因此安全是一个可以不断迭代而不会被淘汰的行业。

二是指无地域差异性。这个是非常好理解的，如果你做的是衣食住行的生意，那么由于人群差异、地域差异、文化差异，产品的销售规模会有所不同。而安全解决的是威胁问题，威胁在整个信息世界里本质都是一样的，连行业差异都不明显，更不存在上面提及的那些差异。因此安全公司只要完成从0到1的商业模式验证，除了资金、人员上的投入外，做区域化复制和行业复制是没有其他障碍的。如果硬要说有差异，也是区域的信息建设水平有差异，然而这种差异还会提供另外一个红利，就是旧的产品和解决方案依然可以在安全建设欠发达地区成为蓝海商品。

三是指无时间、季节差异性。安全产品不会像水果、衣服这类实体经济那样由于季节不同而产生淡季、旺季。这里为什么要跟无地域差异性分开说呢？是因为还有一些小问题要交代。安全行业其实也有大年、小年之说，但这是由安全行业的销售模式引起的，而非行业本身。安全产品的价格构成是“产品基础价格 + 升级维保费用”，不论你的产品成交价格如何，从第二年开始，都是只收取产品的升级维保费用，这个比例的行业惯例是25%，这个价格里面虽然各厂商包含的内容不尽相同，但核心意思是：安全产品需要不断升级产品本身才能更加健壮，只有不断升级特征库才能不断识别新威胁。这个费用本质上是甲方客户用来支付安全厂商持续投入的研发成本。如果用户决定不要升级维保服务，就可以不缴纳该项费用，而且产品依然可以继续使用。这就意味着做成一单生意，第一年的收益是100%，第二年的持续收益就是25%，这就有了大、小年之说。而不像互联网模式，每月、每年的价格是相同的，虽然很多场合下互联网模式可以包年打折，但是本质的差异并不大。

还有一点要说明的是，安全行业虽然没有时间和季节周期的差异性，但存在销售节奏。大家一定还有印象，在瑞星、金山、江民的“三国演义”时代，每年杀毒软件都是在9月以后发布新品，发布新品之后就是旧版本的打折，但是该现象背后的逻辑并没有多少人知道。

这是因为杀毒软件每年的销售旺季是春节和暑期：春节和暑期正好是学生的寒暑假，使用计算机的时间就会集中，中病毒的可能性也最大。这样正好在暑假期间通过打折销售的方式清一下旧产品的库存，而紧接着在寒假期间迎来一个新的销售高潮，这样就形成了一个良好的销售节奏。

为什么在新品发布后，旧版本通过打折还能销售得动呢？原因是：一方面新版本从产品发布到生产供货，再到铺满整个市场，需要2个月左右的时间，而暑期马上就需要计算机安全防护，等不及；另一方面旧版本的杀毒软件购买后原则上是可以免费升级到新版本的，也相当于给新版本打了折。

而现在的企业级安全市场，销售节奏采用另外一套逻辑，这个也会在后面的章节里继续讲。

4.1.3 中外市场的差异

不论业内人士还是其他产业专家，大家看安全行业的时候总是会拿中外市场来对比，毕竟照搬商业模式已经成了现代商业的惯例。比如国外有 eBay，国内就会出现淘宝；国外有谷歌，国内就会有百度；等等。

很多国际上的新商业模式，拷贝到国内市场依然会有很好的表现，因此大家就有了一个非常正常的问题：国外做得很好的安全模式或产品拷贝到国内是否也会有很好的市场前景呢？所以这里就着重谈谈国内外安全行业的整体差异性。

纵观中外安全市场，如果本地化是安全行业的一个重要特征的话，那么在全球一体化的现状和趋势之下，中外市场也肯定会呈现出一定的差异性。总结一下，大致有规模差异、IT 投入占比差异、网络环境差异、技术成熟度差异、企业成熟度差异和文化差异六个维度的内容。

1. 规模差异

据 IDC 的数据：2021 年全球网络安全相关硬件、软件、服务投资达到 1435 亿美元，预计 2024 年将达到 1892 亿美元；2021 年中国网络安全市场规模达到 102.2 亿美元，到 2024 年将增长至 172.7 亿美元；2025 年全球网络安全市场规模将会突破 2000 亿美元，五年的年复合增长率（Compound Annual Growth Rate，CAGR）约为 9.4%；2025 年中国网络安全市场规模将增长至 187.9 亿美元，五年的年复合增长率约为 17.9%。

根据数据，我们可以看到两个事实：一是中国网络安全市场在 2021 年占全球市场总份额的 7%，在 2025 年将占全球市场总份额的 9%，而美国在 2017 年的市场规模全球占比就已经是 41.29% 了，中国已经是世界第二大经济实体，因此对于安全市场来讲，这个比例是偏低的；二是中国网络安全市场的增速是全球网络安全市场增速的 2 倍，在全球范围内是增速最快的国家。

2. IT 投入占比差异

前面说过，安全市场本身具有伴生性特征，它是伴随着 IT 的发展而发展的。一份公开资料显示，美、中、日是世界 IT 支出的前三名，但是中美最大的差异在于：安全在美国 IT 支出的占比可以高达 20%～30%，而在中国的占比只有 2%～5%，与全球的平均水平 3% 持平。

从这样的数据里能看到这样一个事实：中美安全支出在 IT 支出的占比上差异很大。通过这种差异，可以得出两个结论：一是中国安全市场的想象空间很大，未来有很大的市场空间；二是市场空白可能意味着新的商业机会，也可能意味着大的商业黑洞——导致投入产出失衡。

事实上，中国安全市场的前途是光明的，道路是曲折的，从想象中的市场机会变成实际的商业机会还有漫长的道路要走。

3. 网络环境差异

中国互联网跟美国互联网无论在基础设施成熟度上还是在商业成熟度上，都已经十分接近，甚至在某些点上还有过之而无不及，但是在企业安全市场里，整个企业的网络环境差异还是很大的，这体现在两个方面。一方面是网络设计结构不同。不同行业，随着行业特性、建设经验、建设成本、建设时间的不同，都呈现出不同的网络设计结构，在不同的网络设计结构下，需要考虑不同的安全产品匹配。另一方面是网络基础设施的成熟度不同。比如在企业内部，大部分还是物理机，虚拟化程度很低，更不用说采用云计算架构了。

这里面渗透出来的一个信息是：在这样的网络环境现状下，就会有相匹配的产品体系和交付体系，国外厂商的现行企业架构很难支撑这样的销售场景，这也是导致安全行业本地化特征的原因之一。

4. 技术成熟度差异

在技术成熟度差异方面，我总结了一句话："技术同源，深度不同。"在技术同源方面，因为在网络空间时代全球已经是同一个网了，所以威胁的流动是一致的。新威胁只要在网络空间中产生，都会瞬间到达网络空间的每个角落，因此在威胁对抗的技术上，国内外厂商已经没有本质的差异。另外，无论是攻防性质的国际峰会，还是安全性质的国际峰会，国内厂商这几年的活跃度是越来越高的，因此安全技术的国际交流是充分的。

在技术深度方面，因为国内整体信息建设和安全建设的水平和规模还不能跟发达国家相比，所以在技术深度和应用广度方面与发达国家还是有一定的差距。这一点很容易验证，随便点开国内外对标企业的官网页面，对比一下产品介绍就能有一个明显的感受。

5. 企业成熟度差异

安全行业是一个甲方市场，生意规模受甲方市场客观条件的制约，关于企业成熟度，除了前面提到的网络基础设施这样的企业硬件层面差异外，在企业软件层面主要还有三个方面的差异。

一是安全部门权力不足。在成熟的企业架构里，安全部门是一级部门，它负责对安全进行统一的规划设计和效果考核，IT部门负责实际的建设和运维。但是国内大部分甲方客户的实际情况是，IT部门是一个一级部门，安全部门只是下属的二级部门，安全决策的话语权不足，会导致安全投入不足。

二是安全意识不足。客户整体安全建设思想还处于自发状态，即整个安全建设意识还处于亡羊补牢的事后建设逻辑上，不出事就不考虑安全建设，这种情况会导致安全建设的投入不足。

三是安全能力不足。纵观整个甲方客户，有首席安全官（CSO）建制的很少，而在整个CSO群体里，是行业专家的人就更少了。本身不具备完整的安全规划能力，就会导致安全战略不清晰、安全建设目标不清晰和安全建设效果不清晰，同时也会导致安全建设的结果是厂商对决的结果，而每个安全厂商都会由于商业利益驱动而导致安全建设方案与客户实际情况产生偏差，从而出现设计与效果产生偏差的“两张皮”现象，而甲方客户的安全决策部门往往没有能力纠偏，从而导致安全效果达不到预期的结果。

6. 文化差异

尽管公有云厂商都声称数据是客户的资产，但是几乎所有有条件的甲方都不放心，因此有条件的甲方往往会选择本地化部署和私有云架构。

中外安全市场的这六个差异，使得国内外厂商的安全能力相当，但是国内的产品和服务落后于国外，尤其是 SaaS 化的安全市场，更是落后于国外。

4.2 安全行业的碎片化变量

在发现澳大利亚的黑天鹅之前，17 世纪之前的欧洲人认为天鹅都是白色的，但随着第一只黑天鹅的出现，这个不可动摇的信念崩塌了，后来人们常用“黑天鹅事件”指小概率发生的，而且发生后对整个行业产生颠覆性影响的事件。在安全行业，总有这样的“黑天鹅”，它们的出现，不光是造成了很大的社会影响，更重要的是改变了安全行业的整体认知，甚至是竞争格局。

4.2.1 威胁黑天鹅

人们往往喜欢追逐新的东西、热门的事件，而事实上这些元素只是信息，能带给我们的认识提升是非常有限的。我们更应该关注一些经典事件，这些沉淀下来的信息会先转化成知识，其中一部分知识再升华为认知，就像年份酒一样，时间的沉淀成就了更好的口感和品质。

经典的东西都是各种因素在历史某个时间点上的小概率聚合，具有不可复制性和不可重现性，但是足以引起行业震荡。

1.“灰鸽子”的技术黑天鹅

2007 年，国内反病毒三强厂商之一的金山公司开始通过媒体发声，公开“围剿”一个在 2001 年左右出现的团队化运营的远程控制工具——“灰鸽子”，这是安全行业里第一次集公司之力对民间灰色团队发起挑战，虽然当时灰鸽子已经产生了 6 万个变种，但是在金山的围剿中瞬间湮灭。

而随着金山围剿灰鸽子进入高潮，黑色产业链开始浮出水面，该事件虽然只是一次看似普通的反病毒公司的市场宣传炒作，但是至少对行业产生了两个推动作用：一是安全公司开始将视野从威胁本身转向威胁背后的运作组织，以后几乎所有安全公司的年度研究报告都会将“黑产”作为一个研究维度；二是该事件也揭开了病毒样本激增的序幕，直接推动了“云查杀”技术的产生和互联网安全革命。

从 2006 年到 2008 年，全球病毒样本已经由 40 万种激增到 800 万种，而且几乎是逐年翻番，该数量大大超出了整个安全行业的总体病毒样本分析能力。在云查杀技术出现之前，全球安全行业都是采用“人工收集＋人工分析＋网络升级”的经典三段式样本分析体系。就按每家反病毒厂商有20名样本分析师，每名样本分析师每天生成100个样本特征，每个样本特征覆盖1000个实际样本的公式来计算，每个公司每天的样本查杀能力是200万个（20×100×1000），于是威胁对抗的核心矛盾开始从四处找样本变成如何快速处理样本，反病毒公司开始了对抗海量样本的新技术长征。

2006年，云计算技术的出现让反病毒公司眼前一亮，趋势科技提前嗅到了商机，在全球首家推出了云安全体系，与此同时国内反病毒领导厂商瑞星公司迅速跟进，成为国内第一家云安全体系缔造者。这两家公司的云安全思想类似，都是将可疑样本送到云端样本分析集群里进行自动分析，然后将分析的结果形成特征库并通过升级的方式再下发到客户端，形成一个互联网化的病毒样本自动处理中心。不同的是，趋势科技是靠2000台服务器组成的爬虫矩阵来收集样本，而瑞星则利用了卡卡助手客户端的8000万用户。

但是这种模式带来了一个致命的问题，就是病毒特征库使用的还是本地特征库形式，所有分析完的病毒样本需要再通过网络升级的方式下载到本地。这种机制会让内存占用越来越多，那时候杀毒软件的内存占用基本上都在300 MB～1 GB，而内存标配还是2 GB、4 GB，这种资源占用会非常影响使用体验。

这时候互联网安全公司的春天来了，就像特斯拉电动汽车一夜之间颠覆了整个传统汽车行业一样，其实电动汽车真正颠覆的不是传统汽车行业，而是几十年的技术壁垒。以搜索起家的360创造的云查杀体系替代了趋势科技、瑞星创造的云安全体系，让互联网企业有了颠覆传统安全企业的可能。

360在还没有自己的反病毒引擎的时候，是依靠安全卫士创造的泛安全概念来征服用户的，360包揽了在安全厂商看来完全没有技术含量的工作，包括别人不爱做的补丁管理、计算机优化和系统修复，再加上一对一安全专家服务，没有赢得同行的掌声却赢得了亿万互联网用户的青睐。

当时在360出品的安全卫士软件里有一个其实并不能算是引擎的木马查杀引擎，它就是将文件的哈希值当作文件的特征码来进行病毒识别的。在云传统安全时代，这是一种行业里落后的技术，然而在互联网安全时代，它却成了最先进的病毒对抗手段。

传统特征码技术是基于样本的人工分析，通过有经验的病毒分析师提取一段经典的指纹特征，不管病毒如何变种，这段特征基本不变。经验丰富的病毒分析师提取的一条特征可以灭掉上百万的样本，这种差距量出了普通程序员到大师的距离，也让反病毒变成了一个阳春白雪的行业。

虽然文件哈希值最大的问题是每个样本都要产生一个特征码，这样会瞬间增大特征库尺寸，而且文件只要改动1字节，就要重新计算哈希特征。但是，这种技术有一个巨大的好处，就是算法固定，可以用机器自动提取。

2006年以来，病毒爆发式增长，增长速度更是达到每年千万的量级，完全人工分析已然不可能，这时候哈希值这种算法固定的技术就成了最佳解决方案。样本的分析问题解决了，但是本地库的问题怎么办？不加控制，用户的内存很快就会被这种特征库占满。这时360发明了云查杀引擎，原理非常简单，就是不将所有通过云安全自动分析体系产生的特征库下发到本地，而是放在云端，当本地引擎发现不认识的样本时，就直接把样本的哈希值传到云端并利用云上的大特征库做鉴定，本地只保留一个很小的基本库。于是云引擎迅速变成了行业标准，拥有云引擎的企业开始拼样本的采集速度。虽然瑞星、金山都有云安全体系，但是有海量资本和海量用户的360很快就占了上风，此时的江民已经完全错失了建立云安全体系的时机。

2.“勒索”的黑产灰犀牛

“灰犀牛事件”是跟“黑天鹅事件”相对立的一个概念，它是指大家对本来风险极大的潜在威胁习以为常，置之不理，从而造成巨大的社会影响和后果，就像一只灰犀牛，本来在远处温顺地吃草，但是突然就愤怒地冲过来，把你扑倒在地，“勒索病毒”就是这样的行业灰犀牛。

谈起勒索病毒，大家都会提到2017年5月12日的“永恒之蓝”，其实关于勒索病毒，在“永恒之蓝”前后都有不得不说的故事。早在2015年1月，第一个以比特币为支付手段的“敲诈者”（CTB-Locker）病毒在国内爆发，中毒计算机里的文档、图片等重要资料都会被病毒加密，同时提示受害者在96小时内支付8比特币（约1万元人民币）的赎金，否则文档将永远不能打开。

随后几年，此类病毒越来越多，最后就有了一个共同的名字“勒索软件”或“勒索病毒”。这类病毒有四个通用的特性：一是都是以用户计算机中的文档类文件为攻击对象；二是用加密算法进行一次一密的高级加密，防止被破解；三是用比特币这样的数字货币作为支付手段以保证全球通用；四是将点对点加密网络如“洋葱网络”（Tor）作为数字货币的支付通道以防止被事后追踪。中毒者唯一的办法就是乖乖支付比特币以获得解锁密钥。

2017年5月12日，席卷全球的“WannaCry”勒索病毒事件则是勒索病毒发展的一个新里程碑。有人从媒体报道出来的英文名字里拆出“Wanna”和“Cry”，于是就翻译成“想哭”病毒，其实这里的“Cry”是“crypt”即加密的意思，跟“哭”并没有关系。

该事件同时又被称为“永恒之蓝”（EternalBlue）事件。为什么同一个事件会有两个名字呢？其实，“WannaCry”是一个勒索病毒，就像子弹，有杀伤力，但是需要用枪来激发，而“永恒之蓝”就是激发勒索病毒的枪。“永恒之蓝”实际上是一个漏洞利用工具，它利用微软在2017年3月14日发布的一个严重级别的漏洞“MS17-010”进行传播，传播后会释放“WannaCry”勒索病毒。由于事后有人分析出“永恒之蓝”是美国国家安全局开发的漏洞利用工具，于2017年4月14日被公开，因此业内有人把“永恒之蓝”称为“网络军火”，认为整个事件是由于网络军火买卖而导致的。

2019年，勒索病毒的攻击目标逐渐从个人用户转向服务器及企业用户，已经出现通过RDP弱口令暴力破解企业服务器密码，然后进行人工投毒的新型传播方式，而且勒索病毒的赎金也已经从比特币扩展到了门罗币、以太币等新的数字货币，勒索病毒的种类也已经从早期的 Bitlocker 、WannaCry 发展到 Globelmposter、Crysis、GandCrab、Satan 这四大家族，然后再到 Locky、Cerber、NotPetya、MindLost、Blackrouter、Avcrypt、Scarab、Paradise、XiaoBa 等十几个家族。

无论是网络军火还是人工投毒，都说明勒索病毒已经成为有效的黑产新手段。其实早在 2015 年，整个安全行业就已经发现勒索病毒是目前唯一一种完全没有技术手段做事后处理的病毒。之前所有的病毒在感染之后，除了本身把文件破坏掉之外，总是可以通过技术的手段逆向还原回来，而勒索病毒中招后，除了支付赎金，没有任何技术复原的办法。因此在该病毒出现之初，整个安全行业就认识到，如果勒索病毒的方法被滥用的话，后果将是一场灾难。

整个行业虽然意识到了未来可能出现的后果，但是谁都没有在意，于是 2017 年就爆发了席卷全球的“ WannaCry”和“永恒之蓝”，该病毒尤其是在医疗、教育行业连年持续泛滥，已经成为行业首痛。

勒索病毒促使整个安全行业进行反思：既然该病毒的事后恢复已然不可能，那么如何在事中实时拦截，甚至在事前更早地发现就成了反病毒厂商的一个新的研究方向。这时，一种新兴的以数据分析为主的“终端检测与响应”（Endpoint Detection & Response，EDR）思想开始成为终端安全新主流，而整个终端安全技术就被切割成“终端防护平台”（Endpoint Protection Platform，EPP）和“终端检测与响应”两大部分。

3.“震网”的攻击大灰狼

2010 年 7 月爆发的“震网”（Stuxnet）病毒则被认为是世界上第一个专门定向攻击真实世界中基础（能源）设施（比如核电站、水坝、国家电网等）的蠕虫病毒。

2010 年 11 月，“震网”病毒对伊朗网络系统实施攻击，矛头直指伊朗核设施。在这次事件中，病毒首先是有明确的目标，不再是盗取信息和勒索金钱；其次是有非常复杂的结构，共使用了微软操作系统的 4 个漏洞，通过一套完整的入侵和传播流程突破工业专用局域网的物理限制，使伊朗的离心机运行失控。因此有人怀疑该病毒是受国家资助的高级团队研发的结晶。

后来这种特定组织针对特定目标进行定点入侵和攻击的威胁事件就被定义为“高级可持续威胁”(APT)，这种攻击形式又被称为“APT 攻击”。

跟勒索病毒完全不同的是，APT 攻击都是非经济目的而且发生频率低，然而就是这样低频的安全事件，对整个安全行业的影响却是巨大的，由此还出现了专门应对 APT 攻击的新产品，甚至几乎成了一个产业。为一种病毒或一种攻击手段研制专有产品的情况，在业内还是首次。

4.2.2 安全的一战成名

安全行业里最热闹的领域就是反病毒，因此安全也经常被大家戏称为“病毒经济”，这种说法至少说明了其中的一个道理：反病毒厂商往往就是通过一个病毒的及时处理而快速崛起的。

1. 变种病毒与江民传奇

安全行业里的第一个“杀毒王”要数江民公司。早在1996年，既加密又变形的“幽灵王”（NATAS）和“半条命”（OneHalf）病毒开始泛滥。这类病毒有一个共同的特征，本身会带一个变形引擎，每感染一次就会根据当时情况将自己变形一次，但是无论如何变形，变形引擎部分和一些关键的代码指令都不会变。为了对付这类病毒，江民公司研发出了具有广谱特征码杀毒模式的KV300。

广谱特征码技术是江民公司首创，江民公司也正是靠着这项技术创造了昔日的辉煌。该技术很像系统提供的通过通配符搜索文件机制，例如我们可以通过搜索 *.mp3 找出所有的MP3文件，也可以用LOVE*.* 找出与LOVE相关的所有文件。广谱特征码正是这样一种技术，它将不变的部分作为固有特征，将变化的部分作为模糊特征，对整个文件进行匹配，从而能有效地找出变形病毒。更重要的是，江民公司还将该技术开放，所有人都可以手动编写特征码，在不升级的情况下查杀新病毒变种，该做法在软盘时代非常奏效。

加密变形病毒造就了江民公司，让广谱特征码查毒技术广为人知，当时江民杀毒软件以260元的高价成为大学生手中的标配，也使江民成为中关村传奇。那时，我国的互联网才刚刚开始。

2. CIH病毒助推瑞星重启

虽然一个公司的崛起都是长时间的技术积累与不断努力的结果，但是不可否认一些关键节点对一个企业的崛起有强力助推作用，而瑞星再次崛起的助推剂则是CIH病毒。虽然早在1991年作为行业首创者的瑞星就凭借着防毒卡坐上业内头把交椅，但是崛起的江民已经成为DOS时代杀毒软件的王者，而瑞星已经下沉。

Windows时代到了，瑞星凭借着全球首创的宏病毒查杀能力又一次站稳了脚跟，正好时逢1998年CIH病毒爆发。该病毒是台湾的陈盈豪为了纪念女朋友所做的，每年4月26日爆发，第一次爆发时，该病毒在盗版光盘中潜伏了一年之久，堪称史上破坏力最大的Windows病毒，病毒爆发时产生的蓝屏已经成为每个人心中的噩梦，而且第一次打破了Windows保护模式的安全神话。然而瑞星靠着对CIH病毒的查杀再次崛起，重获杀毒王者地位。

3. 金山的蓝色安全革命

当瑞星、江民舒服地享受着早期安全行业红利的时候，金山公司还在办公软件领域里苦撑，它在安全金矿的诱惑下悄然入场，并于2002年突然举起蓝色安全革命的大旗，直接向瑞星发起挑战。

金山在反病毒技术上的创造性做法是首次采用多引擎架构，虽然采用多引擎的原因是它没有自主的反病毒引擎，而是通过俄罗斯Dr.Web引擎的“代工”（Original Equipment

Manufacturer，OEM）方式做出了金山毒霸第一版。一年后虽然研发了自主的“蓝芯”引擎，但是能力较弱，因此采用双引擎的方式进行互补，由此还同瑞星爆发了引擎的“单双之争”，虽然最终以瑞星的单引擎占了上风，但是多引擎的传统却保留了下来。腾讯、百度、360这些安全领域的后来者，无一不是依靠多引擎方式迈出了进军安全的第一步。

蓝色安全革命的本质就是希望利用“价格战”强势切分安全市场。金山将当时平均售价200元的杀毒软件拆成了两个产品，每个产品售价50元，因为本质还是传统的降价模式而不是互联网的“三级火箭”商业模式，所以最终没有起到颠覆反病毒市场的效果。

4. 熊猫烧香与超级巡警

今天提到“超级巡警”可能已经没有多少人知道了，但是在2006年，它却因为“熊猫烧香”病毒而一战成名。

“熊猫烧香”是一个纯国产的病毒，它爆发时会将所有的计算机文件的默认图标换成一个熊猫烧香样子的图标，十分可爱。之所以这样，据传是因为作者本想先取出被感染文件的默认图标，感染后再把默认图标置回，目的是让中毒的用户不能发现，但是由于程序存在Bug，图标置回失败，无奈之下就找了一个熊猫烧香的图标代替，但是这个小错误却成了该病毒最大的特色。

“超级巡警”算是当时国内第一款免费杀毒软件，它的赢利模式也很简单：通过免费的个人版杀毒软件来打知名度，然后带动自己企业级杀毒软件的销售。当“超级巡警”还在生死线苦苦挣扎时，“熊猫烧香”病毒爆发，于是“超级巡警”靠着第一个发现并第一个处置该病毒的先发优势，一时间被推到了风口浪尖，自“熊猫烧香”之后，“超级巡警”开始走入互联网公司视野。

2012年，“超级巡警”顺势被百度收购，成了百度安全的一部分；2016年，创始人Killer又加盟腾讯，成了腾讯七大实验室之“云鼎实验室”的掌门人。

5. 北信源的管控世界

成立于1996年的北信源，如今在它的官网大事记里几乎看不到2006年之前的历史。其实北信源早期发布的VRV杀毒软件也是杀毒市场的一员战将，软盘上那个螺丝钉状创始人的形象至今还是北信源的LOGO主视觉。但是，在金山强势进入反病毒市场后它逐渐被边缘化，于是在2002年以后完全转向企业级市场深耕，而且逐渐放弃了杀毒这个核心能力，主推内网终端安全产品，终开一代先河，独创了终端管控与审计这个市场细分领域。

经CCID、中国计算机用户协会等权威部门统计，北信源终端安全管理审计及移动存储介质管理产品在2006～2009年连续四年荣获年度占有率最高产品，2012年于深交所创业板上市。

时至今日，终端安全的内涵已经从单一杀毒能力拓展到了杀毒+管控+审计+安全运维的综合安全能力，这跟北信源有很大的关系。

4.2.3　互联网安全革命

当瑞星、金山、江民正在杀毒的牌桌上热火朝天地打“三国杀”时，来了一个直接掀牌桌的——360，它的“真免费”策略瞬间颠覆了反病毒市场，自此安全市场开始分化成个人安全市场和企业安全市场两个商业逻辑完全不同的世界，并且开始了截然不同的演化方式。

1. 免费安全革命

360从论坛搜索起家，携互联网思维杀入反病毒市场，于2006年7月推出了计算机清理软件——安全卫士。一年以后，安全卫士用户数超过瑞星的“卡卡助手”，成为国内用户量最大的安全软件之一。然后一边与瑞星进行市场竞争，一边开始着手颠覆反病毒市场。2008年7月推出半年免费的带有卡巴斯基引擎的“360杀毒”，一边试探市场反应，一边打磨产品。2009年10月，时机成熟，它又出其不意地推出永久免费的360杀毒1.0正式版，正式点燃反病毒市场的互联网安全烽火，而仅仅用了3个月，其用户数便突破1亿，后来,360取代瑞星，一跃成为反病毒市场的新霸主，而这一历史性的事件被称为“免费安全革命”。

当360发动真正的安全革命时，真正意义并不在于它创立了“互联网安全”这个概念，也不在于它靠互联网免费商业模式颠覆了个人安全市场，而是它像盘古开天辟地那样，一斧头下去，从此将整个安全市场劈成两半，形成了全新的安全世界格局，而资本也在那时正式入场。

2. 巨头的安全情怀

互联网安全的大门被360用互联网思维打开，于是整个安全世界继续演化。本来互联网巨头是天生看不上安全的，因为安全是份苦差事，投入大见效慢，需要十年磨一剑的勇气和十年如一日的积累，这比不上流量变现来得那么快、那么直接。

但安全又是用户黏性极强的事，对病毒的过分恐惧导致了用户对安全软件的过分依赖，产品一旦使用，就很难放弃。于是，当互联网安全的魔盒被360打开时，以腾讯、百度、阿里为代表的互联网巨头开始染指安全行业。

腾讯早在2004就建立了安全中心，但是经过五年的发展，也只产出了“恶意URL人工举报”这样一个边缘安全功能，没有反病毒产品和自主引擎。之后的安全管家也只是通过内置德国“小红伞引擎”来解决病毒的识别问题，虽然老早就收购了知名反病毒专家刘杰的公司“日月光华”，但是直到2012年腾讯安全研究院才打算写自己的引擎。把时间拨回2010年9月，腾讯跟360之间爆发了互联网史上经典的“3Q大战”，腾讯做出了一个艰难的决定：在用户的计算机上让用户二选一，即如果用户选择安装360软件就自动停止运行QQ软件。这场大战持续很久，后经工信部出面调停才落下帷幕。大战之后，360赴美上市，而腾讯开始痛定思痛，迅速扩充安全实力，并于2011年成立国内首个反病毒实验室，研发自主杀毒引擎TAV。

百度拥有世界上先进的搜索引擎技术，但是没有客户端这一尴尬的事实，让百度感觉搜索页面与用户之间始终有隔膜。于是2008年2月与金山合作推出百度安全中心，2010年9月推出百度电脑管家，2013年9月正式推出百度卫士1.0版本，正式成为安全市场新玩家。然而，经营了五年之后，2018年11月百度卫士下线。至此，百度结束了ToC（To Customer，2C）安全市场的十年探梦。

电商网站的基因使阿里对安全本身没有太大的兴趣，因此在互联网安全的三国杀阶段，它并没有在ToC安全市场纠缠，而是在2009年推出阿里云，进军云计算市场，并于2014年推出了云安全产品矩阵“阿里云盾”。

3. 企业安全之路

战争并没有结束，互联网战火继续向安全的ToB市场燃烧，这时360又走到了前面。360于2012年推出免费的线上360企业版，正式试水ToB反病毒市场，2013年6月360企业版用户已达50万家，并基于云安全技术，同年推出“天眼”“天擎”“天机”的“云+端+边界”的企业安全整体解决方案，并于2013年底正式抢滩传统企业安全市场。

2015年5月25日，360企业安全集团成立，从此开启了传统企业安全市场的高速增长之路。2019年4月，360企业安全集团更名为奇安信，正式脱离360集团独立发展，而360集团随后又成立城市安全集团和企业安全集团两大ToB安全集团，再次进军企业安全市场。

在安全市场的推进上，百度一直不坚决，于2015年正式收购云安全公司“安全宝”融入其云安全体系，2016年4月云安全和百度安全中心正式合并为“百度安全”，开始尝试进军互联网企业安全市场，但是耕作几年后，企业安全的人马基本上转入内部安全体系，对企业安全市场浅尝辄止。

腾讯自3Q大战之后，双线作战，开始重仓安全和云计算。2010年2月，腾讯云的前身“腾讯开放平台”正式对外提供云服务，2013年9月腾讯云面向全社会开放，云安全上线。

2016年7月腾讯安全联合实验室成立，其下属的反病毒实验室、反诈骗实验室、移动安全实验室、专注于前沿安全攻防技术研究的科恩实验室、专注于漏洞挖掘与防御的玄武实验室、湛泸实验室、专注于云安全体系建设的云鼎实验室云集了一批业内安全高手。

2018年4月，腾讯携“御点”“御界”“御见”三款企业网络安全产品正式亮相“4.29首都网络安全日”，吹响了正式进军企业安全市场的号角，如今已经形成了包括终端安全、网络安全、应用安全、数据安全、业务安全、安全服务在内的六大领域的企业安全产品能力。至此，腾讯云安全、安全人才矩阵、企业安全三大安全战略布局完成，成为业内唯一一家同时拥有顶级云安全能力、顶级安全研究能力和顶级企业安全能力的综合安全公司。

阿里利用电商的超级红利于2009年顺势推出阿里云，又利用阿里云的红利推出安全品牌“云盾”，全力深耕云上安全市场。2016年2月，阿里又用“聚安全”吹响进军企业移动安全市场的号角，在发布会当天公布了移动App安全解决方案，形成了移动安全、数据风控、内容安全和实人认证等四大安全板块。如今阿里云围绕着云盾，已经形成了包括云安全、身份管理、数据安全、业务安全、安全服务在内的完整云安全生态。

互联网巨头虽然都经历了从ToC安全市场到自身安全能力建设，再到ToB安全市场的演进，完成了企业安全市场的战略布局，但是如何攻破ToB安全市场的护城河，成为企业安全市场的顶级公司的征途却是漫长的，因为ToC与ToB安全市场的运行与演化逻辑完全不同，两者存在悖论式关系，不以企业执行者的意志为转移。

4.2.4 斯诺登的蝴蝶效应

如果说互联网安全革命是发生在ToC世界里的“ToB黑天鹅”的话，那么“斯诺登事件”就是ToB世界里的“ToG（G指Government）黑天鹅”。互联网安全革命将安全世界一分两半，而斯诺登事件则将安全世界再次分化为“区域化”(Local）和“全球化”(Global)两个独立空间。

1. 斯诺登的“棱镜门”

2013年6月5日和6日，前美国中情局（CIA）职员爱德华·斯诺登先后通过英国《卫报》和美国《华盛顿邮报》曝光了美国国家安全局（NSA）的一项绝密电子监听计划——棱镜计划（PRISM）。

曝光的文件透露，该计划自2007年开始实施，监视范围很广，电邮、即时消息、视频、照片、存储数据、语音聊天、文件传输、视频会议、登录时间和社交网络资料的细节都在监控之列。通过该项目，美国国家安全局甚至可以实时监控一个人正在网络上搜索的内容。

更令人震惊的是，任何在美国以外地区使用参与该计划的公司的服务的客户，或任何与国外人士通信的美国公民，都在监听之列。微软、雅虎、谷歌、苹果等九大网络巨头都涉及其中。

“棱镜门”事件一经报出，全球哗然。

中国也在美国的监控之列。斯诺登透露，美国针对中国内地和中国香港的此类行动数以百计，自2009年以来，美国国家安全局一直从事侵入中国内地和中国香港的计算机系统的活动。美国对中国数家主要电信公司发动过密集的攻击，以获取短信，同时还曾持续攻击清华大学的主干网络。在一天时间内，美国曾入侵至少63台清华大学的计算机和服务器。斯诺登曝光美国发起的全球范围内的网络攻击行动超过6.1万项。

斯诺登事件接下来的发酵，引起了一场行业龙卷风，其中的第一场风暴就是“去IOE”。

2. 去IOE与国产化浪潮

本来，去IOE是阿里公司内部的一种自我迭代的技术演进策略，“I”是指IBM服务器，“O”是指Oracle数据库，“E”是指EMC存储设备，“去IOE”是指用自有技术或开源技术来代替这三家的产品，从而一方面可以有效帮助云计算公司节约成本，另一方面可以拥有自主知识产权，实现自主可控。

“棱镜门”事件以后，去IOE被催化，三大运营商首先响应，然后是金融行业，最后就形成了一场自下而上的涉及整个IT界的行业运动。

去IOE之后，“自主可控”与“国产化”接着进入了社会主流意识层，再加上一系列事件的催化，就形成了今天包括国产CPU（海光、申威、鲲鹏、飞腾、兆芯）、国产操作系统（UOS、中标麒麟、银河麒麟、方德）以及国产应用软件在内的一整套信创生态体系。

3. 安全行业的蝴蝶效应

2014年2月27日，习近平主席主持召开中央网络安全和信息化领导小组第一次会议并发表重要讲话，强调网络安全和信息化是事关国家安全和国家发展、事关广大人民群众工作生活的重大战略问题，并指出：“没有网络安全就没有国家安全，没有信息化就没有现代化。建设网络强国，要有自己的技术，有过硬的技术；要有丰富全面的信息服务，繁荣发展的网络文化；要有良好的信息基础设施，形成实力雄厚的信息经济；要有高素质的网络安全和信息化人才队伍……”

行业内人士把这次讲话解读为“为安全定性”，再加上上面提到的“去IOE”和“自主可控”思潮的嫁接，在安全行业就产生了强烈的“本地化”心理暗示，于是国际化安全厂商开始陆续收缩在中国的战线。

2015年9月1日，亚信科技宣布收购趋势科技的中国业务，包括核心技术及著作权100多项，成立“亚信安全”，完成从安全运维厂商到安全厂商的蜕变，成为行业里最大一匹黑马，而趋势科技正式退出中国。几乎同时，数据安全厂商WebSense也撤销了中国的研发中心。

斯诺登事件促使人们更加重视网络空间主权问题，于是信息安全开始出现以下几个意识形态的转变。一是信息安全开始上升到国家安全的级别，成为国家战略的一部分，因此可以预测国家在安全方面的投入会逐年上升；二是信息安全开始成为IT建设的基础设施，从而从亡羊补牢式的外挂式安全建设模式，开始向未雨绸缪式的内生安全建设模式转变；三是“自主可控”也同时成为信息安全的首要条件，于是一方面是安全技术的全球化视野的继续打开，另一方面是安全产品的“区域化”退化。

4.3 互联网厂商的企业安全困境

互联网自出现以来，就一直以颠覆者的姿态，通过重构信息文明的方式重构着商业文明，无往而不利，因此所有人都相信，互联网商业模式是目前最先进的商业模式。既然互联网占据着今天的商业形态、资金和人才的制高点，那么对于ToB的企业安全市场，就是一种高维打低维的降维打击，搞定应该很容易，几乎所有想染指企业安全市场的互联网企业都是这样想的。

因此当互联网巨头发出向企业安全市场进军的信号时，会给公众一个强大的势能压迫感，似乎可以预见，不久的将来企业安全市场将是惨烈和悲壮的红海。但是你如果和洞察力强的安全资深者交流，你会发现他们几乎都不太相信这种事情会发生。

除了行业自信和要维护的自尊外，到底是什么原因让人们产生了如此相左的感觉？背后隐藏着什么样的逻辑？我们就先从结果导向的视角来看一下互联网商业文明在侵入传统企业安全市场的过程中的一些失常的必然性，然后你就能理解 ToC 安全文明与 ToB 安全文明的差异在什么地方，从而有助于建立正确的企业安全市场商业逻辑。

4.3.1 免费安全的信任困境

用免费来颠覆企业安全市场是互联网思维天然的一个推论，但是却成了互联网企业进军企业安全市场的最根本障碍。

这里还要再拿互联网安全的开创者 360 来举个例子。2012 年 12 月，360 杀毒已经发布到了 4.0 版本，360 浏览器已经发布到了 6.0 版本，360 安全卫士已经发布到了 9.0 版本，此时的 360 已坐拥 4 亿用户，其企业版用户也已突破 20 万，稳稳坐上了互联网安全世界的第一把交椅。但是就在这个时候，却出现了“黑天鹅事件”——宝钢卸载事件。

其实早在 2010 年 10 月，360 就发布了《用户隐私保护白皮书》，向用户详细阐述了 360 旗下每款软件乃至每个按钮的工作原理，将 360 所有产品行为透明化。之后不久，360 将隐私保护器与 360 扣扣保镖源代码公开托管到中国信息安全测评中心，以证明自己的产品没有后门。

接着在 2012 年 3 月 15 日，360 利用“315 消费者权益日”的契机正式发布《用户隐私保护白皮书 V2.0 版》，并任命公司首席隐私官（CPO），专职负责规划和制定公司的隐私政策并处理产品中涉及用户数据的各项事务，进一步完善对用户的隐私保护制度，360 也是首个设首席隐私官的互联网公司。与此同时，360 企业版已成为中国使用量最大的企业安全软件之一，已经为 20 多万家企业提供安全服务，终端用户数突破 500 万。

就在这样迅猛的发展态势下却发生了“宝钢卸载事件”，这让 360 高层集体进行了第一次反思：个人安全市场的口碑并不能有效传递到企业用户，因此需要正式进军企业安全市场，通过为企业用户提供安全服务的方式复制 360 在 C 端市场的成功。

于是在 2013 年 2 月，用免费的方式获得了商务部的大单，但是之后的企业安全市场开拓并不顺利，因为企业用户从免费模式直接推论出“免费等于免责”的结论，然而企业用户自身的安全建设是不能免责的。360 因此又推出了“免费不免责”的声明，但是仍然收效甚微。于是 360 高层进行了第二次反思：只有收费才能真正承担起对企业用户的责任和信任。

2013 年 9 月，360 推出了“云 + 端 + 边界”的企业安全模型，同时发布了天眼、天机、天擎三款收费的企业安全产品，正式开启了以收费的方式进军企业安全市场之路。同时为了扩大企业安全市场的影响力和领导力，斥资千万，打造了第一届中国互联网安全大会（ISC2013），至此，360 正式开启了以传统方式进军企业安全市场的新征程。

相信读者都有这样的经历，在下载安装互联网免费软件的时候，都会签署一个不对等的《用户许可协议》，该协议基本都声明了厂商有权利收集用户的信息，而用户必须选择“同意”才能完成安装和使用。

企业安全市场逻辑正好相反，客户不会签署任何免责的用户许可协议，反而是安全厂商在为客户提供服务之前需要签署一个盖了公章的《厂商承诺函》，该文件详细明确了安全厂商应尽的义务和应履行的责任。也就是说，企业用户要的其实不是你的产品与服务，而是一份对安全的责任。

4.3.2 能者无所不能的推论困境

互联网企业敢于染指企业安全市场，除了认为可以凭借雄厚的资本力量、先进的互联网商业模式与思维对企业安全厂商进行“降维打击”之外，还有一个原因就是安全在互联网企业的现行组织架构下，会变得简单化，从而自然生出商业化的想法，这是互联网巨头内部组织架构引起的必然反应。要想清楚这一点，还要从互联网企业做安全的源头说起。

上面也提到，2011 年到 2014 年间的“互联网黑洞门”、巨头之间的“3Q 大战”与“3B 大战”、云计算厂商与以 360 为代表的互联网安全厂商的崛起，这些事件的综合发酵最终使得互联网头部企业都拥有强大的能够提供自身安全能力建设的信息安全部和具有强大安全研究能力的安全实验室。

安全实验室的职能是做前沿安全研究，其价值更多是撑起企业品牌的安全含金量。而信息安全部往往具备安全研究、安全运维与安全研发的全套安全能力，为企业自身的安全负责。一开始，企业会采购市场上的标准安全产品，但是由于企业的规模与组织架构的差异性，企业渐渐发现市场上的安全产品无法满足自身特殊的安全需要或某些特殊场景，于是开始自主研发专用安全产品：或是传统安全产品的改良版，或是全新的安全产品。

随着安全建设成本的持续增加、人口红利消失的互联网下半场的到来，以及安全成为国家安全大战略、360 企业安全的飞速发展，种种迹象都释放出一个强烈的信号：企业安全市场将是下一片蓝海。此时互联网头部企业已经拥有了全套安全能力和自身的最佳实践，企业内部的安全部门承受着高成本带来的生存压力，也急需寻找新的突破口来提升部门价值。于是双方一拍即合，开始商业化。先去市场上高薪找个 ToB 的安全产品经理，将自己平常使用的产品进行包装、定价，再招一批销售人员，就开始了进军企业安全市场之旅。

“能者无所不能”是互联网思维的另一个天然推论，理论正确，但仅凭这些还不足对企业安全市场造成颠覆式的结果。而事实上，不但没有颠覆，反而是起步维艰，除了上面所说的基本原因外，还有许多要面对和解决的必然困境。

4.3.3 执行者意识困境

许多企业管理书籍总是在讲“企业管理”与“企业文化”，核心理念往往是通过技术手段来解决企业管理的艺术问题，事实上许多企业早期也十分迷信这一理念，招聘了大量的 MBA 来管理公司，然而这种做法往往收效甚微，甚至适得其反。

这是因为它们往往忽略了“执行者”这一企业最核心也是最不可控的要素。我在多年的产业观察中发现，这个被大多数管理书籍忽略的要素其实是一个决定性要素，它决定了一个安全企业将以什么样的“基因”进入企业安全市场，并能够以什么样的姿态来发展。

一个互联网企业进军企业安全市场，当然是企业执行者强烈意愿使能的结果，但是每个企业执行者都容易陷入“能者无所不能”的心理误区，试图用互联网思维来理解和重新定义企业安全市场，这不能说一定不能成功，但起码在短时间看不到成功的可能性。

制约传统商业发展的是交易成本，包括购前的搜寻成本、比较成本、测试成本，购中的协商成本、付款成本，购后的运输成本、售后成本等。而互联网模式之所以可以快速颠覆大多数传统企业，是因为该模式就是利用互联网这个高效连接的工具，利用免费的强刺激快速打掉这些成本，然后通过新的商业变现渠道实现企业利润。但是，交易成本并不是制约企业安全市场的核心因素，而且这些成本也不能通过互联网的高效连接而消失或降低，因此，进军企业安全市场，互联网模式本身并不是很有效。

除此之外，企业安全市场有一套非常完整和复杂的商业逻辑，这些逻辑在大多数场景下是逆互联网思维的，而互联网企业的执行者常年沉浸互联网，在意识层面很难理解和接受这种逆逻辑，因此往往会在重大决策中失误。这就是为什么在很多时候，非常成熟和强大的互联网巨头在企业安全市场上的决策经常失误。也许它们在互联网领域越成功，在企业安全市场成功的可能性就越低。

这里举一个真实例子，一家做大流量抗 DDoS 服务的企业，其重点客户主要是棋牌游戏和互联网金融行业——这两个行业由于产品同质化和强现金流，成为 DDoS 攻击的重灾区。2017 年年底，国家加强了对棋牌游戏和互联网金融行业的监管，于是这位老板想开辟政企行业新领域。因为这个行业面临的大流量攻击很少，但又有防攻击的真实需求，所以我建议采用“卖保险”的方式，即用一个很低的年费，给出一个让用户觉得超值的大攻击量防护承诺。只要客户数开始起量，即便在个别客户上会亏，但是整体肯定是赢利的，就像保险一样，越小概率的意外事件，赔付金额越高，以此来吸引对高风险和价格双重敏感的客户。

这位老板听完后觉得这个主意非常好，于是便招了一个卖车险的老销售来负责在政企行业推进保险式抗 DDoS 攻击服务，我立刻语塞。在他的认知宇宙里，卖保险和“用卖保险的方式卖安全”是一回事，事实上这根本就是风马牛不相及的两回事，事后我无论如何解释，他基本都听不懂。

通过这个例子你就能清晰地感知到，当两个人在不同的认知宇宙里时，明明一个非常简单的道理，但是沟通的鸿沟是巨大的而且难以逾越，如果要沟通的这个人又恰好是你的老板，你会非常清楚一个简单事情的推进难度将会有多大。

这就需要互联网企业的执行者全身心地投入，完全把自己变成一个企业市场的创业者和初学者，从头学起，快速试错，当完全理解企业安全市场逻辑后，再利用互联网企业的优势完成颠覆式增长。著名硬科幻小说《三体》里有一句话："弱小和无知不是生存的障碍，傲慢才是。"执行者强大的互联网认知宇宙同企业安全市场复杂认知宇宙的深度不兼容性是互联网企业进军企业安全市场的重要难题。

4.3.4　商业模式困境

互联网商业研究的专家把互联网商业模式总结成三级火箭模型（如图 4-2 所示）。

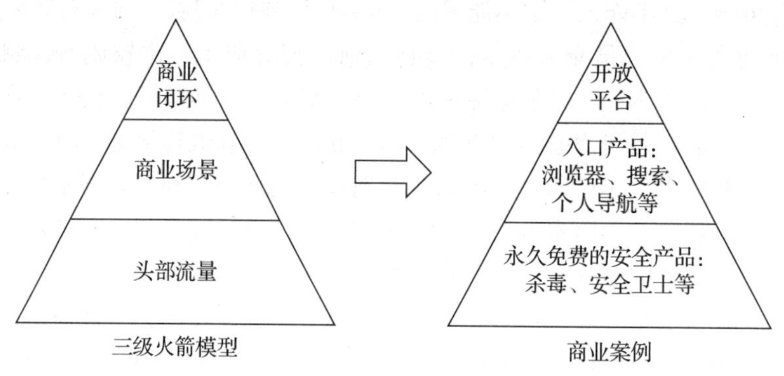

图 4-2　互联网商业模式

图 4-2 的左侧是互联网商业模式的三级火箭模型：第一级是用免费模式汇聚起高频的头部流量；第二级是在头部流量基础上沉淀下来的典型商业场景；第三级是在商业场景之上构建的用来做商业变现的商业闭环。

图 4-2 的右侧是拿 360 的商业模式来举个例子：360 用永久免费的 360 杀毒、360 安全卫士、360 手机卫士聚集了 5 亿互联网 PC 用户及 7 亿智能手机用户；在此基础上做了互联网入口级产品如 360 浏览器、360 搜索、个人导航、360 安全桌面、360 手机助手等，用来帮助用户实现安全上网的商业场景；在此之上构建了移动开放平台、导航开放平台、应用开放平台、游戏开放平台、搜索开放平台等商业变现平台，通过跟第三方厂商做利益分成完成自己的商业变现。360 对这种模式有一句通俗的解释：羊毛出在猪身上，牛付钱。

靠着这个"曲线救国"的迂回商业模式，360 以每年百亿元营收一跃成为中国最大的互联网安全企业，而此时的 ToB 企业安全市场的顶级厂商每年才是十亿元营收的规模。正因为这种流量变现模式只是将安全当作头部流量的抓手，而不是通过售卖安全产品和服务赚钱，所以 360 进入公众视野之初，所有安全厂商都认定 360 是一个互联网厂商，而不是一个安全厂商。

360 为了摘掉这个帽子，花大力气组建了十二个安全实验室，招募了大量反病毒和攻防专家，经常参与国际安全会议和比赛，大量挖掘如微软公司的漏洞，举办万人规模的互联网安全大会。经过种种努力与多年耕耘，360 这个安全新物种终于得到了行业的承认，荣获了“互联网安全厂商”的称号。

为了能够更形象地理解互联网商业模式在 ToC（2C）安全市场和 ToB（2B）安全市场的异同点，我们把上述的三级火箭模型转换成如图 4-3 所示的三级火箭抽象模型。

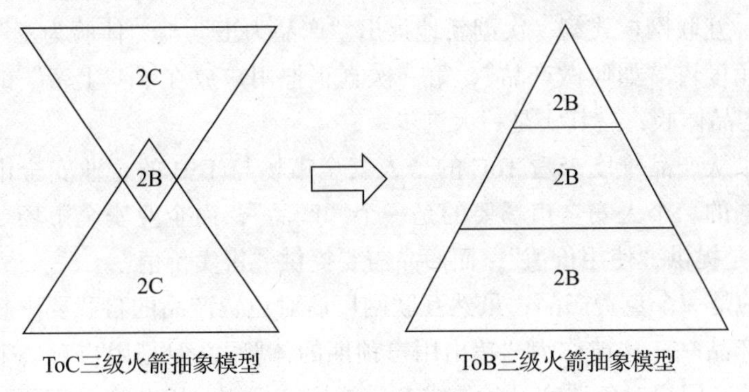

图 4-3 三级火箭抽象模型

从严格意义上讲，ToC 的互联网商业模式是一种“ToCToBToC”的模型，这是一个两头大、中间小的“腰型”结构，企业用户之所以愿意付费，一是因为互联网公司庞大的 C 端客户群体可以放大它的商业价值，二是因为互联网公司拥有流量入口。就像图 4-3 左半部分的两个对顶锥形那样，虽然互联网公司和企业用户面对的用户群体是一致的，但是很明显在中部位置可以触及最终用户的成本是最低的，它就像一个大坝的闸口，所有水流都会从这里经过，这个位置被称为“流量入口”，而“流量”实际上指的并不是互联网用户数量，而是指可以触碰和转化的互联网用户数量，因此在互联网圈里，有“得流量者得天下”的说法。

这种流量模式中最终付费的还是企业用户，只是产品的使用者和付费者是两个主体，而且付费的方式和内涵不同。正因为这种不同的内涵，导致了 ToB 的企业安全市场与 ToC 的个人安全市场产生了两套完全不同的逻辑体系，它们之间互相矛盾，不可调和。

我们拿这样的三级火箭模型来套一下企业安全市场，如果希望用免费企业安全服务黏住客户，然后再向其中的高端用户推出收费的安全产品或服务，则可以推演出“ToBToBToB”这样的三级火箭模型，这是一个逐渐缩小的“锥形”结构，每增加一级，用户数就会递减。

另外，如果用免费模式把企业用户当作头部流量，自然无法在企业用户身上找到合理的商业变现模式，原因是：第一是数量太少，做到底也就是千万的量级；第二是用户服务成本太高，用户许多个性问题都需要现场解决；第三是没有办法为不同的企业用户沉淀出相同的商业场景与商业闭环。

从商业模式层面上看，无法用这种“三级火箭”的互联网商业模式逻辑来撬动企业安全市场，因此早期 360 的企业安全市场的免费策略并不奏效。不过企业安全市场确实存在一种新逻辑，可以用互联网思维形成颠覆式效果，我们会在后面的章节中详细论述。

4.3.5 商品制造困境

虽然大家都在说“用户是上帝”，但是在传统的营销战术体系里，都是在讲“营销为王”与“渠道为王”的观点，就是通过主动的市场行为来促进用户买单，其本质都是在讲“如何卖产品”。互联网模式第一次创新地提出“产品为王”与“体验为王”的观点，开始真正站在用户角度讲“如何做产品”，第一次真正把用户放在了“上帝”的位置，通过各种数据来研究产品体验，这其实是一大进步。

但是，如果从产品维度来看 ToC 的个人安全市场与 ToB 的企业安全市场，两者对产品的定义是不同的。个人安全市场要的是一个“产品”，而企业安全市场要的是一个“商品”，产品本质是提供“使用价值”，而商品需要提供“售卖价值”。

互联网做的是一个免费产品，虽然互联网厂商对免费产品的自我要求较高，甚至有时候会超过收费产品——这被称为“超出用户预期的体验”，但是用户对一个免费产品的预期其实是不高的，用户对免费产品的要求就是能用、好用，因此产品需要从用户体验角度出发来设计产品。为了达到更好的产品体验，就要有通畅的用户反馈渠道，因此互联网公司都建立了规模较大的产品运营团队。通过强大的运营，公司能够及时收集用户需求，从而能够快速迭代产品。

企业安全市场需要的是一个可以售卖的商品，从这个维度上看，让用户免费使用产品只是迈出了第一步。要想让用户在用了之后愿意掏钱来买甚至愿意溢价来买，只是讲用户体验是不够的，还需要提供足够多、足够好的功能来体现产品的“价值感”。

当然，对于企业安全产品来说，只讲产品运营也是不够的。你不仅需要收集客户的需求，更重要的是要在架构层面向客户展示产品的设计理念、设计逻辑和设计方法论，这样才能够获得客户的认可，从而将产品售卖出去。

从产品形态上看，ToC 的安全产品需要的是一些极致的功能，而 ToB 的安全产品则更像一个功能商店，需要的是全。因为 ToC 面对的是小白用户，小白用户根本不关心你用的是什么引擎，你是否有八大技术、十大功能，更不会关心你的资源占用率、查杀率等技术指标。他们要的是不出问题，出了问题有人能给快速解决。而 ToB 面对的是专业用户，专业用户往往更关心细节、原理、原因和解决问题的能力，而不是过程、体验和效率。不是说不需要这些，而是在 ToB 的场景下，相对于解决问题的能力，体验并不是核心诉求。

所有产品背后都有一个完整的研发支撑体系和相应的开发模式。ToC 安全产品的对象是互联网个人用户，产品关注的是体验，因此采用的是“短迭代”开发模式，基本上以周、天为单位进行版本迭代与升级。用户出现一个问题，或提出一个好的建议，运营团队会迅速反馈给产品经理，产品经理评估后会立刻召集研发人员来讨论实现方案，然后开发、测试，最后再通过“灰度发布”的方式先升级一部分用户来看实际的效果，没有问题后就全网升级。

ToB 安全产品是不可能用这种节奏来做的，有许多现实问题要考虑，因此采用的是“长迭代”开发模式，基本上以季、月的节奏来推进。这就像打一场大规模的现代化战争，海军、陆军、空军多兵种之间需要协同配合，如何协同需要经过周密的战略规划和部署，在协同的时候还要保证各环节协同的有效和高效，遇到突发事件后还要决定如何进行处理，这些动作综合起来，就形成了一个极复杂的系统工程，仅靠“快”是不行的，往往“快”反而会让问题变得更糟。

ToC 研发体系还面临着标准化与定制问题。互联网模式讲究高效，因此会尽量让产品标准化，用一个标准化的产品来满足所有个人用户的核心需求。个人用户当然有提出需求的权利，但需求必须是通用的、其他用户都需要的，这样产品才有可能得到用户的响应，从而迭代发展。个人安全产品的功能虽然最后也会变得复杂，但是本质还是一个极其标准化的产品，因此可以用百人的研发团队，应对亿级的用户，能形成规模经济效应。

而对于企业安全用户，由于每个企业的传统、环境和内部组织架构不同，虽然核心的诉求也跟互联网个人用户一样是“安全”，但是对安全的要求却是完全不一样的，越是愿意溢价的企业用户，对定制化的要求就越多，甚至还需要你提供源代码。在这种情况下，就会出现“规模不经济”的情况，市场开拓越大，商品制造体系就会越庞大，需要维护不同的产品线，每个产品线需要维护不同的同步迭代版本，无论是开发、测试还是后期的交付，只要出现问题，问题都是不收敛的，开销极大，因此前期必然会经历一个“规模不经济”的漫长过程。

4.3.6 营销与服务困境

生意的本质是交易，交易就是买卖。而实现买卖的两个要素是营销和交付。互联网安全企业通过互联网渠道直接打通了用户与企业的连接，因此通过产品运营的角色就可以做到正常的产品迭代，从而实现为客户服务。企业安全市场虽然也在用互联网连接，但是这种连接并没有真正打通企业用户到厂商的连接，它需要额外的完整营销体系来打通并维持这种连接。

在线沟通是 ToC 互联网产品的主要营销方式，绝大多数用户沟通工作都可以通过在线方式完成，偶尔厂商也会举办线下的用户见面会，但这种见面也是“粉丝”性质的品牌推广，厂商处于强势地位。而 ToB 企业安全市场主要以线下沟通为主，客户要先找到你的人，才会相信你。这时候个人沟通能力与沟通素质就显得非常重要，企业用户通过互联网也能接触到企业安全厂商，但是它们几乎不会主动来找你，而且越大的企业，越是愿意溢价的企业，就越不会主动找到你。

因此在企业安全市场的营销层面，重要的不是成本，不是连接的高效，而是连接的安全程度，而这种安全程度，取决于销售人员多年跟客户建立起来的共生与信任关系。从另一方面讲，个人安全是通过产品来连接人，而企业安全是通过人来连接产品，企业安全更看重的是人与人之间的关系，而不是人与产品之间的关系。

如此不同的营销模式，会导致互联网企业不能复用现行的营销架构，需要重建一套新的营销体系。即便是上面说的采用三级火箭模式的互联网企业，虽然也有很强的商业化团队和很好的客户关系，但是它们接触的决策人主体却是不同的。简单地说，互联网企业的商业化团队主要以广告营收为主，面对的是目标企业的市场部门，而企业安全面对的则是目标企业的信息化部门，这两个部门很难通过一套营销体系打通。

而企业安全市场的销售人员在人脉、沟通能力、商务掌控力方面都需要长时间的积累和沉淀，这些是行业的稀缺资源。只要是稀缺资源就意味着很难通过培养获得，也不能在短时间内形成规模化。

交付是生意的另一端，虽然有互联网大佬说，传统安全产品是以卖出产品为目的，而互联网安全产品是以产品使用作为用户体验之旅的开始。但事实上，在今天的企业安全市场，交付是产品体验的开始。交付是包括售后技术支持在内的一整套企业用户服务体系，当然也包括产品的安装、部署、问题解决等重要环节。对于所有商务问题，客户会找销售人员解决，对于所有与产品技术相关的问题，客户就会找交付人员，如果交付体系搞不定，最后问题就会上升到产品体系、研发体系来解决。

互联网模式里，产品运营事实上同时承担了销售和交付的工作内容，但又不具备现场跟客户沟通和解决技术问题的能力，因此重建一套交付体系也是必然的。更重要的是，交付体系的实战经验是无法重建的，你曾经解决过客户的什么问题，能够形成什么样的知识库并有效地在组织内部传递下去，这些都是因产品不同而有差异的，必须经过时间的积累，很难短时间复制。

互联网安全模式跟互联网其他商业模式本质上是一样的，利用软件这种信息化产品让产品的边际成本趋于零，利用互联网这个高效连接工具极大地压缩产品到用户的渠道，降低了交易成本，从而重构了整个传统商业文明，颠覆了传统厂商。

虽然企业安全模式中产品的本质也是软件，但无论是前期研发制造成本，还是后期交付成本都无法达到边际成本趋于零的效果；另外互联网这个高效连接方式对企业客户虽然也有效，但仅仅是用来传递信息，并不能起到降低交易成本的作用。

虽然没有互联网是万万不能的，但是互联网并不是万能的，如果不能深入了解企业安全市场的内部逻辑，想颠覆企业安全市场是不可能的。如果深入了解了企业安全市场的内部逻辑之后，可能你会觉得，互联网厂商进军企业安全市场从一开始就是错的。

4.3.7 支撑组织专业困境

大家往往会这样理解，一个企业只要搞定三大核心要素（研发、营销、交付），再加上强势资本加持，就能很容易占领市场，跟职能部门关系并不大，但是事实上，在企业安全市场的“宇宙”里，职能部门的专业性也会成为很重要的制约因素。

互联网企业做的是流量模式，而流量就像潮水一样来势汹涌，但是如果赶上退潮，流量消逝的速度也会比想象的要快，因此互联网企业都非常在乎用户体验、口碑和负面消息。可能一次简单的人事变动、一篇普通的自媒体文章、一个公司的小丑闻，就会让企业在瞬间蒙受巨大损失。

因此互联网企业非常看重职业操守和职能部门的专业度和合规性，甚至还成立了风控或内审部门来专门解决这类问题，这种操作模式就让职能部门形成了低容错性运营方式。

什么是低容错性运营方式？举个IT行业里的例子，我们都接触过USB设备，USB接口的插头是一个长方形，两面的设计一模一样，但是事实上你只能选择一面插入，反过来就插不上。这种不友好的设计，却被赋予了一个非常好听的名字——防呆设计，意思是可以防止用户的误操作。事实上，我几乎每次都要插两次才能正确插入，其实我根本就不关心是正是反，只要能接通就行，但是USB接口已经沿用了至少10年，而且目前还是主流。

后来有厂商似乎察觉出了问题，推出了Type-C接口，用过的用户都知道，这种插头是不分正反面的，随便就能正确插入。USB接口的设计就叫作低容错性，本质上是对用户提要求；而Type-C接口的设计就是高容错性，本质上是通过对自己提要求来容忍用户。

言归正传，我们都知道企业安全市场是一种人与人之间的传统销售模式，不同的企业客户虽然使用的是同一种产品，但是诉求是不一样的，对产品和服务的要求是不同的，因此许多销售合同需要按照客户的模板和标准来进行签署，甚至签约金额和企业的收入金额在很多时候是不能相等的，因此如果想做好企业安全市场，那么典型的职能部门如法务和财务就必须针对这种情况进行容错性设计。

但是，由于上面提到的那些原因，导致这些职能部门并不会支持也不敢支持容错性设计，因此就会造成职能部门越专业，就越做不成企业安全这门生意的“反常识”现象。

所以，互联网企业要想做好企业安全市场，还需要一个与之相配套的全新的职能部门设计，因此，只是把企业安全作为子公司独立出去，并不能解决这种职能部门专业困境。

4.3.8 数量优势与模式裂变

互联网很强大，互联网模式很先进，但是互联网厂商在征服企业安全市场的过程中却屡遭“滑铁卢”，这说明表面上的强大与先进并不会让企业赢得商业战争。那么，什么才是企业安全商业战争里的绝对性优势和竞争力呢？下面我们谈谈“数量优势”与“模式裂变”。

我们先谈“数量优势”的概念，这个很好理解，例如资金数量、人才数量、产品数量、用户数量、研发能力、客户关系、营收规模等，这些本质上都是数量优势。数量优势只能产生惯性的阻尼效应，就像一个受力摆动的牵线小球，会随着周期振荡而动势能逐渐归零，只是在归零的过程中，会因为新的外力产生新一轮的周期振荡，这会使我们产生数量优势还在发挥作用的错觉，简单来说，互联网模式背后的逻辑就是：利用数量上的优势产生有价值的商业闭环。

“模式裂变”是指模式或结构的改变所产生的绝对性优势和竞争力，比如好的商业模式、产品模式、组织模式等。这里讲一个“1万元与10亿元”的故事。某头部企业高管，年薪加股票已坐拥10亿元资产，后来他出去创业做咨询，收费1万元，有朋友就说：“这事儿挺傻的，这不是抱着金饭碗在要饭吗？”而事实上，这位朋友看到的就是 10 亿元数量上的优势，而忽略了 1 万元模式裂变的价值。再挑明一下，这 10 亿元只是一年 5% 的资本廉价增值，随着消费逐渐归零，而那 1 万元创立的商业模式有可能会在未来产生百亿元的裂变价值。

所以，在未来的商业战争版图里，有可能颠覆企业安全市场的并不是数量优势，而是模式裂变。在后面的章节里会详细论述企业安全市场的模式裂变到底是什么。

4.4　安全的细分赛道是如何形成的

“赛道”是投资理论中对有投资价值的行业的一种形象说法，赛道宽度是指市场规模，赛道长度指的是行业所处的阶段，赛道是平坦还是崎岖是指行业的竞争格局，而企业就是赛道上的马，这样就把一个投资企业的枯燥理论类比为“赛道和赛马关系”的理论，具有更高的普适性。

当把目光聚集在安全行业的时候，从技术视角来看，赛道就是一个技术相关性非常高的领域，由于安全涉及面非常广泛，因此理解安全产业的更好方法，就是用“赛道理论”对安全行业做进一步切割。下面我们就聚焦安全产业，来看看赛道演化过程。

4.4.1　安全产业的模式裂变

互联网免费安全革命将安全产业一分为二，变成“个人安全市场”和“企业安全市场”两大板块（如图 4-4 所示），这两大板块拥有不同的底层逻辑，并开启了单独的演化模式。

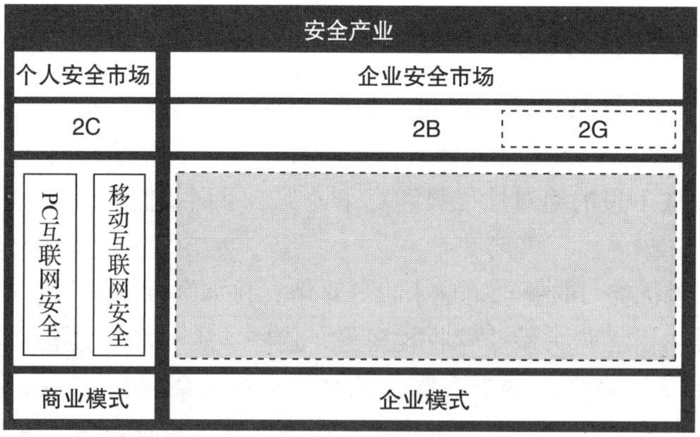

图 4-4　安全产业模式演化图

个人安全市场通常被简称为 ToC（To Customer，2C）市场，而企业安全市场被简称为 ToB（To Business，2B）市场，有时也会称为“C 端市场”和“B 端市场”。

后来又有人将 ToB 市场细分为面向中小企业和竞争型企业的“小 B 企业”，和面向大型企业和政府机构的“大 B 企业”。小 B 企业依然被称为 ToB，而大 B 企业有时候则被称为 ToG（To Government，2G），但是在公开场合上，基本上都统称为 ToB，行业内人士只有私下交流时，才会进一步细分。

个人安全市场如果细分，还可以分为“PC 互联网安全”和“移动互联网安全”两个赛道。这两部分都是被互联网厂商占领的市场，只不过 PC 互联网安全依然是一个开放世界，而移动互联网安全则慢慢走向由超级 App 控制的封闭世界。

ToC 和 ToB 是热门词，大部分人都听说过，在这里着重提一下的原因是，安全的“CB 之争”从表面上看是互联网巨头从个人安全市场向企业安全市场渗透的过程，实际上是两个完全不同的底层逻辑之间的对抗。

控制个人安全市场的底层逻辑是“商业模式”，而控制企业安全市场的底层逻辑可以总结为“企业模式”。简单地讲，商业模式是一个以用户为核心的企业竞争方法论，或被称为“互联网模式”“互联网思维”；企业模式是一个以企业为核心的企业竞争方法论。

在企业安全市场里，大家的商业模式是一样的，还是传统的买卖形式，即便如此，依然不断有新崛起的明星安全企业，它们可以突破“强者恒强”的商业逻辑，在群雄逐鹿的大赛场上独占鳌头，靠的就是独特的企业模式。

在 ToC 和 ToB 两个商业逻辑完全不同的世界里，ToC 的基因越强大，开拓 ToB 市场的难度就越大。也就是说，不管多强大的 ToC 安全公司，集结多少人马，募集多少资金，都不可能在 ToB 安全市场里通过“打一场终结市场的战争”成为顶级安全企业。

4.4.2 基于时间维度的赛道

让我们忘掉互联网模式，正式进入企业安全市场的视野，首先看到的是沿着“时间”维度发展起来的安全产业赛道（如图 4-5 所示）。

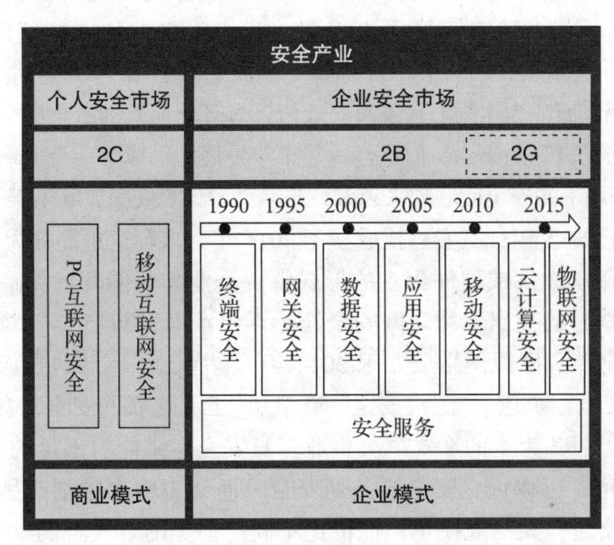

图 4-5 安全产业赛道分时演化图

根据赛道形成的时间前后关系，我们可以看到终端安全、网关安全、数据安全、应用安全、移动安全、云计算安全、物联网安全、安全服务等8大基础赛道。这是行业内可以形成共识的分法。我设计了一个时间轴，上面标记的时间是每个赛道出现的大致时间，为了方便理解和记忆，以5年为颗粒度进行了取整。

终端安全赛道采用以软件为主的形式解决企业PC的病毒查杀问题。1986年世界上出现第一个计算机病毒“大脑”，1989年中国出现第一个计算机病毒“小球”，随之而来的是反病毒行业的出现，以及安全行业最早的一条赛道“终端安全”的形成，因此把终端安全赛道的时间窗口定为1990年，其中代表厂商瑞星成立于1991年，江民科技与北信源均成立于1996年，虽然金山公司成立于1988年，但事实上金山于2000年才推出金山毒霸，形成了长达十年的反病毒“三国演义”局面。

网关安全赛道采用以硬件为主的形式解决企业黑客攻击的发现与防御问题。随着局域网的发展，黑客攻击事件开始陆续涌现，1995年网关安全赛道出现，代表厂商天融信成立于1995年，启明星辰成立于1996年，绿盟科技成立于2000年。

数据安全赛道采用以软件为主的形式解决企业高价值数据被相关人员泄露的问题。当黑客和病毒持续泛滥时，有企业开始尝试站在数据的角度来解决安全，于是2000年数据安全赛道出现，代表厂商亿赛通成立于2003年，明朝万达成立于2005年。

应用安全采用以硬件或服务为主的形式解决企业网站因为黑客攻击而导致服务中断的问题。当互联网高速发展时，提供互联网服务的Web网站开始成为新的攻击对象，于是2005年应用安全赛道出现，代表厂商派拓网络（Palo Alto Networks）成立于2005年，安恒信息与知道创宇均成立于2007年，由于该赛道解决的是互联网业务的安全问题，也可以称为“互联网安全”赛道。

移动安全采用以软件或服务为主的形式解决企业移动环境下面临的综合安全问题。2009年被称为移动元年，随着智能手机崛起，智能手机上的安全问题越来越多，于是2010年“移动安全”赛道出现，代表厂商梆梆安全成立于2010年，通付盾成立于2011年。

云计算安全采用以服务为主的形式解决企业云计算环境面临的综合安全问题。虽然谷歌于2006年就提出了“云计算”的概念，但是经过了十年发展才形成了一个成熟的产业，随着云计算的成熟，云计算环境下的安全问题越来越多，于是“云计算安全”赛道于2015年出现，代表厂商炼石网络成立于2015年，默安科技成立于2016年，该赛道也简称为“云安全”赛道。

物联网安全采用以软件或硬件为主的形式解决企业物联网环境面临的综合安全问题。随着“万物互联”口号的提出，物联网安全开始浮出水面，2015年，“物联网安全”赛道出现，代表厂商威努特、匡恩网络成立于2014年，青莲云、网藤科技成立于2016年，该赛道又称为“IoT安全”赛道、“工控安全”赛道、“工业互联网安全”赛道等。

安全服务采用以服务为主的形式解决企业自身安全运维能力不足的问题。“安全服务”赛道是一条横断赛道，可以说，安全服务是安全厂商能力输出的副产品，按人天、人月、人年的方式向客户交付，无法规模化，性价比不高。但是随着安全的发展，服务内涵也在不断变化，因此也被当作一个独立赛道来看。

4.4.3 网络空间的立体领域

随着安全的发展，安全产品继续演化，当时间维度的条块分割已经不足以展示整个安全产业全貌时，需要用分层的眼光来看（如图 4-6 所示）。

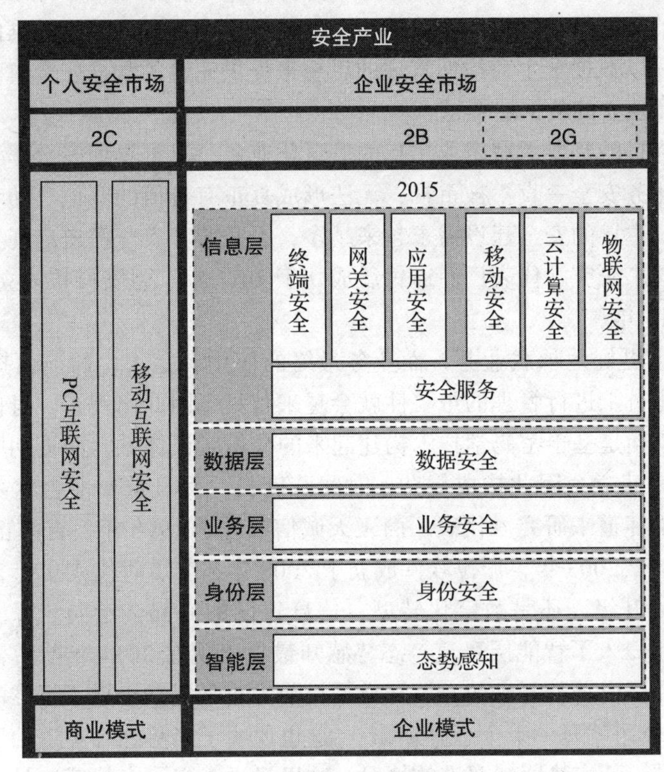

图 4-6　安全产业赛道分层演化图

当我们用信息化的视角来看的时候，发现终端安全、网关安全、应用安全、移动安全、云计算安全、物联网安全这 6 大基础赛道解决的其实是 IT 基础设施自身的安全问题，而安全服务是贯穿之中的副产品，于是我们把这 7 大赛道合并为信息层的赛道。

信息层也是我们经常提到的“IT 层”，但是在网络空间的尺度下，尤其是在 5G 与物联网崛起后，它本身已经包含了信息技术（Information Technology，IT）、运维技术（Operational Technology，OT）与通信技术（Communication Technology，CT）三部分的内容。

而信息层简单地说，包括硬件系统与软件系统。计算机硬件系统安全，考虑的是我们拿到一块计算机硬件电路板后，在不安装任何额外软件系统时所产生的安全问题及其解决方案。硬件安全问题包括两部分：芯片与逻辑电路本身的安全问题和支持计算机硬件系统基本功能的固件（Firmware）安全问题。这里的安全问题就是设计上的缺陷，这些缺陷往往会导致两个问题：一是攻击者获取了不该获取的权限，二是攻击者获取了不该获取的数据。

在计算机系统的开机画面之后，你会看到优美的、人性化交互的界面，这一部分就是软件系统的体现。谈及这部分的安全，可以简单分为两部分，一是操作系统（OS）本身的安全，二是在操作系统之上运行的应用软件的安全。其中操作系统本身的安全尤为重要，可以说，你了解了操作系统安全，就了解了信息层整体安全的一半。

数据安全早期也属于信息层的赛道，但是随着数据对企业的重要性的提升，以及云计算与大数据应用的新场景和数据安全法的出现，使得安全厂商开始以数据的视角串起整个信息化管理流程，以数据全生命周期管理的思想来提供完整的数据安全解决方案，因此数据安全需要抽离成独立的数据层赛道。

信息化的最终目的是要承载企业用户的信息化业务，只是早期安全作为信息化建设的配套机制，导致业务安全一直不被重视，无法形成真正有价值的赛道。随着信息化建设的深化，由业务部门主导的安全建设需求越来越多，因此业务安全赛道出现了，而且需要抽离出单独的业务层来研究。代表厂商通付盾成立于2011年，岂安科技成立于2015年，顶象科技成立于2017年。

信息化是为了更好地承载业务，而业务最终的使用者是人，即前面提到的数字化员工，那么对数字化员工进行管理的重要性就会越来越高，因此出现了“身份安全”这一新赛道。身份安全早期是基于密码学技术构建起来的身份验证体系，而近期则更多是基于身份管理这一视角来建立，因此构成复杂，时间跨度长，而且重要性会越来越高，需要抽离成单独的身份层赛道来研究。代表厂商飞天诚信成立于1998年，吉大正元成立于1999年，海泰方圆成立于2003年，派拉软件成立于2008年，芯盾时代成立于2015年。

无论是信息化升级，还是数字化转型，信息建设最终都会走向“智能化”方向，于是把“态势感知”归入了智能层赛道。态势感知最早出现在2015年前后，是随着“威胁情报”这个概念在国内普及开来的，该赛道是目前为止最复杂也最不标准的赛道，业内有一句话：“一千个公司就有一千个态势感知。”这也说明了态势感知赛道的不成熟性。后面的章节中会详细讲一下态势感知赛道的情况，这里只说一点，态势感知是一种基于数据驱动安全思想建立的面向复杂威胁问题的新的安全解题思路，因此它同以上所有的赛道都有关系，是最大的横断赛道。

4.4.4　面向未来的新安全场景

除了分层的视角外，安全市场已经有了继续分裂演化的趋势，需要引入一个新的“分块”视角（如图4-7所示）。

安全产业在分层的视角下，已经呈现出明显的二维结构，为了更好地理解安全产业的演化，我们需要再引入分块视角，在该视角下，可以看到系统、环境和场景三个分类要素，我们可以把安全产业分块的裂变时间定于2017年。

终端安全、网关安全、应用安全这三个赛道从本质上看就是指系统本身的安全、系统与系统连接网络的安全，它们都属于安全的一个侧面，因此归入“系统块”。而移动安全、云计算安全、物联网安全这三个赛道本质上是不同信息化基础架构下的整体的安全，解决的已经不是单一侧面的安全问题，而是整体环境的安全，因此归入“环境块”。

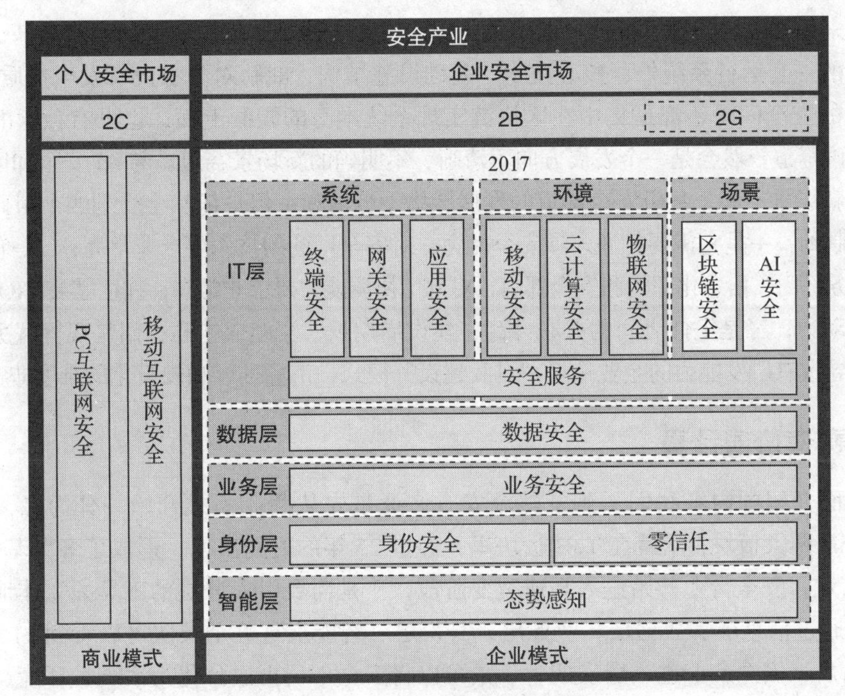

图 4-7　安全产业赛道分块演化图

接下来的数据层、业务层、身份层、智能层都是横跨系统、环境和场景块的。身份层里的“身份安全”板块里又出现了一个新的板块“零信任”。从分层视角看，零信任解决的是业务系统的安全访问问题；从关联对象视角看，它打通了终端、身份、访问控制、业务之间的割裂流程，形成了一个业务安全访问的闭环场景，因此安全牛把它归于“身份与访问安全”板块；从技术视角看，它其实是一种应用层准入与应用层访问控制的综合技术；从实现视角看，它确实可以有效提升安全级别，但零信任本质上还是以身份技术为基础的解决方案，因此依然放入“身份层”。

而新出现的“AI安全”“区块链安全”这两个赛道，其实是在旧的信息化基础架构之上衍生出来的新的相对独立的应用场景，使用的安全技术、安全思想跟系统的安全、环境的安全并没有本质的区别，但又有其自己的特点，因此归于“场景块”。

AI安全有两层含义，一是解决AI系统本身的安全问题，二是用AI技术来增强传统安全的能力。这两层含义都是横断式的，即在前面提到的所有安全赛道要保护的对象里，未来都有可能集成AI模块，因此都需要一套AI安全的方法论与技术产品体系；前面提到的所有安全赛道里的安全产品，未来都需要AI技术来做安全能力增强。因此“AI安全”赛道是一个最有未来想象空间，也最不确定的新安全场景，虽然目前所有安全厂商都声称自己有AI安全技术，但在应用效果上还处于噱头大于实用阶段，现行安全厂商都还在进行技术探索，目前还没有独立的AI安全代表厂商。

虽然有很多厂商都在尝试区块链安全这件事，也提供了一些安全产品，但是区块链安全目前看来还是一个需要“证伪”的赛道，因为它除了技术实现思想上的创新和基于思想创新而产生的一套运行系统外，核心技术、基础设施结构、威胁对象都没有发生本质的变化，所以目前的安全问题还都是集中在区块链实现系统本身的漏洞上面，也没有独立的代表厂商，但是该赛道依然会是一个发展方向不清晰、不明确的新场景赛道。与AI安全和区块链安全这两个新场景不同，身份安全赛道的发展脉络十分清晰，但是依然会受到四个阻碍其发展的难点的制约：一是它需要打通多项安全能力，对安全厂商的技术要求非常高；二是它需要同时打通业务部门、信息化部门和安全部门，对部门协调能力要求非常高，往往需要CIO或CEO级别的推动力；三是组件之间的关联性高，建设周期长，实施成本高；四是现行解决方案多样化，会导致有研发能力的企业选择“自我建设”模式，市场推广和规模化的难度非常大。

4.4.5　赛道价值计算

从上面介绍的内容我们看到了整个安全产业是先从商业模式开始一分为二，裂变为ToC和ToB两大板块；然后在ToB板块里，经过25年的时间演化，形成了8大基础赛道；2015年前后，安全行业开始进入高速裂变阶段，于是需要引入分层的工具去立体地看待安全产业，通过信息层、数据层、业务层、身份层、智能层这五个层次可以看到11个赛道；2017年前后，安全产业进入爆发期，于是可以将安全市场再次分化为系统、环境、场景三大分块，共产生14个可以独立考察的安全赛道。

现在我们看一下安全赛道这个时间、分层、分块的三维结构。沿着时间维度看，终端安全、网关安全、数据安全、应用安全、移动安全、云计算安全、物联网安全、安全服务这8个基础赛道是沿着威胁对抗的逻辑线发展的。随着威胁在网络空间范围的不断渗透，演化出相应的对抗手段和产品，随着产品的品类多样化就形成了独立赛道。沿着横向的时间轴来看，越往左赛道越成熟，越往右则赛道越新。

沿着分层维度看，信息层、数据层、业务层、身份层、智能层这五个层次的11个安全赛道是沿着信息化升级的逻辑线发展的。随着自动化、信息化、数字化转型等信息化建设的纵深发展，安全也必将沿着信息化建设链上升，所以安全会逐步向业务化、智能化方向靠拢。沿着纵向的分层轴来看，越往上赛道越成熟，越往下则赛道越新。

沿着分块维度看，系统、环境、场景这三大块是沿着空间发展的逻辑线发展的，跟随单机化、网络化、网络空间化这样的发展脉络，安全的视野会逐步从系统扩展到新的环境，再从环境扩展到更复杂的应用场景。当考虑到系统本身的安全时，你只需要关注系统自身的“孤岛式”的安全建设即可；当你要考虑像移动安全、云计算安全、物联网安全时，除了系统本身，你还要考虑整个环境和生态安全的建设；当你开始考虑应用和业务的安全时，你需要考虑的是在解决方案层面上是否能够形成安全闭环，在产品层面上是否能够形成联动的能力，同时你要考虑整个企业的组织架构特性，以及要形成场景化解决方案时对组织协同的要求，要能够提前预知相关风险，从而保证场景化安全解决方案的成功实施。当沿着分块的视角看安全产业时，赛道由旧到新的排序大致如下：终端安全、网关安全、应用安全、移动安全、云计算安全、物联网安全、态势感知、身份安全、数据安全、业务安全、区块链安全、AI 安全。

总结一下，越新的赛道，成熟度越低，意味着赛道的趋势和前景就越难看清，投资和企业经营的风险就越高，但是同时市场空间和企业高增长的可能性就越大，而相对的竞争风险就越低；越成熟的赛道，相应的技术门槛就越低，竞争对手就越多，产品同质化就越严重，市场增长空间与利润空间就越小，越容易形成“搬砖型”的市场格局，即无法赚到赛道产生的红利和高额的利润。

从技术视角来看，赛道就是一个相关性很高的技术领域，里面会有类似但不同的众多安全产品和安全厂商。由于安全涉及面非常宽，因此赛道之间是有技术鸿沟的，目前还没有一家安全厂商有能力做全赛道的安全产品。

因此安全行业里只会存在两类厂商：一类是只做单赛道产品的独立安全厂商，一类是横跨多赛道的综合安全厂商。这样问题就来了，对于一个安全企业来说，是单赛道模式更具竞争力，还是多赛道模式更具竞争力？下面我们通过简单的计算，就可以找到答案。

在计算之前，我们根据赛道的成熟度，把赛道分为“新赛道”和“成熟赛道”，一般情况下，出现 10 年以上的赛道可以定义为成熟赛道，10 年以下的为新赛道。如果我们把整个安全产业当作一个 500 亿元的大盘子，那么 14 个赛道平均下来每个赛道有 35 亿元左右的市场容量，有 20 家左右的厂商在分这块“蛋糕”。一般情况下，新赛道整体规模稍小一些。

举个例子，如果是新赛道，假设该赛道的市场规模有 35 亿元，一个头部玩家差不多能占到 10% 的市场份额，大致是 3.5 亿元的营收，如果按安全行业例行的 75% 毛利率计算，则企业毛利是 2.6 亿元。如果按一个销售人员 300 万元业绩的行业平均水平来计算，则需要 120 人的销售团队，如果按销售人员在公司占比 15% 计算，那么公司的人员规模约 800 人，如果按人均 40 万元的综合人员年成本算，则花在人上的成本约 3.2 亿元，即使可以压缩到 30 万元一年，那也要 2.4 亿元，即基本上能够盈亏平衡，而要想达到 10% 的市场占有率，通常需要 5 年的时间。

如果是成熟赛道，假设该赛道的市场规模有 35 亿元，一个头部玩家差不多能占到 30% 的市场份额，大致是 10 亿元的营收，7.5 亿元的毛利。按上面的算法需要组织一个约 300 人的销售团队，公司的规模需要达到 2000 人，综合人员成本要达到 6 亿～8 亿元，这基本上也能够盈亏平衡，而要想达到 30% 的市场占有率，通常需要 10 年的时间。

这就是单赛道厂商市场空间目前的最大想象力，这说明在国内安全行业里不存在小而美的企业发展模式，要想发展，跨赛道是必然选择，区别只在于跨赛道的时间、时机以及跨哪个赛道。当跨赛道动作成为安全企业必然选择时，那么跨哪个赛道，如何跨，以及如何设计未来产品发展脉络，就成了考验一个安全企业爆发力的“创新艺术”。

按这样的说法，多赛道选择只有能够解决单一赛道解决不了的成本问题，才有可能形成竞争优势，从而带来成本的合理下降和利润的合理上升。这里有三个要点：一是商务关系复用可以带来转移成本的下降，当一个销售搞定目标客户后，该客户选购一个产品和十个产品几乎不会带来商务成本的上升；二是品牌复用带来的客户选择成本下降，当厂商已经建立起来品牌效应后，一次推广，可以带来多产品品牌的共同受益；三是技术复用，尤其是在新场景下的应用，几乎都是相同的技术在不同场景中的适配和微调整，只要研发管理做得到位，技术复用可以带来至少10%的利润上升。

但是多赛道的选择也会带来人员横向扩张的风险，因此选择什么样的跨赛道方式就显得特别重要，后面的章节会详细探讨这个问题，在这里，用投资的视角来看的话，可以通过不同企业的跨赛道方式来分别预判企业的竞争力差异。

4.5　安全赛道的独立演化逻辑

对于初创安全企业来说，只能选择一个赛道入场，先解决自己的生存问题，这里我们再对这14个赛道做进一步的分析，看看单一赛道的内部发展逻辑（如图4-8所示）。

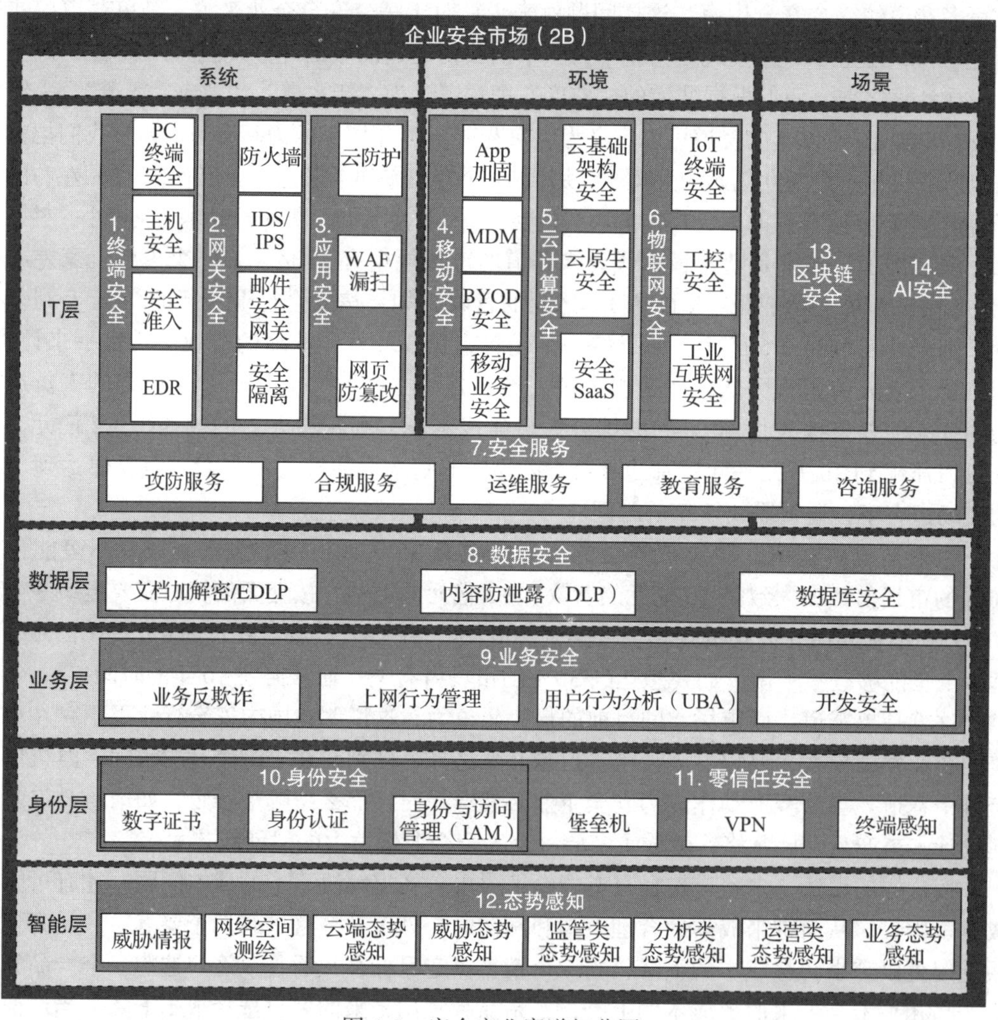

图4-8　安全产业赛道细分图

这 14 个赛道的细分赛道的内容，主要以安全牛全景图里的 88 个二级领域为基础，然后用发展的逻辑并结合实际情况进行了分配和适当修改，显得更加紧凑并展现出更清晰的发展脉络。

4.5.1 终端安全：历久弥新的赛道

终端安全是最古老的赛道，自从有了病毒，就有了终端安全，因此也是最成熟的一个赛道，该赛道包括终端安全、主机安全、安全准入和 EDR 四大板块（如图 4-9 所示）。

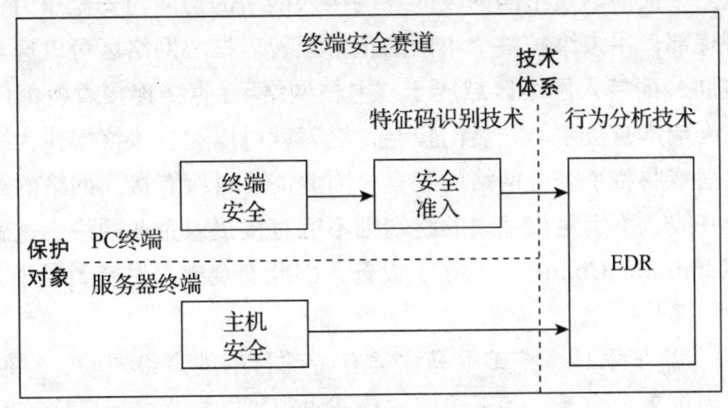

图 4-9 终端安全赛道理解图

终端安全和主机安全是并列关系，保护对象和应用场景不同，一个是解决 PC 终端本身的安全，一个是解决物理服务器本身的安全。

传统的分法是把这两种不同类型的终端划分为不同的赛道，比如安全公司“安全狗”和“椒图”就是专注于“主机安全”板块的创业型公司。原因是物理服务器本身是“算力性质”（WorkLoad）终端，是企业业务载体，重要性高，公司内部不同子网的员工计算机都会共同访问它，而且物理服务器的使用和运维都是通过远程网络访问的方式进行的，很少出现直接的物理操作，对业务连续性和并发连接的要求较高，面临的核心安全问题是黑客的远程攻击，安全思路是以“加固”思想为主，因此主机安全又被称为“服务器加固”，主要解决黑客的攻防对抗问题，再加上这类服务器往往是以 Linux 操作系统为主，整个技术路线跟“终端安全”不同。

PC 终端安全也常常被简化成“终端安全”，甚至简化为“终端杀毒”，原因是 PC 终端本身是“办公性质”（WorkSpace）的终端，是提供给员工日常工作使用的，几乎每一时刻都在进行物理接触，而且由于员工个体差异大、不确定因素多，主要面临病毒感染问题，因此早期的终端安全就是杀毒。但是随着企业信息化建设的发展，企业对所有终端的统一管理需求就日益增强，于是终端安全就从昔日的“杀毒软件网络版”这样一个病毒查杀工具演变成了“一体化终端安全管理”这样的综合管理平台，需要提供杀毒、网络攻击防护、管控、审计、安全运维、应用管理等全方位的安全能力，其功能复杂度已经远远超过主机安全，虽然有人会把终端安全再拆分为终端杀毒和终端管理两大板块，其实这种拆分已经没有意义，因为就终端安全现状来说，购买单一杀毒品类的企业越来越少了，企业已经形成了终端要全面管理的共识，另外两者的技术栈是一致的，所以做单独的割裂分析没有太大的意义。

安全准入是企业网络复杂化时必然产生的一个板块，当企业内部网络足够复杂时，就出现了核心网络区、接入网络区、内部服务区三大部分。拿居民小区进行类比，核心网络区就像是小区的大门，面向来自外部网络的对内部网络的访问和安全压力；接入网络区则更像小区的单元门，面向的是不同网段的终端接入网络的访问与安全压力；内部服务区更像是一个物业管理部，用来维护整个小区的正常运转。核心网络区可以通过网关安全来解决来自外部的威胁，而接入网络区域属于“末梢网络”，直接连接着各部门最终的员工工作终端，如果该终端本身被木马、后门控制，黑客就可以通过该终端作为跳板渗透到网络的其他区域，从而威胁整个企业网络的安全，因此需要对所有接入网络的终端进行准入管理。要设定安全基线，不满足该基线的终端则不能直接接入企业网络，这就需要“安全准入”（Network Admission Control，NAC）设备，因此安全准入发展到了今天，也成了标准终端安全建设的一部分。

像APT攻击、流量木马、挖矿木马这类有特殊目的的高级威胁，它们的活动越来越低频，它们的行为越来越隐蔽，基于传统“特征码识别”技术的反病毒产品的有效性和及时性都大打折扣，因此基于终端行为分析技术的“终端检测与响应”（Endpoint Detection & Response，EDR）产品就诞生了。它的工作原理是通过终端上一个“探针程序”（Agent）采集终端各个维度的数据（包括静态的和内存中运行态的数据），并上报到后端的管理分析平台，通过一定的分析模型和外部威胁情报，能够及时和快速发现上面提到的高级威胁。国际上把基于特征码技术的终端安全管理产品命名为“终端防护平台”（Endpoint Protection Platform，EPP），简称终端安全，而把基于终端行为分析技术的产品命名为“终端检测与响应”（Endpoint Detection & Response，EDR）。

从市场角度来看，EDR在国外已经是一个非常成熟的子赛道，有许多独立的公司，而在国内市场才刚刚起步，不光没有独立的公司，甚至还没有形成统一的行业认知，每家推出的EDR产品的实现机制都不一样，但是整个终端安全的发展方向肯定是要从终端安全阶段过渡到EDR阶段。

由于EDR是终端安全技术体系的一种革新，因此一些专门的“主机安全”产品也开始集成EDR技术，以便在服务器加固的基础上新增高级威胁发现能力，因此虽然终端安全和主机安全的技术路线不太一样，但是EDR技术却是两个场景都需要的通用安全能力。

如果把主机安全归于一个单独赛道，很明显该赛道又过于狭小，没有更大的想象空间，于是把它归于终端安全赛道，但是实际上它本身的应用特性，会导致终端安全里面的很多技术（如管控能力、安全运维能力、应用管理能力）都很难直接应用于主机安全保护场景。

从市场前景看，物理主机做业务服务器的场景会随着虚拟化、云计算化的发展进程逐渐萎缩，单独基于该场景的创业公司的生存空间会越来越小，未来必然会走向与PC终端的统一管理。

另一方面，终端安全、安全准入这两个市场经过多年发展，已经是一个几近饱和的存量市场，但是随着国产化、安可、信创等体系的发展，会出现一轮新的终端安全增量市场，这类终端上运行的国产操作系统本质都是Linux系列操作系统，虽然跟“主机安全”里面的服务器操作系统一样，但是工作目的不同，国产终端都是工作性质的终端，用于普通的办公应用，而不是用作业务服务器，因此需要“终端安全”板块里的管控、审计、运维、应用管理等技术，这一发展趋势，也会进一步将“终端安全”和“主机安全”两个板块融合。

4.5.2　网关安全：逐步下沉的标品市场

网关安全是目前企业安全市场里最传统的且最大的市场，在IDC报告里被称为安全硬件市场，与其强相关的有防火墙、入侵检测与入侵防御（IDS/IPS）、安全隔离、邮件安全网关四大板块。

威胁进入企业内部网络有三大入口：一是通过网页挂马的形式，在终端浏览器访问网站时直接入侵企业终端；二是通过企业对外提供的服务器的漏洞来实施入侵；三是通过发送带恶意链接的邮件或将恶意链接直接内置到邮件本身的方式入侵企业内部网络。

对于第一种情况，主要是利用防火墙或防毒墙的产品来进行防御；对于第二种情况，主要是利用IDS/IPS产品来进行防御；对于第三种情况，主要是利用邮件安全网关产品进行防御。

一些对安全和密级要求更高的企事业单位往往会将企业内部网络再分成两部分：一是能够跟互联网连通的网络，二是完全物理隔离的网络。由于企业不可能通过重新布线的方式重构一套完全物理隔离的局域网络，因此需要通过一些俗称“网闸”的“安全隔离”产品来实现逻辑上的隔离。事实上，企业网络建设的趋势会逐步向互联网逼近，而且企业的日常工作也无法真正拒绝互联网，因此这些网闸都是使用“摆渡”的方式来完成网络的隔离和与互联网进行数据交换的双重需求。

这类产品也被称为“摆渡机”，就像我们平时接触的水库原理，先打开上游河流的闸门，把水放入后关闭上游闸门，然后再打开下游闸门让水流出，在某一时间只有一扇闸门打开，就可实现将威胁挡在企业隔离网络之外而将正常的数据释放进企业隔离网络内部。

从整个信息化发展趋势上看，网关安全类产品，会以行业标准品的方式成为安全建设标配，导致利润空间进一步压缩，最后形成一个“搬砖类”的稀薄毛利市场。有的厂商为了改变网关安全市场的这种逐渐萎缩特性，将防火墙、IPS、反病毒、URL过滤等功能集成在一个硬件盒子里，并取了一个名字，过去叫“统一威胁管理”（Unified Threat

Management，UTM），现在则叫“下一代防火墙”（Next Generation FireWall，NGFW），大致意思相同，都是网关安全产品的“多合一”形态，给客户的感觉是“加量不加价”，比较适合网络流量不太大的中小企业，只不过在UTM时代，硬件的运算能力不够，在同一时刻，多合一也只能当作一种设备使用，而今天随着硬件算力的增加和软件系统的优化，这些多合一功能已经可以同时起作用。

网关安全虽然是目前最大的安全赛道，但是从价值上看却是一个未来逐渐下沉的市场，一方面会成为一个利润逐步下沉的“标品市场”，另一方面会被更强的终端安全管理产品、更强的零信任产品、更强的态势感知类产品逐步取代。

4.5.3　应用安全：万能跃迁赛道

应用安全是随着互联网和互联网威胁发展起来的赛道，可以分为云防护、WAF/漏扫、网页防篡改三大板块（如图4-10所示）。

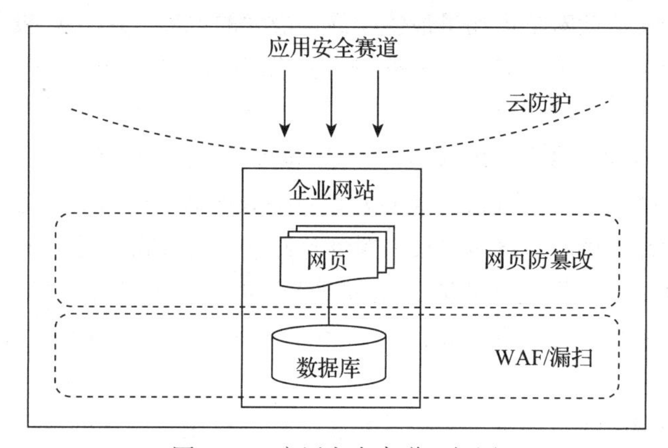

图4-10　应用安全赛道理解图

企业网站会面临三种来自互联网的威胁：一是外部大的恶意流量直接把网站服务的出口带宽堵死，或者把网站服务器的计算资源消耗殆尽，从而导致正常的用户也无法访问网站服务，这种攻击行为简称“DDoS/CC攻击”；二是恶意黑客利用网站漏洞入侵网站后台数据库，并把数据直接拿走，这种攻击行为简称“拖库”；三是恶意黑客利用网站漏洞直接篡改网站页面，这种恶意攻击行为简称“网页篡改”。

云防护俗称“抗D”，是解决“DDoS/CC”攻击行为的服务型安全产品，就像你经营一家餐馆，结果来了一群流氓故意堵住门口，导致正常的食客也进不来，可能只需要几天时间，所有进不来门的食客就会放弃你而改去其他餐馆，后果就是餐馆关门。

那么哪些互联网类型的客户容易受到这类攻击呢？总结一下，有三种类型：一是完全依赖互联网流量、有强现金流且产品同质化严重的企业，比如游戏类企业，尤其是棋牌类，由于游戏同质化严重、客户群体单一、现金流稳健，最容易遭受大流量攻击；二是完全依赖互联网提供服务的企业，离开互联网业务就不运转，如互联网金融、电商、门户、平台、媒体类网站；三是有影响力的网站，如政府事业单位、央企，容易在一些关键日期受到攻击。

WAF/漏扫是解决“拖库”攻击行为的硬件型产品，有些也做成了云服务形式，被称为“云WAF/云漏扫”，它是在你的网站前面部署，或者通过“引流”的方式先访问安全供应商的服务器，对正常的流量进行转发，发现通过漏洞的攻击就直接拦截。

网页防篡改是解决“网页篡改”攻击行为的软件或硬件形态产品，通过网页监控的方式来解决网站页面被非法挂马、内容被非法修改的问题。

抗D生意虽然毛利很高，但本质上是一个“卖水”的生意，很快就能看到天花板。从生意模式上看，是从运营商那里批量购买便宜的带宽资源，从抗D设备厂商那里批量购买便宜的抗D设备，然后通过运营的方式获利，其核心的能力就是帮助用户动态调整各项防护策略；另一方面，云防护本质上就是一种云SaaS服务，而且非常基础，因此当云计算厂商崛起时，都会把云防护当作云计算厂商的基础安全能力提供给用户，因此竞争非常惨烈。总的来说，该板块会同时受到运营商、抗D设备厂商、云计算厂商的三重挤压，就像CDN市场一样，留给第三方独立安全厂商的空间不多了。

网页防篡改由于只会给企业带来声誉损失，不会直接带来财产损失，因此大抵是政府类网站需要的服务，而普通互联网企业的需求量并不大。WAF/漏扫本质上是发现网站漏洞，因此会受到“众测”这种“共享经济”模式的挑战。

但是，应用安全无论是从技术上看，还是从意识上看，都是一个中间型赛道，向其他赛道跃迁的成本很低，后面会谈到，国内单一赛道的市场潜力有限，无法承载企业的规模化发展，必须向其他赛道跃迁，而应用安全就是一个向其他赛道跃迁的非常好的起始赛道。

4.5.4 移动安全：阶段性天花板遭遇战

移动安全是第一个发展起来的环境级安全赛道，其中包括App加固、“移动设备管理”（Mobile Device Management，MDM）、BYOD（Bring Your Own Device）安全、移动业务安全、行业终局天花板五大板块，这五大板块串起来就是一条清晰的移动安全赛道的发展脉络（如图4-11所示）。

早期移动安全也是从终端杀毒开始的，大致还是在智能手机与非智能手机过渡时代，如“塞班”（Symbian）手机操作系统上就已经有杀毒软件了，像国外的卡巴斯基、赛门铁克，以及国内的网秦都推出了相应的产品，只是那时候手机上爆发的病毒种类非常少，无法形成手机杀毒的规模化市场。随着谷歌“安卓”（Android）智能手机操作系统的开源，真正引爆了智能手机市场，于是手机安全问题开始成为移动安全领域的重要问题，但是这时候互联网免费安全战火同样烧到了移动安全领域，个人手机安全市场消失了，于是移动安全正式开启“ToB发展模式”。

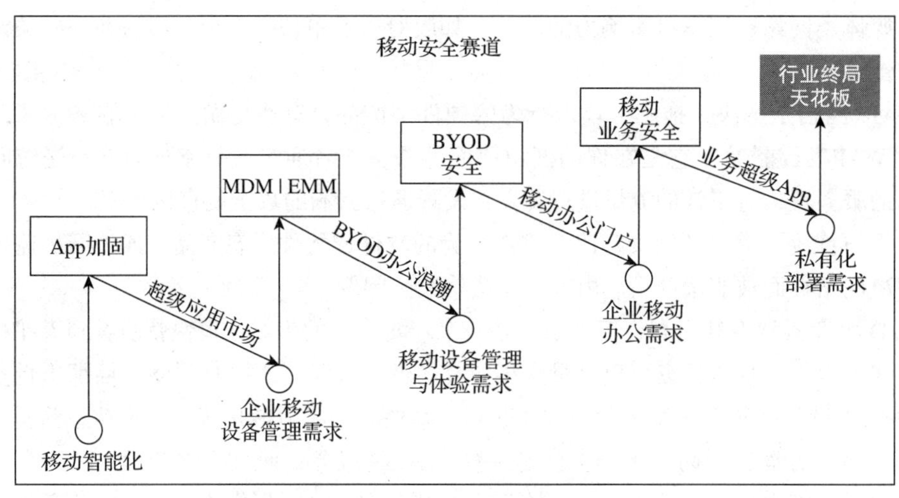

图4-11　移动安全赛道理解图

在安卓智能手机发展的初期，遇到的一个全新安全问题并不是手机病毒，而是混乱的“安卓应用（App）”市场。据360发布的《2013年中国手机安全状况报告》数据显示，在对国内37个应用市场的安全性检测中发现：恶意程序的平均占比为4.0%，最高为21.2%；此外包含恶意广告插件的程序平均占比为13.0%，最高为52.5%。

在这种情况下，甚至还出现了经典的“二次打包”现象，即通过“App封装技术”将一些正常的金融App捆绑上恶意广告插件，然后放入不规范的安卓市场里供用户免费下载。用户安装这种App时就会自动无症状地激活恶意广告插件，在这样的情况下，就滋生了移动安全的第一个板块“App加固”。通过App加固技术加固的App在防篡改方面得到很大的增强，另外还具备反盗版跟踪能力，因此广泛应用于金融行业。

很快，多国混战的安卓市场被360、腾讯应用宝等正规的超级应用市场清场，因此App加固市场遭遇第一次发展天花板。这时候，随着智能手机的发展，大量的智能手机开始通过Wi-Fi连入企业网络，造成了新的风险点，企业开始出现移动设备管理需求，于是一个新的MDM市场被打开。那时候华为、瑞星、国信灵通都推出了企业级MDM产品，这类产品走的是“强管控”技术路线，除了提供安全杀毒功能外，还提供定点打卡、远程锁机、远程擦除等功能，这时候苹果的iOS也提供了MDM的接口，MDM就走入了安卓手机和苹果手机统一管控的时代。

MDM产品本质是利用“强管控”技术对移动设备做管控，随着移动安全的发展，又出现了面向移动应用的“移动应用管理”（Mobile Application Managment，MAM）和面向移动数据的“移动内容管理”（Mobile Content Managment，MCM）两个功能集。

移动应用管理提供如应用安装统计、应用黑白名单等功能，移动内容管理则提供公私数据隔离、企业数据加密、消息阅后即焚等功能。于是有厂商把MDM、MCM、MAM三大功能合一，推出了“企业移动管理系统”（Enterprise Mobile Management，EMM），于是移动安全的MDM功能级市场就演化为“企业移动管理”这样一个移动安全的平台级市场。

但是，基于“强管控”理念的MDM产品面临的一个真实场景是，几乎所有的智能手机都是员工自己的个人财产，如果强行将员工个人财产装上MDM软件，接受企业的统一管理，则员工在心理上是不接受的，另外“强管控”技术也会带来员工体验差的问题，因此在普通员工手机上推广MDM产品就变得异常困难，最终MDM产品只能应用于两大场景：一类是“企业配发、个人可用”的COPE（Corporate Owned, Personally Enabled）场景，如快递行业；一类是“企业配发、业务专用”的COBO（Corporate Owned, Business Only）场景，如银行办业务的PAD、警用智能设备等，于是移动安全遭遇了第二次发展天花板。

这时候移动办公领域开始出现“BYOD潮流”，即带自己的设备（如平板电脑、笔记本等）来办公，于是移动安全发现了新的移动需求空间，于是开始采用“零管控”技术来实现移动办公设备的统一管理，于是“BYOD安全”板块被打开。

但是“BYOD安全”板块生不逢时，同时受到了“技术”“产品”“需求”三方面的挤压，是一个可能不应该存在的“近伪市场”（接近伪需求的市场）。

首先，BYOD安全采用“零管控”思想，本质上利用的还是App加固技术，学名叫“封装”，简单地说就是本身是一个App，但是进入该App界面之后，就像进入了另外一部手机一样，这里面放的都是企业内部的应用如OA系统、CRM系统等，这类产品又被称为“安全工作空间”。进入该空间的企业应用都是事先封装好的，被全程加密和保护，并且在安全工作空间里的所有操作都是可以审计和管控的，例如禁止拷贝、粘贴、截屏等。用户的手机还是自己的手机，只是所有的企业应用都被保护在安全工作空间里，用户使用手机的体验丝毫不受影响，因此被称为“零管控”技术。

基于BYOD场景的“零管控”技术虽然解决了EMM产品的体验问题，但是本身走的是“应用互通”的技术路线，这与系统提倡的“应用隔离”的设计思想是相悖的。更为严峻的是，谷歌于2014年推出了“Android for Work”企业级的应用方案，可以实现在同一台设备上同时支持工作应用和个人应用，并同时实现数据、应用、设备的安全，该技术从系统层面解决了企业与个人场景分离的问题，BYOD安全的“技术存在空间”就受到了挤压。

其次，全球云基础架构和移动商务解决方案厂商VMware于2016年推出了“VMware Workspace ONE”方案，该方案基于虚拟化技术整合了身份认证、应用管理和企业移动化管理的所有功能，解决了跨设备的统一门户、统一认证和统一接入的问题，并提出了“消费级简单与企业级安全”的理念。“VMware Workspace ONE”的出现，进一步挤压了BYOD安全的“产品存在空间”。

最后，商业领域里流传着一个关于颠覆式创新的“低端逆袭”定论，即一个行业的颠覆者往往并不来自本行业的头部厂商，而是来自行业外的某个不知名的“新物种”，就像传统反病毒市场是被互联网厂商颠覆的、方便面行业是被外卖厂商颠覆的一样，BYOD的安全工作空间只解决EMM产品的体验问题还不够，于是它把自己定义为安全的移动业务平台，这时却受到了真正的移动办公门户的冲击。这里面主要有两大硬伤：一是企业移动应用高频使用带来的BYOD产品的使用体验不好的问题；二是以安全为主卖点的生态建设难的问题，于是移动安全遭遇了移动办公门户冲击的第三次发展天花板。

一方面，安全工作空间是为企业先构建一个安全的空间，再在空间里放上不同的企业移动业务应用，在该场景下，企业员工要想访问一个企业移动业务，需要先进入安全工作空间，再点开要使用的应用，如果是即时通信类的企业应用，员工之间的互发消息只能在进入安全工作空间之后才能看到，而无法在打开手机的时候就看到，用户使用体验差。另一方面，安全工作空间所有工作都围绕“安全”展开，而且是应用于纯ToB的领域，没有庞大的用户群体支撑，无法形成一个良性的移动办公生态，企业购买动机不强。

移动办公门户则没有上面所说的问题。一方面，它们是一个独立的App，一打开手机就能直接使用，而且通过移动操作系统提供的机制就能实现消息的实时互发。而这类移动办公平台前期通过免费推广的模式，已经聚集了大量的用户群体，在推广的过程中就已经建立了完整的移动应用生态，这是“BYOD安全”厂商不具备也无法复制的核心优势。

随着移动业务平台的发展，企业移动办公需求增长，于是“移动业务安全”的市场被打开。业务安全是通过“能力输出”的形式，把App加固、EMM、BYOD、网络接入等功能全部抽离成单独的能力，通过一个完整的业务安全框架交付给客户，可以为客户的移动办公应用或移动办公平台提供整体的安全能力。这时候，客户不需要再把所有企业移动应用专门放入一个安全工作空间内，而是通过封装技术将全套的安全能力与企业移动应用直接绑定。

但是企业移动业务门户进一步发展成企业移动“超级App”，除了聚集了海量的用户、完整的生态外，同时也通过与各种层面安全技术供应商合作的方式解决了安全问题，这时候“业务安全”板块就面临着“安全业务”这类超级App的冲击，于是移动安全遭遇了第四次发展天花板。

不过，这类超级App是以“在线”为理念而设计的面向企业移动市场的互联网型产品，几乎不可能本地化部署，于是一些有本地化需求的大中型企业就成了“移动业务安全”的最后一块市场，只是这个市场，又遇到了“生产效率工具”这个行业终局天花板。

终端安全之所以至今依然有很强的发展力，原因是PC终端是生产力工具，一个现代化企业几乎所有的工作都是通过PC来完成的。移动终端最大的优势是它已经发展成人类的一个“器官”，可以随身携带、随时在线，可以进行实时沟通和实时流程审批，各种传感器能够实时将物理世界与数字世界连接起来。但是由于屏幕太小、操作简单，用它来完成编辑类的办公工作并不方便，因此只能作为轻量级的办公辅助工具来提高办公效率，无法成为真正的办公“生产力工具”，这一特性最终制约了移动安全的未来发展。

移动安全赛道的四大板块并不是并行发展的，而是前后有依赖且互为替代关系，因此整个赛道的规模并不大，大致有10亿元的规模，该赛道的顶级玩家一年差不多是1亿元左右的营收规模。

4.5.5 云计算安全：安全市场的荒漠化

云计算安全赛道平时简称“云安全”，但是会跟应用安全赛道里的“云防护”弄混，因为大家早期也管云防护叫云安全。云防护是互联网时代的产物，是一个跟云计算没有任何关系的仅仅是交付形态一致的安全品类，这里为了避免歧义，还是叫全名：云计算安全。

安全牛有一个明确的“云安全”一级安全领域，里面有四部分内容：云网络架构安全、云原生安全、云安全其他、云访问安全、云应用安全。从赛道的视角来看，这种分类不太能讲得清楚整个赛道的发展逻辑，因此这里我把云计算安全赛道分为云基础架构安全、云原生安全、安全 SaaS 三大板块（如图 4-12 所示）。

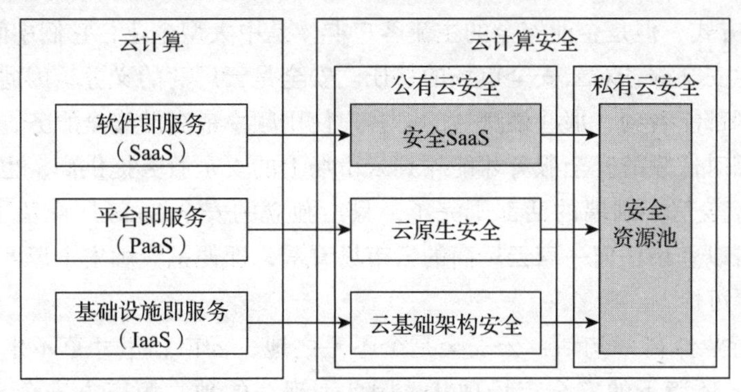

图 4-12 云计算安全赛道理解图

云计算基于“分布式计算”的核心技术点，经过十几年演进，终于成了世界上最复杂的信息产业，它集技术密集、运营密集、资源密集、数据密集于一身，具有无穷的发展潜力。同时，云计算经过十几年的普及，才让人们对它产生了清晰的概念，至今大家对云计算已经形成了三层架构的共识：基础设施即服务（Infrastructure as a Service，IaaS）层、平台即服务（Platform as a Service，PaaS）、软件即服务（Software as a Service，SaaS）层。IaaS 层是把所有单台存在的物理计算机上的计算、存储、网络资源用虚拟化技术进行“池化”形成一个动态可扩展的无限的基础设施资源池，然后用一些开源的云计算管理平台进行管理，客户可以按需租用，典型的表现形式就是“云主机”；PaaS 就是把一些支撑环境如数据库、中间件进行池化，形成支撑环境的资源池，典型的表现形式就是各类数据库与“容器”；SaaS 层就是把最上层的应用进行池化，按需提供给客户，如云 CRM、云会议系统等。

从图 4-12 中可以看到，云计算安全被分成了公有云安全和私有云安全两部分。先说公有云安全。用双生的结构来看公有云安全会比较清晰，即云基础架构安全是提供 IaaS 层的安全，云原生安全可以近似地看作是提供 PaaS 层安全，而安全 SaaS 是以“SaaS”服务的形式提供的各种服务型安全产品，如“云监测”服务、“云访问代理”服务等。

IaaS 层、PaaS 层是云厂商提供给客户的基础环境，就像地产商出租的店铺，这两层的安全问题就该是云厂商自己解决的问题，与客户无关。事实上这两层的安全问题也基本上是系统本身的漏洞问题，而云厂商已经形成寡头化的市场格局，很难再出现针对这两层的独立安全厂商。

安全 SaaS 则是独立安全厂商较多的一个真正的安全板块。可以这样理解，云计算环境跟传统 IT 环境在应用本质上无差别，因此传统网络环境中的防病毒问题、防黑客问题、身份管理问题依然存在，只是需要针对云计算这个特殊环境做特殊的云化处理。因为大家都认为云计算会是未来的 IT 主流形式，所以在云计算市场逐渐成熟的过程中便产生了大量的安全 SaaS 厂商，实际上国内的安全 SaaS 市场发展得并不好，其中有几个主要原因。一是客户群体冲突。云计算市场的主流客户群体是中小企业，为了节省成本往往会采用“以租代买”的方式，但是企业安全的主流客户群体是中大型企业，它们中间的交集较小。二是云厂商原生安全服务对云安全市场的挤压。安全是云厂商的义务，因此你随便打开一个云厂商的官网都能看到，那些最赚钱的、客户使用频率最高的安全服务，云厂商已经都提供了，剩下相对低频的安全服务才能轮到云市场上的安全服务提供商。也就是说，云厂商已经把填砖、盖房、刷墙的活都干完了，只给独立的安全 SaaS 厂商留了点“糊腻子”的小活。你也可以登录任何一家云厂商的云市场看看，即便是大牌安全厂商的云市场成交记录，也是少得可怜。

因此安全行业流传一句话：云安全是个不毛之地，云市场里寸草不生。这句话传神地概括了公有云环境下的安全市场现状，因此，现存的独立第三方安全 SaaS 厂商目前几乎都是靠着前期圈来的钱活着，而接下来的活法不是深耕客户，而是琢磨着要把安全 SaaS“盒子化”，即开始做成硬件的形式去打开传统的企业安全市场，或者参与企业内部网络安全的建设项目。当先进的理念不足以支撑企业的发展时，利用退而求其次的方式来转攻传统企业安全市场的后果可想而知，即使是冒着必死的决心，也未必能博一个光明的未来，这跟在国外看到的云安全市场欣欣向荣的现状截然不同。

看完了步步惊心的公有云安全市场，我们再谈一下私有云安全市场。国内的中大型企业客户，有能力和实力投入信息化建设，同时又不希望把自己的数据留在互联网或云厂商的服务器上，于是私有云市场被打开了。但是有一个反常的现象，按道理讲公有云厂商私有化是非常自然的动作，但是事实上私有云市场跟公有云市场有着几乎完全不同的玩家，这里面有三个深层次的原因。

一是产品设计的出发点不同。大型的公有云厂商以海量用户为预设场景来进行云计算架构设计，如果应用于单一客户的私有化部署，则架构很难调整，会导致私有化部署成本过高，没有价格方面的竞争优势。

二是与企业战略相悖。公有云厂商整体发展策略是“连线”，利用越来越大的集群规模带来规模化的商业效益，利用越来越多的海量数据带来未来的数据商业价值，而私有化完全切断了这两个大战略路径，把“炒房生意”变成了“房东生意”。

三是商品化程度不够。公有云厂商依靠强大的研发与运维团队，利用各种专业性和复杂度极高的专业工具来保障云平台的安全运行，许多功能都是源码级或脚本级的运维，而如果转入纯的私有云商业化场景，就要考虑客户的技术运维能力和运维水平，需要做大量的商品化的外围研发工作，才能将后期的交付成本和运维成本降低到一个合理的水平，这种成本消耗是云厂商不愿意投入的。

因此私有云市场的主流技术还是在虚拟化技术基础上发展起来的简单云化技术，按照客户的要求定制一个私有云平台无论在技术复杂度上还是在工程复杂度上，跟公有云都不在一个层次上。

当私有云平台需要安全解决方案时，私有云平台厂商又不太可能提供全套的安全解决方案，或者即使能够提供全套的安全解决方案，客户为了防止私有云平台厂商把云和安全做成“大黑盒”，内心希望云和安全分别进行建设，于是私有云安全的“安全资源池”市场就被打开了。

因为客户将云理解成一个“IT资源池”，为了降低沟通成本，私有云安全厂商都将私有云安全整体解决方案称为“安全资源池”，意思是我们可以给你提供一整套的安全解决方案，你可以像选购云服务那样按需选用安全服务。

就现状来看，除去云厂商的云安全收入，单纯的公有云安全市场的规模要比私有云安全市场小很多，玩家却多很多，因此私有云安全市场表面上看还是一个有规模的市场。如果我们用发展的眼光来看的话，除了数据存放问题的心理障碍外，互联网化和云化是整个IT发展的总趋势，因此私有云市场也可以被定义为“近伪”市场，虽然私有云安全的生意还可以做很多年，但是私有云和私有云安全市场都将是一个逐渐被挤压的市场。

4.5.6 物联网安全：逐渐有序化的无序市场

物联网英文名称为IoT（Internet of Things）又被译为“万物互联”，是1990年创造出来的词汇，但是直到2014年之后才火起来。IoT成为社会热词有三大诱因：一是“智慧城市”成为国家级发展战略，二是智能硬件成为行业级热点，三是智能汽车的迅速发展。

“智慧城市”是IBM公司2008年提出的“智慧地球”概念的一个延伸版，于2010年提出。由于“智慧城市”迎合了数字城市、感知城市、无线城市、智能城市、生态城市、低碳城市、平安城市的构想而成为我国的一项国家战略。这些酷炫名词背后，其内容更多是无线网络（Wi-Fi，Wireless-Fidelity）的城市全覆盖，用于短距离识别通信的俗称“芯片卡”的无线射频识别（Radio Frequency Identification，RFID）的广泛应用、云计算数据中心的建设和政务上云计划、智能摄像头的全城市化部署等。

随着谷歌眼镜在2012年的横空出世，全球掀起了智能硬件商业化浪潮，如今已经遍布可穿戴领域、智能家居领域。随着特斯拉（Tesla）汽车Model S在2012年的惊艳问世，全球掀起了智能汽车制造浪潮，中国也把新能源汽车定为《中国制造2025》的重大发展方向。现在提及的新能源汽车，有两大特征：一是以新能源为主，更节能；二是以新型车载网络架构为主（比如说从“CAN-BUS”网络架构开始过渡到“以太网”网络架构），更智能。

物联网安全是解决物联网环境下的安全问题，是一个非常新的赛道，目前还没有一个统一的分类方法，最先出现的是被称为“工控安全”的单独赛道，但是用技术发展的视角来看，物联网安全分为IoT终端安全、工控安全、工业互联网安全三大板块（如图4-13所示）。

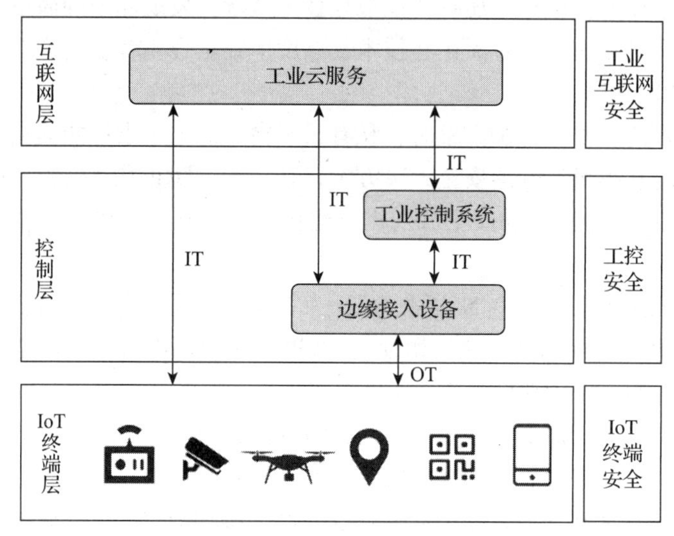

图4-13 物联网安全赛道理解图

我们可以把整个物联网世界抽象成IoT终端层、控制层和互联网层，解决IoT终端层的安全问题被称为“IoT终端安全”，解决控制层的安全问题被称为“工控安全”，解决互联网层的安全问题被称为“工业互联网安全”。

无论是构成智慧城市的无线设备、RFID设备、摄像头设备，还是构成智能硬件的智能可穿戴设备、智能家居设备，或者是智能汽车本身，都可以看成物联网向物理世界延伸的终端，这类设备本身的特点是：硬件架构众多，有ARM、Intel X86、MIPS等；操作系统复杂多样，有Linux 、Windows、Android、RTOS等。

IoT终端向后端的连接方式有三种途径：一是直接和互联网侧的工业云服务连接，二是连接到边缘接入设备后再连接互联网侧的工业云服务，三是连接到边缘接入设备、工业控制系统后再连接到互联网侧的工业云服务。

IoT有时候也被解释为“OT+IT”，原因是一些IoT终端设备在出现初期只是一些自动化设备，本身的算力低，到后端的边缘接入设备有些是通过电信号连接，有些则是通过一些“窄带网络连接协议”（即非IP层协议）进行连接，这类连接方式被称为OT（Operational Technology）。

从边缘接入设备到后端的工业控制系统工业云服务，则是通过常见的TCP/IP连接的，因此这一段也被称为IT（Information Technology），所以“物联网安全”是一个IT与OT技术中同时存在的产业，安全解决方案就要兼顾这两部分的内容。

物联网终端安全解决的是物联网终端本身的安全问题和向后端连接时的连接安全问题，目前这部分解决方案的核心就是利用密码学技术、身份认证技术保障物联网终端设备身份不被仿冒、传输过程中的数据不被非法篡改。

工控安全是基于攻防思想的，主要解决“企业工控网络”自身的安全问题、工控网络与办公网络的隔离问题，是攻防技术在新环境下的具体应用。

工业互联网是为互联网上的工业云服务提供安全解决方案，该领域是一个应该存在但事实上还不存在的市场，因此安全牛把工控安全的内容放进了“工业互联网板块”，包括工控安全管理类、工控安全培训类、工控防护类、工控检测类四部分内容。

从技术成熟度来看，“工控安全”是最先发展起来的最成熟的板块，而“物联网终端安全”是最近两年才出现的全新的板块，生意主要集中在“车联网安全”和“视频安全”两个更加细分的场景里，工业互联网安全还是传统的应用安全赛道的生意。

4.5.7　安全服务：以人为本的配套市场

虽然每个安全产品都提供产品的升级或维保服务，甚至一些互联网安全厂商还提出了“安全即服务”（Security as a Service，SaaS）的口号，但实际上安全服务在安全行业主要特指攻防服务、合规服务、运维服务、教育服务和咨询服务五大类（如图 4-14 所示）。

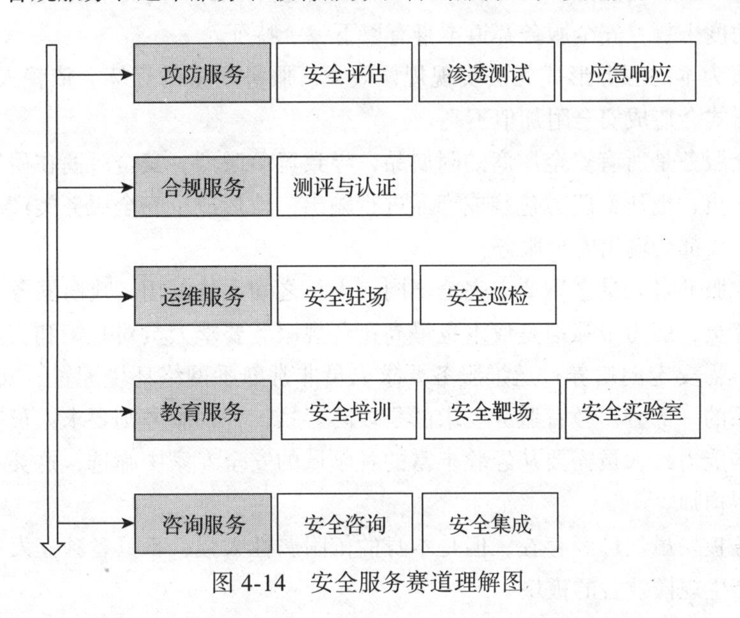

图 4-14　安全服务赛道理解图

攻防服务是指利用黑客技术对客户的整体网络环境进行安全评估，通过渗透测试的方式为关键服务器或业务系统找到脆弱性和漏洞，对紧急关键的事件进行应急响应。攻防服务人员往往是黑客出身，同时又了解客户实际网络的情况，以人天的方式按次进行交付。

合规服务是指对要通过等级保护（简称等保）测评的客户目标系统进行评估并提供整

改方案，然后协助客户顺利通过等保测评并拿到相应证明的服务。这类服务往往按系统个数进行收费，拥有测评资质的公司往往是公安部指定的机构，而它们本身已经可以提供等保评估与测评一条龙的服务，因此留给市场型安全厂商的机会已经不多了。

运维服务适用于客户没有足够的安全人员和编制，但又希望解决安全运维问题的场景。安全驻场是以全天候驻场的方式为客户提供日常的安全运维服务，一般是按人年方式交付；安全巡检是以远程或现场的方式帮助客户检查安全产品的使用情况，一般是以人天的方式按次进行交付。

教育服务包括为了解决安全行业人才短缺而提供的以提高安全技能为目的的“安全培训”服务、以攻防实战演练为目的的“安全靶场”服务、以提供攻防研究能力为目的的“安全实验室”服务。

咨询服务包含安全咨询与安全集成。过去国内安全咨询和安全集成的生意是分离的，安全咨询服务由专门的咨询公司提供，它们只交付咨询方案，并不负责实施，而安全集成则主要是找到满足客户要求的产品并组合打包，然后统一进行交付。目前纯集成的生意要占到整个安全行业的10%左右。但是2019年之后，一些综合类的安全厂商开始涉入安全咨询领域，并大部分使用自己已有的安全产品作为交付物，这些安全厂商事实上就变成了一个同时拥有安全咨询能力和大部分安全产品研发能力的新一代安全集成商。

从市场角度来看，安全服务赛道本身有以下三个特征。

一是以人为本的服务形式无法实现规模效益。服务质量的好坏会依赖人本身的能力，人天的交付形式会造成安全附加值不高。

二是安全服务是所有安全厂商的附属品，导致竞争激烈。安全厂商在研发过程中总需要安全研究人员，把研究能力包装成产品进行输出，就形成了安全服务类产品，因此几乎所有的安全厂商都会输出安全服务。

三是每类服务对人员素质要求完全不同，人员之间无法复用。攻防服务人员往往是黑客或安全研究员，能力最强但是成本也最高；合规服务要求人员对政策和实际安全建设过程都要熟悉，需要定向培养；运维服务要求人员非常熟悉网络环境配置、安全产品使用，属于交付体系的一部分。教育服务要求的是攻防背景；咨询服务则要求人员有较好的方法论基础和架构能力，人员需要从经验丰富的各领域的安全专家中筛选，这类人也往往被称为解决方案架构师。

安全服务板块虽然已经存在，但是本身的依附属性太强，不具备独立发展的空间，而且是最无法产生规模效益的板块。

4.5.8　数据安全：安全与制度的博弈

2018年5月25日，欧盟在1995年制定的《计算机数据保护法》的基础上出台了《通用数据保护条例》（General Data Protection Regulation，GDPR），该条例的严苛程度曾经一度造成整个安全行业的震惊。同年，十三届全国人大常委会公布立法规划，《中华人民共和国数据安全法》位于第一类项目，并确定2020年开始制定《个人信息保护法》《数据安全法》。这些信号表明“数据安全”在安全行业里的地位已经越来越重要，但对于该赛道的未来发展潜力到底如何，我们需要通过数据安全行业的内部逻辑来分析 一下。

计算机系统最大的用途是信息处理，而信息处理一般情况下会产生三类数据：一是个人计算机上产生的“个人数据”（Personal Data），二是企业服务器上产生的企业关键数据，三是数据库里的企业关键记录。对这三类信息的保护需求，就产生了数据安全赛道。

上面提到的GDPR和个人信息保护法，规范的是公民个人信息安全问题，即上面提到的第一类情况，本质上是对软件开发商的一种法律约束，该场景无法附着安全商业模式，因此整个数据安全赛道实际上指的是对企业服务器上产生的企业关键数据和数据库里产生的企业关键记录的保护，整个赛道可以分为文档加解密/EDLP、内容防泄露（DLP）网关、数据库安全三大板块（如图4-15所示）。

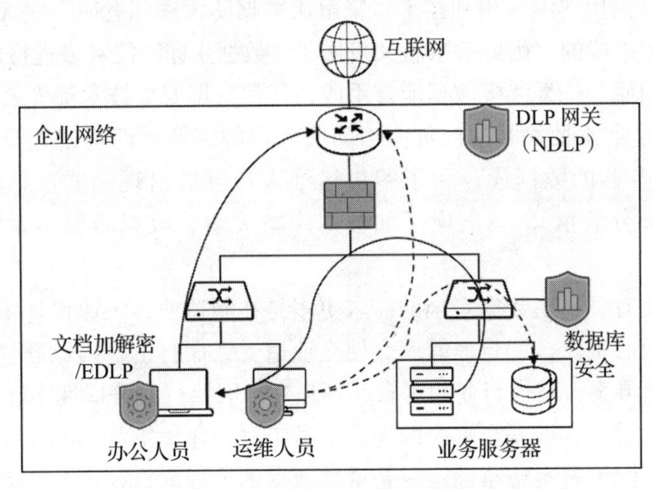

图4-15 数据安全赛道理解图

办公人员从业务服务器上拿到企业关键数据后再外发到企业网络之外的安全问题，早期是由“文档加解密”来解决的，这也是国内数据安全的主流技术（由图4-15实线部分表示）。文档加解密需要在终端上安装“代理程序”（Agent），目的是通过透明加解密驱动程序监控终端的所有数据操作，当数据从业务服务器上取出时，就自动进行加密操作，当数据到达办公人员的计算机终端时，就在内存里自动进行解密操作。当用户把数据外发时，离开了本地终端代理程序的解密动作，数据本身就处于加密状态，无法明文阅读，起到了保护数据的目的。

文档加解密技术有两个天然缺陷：一是加解密本身是系统资源消耗很大的动作，如果进行全文加密，则用户体验就会受到影响，如果不进行全文加密，则安全性又无法保障；二是一旦加解密过程中底层驱动出现崩溃，数据就有可能产生不可逆的永久性损坏，因此服务器上的数据本身依然是明文存放，这就给外部的黑客入侵带来了可乘之机。

鉴于文档加解密技术天然的缺陷，基于文档内容识别的“数据防泄露技术”（Data Loss Prevention，DLP）就得到了发展，成为数据安全的另一大主流技术。该技术的原理是分析企业内部所有的文档内容。首先区分出要保护的文档属性，比如标记为“秘密”“机密”和“绝密”的密级文档。然后通过在网关上部署 DLP 网关、在终端上部署终端 DLP 客户端的方式防止被保护文档的非法泄露。这种终端上的 DLP 手段就被称为 EDLP（Endpoint DLP），而 DLP 网关则被称为 NDLP（Network DLP）。

DLP 技术虽然解决了文档加解密技术中的数据不可逆损坏风险，但是本身又引入了另外三个问题：一是文档格式识别是一件复杂且有积累的工作，许多文档格式并不开放，需要通过逆向技术来解决；二是在文档内容识别之前，需要对企业所有的数据执行分类分级的“数据治理”操作，该操作耗人耗时、实施难度高；三是无论是终端 DLP 还是网关 DLP，所有文档在使用之前都要进行内容识别操作，比加解密更加消耗资源。

更重要的是，当用“内容识别技术”来解决数据防泄露问题时，是无法对抗压缩、加密码这类数据变形手段的，因此后来就又发明了“数据水印”技术来进行外发内容的追踪，但是对于“屏幕拍照”这类终极数据泄露手段，任何数据安全技术都失效。

办公人员通过业务服务器前台页面访问服务器的资源，而运维人员则通过后台页面直接操作业务服务器的数据库，为了解决运维人员可能出现的非法访问数据库的问题（由图 4-15 实线部分表示），就出现了如数据库防火墙、数据防脱敏系统等数据库安全产品。

从用户需求上看，早期数据安全的需求更多是在制造业，工业设计图纸、配方等数据是制造业企业的核心资产，一旦泄露就会使企业遭受致命打击，因此需要以文档加解密为主的数据安全解决方案，其他行业的需求并不强烈，因此行业普适性不够。

从防护对象上看，数据安全解决的是内部员工对企业敏感数据的操作安全问题，这本身就意味着两个实际部署实施难题：一是敏感数据的梳理就是一个非常大的系统工程；二是监控员工的数据操作就等于在监控员工的计算机使用行为，会使员工心理上产生极大的抵触情绪，因此数据安全建设的重要性和必要性在企业里就会降低。

从企业管理角度来看，防止数据泄露更有效的方式是利用制度的硬性约束、文化的弹性力量、权限管理的技术手段，来减少企业核心数据的接触面、降低员工数据泄露的意愿，而不是通过员工行为监控的方式实现数据安全。

从技术发展的角度来看，数据安全必然会分离成一个横向的独立赛道，但是当以“数据”视角来看安全时，就要考虑“数据的全生命周期管理”，就要建立数据的产生、传输、存储、销毁的全通道、全流程的数据安全管理体系，这是一个非常庞大和复杂的工程，事实上目前也没有一家安全厂商可以做到数据全流程的安全监测与防护。

从商业角度上看，数据安全还是一个约 10 亿元的小赛道，没有大的独立安全厂商，未来几年内产品上也很难支撑这种全生命周期的商业模式。因此数据安全赛道是一个很重要但没有成熟安全解决方案的细分市场。

4.5.9 业务安全：业务驱动的产品悖论

企业构建 IT 体系的最终目的是运行业务，包括为内部员工提供的内部业务系统和为外部用户提供的外部业务系统。业务安全赛道解决的是人对业务系统的恶意影响的问题，其中包括业务反欺诈、上网行为管理、用户行为分析（User Behavior Analysis，UBA）、开发安全四大板块（如图 4-16 所示）。

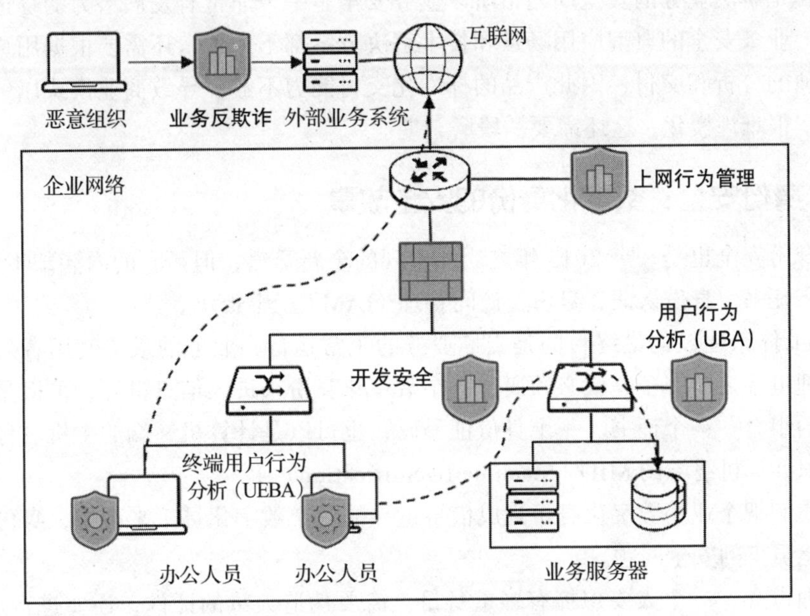

图 4-16 业务安全赛道理解图

业务反欺诈解决的是恶意组织对外部业务系统产生业务欺诈（如“薅羊毛”）的问题；上网行为管理解决的是内部员工利用外部互联网公众系统（如论坛、微博、博客）给企业可能造成经济或名誉损失的问题；用户行为分析解决的是，内部人员对内部业务系统的行为进行分析与管理的问题，于是在终端上出现了“终端用户行为分析”（UEBA）和业务系统的“用户行为分析”(UBA）两种技术。

开发安全是解决源代码的安全问题，在安全牛的安全版图里，是一个单独的领域，包括应用安全测试、软件成分分析、安全开发流程管控、源代码安全 4 类。重视开发安全的厂商往往会采用以下三种方法：一是用“安全开发生命周期”（Security Development Lifecycle，SDL）的方式进行安全研发管理；二是自建安全攻防团队对每一款即将上线的产品进行攻防测试，用黑盒的方式发现漏洞；三是自建“安全应急响应中心”（Security Response Center ，SRC），通过民间白帽子的力量来帮助企业发现自身产品的漏洞。

在这里之所以把开发安全放到业务安全板块里一起考量，一是因为开发安全目前的市场份额较小，二是因为开发安全也是由业务部门发起的解决业务系统开发过程中产生的安全问题，所以统一归于“业务安全范畴”。

从发展角度看，业务安全解决的不是“威胁特征识别”问题，而是“行为特征识别”问题，这是两条技术路线。识别对象的变更会导致识别模式也发生本质的变化，需要对客户的业务逻辑进行深入理解，并对整个逻辑过程进行建模分析，与“威胁识别”技术相比，难度大、精度低，也是AI技术最有用武之地的领域。

可以这么讲，前二十年的安全焦点，主要是解决IT层的威胁问题，而接下来的安全焦点，主要是解决业务的安全问题，所以业务安全是一个非常有发展潜力的赛道。但目前的情况是：业务安全的典型应用场景和技术解决方案都不完善，还需要根据用户的业务场景进行单独的分析和交付，因此产品的标准化交付能力不够，导致商业模式以“项目型交付”为主，很难规模化，这还需要一段磨合期。

4.5.10　身份安全：数字化身份的安全故事

虽然身份安全也是一个2015年之后才出现的全新赛道，但是它的内涵却不是全新的，它包括数字证书、身份认证、身份与访问管理（IAM）三个板块。

整个IT体系建设的最终目的是支撑业务的正常运行，业务的最终使用者是人，而人存在于物理世界之中，于是就必须通过一个数字化身份来进入信息世界，可以是一个用户名和密码的组合、一个证书、一个身份证号码，也可以是计算机终端的主机名称，或是能够唯一标识计算机终端的MID（Machine IDentification）。

如果我们把企业的数字化身份当成信息世界的一个数字化员工来看待，身份安全就是解决数字化员工的安全问题。

在物理世界，一个人要想拥有多重身份，需要伪造大量的证件，还要进行适当整容，难度很高，而在基于“匿名体系”构建的信息世界里，要想拥有多个数字化身份则易如反掌，而且很难对这些身份进行一一对应和有效的追溯，因此前些年有一些专家专门提出了互联网实名制，但是最后依然作为笑谈收场。关于互联网有两大笑场，一是互联网实名，二是互联网管控。这就像是美国建于亚利桑那州图森市以北沙漠中的一座微型人工生态循环系统——生物圈II号实验，不是从技术上无法做到，最终是实施的成本和实施后的效果无法承受。因此需要从数字化身份开始，先保证身份的完整性，再解决基于身份的行为问题。

数字证书解决的是数字化身份的标识问题，是一个发展了近二十年的古老行业，目前市面上的各种做加密芯片、证书、U盾、数字Key的厂商都是属于该类，该品类是厂商最多、存在时间最长的一个板块。

身份认证解决的是数字化身份的识别问题，是一个发展了近十五年的第二古老行业，只是最近几年随着物联网安全、互联网业务安全、移动技术、AI技术的共同发酵，以及一些基于短信动态码验证、指纹验证、声纹验证、面部与活体验证技术的广泛应用，才形成了一个全新的应用场景——多因素认证（MultiFactor Authentication，MFA），本质上是身份认证板块的一种新的应用型技术，不能作为独立板块来考察。

身份与访问管理（Identity and Access Management，IAM），或者叫身份与权限管理（Identity and Authority Management，IAM）是最近几年才出现的一个全新安全板块，它是在PC网络环境、移动网络环境、云计算网络环境共同发展的情况下催生的一个“以身份为中心”的安全解决方案，你可以认为，它是传统的“统一安全管理平台”[4A，认证（Authentication）、授权（Authorization）、账号（Account）、审计（Audit）]的一个升级版，是一个面向企业全网络场景的更加综合的身份管理体系。

身份安全板块本身已经足够大，金融、运营商等成熟行业的认可度非常高，但也是最成熟的红海赛道，如果身份安全赛道还有更大的行业机会的话，那就是直接向“零信任安全”赛道跃迁。

4.5.11 零信任安全：最复杂的解决方案体系

与身份安全联系最紧密的，就是“零信任安全”赛道，严格意义上讲，零信任是一个新安全思想催生的新的安全应用场景，本身并没有新的技术涌现，之所以把它作为一个独立赛道来看，是因为它足够新且足够复杂，而且大部分客户都会用零信任来进行单独立项和建设。

在2019年安全牛的版图里，零信任赛道是在“身份与访问安全”一级安全领域里，而在2020年的该板块里，去掉了“VPN”二级安全领域，本书的“零信任安全”赛道包括终端环境感知、VPN、数字证书、身份认证、IAM、堡垒机六大板块（如图4-17所示）。

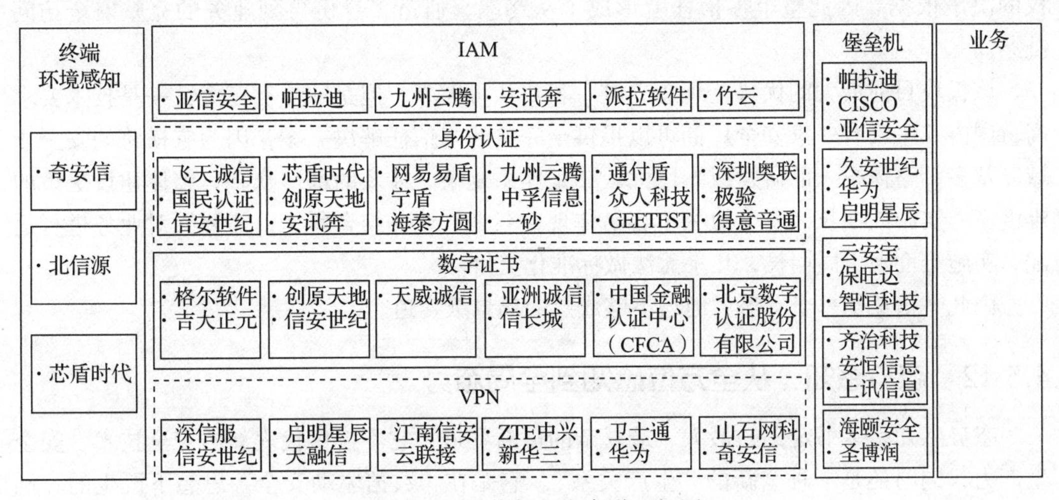

图4-17 零信任安全赛道理解图

先说零信任，零信任的概念虽然不是谷歌首创，却是谷歌把它变成了行业热词，谷歌在2011～2017年期间，用了7年时间，践行了一套完整的零信任框架“Beyond Corp”，并从2014年12月开始，连续公布了六篇零信任建设论文，在安全识别设备、安全识别用户、从网络中移除信任、外部应用和工作流、实施基于资产的访问控制五个方面详细阐述了自己的零信任建设过程，于是全球引爆了“零信任”热潮。

总体来讲，零信任就是利用一套全新的体系，在终端到业务之间建立一个更加安全的业务访问通道，以保证所有终端在可控的情况下，可以在世界上任何时间、任何地点用一种访问形式来安全访问内部的业务系统。它的整体思想就是：把原来访问业务时的一次授权与鉴权动作改为根据终端的安全状态进行多次的动态授权与鉴权，以提高业务访问的安全性。

基于该理念，我们先看图4-17中间的VPN、数字证书、身份认证、IAM这四个板块，其中数字证书、身份认证、IAM这三块就是身份安全板块的内容，自下而上地构建一个身份的管理中心。最下面的VPN是多出来的板块，它是用来解决业务访问过程中的通道加密，虽然谷歌本身明确指出零信任体系是用来替代传统VPN的，但是事实上，零信任里的通道加密可以理解为应用层的VPN技术，因此安全牛把VPN放在了“身份与访问安全”一级安全领域里。

我们再看右侧的“堡垒机”板块，这是零信任体系里的业务隔离模块的核心技术，就是利用“反向代理”技术将“先与业务服务器建立连接，再进行认证”的这种后验证模式，改为了“先跟堡垒机进行验证，验证通过后再连接业务服务器”的先验证模式，断开了黑客直接攻击业务的路径，提高了安全性。

最左侧的“终端环境感知”则是国内公安部在践行零信任体系时引入的对终端的控制手段，通过对终端环境的感知能力，从而给零信任的业务控制单元提供动态授权与鉴权的决策依据。因此整个零信任就形成了从终端、通道、身份再到业务的完整安全访问链条。

该板块目前最大的优势是理念先进、客户认可度高，但是缺点有三个：一是技术要求高，国内几乎没有一家安全厂商可以提供全完整的零信任解决方案，因为它横跨的安全领域非常多，整体投入的研发成本巨大；二是体系复杂、涉及的部门众多，整体建设决策的难度高、实施周期长、安全效果不容易体现；三是与业务结合紧密，需要针对业务进行适配，实施难度大、周期长，几乎无法做标准化交付。

因此零信任是一个有潜力但还不够成熟的场景级赛道。

4.5.12　态势感知：从全方位感知到全局态势

态势感知是本书定义的最大、最复杂的横断赛道，它不仅仅代表新的安全技术、安全生产力，同时还是一种全新的“生产关系”。它是在“数据驱动安全”思想下诞生的、利用数据能力来解决安全问题的全新赛道，未来会有非常大的发展空间，因此把它定义为“智能赛道”。

根据态势感知“智能”的特性，包含威胁情报、网络空间测绘、云端态势感知、威胁态势感知、监管类态势感知、分析类态势感知、运营类态势感知、业务态势感知八大板块。这八个板块的逻辑是沿着从外网到内网的顺序进行排列的。

威胁情报（Threat Intelligence）在2015年之后成为全球技术热词，在国外已经形成一套完整的技术架构与交换标准，已经拥有了许多独立的威胁情报厂商，而国内该市场才刚刚开始，独立的威胁情报厂商的生存状态并不好，这里有四个原因：一是威胁情报交换标准还未得到行业的普遍认可和适用；二是威胁情报交换市场并未形成，基本上还处于安全厂商自我筹建和互联网厂商垄断的状态；三是威胁情报还未得到企业客户的普遍认可，客户无法直接将威胁情报转换成生产力；四是威胁情报的收集通道并不通畅，国内企业网络的互联网化程度不够，因此企业网络里产生的威胁情报属于企业客户自己的资产，厂商无权擅自收集。

因此目前的状况是，威胁情报往往由安全厂商收集并作为态势感知类产品的外部输入源，无法构成单独的商业模式。

网络空间测绘指的是，通过互联网爬虫技术对所有互联网服务器的资产（如IP地址、操作系统、开放的端口协议、数据库、Web应用、漏洞等）信息进行搜集、测绘的安全产品或服务；本身是资产情报收集的一种形态，也属于辅助型板块。

云端态势感知是指公有云厂商推出的态势感知云服务，用来发现云厂商提供的云服务器的安全问题；威胁态势感知是指针对APT这类高级威胁提供具有发现和分析能力的安全产品；监管类态势感知是指各类大屏系统，主要是利用安全可视化技术和大数据关联分析技术呈现出安全态势的产品；分析类态势感知是指SIEM类产品，主要是基于多维日志分析来解决企业安全问题；运营类态势感知则是指NGSOC（Next Generation Security Operation Center），主要侧重于企业安全运营的态势感知类产品；业务态势感知是指如数据安全态势感知、业务安全态势感知等针对某些特定应用场景的态势感知类产品。

态势感知是目前发展速度最快的赛道，虽然目前态势感知系统属于某一类安全产品，但是在不久的将来，态势感知将是企业整个安全体系建设过程中安全建设效果评估与整体安全问题发现的综合性平台。

4.5.13 区块链安全与AI安全：看不到未来的新大陆

区块链安全与AI安全是本书里定义的场景安全分类里的另外两个赛道，开始于2018年。虽然已经有很多安全厂商推出了相关的解决方案，但是如果当作一个赛道来看，过于年轻了，年轻到还没有附着合适的商业模式，安全厂商也都是在探索，是一个大家可能都认为是未来但还没有形成市场的两个新赛道。

目前区块链安全解决的还是在区块链这个新的系统下的自身的漏洞发现与修复问题，因此最多是购买相应的漏洞发现服务即可，而且未来区块链自身的发展走向还不明确，因此只能是一个稍微关注一下的赛道。

AI安全的现状跟区块链安全类似，能做的生意也就是AI系统本身的漏洞发现，至于针对“AI威胁”而产生的“AI对抗”技术也只是在实验室阶段，没有实际的安全事件驱动，几乎无法有实质的商业化进展。

4.5.14 赛道的商业价值主观评价体系

上面讲述了每个安全赛道下属安全板块实现的作用、相互关系和赛道发展逻辑，但是对于赛道的商业价值，还缺乏一些完整、清晰的认知。下面主要从技术成熟度、产品成熟度、商业模式成熟度、客户认可度、新机会出现的可能性、竞争激烈程度六个方面来评价一下每个赛道的商业价值，而投资热度则是站在投资者的角度，综合上面所有维度因素后得出来的整体是否适合投资的主观评价（如表4-2所示）。

表4-2　赛道的商业价值评估表

序号	安全赛道	技术成熟度	产品成熟度	商业模式成熟度	客户认可度	新机会出现的可能性	竞争激烈程度	投资热度
1	终端安全	5	5	5	5	3	4	2
2	网关安全	5	5	5	5	1	5	2
3	应用安全	5	5	5	5	2	4	3
4	移动安全	2	2	2	2	2	4	2
5	云计算安全	3	3	5	1	1	5	2
6	物联网安全	2	2	2	2	5	2	4
7	安全服务	4	4	4	4	2	4	3
8	数据安全	2	3	3	2	3	4	2
9	业务安全	2	3	3	5	4	3	4
10	身份安全	3	1	3	5	3	4	3
11	零信任安全	3	2	3	4	3	2	3
12	态势感知	2	2	3	5	4	3	5
13	区块链安全	1	1	1	1	3	1	1
14	AI安全	1	1	1	1	3	1	1

表4-2中的技术成熟度分值越高，则说明技术研究成果越多；产品成熟度分值越高，则说明产品标准化程度越高；商业模式成熟度是指客户的交付成本，分值越高，则说明售后成本越低；客户认可度分值越高，则说明客户越需要；新机会出现的可能性是近年来有可能导致行业突增的宏观变量，比如信创、等保2.0、数据安全法等；竞争激烈程度数值越大越好，越大则证明商业竞争越不充分。

表4-2中对每一个评价维度都采用五分制，分值越高，则该项的成熟度就越高，比如1分就是极不成熟，而5分则为非常成熟。投资热度是这些指标的均值。

这里要特别明确一下，商业是一个复杂系统，对于复杂系统来说，由于系统组成的要素以及要素之间的关系都处于动态的、不确定的、自我演化与相互演化的状态之中，因此总体大于局部之和，任何数值类的定量分析方法都无法准确且精确地描述一个系统的状态和趋势。而事实上对于系统的理解，更重要的是要发现其中的逻辑，因此这里的数值是一种主观上的程度度量方式，并不是严谨的数据支撑下的精确度量方式，是希望能够显式地理解每个赛道作为一个整体呈现出来的价值感。

就上面的主观评价，用雷达图的表示方法可能会更容易理解（如图 4-18 所示）。

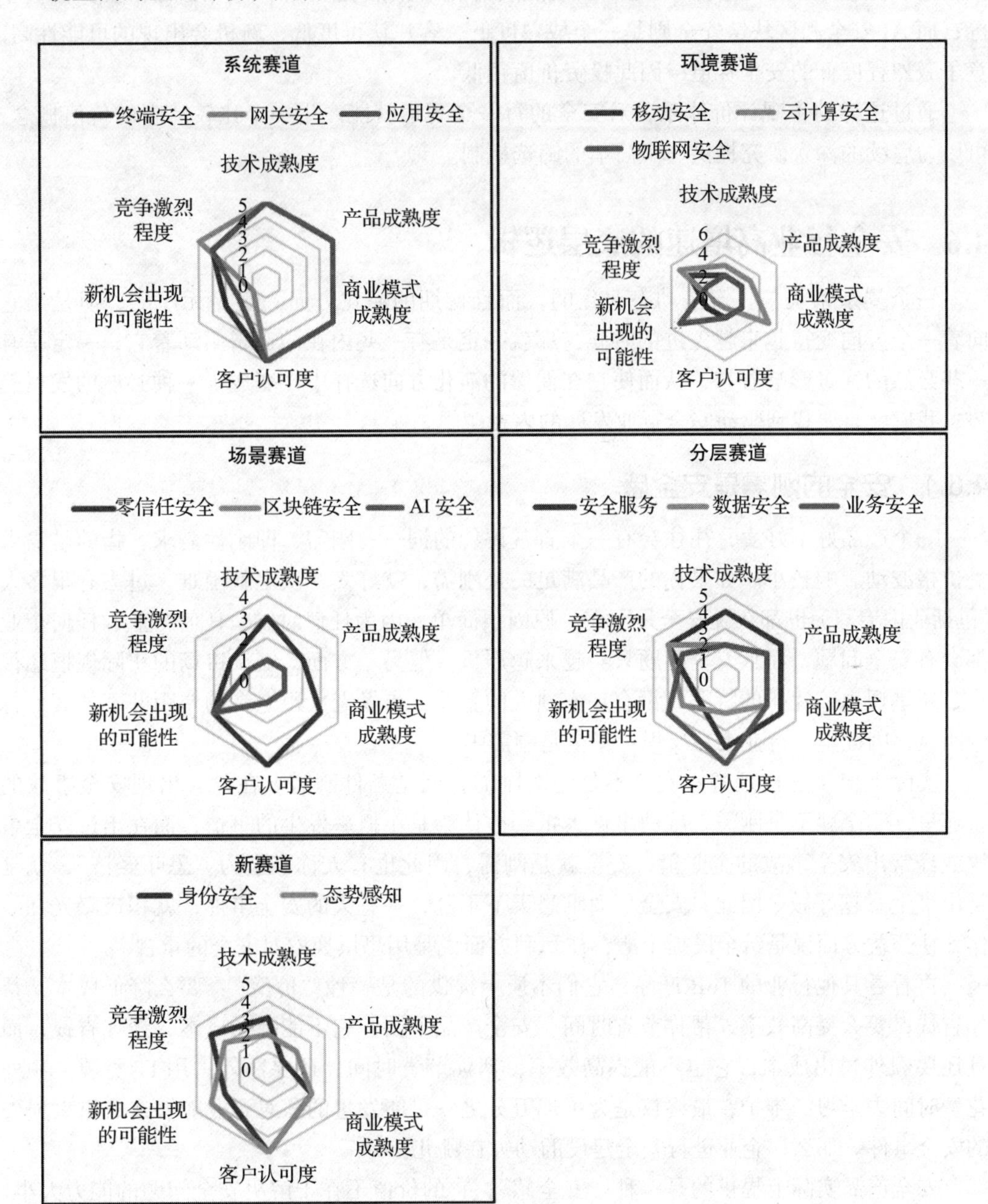

图 4-18　赛道的商业价值评估雷达图

举例来说，从上面的内容可以看出终端安全是一个非常成熟、有新机会产生的、竞争激烈程度很高的赛道，因此从投资价值角度来判断，其投资价值并不大，如果是初涉安全行业，这个赛道就不是一个最优选择，但是如果是从赛道覆盖角度来看，有投资价值；零信任是一个客户认可度高，但是产品成熟度与竞争激烈程度都不高的赛道，投资价值中等；而AI安全和区块链安全则是一个成熟度低、客户认可度低、新机会出现的可能性高、竞争激烈程度低的安全赛道，因此投资价值很低。

通过这样的主观评价体系，对安全的每一个赛道就能产生一个比较清晰的价值概念，可以为后续的深入研究提供一个简单的筛选机制。

4.6　安全行业高增速的底层逻辑

一个复杂系统，一定是动态演化的，而且初期的演化方向一定是无序的，但是当它向着一个方向变得越来越先进的时候，那就一定是有一些内在的逻辑驱动着它，一定是有一些必然的变量影响着它，从而使它在偶然的演化方向选择中，变成了一种必然的发展趋势，我们就是要找到驱动安全行业发展的内在逻辑。

4.6.1　安全的刚需是安全感

一个产品好不好卖，往往会有一个直观评价的词——刚需，即刚性需求，指的是需求受价格波动影响较小。如果你的产品满足的是刚需，就好卖，反之就困难。过去有很多人（包括业内专家）也都在说安全是刚需。原因很简单，因为任何时候、任何行业、任何企业都会有安全问题，而且安全问题只会越来越严重。但另一方面，安全市场的实际规模还很小，还呈现出碎片化的特征，没有一家独大的企业，市场老大跟老二的差距并不如其他行业明显，因此整个行业也在反思：安全是刚需吗？

实际上应该这样理解：安全不是绝对刚需，而是条件刚需。在没有出现安全事故的企业里，安全就不是刚需，威胁事件大抵会被认为是小概率发生的事情；而在出过安全事故或经常出安全事故的企业里，安全就是刚需，因此也有人称安全为“恐吓经济”，就是越出事生意越好做。因此，安全厂商唯恐天下不乱，一有大的安全事件，就积极曝光和炒作，往公益方面说是给全民提个醒，往私利方面说是用恐惧换取对安全的重视。

再看看其他行业的ToB产品，它们本质上提供的是一种“价值”：要么降低成本，帮你省钱；要么提高效率，帮你节省时间。安全产品不同，它不能降低成本，帮你省钱，而且还要额外付出成本；它也不能提高效率，帮你节省时间，还要额外占用IT资源，额外花费时间去学习、维护，最终仅是为了那万分之一可能发生的、对企业能够造成重大损失的安全事件。那么，企业进行安全建设的动力在哪儿？

安全产品实际上提供的是一种“安全感”，它的价值不在于解决安全问题的能力大小，而在于能够通过解决安全问题来提高客户的安全感，所以我们又把安全称为“安全感经济”。仔细想一下你就会发现，安全感是一个感性词汇，而生意则是一个相对理性的过程，尤其是像安全这种客单价并不低的产品，决策应该是理性的。但是事实上，客户对安全的决策并不是通过理性的技术评估手段来完成的，而是通过对这个厂商、这个品牌、这个产品有没有安全感来决定的，理性的技术评估手段往往都是在选择你之后走的过场。所以安全不是一个生理级的产品，而是一个心理级的产品，心理级产品就非常容易通过心理失衡这个杠杆产生放大效应。

在这里有一个重要的心理推论：客户不会因为你说的是事实和真相就相信你，他们只会相信他们愿意相信的。这句话想说明的是，一个能给客户提供好的安全能力、安全产品、安全技术的企业未必能给客户提供好的安全感，客户不会因为你强大就信赖你，相反客户只要对你产生了安全感，你是否强大就已经不重要了。这就是安全行业会碎片化的重要原因，安全行业里并没有出现“强者恒强”的马太效应，大厂商也没有明显的品牌优势，整个行业不断碎片化，安全赛道越来越多，安全厂商的数量也越来越多。

虽然安全不是客户的刚需，但是安全感却是安全的刚需，这是安全生意模式的本源，因此在 ToB 安全市场，如何给客户提供安全感，才是产品设计的基本思想，而被互联网产品经理奉为圣经的“产品体验”，在企业安全市场必要但不重要。

4.6.2 安全的第一推动力

一个行业之所以能发展，是因为总会存在“第一推动力”；一个行业之所以能持续发展，是因为总会存在一个持续的“系统驱动力”，只有了解了内在发展的驱动力量，才能清楚安全行业大致能够以什么样的方式演进。

我们在谈论安全时，总喜欢把世界上第一个病毒出现的时间当成是安全的起点，这是没错的，因为没有威胁就没有对抗，就没有对美好信息世界生活的向往，就不会有安全产业的产生。但从本质上看，威胁只能算是安全存在的基础，安全行业的“第一推动力”其实不是威胁，而是技术。威胁技术的发展可以推动安全技术的进步，IT 技术的演化同样也可以推动安全技术的演化，甚至安全技术本身的发展也会刺激新的安全技术产生，因此安全行业会呈现出极强的唯技术论属性，无论是主流的安全舞台还是投资的偏好，没有技术的团队几乎不被认可。

“万般皆下品，唯有技术高”风气形成的原因，主要是安全产品都有滞后效应，在购买的时候，未必会发生威胁事件，即使是通过测试也无法证明安全产品是有效的，甚至在发生威胁事件的时候，最好的安全产品也未必可以防得住，因此客户选择安全产品的评判标准就是你的理念跟技术是否先进和独特。

因此安全行业里有一个经典的结论：一流技术、二流营销的公司可以活；二流技术、一流营销的公司也可以活；但是二流技术、二流营销的公司是一定活不下去的。

4.6.3 行业的系统驱动力

第一推动力只是解决了安全产业演化的动力，但是要想看清发展的方向，还要知道

"系统驱动力"。驱动安全产业滚滚向前发展的力量有四种，它们是威胁事件、技术升级、政策合规和业务变革，可以说，安全行业正处于一个"四浪并发"的最好时代。

1. 威胁事件

安全产业产生的因，肯定是威胁事件、威胁对象与企业 IT 环境的相互作用。威胁事件主要分为三类——病毒感染、黑客攻击与员工泄密，但是病毒感染与黑客攻击是威胁事件里的两大绝对主体。

病毒感染最大的后果是企业网络阻塞、企业办公或生产瘫痪。不管是当年的 CIH、红色代码、冲击波，还是近几年频繁爆发的勒索病毒，只要有新的划时代病毒出现，就会刺激安全市场向前迈进一大步。

黑客攻击的最大后果就是企业服务器被控制、企业数据泄露。2015 年前后互联网公司大批量的因黑客拖库引起的数据泄露事件，直接促使所有大型互联网公司都配备了专门的安全团队和专门的漏洞响应组织来应对未来可能发生的这类威胁。

员工泄密虽然不是威胁事件的主流，但也是数据安全这个赛道存在的基本理由，这种威胁事件另外也滋生了上网行为管理、堡垒机、数据库审计等一系列安全产品。

CIH 病毒造就了瑞星快速增长的神话，熊猫烧香病毒使超级巡警一战成名，互联网黑洞门开始让整个互联网都重视安全，袭击核基础设施的"震网事件"催生了"APT 检测"新安全品类，而袭击谷歌的"极光攻击"事件则促成"零信任"一个全新赛道的出现，这些都是威胁事件推动安全产业快速发展的真实例子。

2. 技术升级

把技术放在第一推动力里谈，讲的是一种被动式的技术，即根据威胁事件的态势、合规政策的要求，就产生了相应的解决技术。现在把技术放在这里谈，讲的是由厂商发起的技术主动迭代过程。

比如基于大数据分析的 EDR 和态势感知技术、基于日志分析的 SIEM 技术、基于运营管理的 SOC 技术、基于云计算环境的 CASB（Cloud Access Security Broker）技术、基于自动化编排的 SOAR（Security Operations，Analytics and Reporting）技术等，这些都是安全厂商试图在威胁之外，站在安全技术演进的前沿主动面向未来威胁而采用的安全技术，这些技术并非来自客户需求，也必然性价比很低，但它给了客户一个好的预期，提供了更强的安全感背书，因此非常有价值。

3. 政策合规

政策合规是指安全建设的政策性依据。在威胁不断产生、企业不断遭受损失的情况下，国家就通过政策将安全作为强制手段来要求企业，国家级的合规政策就是等级保护要求和网络安全法，毫不夸张地说，合规的市场份额要占整个安全市场的半壁江山。如果说等级保护政策是过去十年合规市场的主要驱动力的话，那么网络安全法就是未来十年合规市场的主要驱动力。

等级保护经过这么多年的发展和演进，经历了业内所说的 1.0 和 2.0 两个版本。1994

年，国务院颁布《中华人民共和国计算机信息系统安全保护条例》(国务院 147 号令)，规定计算机信息系统实行安全等级保护。1999 年国家质量技术监督检验局发布了《计算机信息系统安全保护等级划分准则》（GB 17859—1999）。2003 年，中央办公厅、国务院办公厅颁发《国家信息化领导小组关于加强信息安全保障工作的意见》（中办发〔2003〕27 号）明确指出"实行信息安全等级保护"。2004～2006 年，公安部联合四部委开展涉及 65 117 家单位共 115 319 个信息系统的等级保护基础调查和等级保护试点工作，为全面开展等级保护工作奠定基础。2007 年 6 月，四部门联合出台《信息安全等级保护管理办法》。2007 年 7 月，四部门联合颁布《关于开展全国重要信息系统安全等级保护定级工作的通知》。

2007 年 7 月 20 日，国家召开全国重要信息系统安全等级保护定级工作部署专题电视电话会议，标志着信息安全等级保护制度正式开始实施。2010 年 4 月，公安部出台《关于推动信息安全等级保护测评体系建设和开展等级测评工作的通知》，提出等级保护工作的阶段性目标。2010 年 12 月，公安部和国务院国有资产监督管理委员会联合出台《关于进一步推进中央企业信息安全等级保护工作的通知》，要求中央企业贯彻执行等级保护工作。

以上就是等保 1.0 的关键事件，以《计算机信息系统安全保护等级划分准则》（GB 17859—1999）、《信息安全技术 信息系统安全等级保护基本要求》（GB/T 22239—2008）为代表的等级保护系列配套标准，被习惯称为等保 1.0 标准。

2013 年，全国信息安全标准化技术委员会授权 WG5- 信息安全评估工作组开始启动等级保护新标准的研究。2016 年 10 月 10 日，第五届全国信息安全等级保护技术大会召开，公安部网络安全保卫局郭启全总工程师指出，国家对网络安全等级保护制度提出了新的要求，等级保护制度已进入 2.0 时代。2016 年 11 月 7 日，《中华人民共和国网络安全法》正式颁布，第二十一条明确了"国家实行网络安全等级保护制度"。

2017 年 1 月至 2 月，全国信息安全标准化技术委员会发布《网络安全等级保护基本要求》系列标准、《网络安全等级保护测评要求》系列标准等征求意见稿。2017 年 5 月，中华人民共和国公安部发布《网络安全等级保护定级指南》（GA/T 1389—2017）、《网络安全等级保护基本要求 第 2 部分：云计算安全扩展要求》（GA/T 1390.2—2017）等 4 个公共安全行业等级保护标准。2019 年 12 月 1 日正式实施了《信息安全技术网络安全等级保护基本要求》（GB/T 22239—2019）等一系列等级保护制度，俗称"等保 2.0"，而 2020 年 7 月 22 日，公安部发布了《贯彻落实网络安全等级保护制度和关键信息基础设施安全保护制度的指导意见》(公网安〔2020〕1960 号)，正式开启了等保 2.0 的应用化进程。

网络安全法是由全国人民代表大会常务委员会于 2016 年 11 月 7 日发布，自 2017 年 6 月 1 日起施行的国家首个信息安全方面的法律，主要对网络运行安全、关键信息基础设施的运行安全、网络信息安全做了法律约定。

可以这样理解，央企、政府、公检法等行业主要靠等级保护制度来规范安全建设，而网络安全法则规范了其他行业的安全建设。安全行业从被动的威胁事件驱动模式转向了以政策合规为主的半强制性驱动模式。

4. 业务变革

威胁事件从不断爆发的外部安全事件驱动企业对安全的需求，政策合规从组织管理层面上驱动安全的发展，技术升级面向威胁的未来对自身提出挑战，而业务驱动则从IT变革的层面上驱动安全的发展。

比如说，早期IT的建设重心是信息化，随着信息化的进程，企业内部出现了越来越多的企业终端，于是就出现了企业终端杀毒的网络版本，随着终端的规模越来越大，终端的安全需求就从全网杀毒向全网管理过渡，于是企业终端安全管理产品开始出现并流行。

在网络侧也是如此，随着业务系统的不断增多，企业内部子网络也越来越多，各个业务子网之间的安全需求滋生了防火墙设备、身份认证设备、安全隔离设备、威胁检测与防御设备等一系列网关安全设备。

随着云计算与大数据技术兴起，越来越多的企业开始打破隔离内网的方式，逐步向互联网、云计算靠拢，于是无边界网络的发展趋势就十分明显了，因此业内开始出现“边界已死”的观点，最近几年的RSA大会不断上演“砸盒子”的暴力游戏。无边界网络直接导致了两种情况的产生：一种是业务交付形态开始从物理环境向云计算环境迁移，另外一种就是企业内部的特权网络开始消失。云计算环境的出现直接引起传统安全重心向云安全重心转移，而企业特权网络的消失则直接引起边界防御思想的安全体系向身份认证思想的零信任体系转变。

在这样的IT变革背景下，云环境与大数据本身的安全成为一个行业热词，而利用云计算技术和大数据技术来实现的安全也将成为另一个行业热词。比如云环境本身的安全已经从云防护的思想进化到了安全资源池的思想，而威胁情报技术与态势感知技术，就是以大数据技术为基础的新的安全形式。威胁情报关注于威胁信息的标准化，态势感知则是一种综合技术，它将威胁情报与大数据分析技术结合起来，分析更多维度的安全数据并对安全的真实态势进行测绘，从而发现高级威胁并提高威胁响应能力。

这四种驱动力虽然是在不同的时间点产生的，但是产生之后就成了共同作用力，而且互相反馈。比如新威胁事件的产生会引起新的安全技术产生，同时使得国家出台更严谨的政策；新的安全技术也会刺激国家产生新的政策，比如零信任技术；新的业务变革同时也会刺激新的威胁、新的技术、新的政策同步产生。这就相当于整个安全市场被装上了四部引擎，因此能够产生持续发展的动力，从而使整个安全市场一直处于高速演进的状态。

4.6.4　企业安全市场的三个时代

正确理解一个复杂系统的方式有：进行阶段划分、总结典型特征、发现发展逻辑。按照时间的维度，可以把安全市场发展简化为具有明显特征的三个阶段：传统安全时代（1.0）、互联网安全时代（2.0）和新企业安全时代（3.0）(如图4-19所示)。

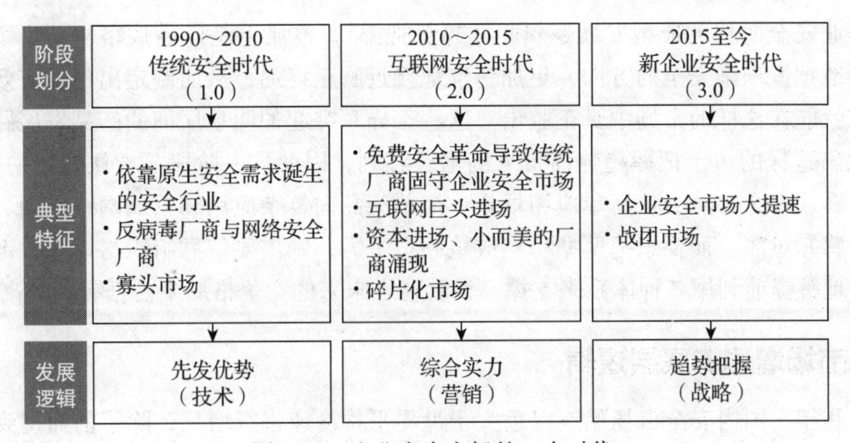

图 4-19　企业安全市场的三个时代

2010 年之前的安全市场，是传统安全时代，可以称为企业安全的 1.0。这是一个依靠原生安全需求诞生的安全行业，换句话说，就是通过单纯地解决客户实际安全问题而产生的行业，这个时代的整个安全行业分为反病毒厂商和网络安全厂商，典型特征就是形成了反病毒的瑞星、金山、江民和网络安全的启明、绿盟、天融信的三寡头局面。

2010 年到 2015 年之间的安全市场，是互联网安全时代，可以称为企业安全的 2.0。这一时代的安全市场的典型特征是，免费安全革命使得传统厂商固守企业安全市场，各大互联网巨头纷纷进场，同时刺激了资本世界的味蕾，大量资本开始进入，小而美的安全厂商纷纷涌现。这时候的安全市场也称为“碎片化市场”，竞争加剧、生存压力增大，小公司做大的理想开始幻灭，能被大公司收购就是它们能想到的最浪漫的事，出现了 ToC、ToB、ToVC、To360 这样调侃性说法。

2015 之后的安全市场，是新企业安全时代，可以称为企业安全的 3.0，这一时代的市场的典型特征是企业安全市场开始大提速，互联网人口红利消失，正式进入下半场，大家都在寻找新终局。于是有人找到了信息流、知识付费这样的新流量；有人找到了 IoT、工业互联网、车联网、区块链这样的新入口；有人找到了 AI、企业安全这样的新蓝海。

而在整个安全产业，厂商之间开始“合纵连横”，小厂商不断被大厂商收购，而大厂商之间也不断寻找新的靠山，形成了一种“战团”型生态格局。比如 CEC 与奇安信，CETC 与绿盟、天融信，华为与安恒、默安，深信服与网思科平、青莲云、东巽科技、国信新网、云思畅想、默安等都结成了战略联盟关系，希望能够在未来的企业安全市场中拥有更大的竞争优势。

传统安全时代的典型发展逻辑是“先发优势”，本质上是技术驱动市场。你只要有一个好的技术，做出一个好的产品，你就可以获得大量的市场，拥有很好的发展空间，这时候的安全市场也称为“寡头市场”，竞争不多，回报丰厚，厂商不断构建“技术壁垒”。

互联网安全时代的典型发展逻辑是“综合实力”，本质上是营销驱动市场。单一赛道和区域化布局已经无法满足企业的生存压力，于是企业开始扩大营销规模并跨越安全赛道，形成综合的解决方案级实力，厂商开始构建“营销壁垒”。

新企业安全时代的典型发展逻辑是“趋势把握”，本质上是产品战略驱动市场。谁能更加正确地把握未来安全的方向，更加精准地接近真正终局，从而制定出更加有效的产品战略，谁就能在这样的市场中真正胜出。这些年异军突起的明星厂商的产品发展路线基本上都呈现出这样的由于把握趋势而带来的增长红利，因此这一阶段是“认知壁垒”，从这个角度上看，安全必然会从简单应用场景、简单产品向复杂应用场景如网络空间、复杂产品如态势感知过渡。而要想把壁垒构建成核心竞争力，则需要依靠组织与体系，谁可以基于认知的理解提前利用各种体系来支撑，谁就能在未来的竞争格局中占据有利的高地。

4.6.5　市场增速的底层逻辑

最近几年，国内安全市场始终以远大于世界平均增速进行增长，除了前面提到的一些国家层面、政策层面的原因，还有以下一些更加底层的逻辑。

1. IT 配套地位的显性刺激

自信息化进入常态化演进状态后，安全一直以 IT 配套的方式进行演进，因此只要 IT 建设增长，安全就会伴生增长。目前中国的 IT 投入已经位列全球三甲，并且国家会持续投入，与之相匹配的安全占比跟美国这种安全大国还有很大的差距，这种差距会形成一种结构性张力，促使安全能够持续保持高速增长的状态。另外，数字化转型会促使 IT 迎来新一轮的消费升级动作，比如国产化、5G、新基建等新 IT 场景会伴生释放大量的新安全场景。

2. 安全建设意识从自发到自觉

对于企业来说，安全建设随着成本的投入，安全效果的增加幅度会越来越小，因此会出现规模不经济的现象。所以最高效的安全建设模式就是“市场经济模式”：哪里出现问题就从哪里开始建设，但是如果真用这种高效的建设方法，就会不断地承受先损失、后受益的结果。因为损失后果的价值无法有效评估，所以越来越多的企业开始采用“计划经济模式”，主动思考安全建设的方法论和最佳实践路径。这时安全建设就从早期的“亡羊补牢”式的后发建设逻辑，逐步发展到了“未雨绸缪”的预建设逻辑，安全的需求就扩大了。

今年大家都在谈论的“内生安全”，是安全建设思想的又一大飞跃，它将安全建设从“IT 配套”的地位变成了与“IT 同步进行”的内生模式，这样，提前一年的局部安全建设就变成了提前三年到五年的全局安全规划，安全的需求会再次扩大。

3. 威胁累积效应

硬科幻小说《三体》里描述了这样一个情况：因为技术具备累积效应，人类科技发展的速度与加速度都越来越快，人类最近 100 年的科技成果超过了过去 3000 年科技成果的总和，使得远在 400 光年外的“三体人”感到了威胁，于是计划消灭地球。威胁也是这样，新的威胁不断产生，而旧的威胁依然存在，威胁也呈现出一种加速度发展的特性，因此与之配套的安全也会呈现出加速度发展的趋势。

4. 安全产品的普适性

安全产品解决威胁问题有四种途径：一是老技术解决老问题，如对古老病毒的查杀问题；二是老技术解决新问题，如勒索病毒查杀问题；三是新技术解决老问题，如EDR、零信任等；四是新技术解决新问题，如用UBA技术解决业务安全问题、用SOAR技术解决自动化运维问题。无论新旧技术，都可以解决更多的安全问题，使得安全产品更丰富、产品生命周期更长。已经运行了三十多年的杀毒软件、防火墙等，如今依然是主流的安全产品。

4.7 营销模式与安全生态的关系

当我们把视野聚集到一个产业时，首先看到的是一个系统整体的运行逻辑，但若是分解一下，整个系统的运行是由组成该系统的要素之间的关系决定的，从要素之间的关系，可以明显看到一个关系链条，于是我们会想：这个链条是个什么样子的？

4.7.1 当谈论渠道时，其实我们是在谈论什么

在日常工作中，我们总是听到有人说某个厂商的渠道做得好，或者说某个厂商的市场做得好，表面上看谈的是该厂商的营利能力、市场覆盖率等要素，其实本质上看，谈的是它构建了一个怎样的生意模式（如图4-20所示）。

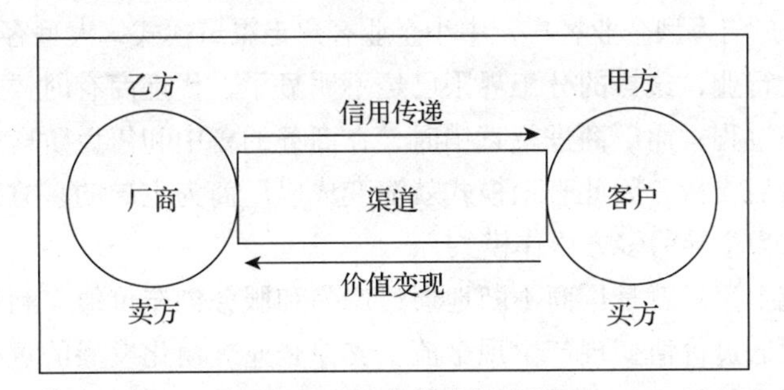

图4-20 生意模式概念图

我们通常把生意叫“买卖”，把经营买卖的人称为“买卖人”或“商人”，这是正常的话语体系，但是当这样说的时候，其实我们是在谈一种农耕文明下的生意模式，双方把剩余生产资料拿来交换，形成“商品”，商人用商品连接买卖双方并从中谋利，这时的经济主体是“商铺”。

在工业文明时代，商人通过“劳动分工”产生价值。这是一种靠“供需关系”这个看不见的手来调控的生意模式，供小于求时生意就好做，供大于求时生意就不好做，严重时就会爆发所谓的“经济危机”，这时的经济主体是“公司”。

在信息文明时代，商人开始被称为“企业家”，企业家也被称为“雇主”，职员被称为“员工”或“雇员”，这时的经济主体在法律名义上还是“公司”，但是实际大家已经习惯称之为“企业”，因为它已经不是某个人拥有绝对控制权和绝对利益分配权的形态，而是

合伙人拥有企业，企业家代表合伙人经营企业并为企业谋取最大的利益。这是一种以“协作”为基础的生意模式，当这种生意模式出现时，整个商业就变成了一个复杂系统，整个系统的演化就存在着极大的不确定性。

这里的买方往往被称为“客户”，而卖方往往被称为“厂商”，连接厂商与客户的是渠道，于是厂商通过渠道将信用和产品传递给客户，而从客户将变现的价值再传递回来，完成一个正常的商业周期。客户也被戏称为“甲方”，而厂商则被戏称为“乙方”，这里并不是指法律意义上甲乙双方的关系，而是指由于站位不同而产生的视角的不同，在安全行业，这种视角差异显得尤为重要。在传统安全和互联网安全时代，大家更多在强调“乙方视角”，即“我能为客户做什么”，厂商都是出于自己对客户的理解来构建自己的产品体系，并通过引导客户来完成产品销售。而在新企业安全时代，“甲方视角”将成为主流视角，厂商已经不需要强调能为客户做什么了，而是需要知道“客户真正要什么”，当基于“甲方视角”来看整个安全产业时，所有产品体系和营销体系都将发生巨大的变化。

渠道也被称为渠道商、代理商、合作伙伴等，在过去的生意体系里，整个生意模式又被分为渠道模式和直销模式两种，渠道模式就是厂商通过渠道商来与最终的客户建立联系，而直销模式是指原厂商直接与客户建立联系。在过去的生意模式里，渠道与直销是明显两套运行系统：当渠道商进行销售时，渠道商是厂商的代理，因此也被称为代理商，厂商不会与客户直接建立联系；当厂商进行客户直销时，代理商不会参与商务过程。也有一些企业会把客户分为中小企业客户与大型企业客户，中小企业客户走渠道模式，大型客户走直销模式。

在今天的安全行业，这样的分工界限已经不明显了，代理商有时候也会需要原厂商参与以共同推进商务过程；而厂商进行直销时，在商务的售中和售后阶段也往往需要代理商进行合同签订和售后支持。因此直销模式就演变成以厂商为主导的多方协作模式，而渠道模式就变成以渠道为主导的多方协作模式。

安全行业的整个生意就是厂商不断地通过产品和服务创造价值，利用信用传递机制获得客户信任，然后通过价值变现产生现金流，支撑企业规模化发展的过程。如果企业跟客户的信任通道是完全通畅的，渠道的价值就会降低。事实上，互联网的发展会解决信息不对称问题，因此在信任传递的过程中对代理商的依赖程度会不断降低，因此安全产品的销售就会越来越不依赖于渠道。

整个生意过程又被分为售前、售中、售后三个阶段。售前阶段主要是销售或代理商跟客户建立商务连接、确定意向，然后售前工程师进行客户交流，了解客户需求并进行产品推荐，整个过程需要沟通三到五轮。进入售中阶段后，基本上就是供应商入围、标书撰写、价格谈判与进入采购流程。售中阶段完成后，进入售后交付阶段，整个交付又分为部署实施、运行运维两部分。

从回款角度看，基本上会是五四一（或六三一）的结构，即售中阶段完成后，会先付50%的首款，在交付完成后再付40%，最终稳定运行一段时间后，一般是半年到一年时间，会付最后的10%尾款。而在安全行业对销售的考核也有三种模式：合同额、回款额和毛利。一般创业型安全企业为了鼓励销售，会采用合同额考核的方式，根据合同额来发放奖金，这时企业要承担因为合同履行不下去而导致中期款和尾款收不回来带来的经济损失。一般发展型安全企业会采取回款额来考核业绩，一切按账面数字进行考核，这种方式会带来实际回款金额很大，但是由于没有考虑成本而导致企业没有利润，这种情况极有可能会出现在低价抢单或被大客户杀低价的销售场景。为了避免这种情况发生，一般成熟型安全企业会采用毛利考核方式，但是这里面的毛利并不会采用财务口径的毛利计算方式。因为财务内部核算的依据和过程并不透明，所以从财务口径出来的毛利结果会得不到销售体系的认同。为了避免这种情况的发生，往往是产品线根据财务要求，给销售提供一个成本价格，所有高于该成本价格的部分都算作销售毛利，当然如果为了拿下某些关键客户，有时候也需要低于成本价格进行销售，那就需要公司层面同意，但是这时候不能给销售人员记负毛利，否则极有可能会由于考核标准而导致丢掉重要客户，因此往往成熟的安全企业会设定两个考核机制，一个是销售额或回款额，另一个是销售毛利。

在整个渠道体系中，越标准的产品，就会设计越长的渠道层次，通过长渠道来带动产品销量，而在整个安全行业，由于产品的特殊性与复杂性，几乎都是采用短渠道的方式来做，一般情况下是一级到客户，最多设计二级到客户的机制，即区域总代做垫资，下面的二级分销商直接连接客户，完成销售。

4.7.2 营销模式

从传统的营销视角看，有的企业以渠道为主，有的企业以直销为主，但是用今天的眼光看，这样的分法已经显得比较粗糙了，企业的目标是营利，虽然对于企业来说，用什么方式营利并不重要，但是当我们想看清楚一个安全企业的营销竞争力时，需要对整个营销模式有所了解（如图 4-21 所示）。

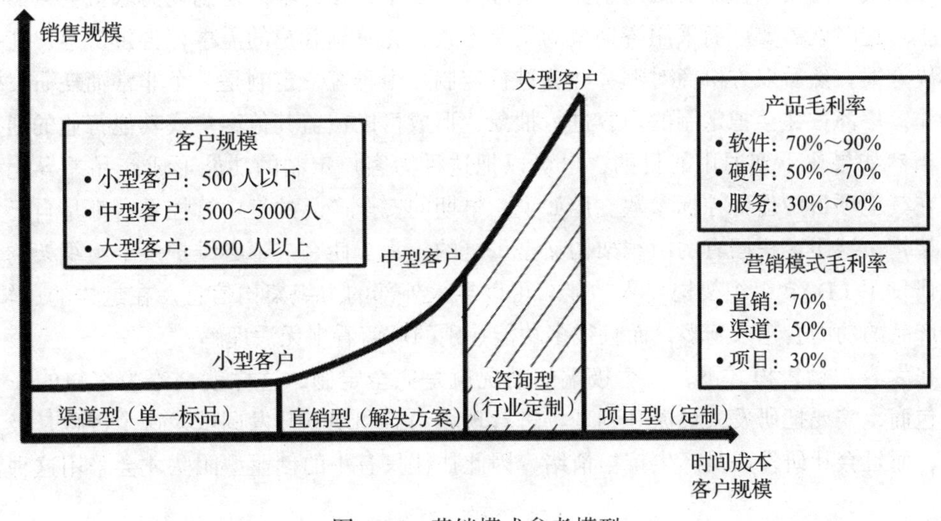

图 4-21　营销模式参考模型

我们经常会用直销型企业和渠道型企业来表述一个安全企业的典型营销特征，事实上整个营销模式分为四类：渠道型、直销型、咨询型和项目型。

如图4-21所示，横坐标代表客户规模与时间成本，越向右则客户本身的安全规模就会越大，厂商付出的时间成本也会越多。纵坐标是销售规模，越向上则销售规模越大。竖线隔开的每个区域的长度代表客户数量，越长则客户数量越多，每个区域的面积则代表整个安全销售的规模。当然这是一个根据历史数据得出的经验参考模型，目的是方便理解企业的营销模式以及企业之间的差异。

我们把整个客户按规模分为小型客户（500人以下）、中型客户（500～5000人）与大型客户（5000人以上）。根据客户规模产生的客单价，对于一般小型客户是万元级，对于中型客户为十万元级或几十万元级，对于大型客户为百万元级或千万元级。

从营销模式的视角来看整个安全企业，综合型安全厂商不会采用单一的营销模式，而是同时使用四种模式，而创业型的厂商几乎都是采用项目型的营销模式。那么我们就先看看这四种模式之间的差异。

安全产业是一个没有明显行业和区域属性的普适性行业，但是在同样的商务成本下，小型客户的客单价低，导致厂商接触客户是不经济的，因此这类客户就要依靠各个区域的渠道分销商来对接。这些渠道分销商往往给客户提供综合类的IT解决方案，安全是其中一部分，商务关系平时已经在维护，安全产品是搭售模式，而这类客户往往需要解决的是单点安全问题，因此要求必须是标品，产品的复杂度必须很低，渠道商的技术能力才能够支撑。

对于中型客户，客单价的增高意味着安全建设的复杂度也会随着增高，因此需要更复杂的产品交付模式。这种复杂的交付模式往往需要厂商的工程师直接参与，因此主要以厂商直销为主，给客户提供解决方案型的产品。

对于大型客户来说，部门组织架构复杂、决策人复杂、网络环境复杂、安全需求复杂，往往安全建设架构需要融入企业的管理架构之中，因此客户定制化需求就会自然而然地产生。这时就需要厂商采用咨询型的销售方式，先拿到客户的需求，再告诉客户能提供的解决方案，然后双方协商对哪些部分进行定制。由于客户定制是一个非常消耗研发资源的动作，厂商往往会把定制的内容进行抽象，形成可以覆盖其他客户或其他行业的通用需求。当然如果达不到通用的目的，也可以把这种为客户定制的功能形成产品差异化竞争点，在其他项目中作为控标参数。比如说，早期的安全产品的集中管控平台都是自己定义组织架构，这跟客户已有的组织架构又是重复的，为了使客户不必维护多个组织架构，于是就研发了LDAP组织架构导入功能，可以导入外部的组织架构信息。在这样的逻辑下，安全产品的功能会越来越多，而且很多功能在别的厂商看来无法理解。

在大客户销售模式下，一个极端的情况就是完全定制，这样就会沦为客户的一个开发外包商，需要把研发人员派驻到现场进行现场沟通和现场开发调试，这个过程是极其痛苦的，而且会让研发人员产生抗拒情绪，因此往往只有小的创业型团队才会采用这种营销模式。

纵观整个安全行业，直销模式是安全厂商的主要营销模式，原因主要有两点：一是对客户来说，安全是一个昂贵的高级需求，大客户才有支付能力，而中小客户安全需求弱，支持能力差，而且市面上还有免费的安全产品可以使用，主动进行安全投入的欲望并不强；二是安全会随着IT的复杂化而趋于复杂化，一个复杂产品很难采用渠道销售的方式。因此安全行业的渠道商将会越来越像"枪手"，只是协助厂商销售人员推开客户的大门，或为安全厂商进行财务垫资，无法独立完成销售的全过程。

在国内安全行业的竞争态势影响下，每个安全厂商都试图向多种营销模式的方向演进，但是这里有两个通用的认知：一是以渠道销售为主的安全厂商向直销型厂商演进是容易的，而一个以直销为主的安全厂商试图向渠道型厂商演进是困难的，原因是安全产品从标准化转向定制非常容易，而从定制转向标准化是非常困难的；二是未来营销的相对空白点是咨询型营销模式，这里主要解决的是如何将一个客户的定制需求转化成行业型需求，推出基于行业的"标品"，这就要求厂商对研发体系、交付体系进行规模化支撑能力重构，尽量设计一个合理架构，从而提高利用效率。

在整个营销模式支持下，不同营销模式的毛利率会有所不同，从产品的角度来看，一般情况下软件产品的毛利率可以达到70%～90%，硬件的毛利率可以达到50%～70%，服务的毛利率可以达到30%～50%。从营销模式的角度看，直销型的毛利率可以达到70%左右，渠道型可以达到50%左右，而项目型只有30%左右。

4.7.3 行业分割逻辑

当有人问你哪个行业做得好时，这个看似简单的问题，背后却有着不同的逻辑。要想对行业进行研究，就需要首先划定行业，有句老话：三百六十行，行行出状元。这说明古人就已经将整个商业版图划分为多个行业品类。

国家统计局、中国标准化研究院起草，国家质量监督检验检疫总局、国家标准化管理委员会批准发布，并于2017年10月1日实施的《国民经济行业分类》中，将国内行业划分为20个门类、97个大类、473个中类、1380个小类。从门类的视角来看，包含农、林、牧、渔业，采矿业，制造业，电力、热力、燃气及水生产和供应业，建筑业，批发和零售业，交通运输、仓储和邮政业，住宿和餐饮业，信息传输、软件和信息技术服务业，金融业，房地产业，租赁和商务服务业，科学研究和技术服务业，水利、环境和公共设施管理业，居民服务、修理和其他服务业，教育，卫生和社会工作，文化、体育和娱乐业，公共管理、社会保障和社会组织，国际组织，等等。

而从上市公司的角度来看，证监会又把行业分为七大类：一是初级产成品，包括农林牧渔、有色金属、煤炭等资源品，钢铁、化工等初级工业品等；二是工业生产品及过程，包括建筑材料、机械设备、电气新能源、电子、轻工、建筑行业、交通运输、军工等；三是消费品及流通渠道，包括汽车、家用电器、消费电子、食品饮料、纺织服装、商贸零售等；四是服务属性，包括餐饮、旅游、文化传媒、互联网、计算机软件、通信、教育、公用事业等；五是金融行业，包括银行、券商、保险和其他金融机构；六是生物医药，包括医药、医疗器械、医院等；七是房地产。

但是从安全的行业视角上看，不可能对所有行业都进行规划和布局，根据多年的发展，各家都总结了适合自己的行业分类标准，这里，为了更好地站在安全角度上对行业进行分析，将安全覆盖到的行业分为26类，并按照安全驱动力影响的不同进行了分类（如图4-22所示）。

事件驱动	技术驱动	政策驱动	业务驱动
小型专网	安全成熟度高的业务网	保密、合规	大型业务专网
1.中小企业 2.教育 3.地方政府 4.医院	1.小金融 2.城商行 3.平行部委 4.科研设计 5.运营商 6.港口/码头 7.航空	1.军队 2.军工 3.保密 4.政务内网 5.网信 6.检法司	1.财税 2.民生 3.能源 4.公安 5.政务外网 6.垂直部委 7.大型企业 8.五大行 9.铁路

图4-22　安全驱动力影响下的行业分类

事件驱动的行业指的是容易受到各类威胁事件影响的行业，它们主要指一些小型专网，这类企业主要以基础安全建设为主，安全产品覆盖低，存在互联网环境，缺少安全运维人员，价格、产品功能竞争激烈，这类行业主要包含中小企业、教育、地方政府、医院这四类。

技术驱动的行业指的是更喜欢尝试新技术的行业，主要是指一些安全成熟度高的业务网，这类企业的特点是基础安全覆盖高，具备固定安全运维和分析人员，业务环境稳定性要求高，具备高级技术的诉求，面临风险大，有成熟的安全管理体系。这类行业主要包含小金融、城商行、平行部委、科研设计、运营商、港口/码头、航空等行业。

政策驱动的行业指的是容易受到政策合规影响的保密与合规行业，这类行业的特点是合规性要求严格，业务领域涉密高，安全业务要求稳定，垂直管理要求严格，技术应用较保守，国产化趋势明显，主要包括军队、军工、保密、政务内网、网信、检法司等行业。

业务驱动的行业指的是以IT建设为牵引而做安全建设的行业，主要是指拥有大型业务专网的行业，这类行业的特点是垂直化管理建设，基础安全建设成熟，基于自身业务安全管理制度和多级安全管理体系而建设，往往会采用统采、统谈分签等方式，主要包括财税、民生、能源、公安、政务外网、垂直部委、大型企业、五大行、铁路等行业。

从驱动力的视角来看安全行业，大概就能清楚不同类型行业的特点与核心需求是什么，从而能够根据不同的需求制定相应的市场策略。

4.7.4 产业链图谱

当谈论一个产业时，生意的所有要素之间的关系就形成了供应链体系，构成了一个完整的产业链图谱（如图 4-23 所示）。

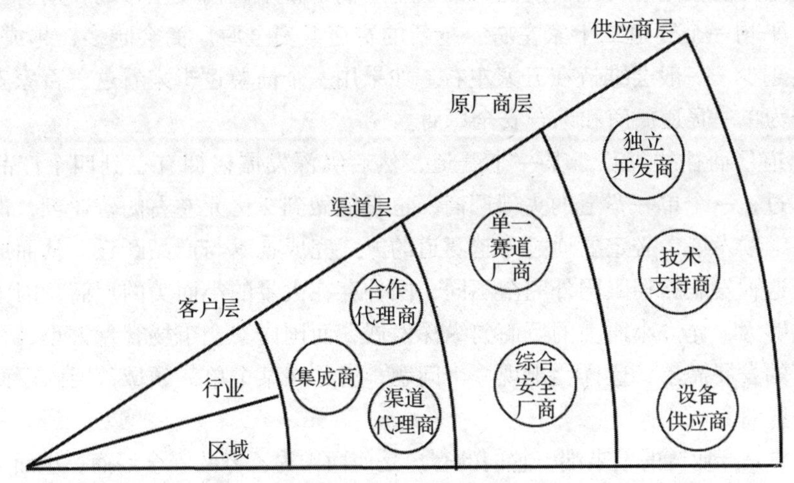

图 4-23 产业链图谱

整个产业链大致可以分为四个层次：客户层、渠道层、原厂商层和供应商层。

客户层主要分为行业客户与区域客户，因此早期的营销模式是将销售部门分为两块，一块是行业销售，另一块是区域销售。当行业销售与区域销售遇到销售冲突时，即双方同时跟进了同一个客户时，就采用业绩双算机制，根据双方贡献进行业绩拆分。而有的企业则是行业销售负责一个垂直行业客户的总部的关系维系与销售机会挖掘，区域销售则跟进下属区域分支机构的销售机会，但是这样就会出现一个问题，如果遇到行业统采时，那基本上业绩都会算入行业销售业绩中，对区域销售的影响很大，为了平衡这种情况，就采用行业销售与区域销售共担业绩的方式，行业销售就演变成了区域销售的销售顾问，帮助传递总部下达的各种政策以及可能有的销售方法。

渠道层主要分为集成商、合作代理商与渠道代理商三种角色，整个安全集成的收入每年约 50 亿元，大约占整个安全市场的 10%，集成商往往有更强的客户关系和集成资质，能够找到厂商无法找到的机会；但是它们也会把价格压到极限，因此集成收入的毛利率极低，但是厂商又不敢得罪集成商。不过，这个局面已经开始悄悄地发生改变，形成变革的暗流。

合作代理商跟厂商没有业绩捆绑的合作关系，有项目就按照之前约定的价格进货，没有项目也不会承诺业绩，当然折扣会比较高。渠道代理商是厂商正式的签约代理商，会根据贡献的大小享有不同的折扣，一般会分为铜牌、银牌、金牌、钻石这样的几个不同的级别。代理商往往配置商务助理、销售和技术支持工程师三种角色就可以开工，但是随着安全行业的发展，客户越来越喜欢跟原厂商打交道，因此代理商的空间会逐步被压缩，于是做得好的代理商会逐渐向厂商转变，先通过OEM方式把自己的品牌交付给客户，得到客户信任后，再开发有自主知识产权的产品。但是研发管理是一个复杂的过程，往往代理商的执行者都是销售出身，因此很难成为真正的原厂商。

原厂商层指的就是有自主研发能力的安全厂商，整个国内安全市场目前有三百家这样的原厂商，平均一个赛道二十家左右，越新的赛道，安全原厂商会越多，越成熟的赛道，安全原厂商越少，一般会维持在五家左右。如果用一个简单逻辑来看这三百家安全厂商的话，可以分为单一赛道厂商和综合安全厂商。

单一赛道厂商往往聚焦于某一个赛道，然后纵深发展，拥有三到四个产品线，前面也简单计算过，一个单一赛道的头部厂商，也只能做到2亿元左右的营业额，保持微利状态，如果想继续发展，必定要通过跨越赛道的方式完成技术与产品跃迁，从而成长为综合安全厂商。这种发展路径跟国外完全不同，国外存在大量的小而美的厂商，因为国际安全市场空间足够大，允许小而美的厂商向纵深发展，而国内安全市场容量太小，无法满足单一赛道厂商的发展需求，这样会出现一个问题，就是在某个单一领域，国内厂商的技术深度不如国外厂商。

供应商层是产业链的最末端，它们的客户是前面作为乙方的安全厂商，里面又分为提供研发技术外包的独立开发商、提供售后技术支持的技术支持商与提供硬件支持的设备供应商。

安全原厂商会把核心技术掌握在自己的手中，而把一些相对技术难度小但又需要与客户场景结合的低技术含量工作通过外包的方式交给独立开发商，独立开发商以人月的方式与原厂商进行结算。在应用开发领域，软件外包是一种标准的产品开发结构，像文思海辉公司就是专门为微软公司提供技术外包服务且规模做得很大的厂商，但是在安全领域，这种独立开发商往往很难生存。

技术支持商相对日子好过些，它们往往是有销售能力的代理商，顺便提供一项增值服务，但是随着进一步分工，会有一部分代理商完全变成安全厂商的区域技术支持中心，不再需要自己开发客户，而是为厂商提供单一的技术支持的输出，以解决原厂商交付能力不足的问题。

几乎所有的安全原厂商都会有自己的硬件产品，一方面硬件形态更容易被客户接受，另一方面硬件形态的产品更容易形成价格上的溢价。举个例子，一台5万元的服务器装上软件变成硬件安全产品后，可以以50万元的价格成交，可以形成10倍的溢价空间，而如果客户提供硬件设备，厂商只提供软件，按照惯例只能以5万元左右的价格成交，如果做成云服务，只能按每月几百元的价格交付给客户，整个毛利空间是不同的。

从利润分配的视角来看，整个产业链的利润是这样分配的：如果是集成商主导的销售案例，一般集成商会拿走40%的毛利，如果是代理商主导的销售案例，一般代理商会按产品列表价值的2～3折拿货，然后以5～6折的价格成交，有40%～60%的毛利空间。而在产业链下游的供应商，往往只有20%的毛利空间。因此，整个产业链的利润分配还是以原厂商为主。

4.7.5 安全生态悖论

如果说产业链是一个纵向的产业链的话，那么安全生态圈则是原厂商层面上的一个立体分层结构。比如说计算机硬件厂商、操作系统厂商、应用厂商就组成了一个生态结构，硬件厂商与操作系统厂商为应用提供基础的运行环境和开发环境，而应用厂商提供更丰富的、更强大的、更消耗硬件资源的应用，就会刺激用户为了应用而不断升级新硬件及操作系统，这样就形成了一个良性的正向增强回路，整个产业就越做越大。

安全行业也有生态圈的概念，或者说安全行业也试图打造生态的概念，希望大家能够抱团取暖，做大整个产业。例如服务器厂商提供了基础的物理资源，所有云计算厂商构建了 IaaS 层安全和 PaaS 层安全，希望能够吸引更多的安全 SaaS 厂商提供更丰富的应用，于是出现了"云市场"。

事实上安全行业经过三十多年的发展，并没有产生这样的良性生态圈，只是出现了有层级关系的产业链，原因是整个安全行业并没有一个开放的平台性产品出现。我们放眼整个 IT 产业，无论是安全厂商利用 Windows 操作系统平台研发的反病毒类产品，还是利用 Linux 平台研发的网络安全类产品，它们都是操作系统之上的一个普通应用。如果我们再把目光拉回到安全行业，所有安全厂商都在致力于用自己一家产品构成整个安全闭环，都致力于将自己的产品打造成一个平台型的产品，目的仅仅是抢占更多安全市场份额，而并非为其他厂商提供便利。

即便是有平台属性的云计算，你能看到的也是云计算厂商把基础的安全服务全都自己做了，留给安全 SaaS 厂商的空间已经非常小，独立的安全厂商几乎很难生存，因此安全行业里的生态是一个伪命题。有实力的安全厂商往往是通过安全生态的名头来扩大自己的地盘，因此安全行业里有的是"万类霜天竞自由"的强竞争格局，有的是"大鱼吃小鱼，快鱼吃慢鱼"的丛林法则，而不是互相协作的生态。

4.8 网络空间框架下安全行业的演化趋势

4.8.1 产业统一结构

当我们太关注某个细节时，往往会忽略对整体的把握，就像我们生活在地球上，只会觉得地球是平的，从来不会觉得地球是圆的一样，但是当我们不断从更遥远的地方回看地球时，地球会展现一种真正的而我们却从未看到过的样子。因此，如果我们拉到一定的距离来遥看安全产业，就可以看到一个这样的产业统一结构（如图 4-24 所示）。

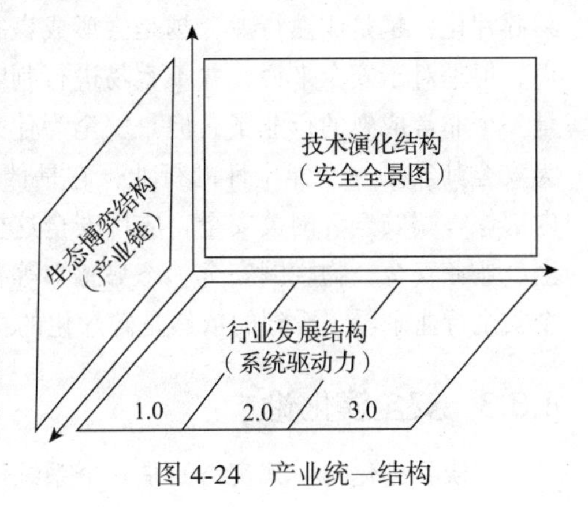

图 4-24　产业统一结构

我们可以通过行业发展结构、技术演化结构和生态博弈结构三大结构来透视整个安全产业。

当我们分析系统驱动力的时候，就可以通过系统驱动力的变化看到整个安全行业的整体发展结构；当我们对安全产业进行全景分析的时候，就可以看到整个安全行业的技术演化结构，从而发现技术新趋势，以便能够尽早投入；当我们对安全产业进行产业链分析的时候，就可以看到整个安全行业的生态博弈结构，可以找到自己的位置和接下来的博弈策略。

4.8.2 安全行业的赢家通吃

在其他行业，尤其是互联网行业，会由于“马太效应”而出现“赢家通吃”的现象，市场中只有第一，没有第二，因此会有人问：安全行业里会出现赢家通吃的情况吗？

ToB的销售模式就主要集中在顾问型销售模式上，既然品牌、产品功能、价格已经不重要，那么任何一个安全厂商，只要有好的技术、好的理念，再加上好的销售模式，就能打开一片天地，当一个好的销售在大公司的大销售体系下已经没有用武之地的时候，他就会选择创业或加盟创业团队，从而使得创业团队也能活得不错。这种销售模式就是导致安全行业碎片化的根本原因，任何一个厂商都能撕开客户的口子，因此赢家通吃的现象就很难发生。

另一方面，如果一个优秀的技术人员在某个领域已经耕耘了十多年，当他在大公司的体系下没有更大上升空间的时候，只要机会合适，他也会选择创业或加盟创业团队。当他离开大公司时，就会把核心技术带走，而且只要出去创业，那么他一定是带着创意的，好的创意再加上好的技术，就会在初期形成好的技术优势。与此同时，大公司流失的是这个领域的专家，在短时间内是补不回来的，因此好的技术再加上好的销售，就会让创业团队在某个领域里具有“比较优势”，从而有机会发展起来。这种情况就会导致只要有新的赛道出现，就会迅速分裂出许多新的创新型团队，从而导致安全市场碎片化。

当然，还有一方面的原因，就是行业成熟度决定是否碎片化，越是新兴的行业，越容易碎片化，越是成熟行业，越是会形成赢家通吃的寡头型行业格局，这是个通用的行业共识，但是对于安全来说，并不容易进行判断，因为安全行业已经发展了三十多年，它已经是一个非常成熟的行业了，但是安全为什么还是呈现出非常明显的碎片化特征呢？这是因为安全其实是一个伴生性的行业，它是伴随着IT发展而发展的一个行业，虽然在该行业内部像终端安全、网关安全、应用安全这样的赛道已经是非常成熟的赛道了，但是像云安全、业务安全、物联网安全、态势感知等赛道，还是非常年轻的赛道，所以把视角放到整个安全行业来看，看到的依然是碎片化的特征。

4.8.3 安全演化论

在谈到进化时，其实指的是一个系统沿着低级到高级的方向演进，从简单到复杂；而谈到演化时，更多的是指一个系统会沿着一种逻辑向不同的方向来演进，最终的形态肯定会离最初的形态越来越远，但是未必会是一个更先进的方向，因此安全行业更应该看成是一个演化的系统而非进化的系统。

如果要研究一个行业，必然要用发展的眼光看清楚整个产业的演化方向，从而确定这个方向跟整个人类科技文明演化的方向是否一致，从务实的角度来看，宁可做一只“风口上的猪”，也不要做一只逆风飞扬的鹰。做一只鹰看似是一种情怀，但是不在趋势线上的情怀就是一种悲凉、悲壮和悲哀。

下面我们从行业、场景、需求、技术、营销、产品六个维度来看一下安全行业的演化方向。

1. 行业演化模式

上面提到过安全产业的四种系统驱动力，其实整个安全产业是按照威胁驱动 > 技术驱动 > 政策驱动 > 业务驱动的逻辑方向进行演化的。

最早先有了信息化，然后就出现了威胁事件，早期的安全行业就是因为某些人觉得好玩，然后就开始研究，最终一些有商业头脑的安全极客把这种技术上的对抗变成了一种商业模式，然后这种技术对抗就变成了“道高一尺，魔高一丈”的魔道之争游戏。这时安全建设模式是“工具模式”，所有的产品都是一种工具，它们简单、直接，能够有效解决单点问题，例如当年的杀毒软件就只有病毒扫描与查杀功能。

随着威胁数量呈级数增加，这时的安全极客已经变成了成熟的安全从业者，他们尝试着沿威胁发展的趋势，研究出一些超前的技术来试图从根本上主动解决未知威胁问题，于是安全行业就由威胁驱动的单边模式演化为威胁与技术驱动的双边模式。这时安全建设模式是“产品模式”，是一个由多个单一功能组成的套件。例如杀毒软件的四大技术、八大监控等，多技术点构成了一个完整的商业化产品体系。

随着威胁的社会影响面扩大，威胁开始成为公共安全问题，于是国家介入，把安全建设变成了一个部分强制的行业要求，于是大量的合规类安全产品出现，而这时的安全从业者已经成长为企业家，于是安全产品开始变成命题作文，国家相关机构根据当时的安全状况制定了合规政策，而后继的安全产品则又根据政策要求重构了产品，安全产品也开始进入功能堆砌时代。这时候的安全建设模式开始演化成“IT 配套模式”，当建成一套信息化系统并将其投入运行一段时间后，就开始考虑安全建设，按照合规的要求逐步推进，这时候的安全产品就成为一个系统。例如杀毒软件演变为终端安全管理软件，提供准入、杀毒、防黑、加固、运维、决策等多种方向的完整安全能力，提供硬件、软件、服务等综合形态。

当网络发展成网络空间时，安全从公共安全的地位演化为国家安全的一部分，网络空间主权也就成为国家主权的一部分。随着技术的进一步发展，IT 系统开始演化成一个复杂系统，它构成了整个社会的信息神经网络，而安全建设模式也开始演化为“内生模式”，安全建设开始与 IT 建设进入了同步规划、同步建设和同步运营阶段。这时候的安全产品也将会演化为一个安全复杂系统，各个单方向的安全系统开始进行协同以形成一个更高维度的、更复杂的大安全系统，比如终端安全、网关安全、应用安全、身份安全等单方面的系统会与 SIEM、SOC 或态势感知系统进行撮合，形成新的安全复杂系统。

2. 场景演化模式

这么多年来，威胁对抗本质、安全基础技术与基本模式都没有太大的变化，但是安全的场景却一直在变，旧技术在新场景下应用的同时，会产生新的技术和新的安全解决思路，比如说移动安全虽然解决的依然是病毒、黑客、员工违规等安全问题，但是在移动安全的场景下，就衍生出 MDM、EMM、BYOD、移动业务安全等新的安全产品和思想体系。

从 IT 环境的视角上看，IT 环境有三大要素：个人终端、服务器与网络。因此个人终端安全会沿着终端 > 泛终端 >IoT 终端的路径演化；服务器安全会沿着物理服务器 > 私有云 > 公有云的路径演化；网络安全会沿着有线网络 > 无线网络 > 万物互联网络的路径演化。

早期谈及终端就是 PC 终端，终端安全就是 PC 终端的安全，但是慢慢地终端安全开始包括扫描仪、网络打印机这类哑终端，它们的联网会产生新的安全问题。万物互联时代则存在更大量的 IoT 终端，终端安全最终会覆盖到 IoT 终端的安全。

服务器安全一直以来都是以物理服务器安全为主，但是随着云计算的发展，会有越来越多的私有云环境挤压物理服务器环境，而公有云环境则会挤压私有云环境，因此服务器安全就会逐渐从物理服务器安全扩展到私有云安全、公有云安全场景。

纵观整个网络安全的发展，安全场景逐渐会从有线网络、无线网络安全过渡到万物互联网络安全，这是必然的演化趋势。

从 IT 本身的视角来看，安全场景会沿着基础环境 > 业务与数据 > 身份与行为的路径演化。基础环境就是硬件设备与操作系统的安全，具备基础环境的目的是在之上运行业务程序，业务程序运行后会产生相关数据，而使用业务的对象就是不同的身份，不同的身份在使用业务过程中就会产生相应的行为，因此整个安全就会沿着这样的脉络进行演化。

在这样的演化趋势下，原则上安全的新机会会随着新场景的出现而向新场景上迁移。

3. 需求演化模式

早期安全产品存在的理由是威胁的存在，而现在安全产品存在的理由则更多地来自客户安全需求，而安全需求的主体，会沿着 IT 部门 > 安全部门 > 业务部门 > 风控部门的路径进行演化。

单从客户安全需求来看，开始时的安全需求主要来自 IT 部门，而渐渐地在 IT 部门之下，开始出现独立的安全部门，随着安全事件的演化，安全部门慢慢变成与 IT 部门平行的部门，而今天，大部分在安全上比较先进的企业，安全部门开始成为安全建设的主导部门，安全部门出规划和预算，IT 部门进行实际的建设与运维。

随着风险向业务端移动的演化趋势，由业务部门主导的安全建设项目越来越多，由于业务部门是企业的利润部门，而 IT 部门与安全部门都是成本部门，因此业务部门能申请到的安全预算往往会大很多，但是对安全的要求也更高，需求也更复杂，定制化的可能性也越大。

风险会继续向人和身份端移动，于是一些企业的风控部门开始有身份安全的建设需求，由风控部门主导的安全项目也逐渐出现。

4. 技术演化模式

整个安全行业技术演化的核心动力是威胁，为还没有发生的威胁建立安全模型本身就是一个伪命题，但是事实上很多安全技术都是基于威胁攻击的假设的，比如说零信任技术，它是理论上被论证能够提高安全性，但是实际效果很难验证的一种工程化技术。

整个安全产业的技术本质上是沿着特征驱动 > 数据驱动 > 智能驱动的路径演化的；技术形式是沿着机器自动化 > 人机协同 > 自动化编排与响应的路径来演化的。早期的安全产品都是基于先验知识的，即先发现威胁，再分析威胁并产生相应的识别特征，然后利用系统提供的机制对识别后的威胁进行自动化防御，该机制会导致一个问题，安全产品的核心竞争力就是积累多年的特征库，识别与防御引擎本身没有多少技术壁垒，而且有开源的项目可以直接使用。这些特征库通过逆向的方式可以轻松获得，因此安全创业的基本模式就是一群了解产品和拥有一部分客户的资深员工直接出去拷贝一份代码，逆向一下特征库，就能立刻推出产品并产生现金流，因此安全行业里有“只有工程化技术，没有真正技术”的说法 。

合规生意给了安全产品一块技术遮羞布，大家在运作项目的过程中，为了合理屏蔽对手，就会按客户的定制需求研发一些特有功能，这些功能就会成为新的技术壁垒，导致后进者单纯靠价格屠刀不好使，还得加上这些特有的功能，于是有些厂商为了抢标，就会提前承诺可以实现该功能，等中标后再恶补。长此以往，安全产品的功能就越来越多，成为功能工厂，这些复杂的功能就成了安全产品唯一的技术竞争力。

特征驱动会导致一个问题，就是威胁的产生已经规模化了，但是威胁的对抗方式还是高度依赖人工的“作坊式”，而且还是后发式，只有先找到威胁样本，才会有对应的解决方案。但是随着威胁越来越经济化，就会导致威胁越来越复杂和低频，越来越没有明显的危害动作，因此威胁的显式发现就会越来越难，从而威胁的对抗效率就会越来越低，这是一个负向的增长回路，会把安全逼到一个死胡同，因此未来安全技术一定要向“数据驱动”的模式演化。

谈到数据驱动，其实是谈两件事情。一是威胁情报体系。威胁情报是2015年之后全球安全行业已经达成共识的技术，维护一个通用的、动态可运维的威胁知识库，就能够将许多威胁的蛛丝马迹变成明显的威胁入侵路径，这在业内被称为“根据线头找线索”的“威胁溯源”过程。二是数据采集和分析体系。通过前端的探针采集数据，后端的数据存储、分析、建模，再加上威胁情报，最终可以将一些隐性的威胁显性地描绘出来，发现未知威胁；另外还可以对显性的威胁进行全局的测绘，看到整个网络中的威胁态势。谈到这里，大家应该能感觉到描述的数据驱动模式就是我们常说的态势感知，只是不同的厂商推出的态势感知产品的功能形态差异很大。

从这里的描述可以看到，态势感知其实就是利用外部数据源和内部数据源的数据碰撞，再加上后端的分析技术，最终发现未知威胁和对威胁全局特征进行描绘的一种新安全理念下的新安全系统。

有了数据，就需要对海量数据进行分析和处理，靠人会导致分析效率低下，因此就会演化到“智能驱动”模式。

我们再从技术形式维度来看技术演化趋势。早期的技术形式就是机器自动化，根据一个已经分析好的特征进行自动化的匹配和处置。但是随着威胁的复杂化，特征驱动模式会被数据驱动模式取代，那么数据自己无法驱动自己，总是需要一个外部力量，这里还需要人，要由人来制定数据采集和使用的规则，利用人来分析高级威胁的存在，因此就会进入人机协同阶段。

但是人机协同会导致分析效率降低，为了解决这一矛盾，就需要引入自动化技术、AI技术来对一些场景进行自动化的编排与自动化的响应。

总结一下，特征码技术解决了威胁的数量对抗问题，但是在深度对抗方面处于劣势；数据驱动技术解决了威胁的深度对抗问题，但是在分析效率上处于劣势；智能驱动技术解决了威胁深度分析的效率问题。

5. 营销演化模式

安全产品以两种方式到达客户侧：一种是渠道销售方式，另一种是大客户直接销售方式。所有渠道做得好的安全厂商在达到一定规模后，都希望能够向直销方式扩张，直接接触最终客户，做高客单价；同时所有直销做得好的安全厂商都希望能够向渠道方式扩张，享受规模复制产生的红利。

如果了解了安全演化的方向，你就可以知道，安全行业的营销是沿着渠道 > 直销的方向来演化的，这里是基于一个最基本的原理，就是安全产品是沿着简单到复杂的方向进行演化的，只要安全产品越来越复杂，那么安全产品的客户支持的难度和成本就会变高，就会导致无法渠道化和规模化，必然会趋向直销的方式。因此安全原厂商最终会变成一种新型的集成商模式，不断通过把安全做得复杂而提高客单价，从而扩大安全的营收规模。

而营销核心竞争力则会沿着产品能力 > 营销能力 > 体系支撑能力的路径演化。产品能力拼的是技术创新力、理解力和把技术产品化的能力，因此早期安全原厂商都追求一流的技术。但是由于 ToB 销售是一个和客户强交互的销售模式，而产品的成熟又需要一定的周期，因此好的营销可以弥补产品上的技术缺憾，这时候厂商开始追求一流的营销、二流的技术。

网络空间时代，威胁的暴露面极大地增加了，几乎不会存在安全能力过剩的问题，而是存在安全产品如何发挥最大价值的问题，要想做到这一点，就需要安全产品能够快速开发、快速交付和持续使用，这就要求安全企业具有体系化的支撑能力，即你的研发组织如何架构才能适应快速将客户定制需求标准化；售后组织如何架构才能快速进行产品交付并快速投入使用；运营组织如何架构才能对产品进行持续高效的运营，达到更好的安全效果。

6. 产品演化模式

做一个什么样的安全产品，这好像是一个极简单的问题，但是你会发现：如果做一个有情怀、有温度的安全产品，在企业安全市场里不会有任何吸引力和竞争力，因为安全产品永远不可能成为 IP；如果做一个超级好用的免费安全产品，也没有任何竞争力，企业安全市场里不存在免费安全的逻辑。

同样是收费产品，你如何做才能具有更大的竞争力，这就需要看到产品定位的演化，它是沿着工具型 > 平台型 > 管理型的路径进行演化的。早期大家都在把安全产品当作工具做，一个产品解决一个单点问题。后来安全产品开始向平台化发展，一个产品解决一类问题，或者一个大场景的全部安全问题。接下来安全产品必然会作为企业管理的一部分参与到整个企业治理体系中去，这时候安全产品就要具备强大的管理能力以及根据产品导出各种规范类政策的能力，或者说安全厂商不仅仅要向客户交付一个产品，还要交付相应的制度以及运行和运营指南。

产品形态会沿着一段式 > 两段式 > 三段式这样的方向进行演化。一段式就是安全产品要么是硬件，要么是软件，整个产品体系只有一部分，威胁对抗功能与策略管理功能集成在一起统一交给用户使用，简单地说就是大家看到的单机版软件，或如 IDS 等单点的设备。两段式是安全产品将威胁对抗功能与策略管理功能分离，前端的组件负责威胁对抗，而后端的组件负责策略管理，这样整个产品的用户就分成了普通用户和管理员两类角色，普通用户只负责使用前端提供的功能，而管理员可以根据企业情况进行不同的策略配置和管理，比如杀毒软件网络版。三段式是整个产品体系由三部分构成：前端感知、中台管控和后台分析。前两部分是将攻防能力与管理能力分离，而第三部分是在整个产品体系中再嫁接一个数据驱动的能力，将安全产品体系分为防护、管理、分析三部分，通过再一次分工，将安全做得更加深入与专业。这个分析组件可以是产品自己来解决，也可以是第三方的独立产品。因此当我们讲安全协同的时候，其实更多不是指管理方面的协同，而是指数据方面的协同，而早期的 SOC 类产品，试图解决多品牌产品之间的管理协同问题，最后就走到了一个死胡同，而现在的新的 NGSOC、SIEM 等态势感知产品，其实都是走数据协同的技术路线，成为安全产品的一个正确演化方向。

第5章

安全企业内窥

“基因”本来是生物学概念，但是在信息技术领域也经常被提及，经常讲“企业基因”。用信息技术的话语体系来解读基因内涵的话，基因就是指可以遗传和传递下去的一种算法，给定输入，就会有特定的输出。

如果简单描述一下生物的进化论，它该是这样的场景：一种生物繁殖后，总会产生一些基因突变的后代，比如英国有一种桦尺蛾通常是灰色型，但是总会出现少量的黑色型。在面对天敌的时候，由于环境变化，有的基因突变没有产生生存优势而导致加速死亡，有的基因突变则产生了新的生存优势，从而更好地活了下来，然后它就把这种有生存优势的特性通过基因的方式传递下去。就这样，生物利用“基因”与“遗传”这两种机制，不断迭代优化，很快就会出现生物界里的霸主，然后形成一个完美的生态链，形成一种动态平衡，再向下一阶段进化。

就像冰河时期的冰川融化导致了像剑齿虎、猛犸象这类远古生物的灭绝一样，一旦环境发生巨变或者一些强势的外来新物种侵入，就会引起一些旧物种的灭绝，然后这些新物种和存活下来的物种就会建立新的生态链，达到新的平衡。目前的 ToB 企业安全市场，就是这样的一个冰河时期。

在这样的环境巨变下，什么样的“物种”能够活下来，能够建立一个什么样的“新秩序”，需要从企业安全生态的基本单位“企业”开始说起。虽然商业系统是一个演化的系统，而且我们可以给出演化方向的判断，但是无法得出哪种演化方向更高级的结论。但是企业却是一个进化系统，新兴的明星企业总是因为它更先进而能够成为更高级的“物种”。而要想说清楚企业的进化问题，就需要进入企业的内部和内核，看看企业的“基因”是什么，拥有什么样基因的企业才能在未来残酷的商战环境中活下来，才能够参与到后面持续进化的过程之中。

5.1　内行人眼中的安全圈子

虽然说“有人的地方就有江湖，有江湖的地方就有圈子”，但是明确有“圈子”说法的行业并不多，在公众话语体系里，除了娱乐圈、媒体圈外，安全是为数不多的有圈子说法的行业。

前两个圈子是因为纯与人打交道的特性，而安全之所以称为圈子，是因为它有一种自己的独特逻辑和技术体系，随着时间的推移，又形成了自己独特的文化，而支撑起圈子的则首先是各类安全峰会。

5.1.1　知识英雄与安全峰会

一个人单打独斗，成了英雄；一群人经常聚集在一起，就形成了圈子。圈子其实是一个社交系统，不同的社交系统具有不同的特性。安全的圈子是靠安全大会来维系的，而安全大会构建了安全界的“政治文化”体系。

在企业安全1.0的传统安全时代，安全产业是靠安全极客支撑起来的，因此你能看到国际安全舞台上尤金·卡巴斯基（Eugene Kaspersky）、艾伦·所罗门（Alan Solomon）这样的反病毒大师，你能听到王江民、刘旭这样的国内顶级安全专家，你还能听说创办启明星辰的女博士王佳、创办绿盟的沈继业等人的故事。

这些人既是企业领导者，又是品牌代言人，在一片“蓝海”中生存，相互依赖的属性并不强。而到了企业安全2.0的互联网安全时代，当资本正式进场时，人的光环开始逐渐褪去，这时候人们要靠安全峰会来互相维系，要靠商业炒作来树立品牌，要靠新一代的“安全流量明星”来让品牌显得真实有温度。所以我们重点谈谈安全峰会，正是它的存在，才让安全更像个圈子。

从经济视角看，主办方出资搭了一个平台进行招商，各厂商根据自己的情况交纳不同等级的赞助费，然后进行不同级别的展示。比如顶级赞助商就拥有超大的特装展位和主会场的演讲资格，次之是拥有小的特装展位和分论坛的演讲资格，再次之就是一个标准的展位，可以在大会上发发宣传资料和礼品。似乎大会是各个厂商打广告推广自己的平台，但是实际上大会本身带来的直接经济回报并不大，从主办方到参展方几乎都是亏钱的，所以主办方要么是非营利组织，要么是有钱的厂商。

从主办方视角看，安全大会给它带来的最大价值是行业影响力，让所有人知道它是有实力的和专业的，尤其安全是一个贩卖安全感的行业，影响力就等同于安全感。安全大会的成功举办能极大地提升品牌价值，所以国内一些互联网巨头，为了证明自己在安全行业里的专业度，就会从举办安全大会开始。

从参展方视角看，安全大会带来的好处是多方面的：第一，可以有这样一个平台来展示自己的产品和技术，给自己打广告；第二，可以现场看其他厂商最新的产品、技术和理念，看看是否对自己今后的战略有帮助，同时可以加强一下同行交流；第三，还可以看看有没有合适的人才可以招揽。另外对于小的参展商来说，它在大会上进行曝光，进入公众视野，主要还是为了得到同行的认可和资本的青睐。对于没有市场的初创安全企业来说，在安全大会上曝光能证明自己的独特性，会很容易引起资本的注意，对下一轮的融资和估值都有好处。

从参会方视角看，参会的人员大致为几类：甲方的安全人员、乙方的员工、行业相关人员。虽然安全大会的门票很贵，但是参会人员几乎都可以通过各种各样的渠道拿到赠票，个人不需要付出实际的经济成本，所以他们来就两件事情：一是看看安全行业里发生了哪些事，有什么新产品、技术和解决方案；二是看看安全行业里还有哪些人，要么是在台上演讲的牛人，要么是台下互相认识的熟人，同时混混圈子。

当然这是安全大会的通用价值，如果从每个知名的会议本身看，不同的大会都有各自不同的特点。

1. 顶级安全大会

以交流正向安全技术为目的的世界顶级安全大会，有 RSA 安全大会（RSA Conference，RSAC）和亚洲反病毒大会（Association of anti Virus Asia Reseachers，AVAR）。

RSA 安全大会是安全厂商 RSA 主办的世界级安全大会，第一届始于 1995 年，每年一个主题，已经坚持了二十多年。该大会不但见证了安全的发展，同时也引领了安全的发展，现在已经成为全球安全厂商最重要的盛会，安全厂商在这里不但分享自己的研究成果，同时也可学习全球厂商的新技术、新理念。

RSA 大会是安全发展思路的一次全球对齐，平时各个厂商互相只能看到对方的产品，并不会真正了解这些产品的背后逻辑，也不清楚到底发生了哪些新的场景、新的变化而促成了这些新产品的出现。这些思路首先是拓宽了安全的视野，从而让厂商之间可以碰撞出新的火花。

亚洲反病毒大会是反病毒领域的顶级盛会，全称是亚洲反病毒研究者联盟，成立于 1998 年 6 月，由来自中国大陆、美国、俄罗斯、英国、德国、日本、澳大利亚、印度、韩国、中国香港、中国台湾、新加坡、菲律宾、马来西亚、越南等国家和地区的知名反病毒专家组成，是一个亚洲地区反病毒研究专家进行交流与合作的大会。在 2008 年以前，几乎有影响力的安全事件都来自病毒，因此该大会是当时最具影响力的反病毒技术交流大会。但是随着互联网的发展、黑客攻击事件的增多、黑色产业的成熟以及综合性安全厂商的崛起，反病毒厂商的产业地位开始下降，导致以反病毒为主题的技术大会的影响力也逐年下降。

2. 顶级黑客大会

以交流攻防技术为目的的世界顶级大会有 DEF CON 和黑帽大会（Black Hat）。

DEF CON 被称为安全研究人员的极客大会，是安全界传奇人物 Jeff Moss 在 1992 年创办的。之前每年 7 月都在美国的拉斯维加斯举行，而 2018 年是和百度安全联合首次在中国举办。这种大会主要以黑客之间的技术交流为主，所以早些年在美国并不被政府喜欢，但是自2012年美国国家安全局（NSA）负责人Keith B. Alexander首次参加了DEF CON并做演讲后，越来越多的安全厂商也开始参与，于是DEF CON也成为全球顶级的安全盛会。

DEF CON最有标志性的两个内容是夺旗赛（Capture The Flag，CTF）和绵羊墙（The Wall of Sheep)。夺旗比赛起源于1996年的DEF CON，如今已经成为全球范围网络安全圈流行的竞赛形式，而在中国CTF已经成为国家认可的安全攻防人才培养和选拔模式。

CTF本质就是模拟攻防对抗的比赛，多支参赛队伍在一个俗称网络靶场的模拟攻防环境中“厮杀”，每支队伍的队员之间通过协作完成任务而赢得比赛。在CTF比赛里，考核的是漏洞利用的思路和能力。CTF比赛一般以战队为单位，战队成员主要由在校学生、民间安全组织和单位安全研究人员组成。如果在CTF拿到好的名次，就会被各大安全公司注意，对于在校学生来说，这是一个进入安全公司的捷径。

就实际情况而言，参加CTF比赛和真实的挖掘漏洞还是有很大差距的，就像拳击手和特种兵的区别，一个是在台上表演，一个是真实地执行任务，都可以很专业，但是要想让拳击手发挥特种兵的效用，还得经过很多实战的历练。

绵羊墙是一种趣味黑客活动，为了展示那些免费恶意Wi-Fi能带来什么样的危害，并提醒大家提高安全意识。这类活动被称为“安全黑科技”。表现形式是一个大屏幕，你如果不小心连上了恶意Wi-Fi，它就能将你在手机里做的任何操作都显示在屏幕上。该活动最早出现在2002年第10届DEF CON大会，当时一群参会人士坐到一起突发奇想，他们想扫描网络，找出那些使用不安全口令上网和收发电子邮件的人，找到后就会用餐厅的纸盘子把这些人的用户名及其部分密码写在上面，并将这些纸盘子贴在墙上，还在墙上写了个大大的Sheep，于是绵羊墙的说法就出现了。如今绵羊墙已经成为各安全大会上必备的趣味节目。

黑帽大会由DEF CON的创始人Jeff Moss于1997年创办，并于2005年以1400万美元卖给CMP Media。黑帽大会是一个具有很强技术性的信息安全会议，会议将引领安全思想和技术走向。如果说DEF CON是安全极客的一个休闲派对的话，那么Black Hat就是黑客的一个正式聚会，大会上会公布大量的世界顶级黑客技术，里面会出现诸如破解ATM让它狂吐钞票，或者远程控制一辆汽车让它自动转向、刹车等超越人们想象的黑客技术。

3. 顶级破解大会

顶级破解大会有Pwn2Own和GeekPwn，这类大会都有一个共同的特点，就是举办方提供优厚的奖金，直接邀请各国黑客组织对一些信息化产品进行破解。Pwn2Own大会由美国五角大楼网络安全服务商、惠普旗下TippingPoint的项目组ZDI（Zero Day Initiative）主办，谷歌、微软、苹果、Adobe等互联网和软件巨头对比赛提供支持，攻击目标包括IE、Chrome、Safari、Firefox、Adobe Flash和Adobe Reader等软件产品。

GeekPwn是旨在发现智能软硬件安全问题的黑客破解大赛，首届大会于2014年10月24日在北京举办。之所以选择这一天举行，是因为1024在工程师文化里有着特殊的含义，是2^{10}的意思。当时360安全路由器、特斯拉汽车都在这个大会上展示了破解过程。这个大会的意义在于它会不断提醒我们：在万物互联时代，当万物都开始具备智能的时候，安全问题已经不单纯只影响信息世界，而是会同时影响物理世界，严重时会带来生命安全问题。

4. 国内安全盛会

国内面向安全方向的安全盛会有360主导的互联网安全大会（Internet Security Conference，ISC）、奇安信主导的北京网络安全大会（Beijing Cyber Security Conference，BCSC）和腾讯主导的互联网安全领袖峰会（Cyber Security Summit，CSS）。

360主导的ISC是在中央网信办、工信部、公安部、国家密码管理局的指导下，由中国互联网协会、中国网络空间安全协会、中国密码学会、中国友谊促进会、360互联网安全中心共同主办的网络安全会议，2013年首次举办，已经成为国内厂商主办安全会议的标杆。

刚开始时，还遭到许多业内人士的非议，认为360虽然以免费安全工具起家，但是赢利模式却不是“安全”，不算安全公司，主持这样的会议有些不伦不类。但是随着360网罗了越来越多的安全人才，在世界级安全盛会上不断崭露头角，成立企业安全集团等一系列动作，360已经成为国内公认的最大的安全公司，而ISC也成了国内最具影响力的安全盛会。

2019年，360企业安全集团正式更名为奇安信，并与360公司在法律和品牌上完全剥离，于是ISC就分裂出北京网络安全大会（BCS）这个新的大会品牌，该会是以中国电子信息产业集团有限公司为指导单位，由中国互联网协会、中国网络空间安全协会、中国友谊促进会与奇安信集团联合主办的安全峰会。

互联网安全领袖峰会（CSS）是由腾讯公司、中国互联网协会、中国电子技术标准化研究院、中国网络空间安全协会、中国信息安全认证中心等企事业单位联合主办的安全大会，CSS得到了国家网信办、工信部、公安部等国家部门的大力支持和指导，2015年举办了首届大会。跟ISC类似，它们都是互联网巨头要在安全行业里树立专业形象的一种手段。如果不这样做，公众还是认为你是互联网公司，无论安全投入多大，也没有安全的标签。

以上两个大会的性质差不多，都是正向的安全技术交流大会，而接下来的大会就是偏黑客性质的，它们是分别号称中国版的DEF CON和Black Hat的安全焦点信息安全技术峰会（XCon）和KCon黑客大会。

XCon是国内最知名、最权威、举办规模最大的信息安全会议之一，具有一定的世界影响力。它创办于2002年，由国内最著名的黑客技术交流平台“安全焦点”创办，是一个纯黑客技术交流的大会，国内最知名的黑客都曾经活跃在该平台上。但是，随着像360这样的互联网安全厂商崛起，XCon的影响力就越来越弱了。

最近几年，比较热门的黑客技术交流大会是KCon黑客大会，它是由国内知名安全公司“知道创宇”于2012创办的一年一度的黑客大会，从2015年起，KCon黑客大会开始扩大至千人规模，逐渐成为国内规模最大、最受欢迎的纯技术型安全交流盛会。

可以看到这样一个现象，不管参加什么样的安全大会，你会发现熟面孔特别多，有实力的公司每年都会在某些领域贡献新的研究成果，正向的产品技术会在RSA、ISC这样的安全技术平台公布，攻防技术则会在DEF CON、Black Hat这样的黑客技术平台上展示。无论是台上的商业路演，还是台下的私人交流，这样的会议其实是给圈子里的人一些安全感，让大家看到安全的价值，从而吸引更多的新人进入圈子，给整个行业提供新的营养。

安全大会早期是安全圈内人士定期交流的平台，大会的主角有三种：参展厂商、演讲者与参会者。参展厂商只是为了刷刷存在感，做些常规的市场推广活动。演讲者往往是有新理念的行业专家或有实力的安全厂商的代表，他们会在大会上宣讲自己的观点。开始的时候，甲方参会者参会的目的也仅仅是了解最新的安全理念与安全技术，后来越来越多的甲方客户也会作为演讲者来参加大会，分享安全建设经验，也能让安全厂商了解甲方是如何看待和使用安全产品的。很多时候，厂商提供产品的初衷往往跟甲方实际的安全需求是不同的，大部分情况是源于厂商对甲方不够了解，而这样的大会能加强甲乙双方的互相沟通。

于是安全大会就成了所有安全相关人员一年一度互相交流的盛会，在这里能为企业带来什么明确收益是不知道的。但是如果失去了这样一次机会，就要再等一年，而在安全圈里想自己发出声音，还是比较困难的。许多小的初创企业不理解这种事情的价值，总是用经济利益来评估大会的价值，当看不到将得的利益时，就会觉得这是一群不务实的人，一群只懂得混圈子的人，于是圈子在某些人的眼里就成了不务正业的代名词。

其实安全大会代表的是一种主流视野与主流安全审美，参与进去未必会有结果，但是如果不参与，你就会被主流视野越来越边缘化。“务实的同时也要务虚”，这可能是目前安全行业里的一种正确生存状态，因为信任的链条不会凭空产生，它需要平时的维系。

在企业安全3.0的新企业安全时代，安全大会已经不再是厂商的舞台，而是安全主流视野的一种标志，在互联网不断去中心化的同时，安全大会无疑是一种新的中心，厂商、甲方、投资人、个人都可以在这个中心里连接到更多的机会。

5.1.2 安全组织

在安全圈层里，有一类特殊的组织，它们既不属于厂商的渠道来帮助厂商搞定客户，也不属于厂商的供应商来专职为厂商提供服务，它们也不太属于公益组织，因为毕竟也希望能够赢利。说它们是中立组织，但是很多时候又不够中立，它们和厂商是一种共生关系，相辅相成，成了安全圈层的一部分，我把这类机构称为“安全组织”，它们是安全厂商的一种“生态环境”。

根据存在的性质，安全组织可以分为安全媒体、测评机构、情报组织、行业协会。安全媒体为安全产业提供了信息对称能力，测评机构为安全厂商提供了行业准入能力与竞争力背书，情报组织为安全厂商提供了后端的数据支撑，行业协会为安全厂商提供了与客户连接的桥梁。

1. 安全媒体

谈到媒体大家并不陌生，整个媒体行业已经经历了平面媒体 > 门户网站 > 新媒体三大演进阶段。平面媒体靠售卖信息获得商业价值，门户网站靠信息聚合流量，然后通过广告变现，而新媒体虽然也可以通过广告变现，但更多地通过提供信息的增值服务来完成商业变现。

安全媒体是安全行业的“面子”，在平面媒体和门户网站时代，既有作为其中一个板块的综合类科技媒体，如《中国计算机报》《计算机世界》等，又有专门做安全内容的垂直媒体，如远望资讯的《电脑安全专家》、国家测评中心的《中国信息安全》、公安部第三研究所的《信息网络安全》等。

在新媒体时代，安全内容最大的变化是之前安全以新闻、知识类的内容为主，而现在的安全内容则以产业咨讯和行业洞察为主，而新闻类内容已经被安全厂商自己的公众号承担。安全新媒体时代，对安全厂商最有价值的媒体大致有报告类、资讯类和咨询类三种。

报告类的国外有 Gartner、IDC，国内的有赛迪。虽然 Gartner 和 IDC 都是咨询类的公司，为企业提供全方位的咨询服务，但国内安全厂商对它们的用法只有两种：一是引用它们的报告来为自己的品牌推广提供背书，二是同它们联合推出研究报告来证明自己的产业实力。在这方面，Gartner 更偏重技术方向的报告，IDC 则更偏重市场方向的报告。而赛迪是中国电子信息产业发展研究院（China Center for Information Industry Development，CCID）的传统叫法，下属有赛迪网、赛迪实验室等机构，成立于 1986 年，是老牌的科技媒体，在安全行业也拥有很高的地位。虽然赛迪每年也发布一些市场研究报告，但是对安全厂商的作用目前仅限于每年会对安全市场上的安全产品进行评奖，安全厂商可以把该奖项当作企业荣誉用于品牌宣传。

资讯类安全新媒体是目前安全行业媒体的主流，这里不完全盘点一下业内比较流行的第三方独立安全新媒体。安在与浅黑科技主要以人物类内容为主线；安全牛以报告类内容为主线；特大号以安全行业为主线，采用漫画组图的戏说形式；FreeBuf 以安全技术为主线；互联网内参提供甲方视角的产业趋势、专家观察等内容。

咨询类媒体是最近一年才出现的新兴事物，如数说安全和数世咨询。数世咨询是前安全牛高管所创，而数说安全由前 360 公司高管控股。数世咨询主要是为机构提供安全咨询类服务，而数说安全主要是为创业型安全企业提供企业发展咨询服务。

2. 测评机构

谈到测评机构，就一定会与权威联系起来，因为测评机构的存在意义就是为某个品牌某个产品做背书，这种背书也是竞争力的一部分，这种测评机构出具的报告或证书，往往被称为企业资质。

测评机构按性质可以分为三类：一是官方测评机构，二是等级保护测评机构，三是公立测评机构。

第一类官方测评机构，需要的相关证书包括销售许可证、涉密信息系统产品检测证书、军用信息安全产品认证证书、商用密码证书、中国信息安全测评中心相关证书等几类重要的资质类证书。

所有安全类产品要想进入商业领域销售，都必须有销售许可证，而获得销售许可证的前提是必须通过产品的测评，然后根据测评结果换取相应的销售许可证，有效期两年。

病毒防治类产品、移动安全类产品、APT安全检测类产品的检测任务，由位于天津的“国家计算机病毒应急处理中心暨计算机病毒防治产品检验实验室”（Computer Virus Emergency Response Center，CVERC）承担；数据备份一体机、网络综合审计系统、网络脆弱性扫描类产品的检测任务由位于北京的公安部安全与警用电子产品质量检测中心承担；入侵检测系统（IDS）、安全数据库系统和网站恢复类产品的检测任务由位于北京的信息产业信息安全测评中心承担；其他安全专用产品的检测任务由位于上海的公安部计算机信息系统安全产品质量监督检验中心承担，该中心俗称上海三所，是网络安全类产品最经常去的地方。

国家保密局涉密信息系统安全保密测评中心负责涉密信息系统产品的检测与检测证书发放，是安全产品在涉密领域销售的行业准入资质。

中国人民解放军信息安全测评认证中心负责军用信息安全产品的检测与军用信息安全产品认证证书发放，是安全产品在军队军工市场销售的行业准入资质。

国家密码管理局负责进行商用密码企业资格评定与商品密码产品的认证证书发放，下属两个资质：一个是针对企业的商用密码产品生产定点单位证书，一个是针对产品的商用密码产品型号证书，是密码类安全产品的行业准入资质。

中国信息安全测评中心是一家专门从事信息技术安全测试和风险评估的权威职能机构，它们发放的证书虽然不是强制性的，但是行业认可度高，已经成为安全企业彰显自身安全实力的重要资质。该中心业务范围广泛，共有产品测评、系统评估、服务资质测评、人员资质测评四个方向。

产品测评主要是对国内外信息技术产品本身的安全性进行评估，其中既包括各类信息安全产品如防火墙、入侵监测、安全审计、网络隔离、VPN、智能卡、终端安全管理等，也包括各类非安全专用IT产品如操作系统、数据库、交换机、路由器、应用软件等。根据测评依据及测评内容可分为信息安全产品分级评估、信息安全产品认定测评、信息技术产品自主原创测评、源代码安全风险评估等方面。

系统评估主要是针对国内信息系统的安全性测试、评估和认定，根据标准及测评方法的不同，主要提供信息安全风险评估、信息系统安全等级保护测评、信息系统安全保障能力评估、信息系统安全方案评审、电子政务项目信息安全风险评估等服务内容。

服务资质测评主要是对提供信息安全服务的组织和单位资质进行审核、评估和认定，主要评估信息系统安全服务提供者的技术、资源、法律、管理等方面的资质和能力，并依据公开的标准和程序，对其安全服务保障能力进行认定。服务资质测评目前分为信息安全工程、信息安全灾难恢复、安全开发、风险评估、信息系统审计、云计算安全、大数据安全等七大类，每一类都分成不同的等级，等级越高，则难度越高，也证明企业的能力越强。

人员资质测评主要是对信息安全专业人员的资质能力进行考核、评估和认定，主要包括注册信息安全专业人员（CISP）、注册信息安全员（CISM）等证书，其中CISP证书已经成为衡量优秀售前人员的标志，许多项目都要求有一定数量的CISP人员。

第二类等级保护测评机构，是专门针对有等级保护需求的企业提供测评、整改、发证一条龙服务的专门机构。等级保护是信息安全领域里最重要的国家标准，它将整个信息安全系统分为用户自主保护级、系统审计保护级、安全标记保护级、结构化保护级、访问验证保护级，其中第三个级别是有等级保护测评需求的企业的行业平均标准，简称为“等保三级”，每年由等级保护需求而产生的安全产品销售几乎要占到安全产品销售总量的三分之一，而在安全行业早期，这个比例更高。提供等保测评的机构需要有公安部的资质认定，往往安全厂商不具备这样的资质，但是都会将自己的安全产品向等级保护的要求上来贴合。

第三类公立测评机构，国际知名的有VB100、AV-Comparatives、AV-TEST、CheckMark（西海岸实验室）、国际计算机安全联盟（International Computer Security Association，ICSA）、OPSWAT等六家，国内有赛可达实验室。

VB100认证始于1998年，由位于英国的Virus Bulletin评测机构负责实施。VB100认证测试安全软件的检出率、扫描速度以及误报率，以标准严苛著称，参加评测的软件只要有一个漏报或一个误报，就无法通过认证。

AV-Comparatives认证由位于奥地利的AV-Comparatives评测机构负责实施。AV-Comparatives认证测试安全软件的检出率、扫描速度以及误报率，并独有“完整产品动态测试”项目，以年度为单位连续测试安全产品在真实环境中对于各类恶意威胁的防御能力。

AV-TEST认证在反病毒研究和数据安全领域已经有十多年的经验。AV-TEST提供反病毒产品测试、技术含量测试以及跟踪监测计算机安全产品的长期检测率。

CheckMark认证是由位于英国的WestCoast Labs于1996年推出的安全软件认证，测试各类信息安全产品在真实环境下的表现。目前CheckMark认证标准已被全球认可为最值得信赖的指标之一，获得西海岸实验室颁发的CheckMark认证证书，表明反病毒产品能有效检测病毒、木马、间谍软件，还能清除被感染文件中的病毒体。

ICSA目前属于全球知名的TruSecure安全组织。ICSA认证评测机构二十年来一直致力于保护企业及个人安全，为包括杀毒软件在内的上百种安全产品及服务提供认证，其提供的认证评测以权威、独立、可靠而闻名。

OPSWAT认证隶属于美国终端安全软件兼容性认证机构OPSWAT，专门提供开放式的工业级兼容性和可靠性认证，测试过程包括安装测试、流氓程序检测、数字签名验证、病毒扫描和检测。凡参加认证的杀毒软件，测试机构不仅会检测其兼容性和杀毒能力，还会检测杀毒软件自身是否包含可疑恶意组件，只有稳定可靠的产品才能通过认证。

VB100、AV-Comparatives、AV-TEST、CheckMark、ICSA、OPSWAT，这六家都是反病毒方面的国际知名评测机构，其证书的有效期只有一年，而且评测价格不菲，因此无论瑞星、金山、江民的三国争霸时期，还是腾讯、360加入的互联网安全企业混战时期，这几家的证书都仅用于市场品牌推广，而且在常年的市场大战中已经形成了“剧场效应”，大家都在市场竞争压力下而被迫参加测评。但是随着360公司于2015年高调宣布永久退出国际评测，这些评测就突然在所有的反病毒厂商的市场宣传视野里消失了，目前国内已经没有安全企业再参加这些国际测评了。

国内第三方测评机构发展道路则更加坎坷，比如说赛可达实验室（SKD Labs），它是国内知名的第三方网络安全服务提供商，也是中国合格评定国家认可委员会（CNAS）的认可实验室以及国际ISO/IEC 17025的认证实验室。即便拥有这样的名头和位置，它的影响力也在逐渐变弱，虽然国内还有安全厂商支持，但是市场影响力已经非常有限了，它的认证更多只能作为企业荣誉来使用，市场宣传价值有限。

3. 情报组织

如果从技术演进角度把信息安全行业分成两个阶段的话，一定是威胁驱动阶段和数据驱动阶段。威胁驱动阶段主要靠厂商的威胁捕获和分析能力，而数据驱动阶段则主要靠威胁情报。建立国内乃至国际上通用威胁情报体系的需求越来越强，其中国际上知名的情报组织有VirusTotal、开放Web应用安全项目（Open Web Application Security Project，OWASP），国内的情报组织有国家信息安全漏洞共享平台（China National Vulnerability Database，CNVD）、国家信息安全漏洞库（China National Vulnerability Database of Information Security，CNNVD）。

VirusTotal是一个提供免费的可疑文件分析服务的网站，2004年6月由Hispasec Sistemas创立，它使用多家安全厂商提供的反病毒引擎的命令行版本，可以定期从对应的安全厂商那里更新官方的病毒定义库。VirusTotal目前已经发展为世界上最大的文件类威胁情报交换中心。国内安全厂商通过VirusTotal交换来的样本甚至可以占到自身样本储备总量的一半。

OWASP是一个开源的、非营利的全球性安全组织，致力于应用软件的安全研究。全球拥有250个分部近7万名会员，共同推动了安全标准、安全测试工具、安全指导手册等应用安全技术的发展。OWASP会发布Web安全漏洞的分类方法和OWASP TOP10技术白皮书，其中会详细描述应用安全风险，而如今 OWASP TOP10 的漏洞覆盖能力已经成为衡量 WAF 类产品能力的一个重要标志。

CNVD 是由国家计算机网络应急技术处理协调中心（中文简称国家互联应急中心，也简称 CNCERT）联合国内重要信息系统单位、基础电信运营商、网络安全厂商、软件厂商和互联网企业建立的国家级网络安全漏洞库。建立 CNVD 的主要目标是与国家政府部门、重要信息系统用户、运营商、主要安全厂商、软件厂商、科研机构、公共互联网用户等共同建立软件安全漏洞统一收集验证、预警发布及应急处置体系，切实提升我国在安全漏洞方面的整体研究水平和及时预防能力，进而提高我国信息系统及国产软件的安全性，带动国内相关安全产品的发展。

CNNVD 是中国信息安全测评中心运维的国家级漏洞库，于 2018 年发布了 CNNVD 漏洞编码规范、CNNVD 漏洞分级规范、CNNVD 漏洞分类指南、CNNVD 漏洞命名规范、CNNVD 漏洞内容描述规范、CNNVD 漏洞受影响实体描述规范等众多漏洞标准。

CNVD 和 CNNVD 的支撑单位资格与漏洞提交数量证明已经成为衡量安全厂商攻防能力的一个重要标志。

4. 行业协会

行业协会往往是半官方、半中立的非营利组织，它们拥有很好的业内人脉，能够直接打通厂商与厂商、厂商与政府、厂商与客户的关系，以收取成员单位年费的方式来支撑组织的正常运营。

比如说中国互联网协会（Internet Society of China），它成立于 2001 年，是中国互联网行业以及与互联网相关的企事业单位、社会组织自愿结成的全国性、行业性、非营利性社会组织，接受登记管理机关是中华人民共和国民政部，业务主管单位是工业和信息化部。360 公司就与该协会合作举办了 ISC 安全峰会，取得了很好的市场宣传效果。

安全厂商通过协会可以进行技术宣讲，组织各种定向会议，虽然很难在短期为安全厂商带来直接的经济利益，但却是圈子文化的重要组成部分，如果一个安全厂商需要快速进入主流视野，维护好与协会的关系，是一个必要手段。

5.1.3 人才培养忧思录

安全圈子的基石由各种各样的安全从业者组成，站在企业角度看，安全人才越来越贵，也越来越难招，虽然大型安全公司越来越倾向于招应届毕业生进行批量培养，但是安全行业招人难已经成为一个不争的事实。

关于安全人才，这里有个业内经典论断：安全人才是筛出来的，而不是培养出来的，因为安全人才是不可培养的。安全公司为什么招人难？安全人才真的是不可培养的吗？只有了解了安全人才的底层逻辑，才能搞懂安全人才的培养问题。

人类最终极的能力就是解决问题的能力，人类的心智也是在不断解决问题的过程中成长并成熟的，而人才本质上讲就是解决问题的能力优于常人。谈到解决问题，我们先看看解决问题的通用模型（如图 5-1 所示）。

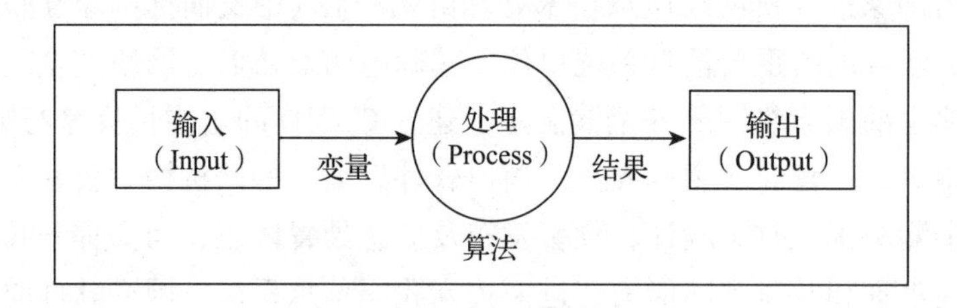

图 5-1　解决问题的通用模型

这是程序设计里经常用到的一个 IPO 模型，即输入一个变量，通过一定的算法处理，最终会产生一个输出的结果。其实推广一下，我们面临的问题解决模式也是这样的。

当谈到人才培养，其实谈的是问题解决能力的培养问题，但是很明显，“培养”是一个工业文明时代的词汇。

我们先看看农业文明时代，其要解决的核心问题就是种植植物或驯养动物，这里的输入变量就是不同的动植物种子，输出结果就是更多数量的相同物种，这里的处理算法也很简单，就是根据季节变化和变量自身的生存需要进行合理的施肥和饲养。这种解决问题的模式依赖的是多年传下来的经验，在传统经验的基础上再加上科学的知识，就能保证产量，因此要产出专业的农业文明型人才，只要灌输更多的知识然后实践即可，这里的人才只需要学习和实践，不需要培养。

在工业文明时代，其要解决的核心问题就是正确操纵机器，而机器的流程是死的，只要按照一定的流程进行操作，机器就可以高效运转，从而保证工业产品的产量。这里的输入变量、处理算法和输出结果跟农业文明本质上没什么不同，只是工业文明要求的技能的复杂性和危险性要远大于农业文明，因此培训是必要的，也是有效的。国内大量的职业高中都是在初中学历的基础上再进行两年的专业理论学习和一年的专业实践，毕业后就都能成为一名合格的技术工人。因此工业文明时代的人才需要进行培养，越复杂的机器，培养的周期就越长，但是有一点是可以肯定的，只要培养时间足够长，所有人都可以成为合格的人才。

在信息文明时代，你会发现一个典型现象，即系统（如硬件系统、软件系统）更加复杂化，解决问题也更加复杂化。很多时候输入的变量是不确定的，输出的结果也是无法预测的，而处理算法更是在变化的，唯一能确定的就是要解决的问题本身。

更多的时候要解决的问题就是如何设计一个好的处理算法，这个算法要能根据任意输入变量而产生预期的输出结果。从本质上看，农业文明和工业文明时代解决问题的核心思路都是在有限的输入和确定的处理算法基础上保证有效输出，而信息文明要解决的是在无限输入前提下，在无穷的算法中选择一种算法得出有效输出，这时解决问题的目的就变成了寻找最优解，而不是寻找解。

以上讲了一个开发信息化系统的典型技能模式，虽然比农业文明和工业文明时代解决的问题要复杂许多，但是在软件工程理论的指导下和近百年的工程实践基础上，还是总结了许多确定性的规律，而且这些规律最终可以以代码库的形式固定下来，成为后来工程师工作的基础，而他们无须再了解其中的细节。

但是在安全行业里的安全研究领域，连这样的软件工程理论也失效了。比如说发现操作系统的漏洞、应用系统的漏洞、整个企业信息化建设的漏洞这样的问题，是完全没有现成经验可循的。漏洞或病毒一旦被发现，它就可以形成知识库被使用，但是对于没有被发现的未知威胁和未知漏洞，你无法用任何现成的方法来解决它，你能做的就是利用掌握的大量安全知识和多年研究经验来找到问题面，再利用面对未知系统时产生的专业直觉来快速缩小范围并找到突破点，然后通过经验和技能来进行验证，因此发现漏洞的过程也被称为“漏洞挖掘”的过程，就是不断地判断、尝试，最终成功。

因此安全研究工作其实是一种技术与艺术的混合，一种经验与运气的混合。一个安全高手的专业敏感性可以让挖掘的范围快速缩小，从而把一种偶然的运气变成一种高概率成功的结果。

由此可知，人才需要有一定的天赋，无法通过培养的方式获得。此外，漫长的学习曲线也让这类人才的培养成本变得很高。举个例子：一个安全专业的毕业生，经过大学四年的培养，初入安全行业时就是一张白纸，什么也干不了。假如他研究 Web 安全漏洞的挖掘，大约要工作三年才能成为 Web 安全方面的合格人才，要经过十年左右才能成为 Web 安全方面的高手。而这时候他如果要研究二进制安全，这种基础才算刚刚入门，要再经历多年才能成为二进制安全方面的高手。这样长的学习时间，也导致了安全企业无法通过培养的方式来获得高质量安全人才，所以好的安全人才就会非常贵，并且会越来越贵。

站在企业的角度来看，这么大的培养难度和时间成本是无法承受的，于是只能走筛选模式，因此所有安全企业都是招募几个安全高手，组成团队，通过边工作边学习的方式形成多种层次的人才梯队，不同能力的梯队解决不同层面的问题。

这时候你就能想明白一个问题，为什么大的企业都在疯狂引进应届毕业生，其根本目的是想通过企业固定的培养流程，最终筛选出那些更适合这个领域的人才，这种人才是努力加天赋的综合结果。

所以很有可能在某个领域里，你无论如何努力，永远也无法达到另外一个人的水平，这时候你要做的就是不要和自己较劲，赶快调整方向，快速找到你的天赋所在之领域。举个例子，如果你是一个软件开发工程师，当你发现在编码方面永远不可能超越你的某位同事的时候，如果你有良好的沟通能力，那么最佳方案不是在技术的道路上死磕，而是转型做产品经理。

因此，在安全行业里，大家比的都不是绝对值而是相对值，只要你比你周围的人强，你就有很好的待遇，而不管你在整个行业里的绝对水平如何。所以有句经典的话：你不需要跑得最快，但是你需要跑得比你的同事快。

5.1.4 安全从业者指南

如果你爱他，就让他做安全，因为这里是天堂；如果你恨他，就让他做安全，因为这里是地狱。如果你看到这句话还是想做安全的话，那么恭喜你，证明你已经准备好要进入安全行业了。只是在进入之前，你需要考虑清楚：你真的要做安全吗？如果你考虑好了，那么我们首先看看要做一个什么样的安全从业者。

1. 先想好要不要做安全

首先，安全是一个经久不衰的行业，因为安全本身就是一个伴生属性，任何时候、任何行业都需要安全。随着时间的推移，很多爆点行业慢慢都会进入发展的平缓期，就连互联网这样的新兴行业都已经在讲“互联网下半场”的悲情故事了。

说安全是天堂是因为安全会由于越来越重要而长期保持很高的增速。因为信息世界是一个无限膨胀的宇宙，随之而来的威胁就会随着信息的膨胀而越来越多，需要安全的地方自然就会越来越多。PC 时代到来时，PC 病毒就成了安全的主要威胁；互联网时代到来时，互联网环境下必然产生了新的威胁，于是互联网安全问题就来了；移动时代到来了，移动的安全问题就暴露了；IoT 时代到来了，“万物皆可破”的 IoT 安全问题就来了……

说安全是地狱是因为安全又是一个很尴尬的行业。举个简单例子：大多数企业在安全建设方面的投入，只会占到企业 IT 建设的 1%～2%，5% 已经是行业内安全建设的典范了，从这个角度看安全是一个饿不着也撑不死的行业，因此到目前为止，当云计算已经是一个万亿元级市场的时候，安全行业整体才是一个几百亿元规模的小市场。而安全行业面临的问题和技术迭代又是非常快的，这就给安全人才提出了更高的要求，“终身学习”已然不够，你要解决的是如何高效学习。

其次，安全又是一个很“苦”的行业。比如游戏行业，一夜暴富的神话比比皆是，即使你不可能成为某爆款游戏的老板，但是如果你有机会成为某爆款游戏的工程师，你也有机会得到诸如 48 薪、100 薪这样给力的年终奖。与游戏相比，安全则是显得过于寂寞的一个行业，你需要很多年的学习才能成为合格的安全从业者，但是要想让安全在你的职业生涯大放异彩，还需要努力、天赋加机会，如果你抱着要发财的心态入行，那就不适合进入安全行业。

如果你真的热爱这个行业，愿意在无限未知的世界里探索，在大家都认为地球是平的时候，你愿意相信地球是圆的，愿意相信向西也能到达东方，愿意像哥伦布那样拥有发现新大陆的激情，愿意面对有可能一辈子都无法到达东方的结果……那么我们就聊聊从业的那些事，至少为你展示一个安全从业全貌，希望能够帮助你更好地规划自己的安全从业路线。

2. 行业优选链条

在安全行业，我个人认为行业优选链条是这样的：互联网企业－明星企业－传统企业－初创企业－甲方企业。这个优选链条并不代表你的绝对收益，但是会有一个起点问题：越是在优选链条的前端，你的起点就越高，你前期的生活就越有保障，变化就越大；相反，你的职业路线就可能越稳定，变数就越小。

通常互联网企业能提供更高的起点薪水，有更丰富的企业文化，提供更多的培训机会，有更大的发展空间。互联网企业重视安全，但其安全部门与其他产品部门相比，专业度会略逊一筹，因此存在巨大的学习、发展空间。比如相对于安全，腾讯在游戏开发方面、应用开发方面，今日头条在视频开发方面都要专业得多，竞争也激烈，你个人上升的空间也就较小。当然这不是绝对的，其实腾讯在安全方面的投入和人才储备在行业内已经是顶级水平了。总之，进入这种其他业务强大而安全方向相对弱势的互联网企业会有比较好的发展机会和空间。

如果进不了互联网企业，那么可能最好的选择是进入明星企业。明星企业是目前行业内比较认可的、发展速度快的新兴企业，这类企业之所以能成为行业明星，往往是因为它们是一种“新物种”，有一种独特的气质。讲明白一些就是它们一定有一些特殊的东西是其他企业不具备的，比如奇安信、深信服、安恒、亚信安全等，在这些企业里，你不光能够学到很多技能，更重要的是你能明白它们成为明星企业的独特之处。如果你悟性不错的话，还能明白许多深层次的道理，这些道理是通过时间的积累也得不到的特殊认知。

再退一步，就可以找那些传统安全企业，传统安全企业技术积累深厚，待遇和发展机会没有大的惊喜，当然也不会有大的失望。

还有一种选择是进入创业公司，创业公司最大的优势就是它们必然是一个创新型的公司，其产品和技术都比较前沿，思想也更开放，有无限的演化空间和可能性，但是我个人认为不适合刚毕业的大学生。在整个安全企业的链条里，就像《黑客帝国》影片里展示的那样，创业公司是用来给整个产业提供创新营养的，创新的试错成本是极高的，一些成熟的大企业是不可能在公司内部孵化一个特别创新的项目的，因为失败的概率太大，所以试错成本很高。不是说试错成本高就不值得做，而是说大公司有能力选择多个方向时，最终一定会选择试错成本相对不那么高的项目，而在创业公司里做的项目，往往成功概率都是比较低的。

最后，个人强烈建议刚毕业的学生不要轻易进入甲方企业。对于安全行业来讲，甲方是金主，是最牛的企业，但是对于安全从业者来说，应该是最差的选择。当然这里也绝对没有诋毁甲方的意思，只是说无论在待遇、创新性方面，还是在体系化方面，甲方企业里的安全跟安全企业里的安全都不是一回事，而且发展空间有限，不太适合有理想、想放飞自己的年轻人。

当然，人各有志，有些成熟从业者喜欢做甲方安全，他们带着乙方的视角，非常了解乙方的套路，去了甲方就能够发挥自己的长处，得到更好的发展。

最后总结一下：初涉职场的年轻人的最优职业规划策略是沿着行业优选链条从前向后试，你能留在哪个节点，就证明你的能力大致在哪个区间，不要让初期的找工作变得太容易。而职场老人则可以根据自己的条件，有策略地选择向优选链条的后端走，但是要保证有一个好的位置。这就像我们常说的“到底是选择一个好学校，还是一个好专业”这样的问题，其实本质是一个绝对位置和相对位置的问题。对于职业新生来说，最优的职业策略就是选择一个好学校，即好的绝对位置；对于职场老鸟来说，最优的职业策略是选择一个好的专业，即好的相对位置。

3. 职业发展路线

选择了企业之后，接下来需要知道在一个企业里要选择什么样的职业方向。

这时候你要清楚，在一个安全企业里，大致会分为研究线—研发线—支持线—营销线—职能线五个方向，当然有些企业会按照技术线、职能线和管理线这样的脉络来进行内部定级，这两者并不矛盾。

这里的五个方向，事实上也是一个隐性的优选链条。有科研能力的还是要优先选择研究线，这里有最有挑战的问题、最大的发展空间和可能最好的收益。安全研究，又大致细分为攻防研究方向、反病毒研究方向和安全服务方向。攻防是最具挑战的方向，因为是完全在一个未知世界里探索。如何确定自己适合这个方向？可以看你在大学期间在该方向上是否已有所建树，比如在一些 CTF 比赛里已经有了不错的成绩，或已经在某些 SRC 平台上提交了漏洞，或者已经在某些论坛里发表了有影响力的研究文章等。如果在踏入职场的时候你还没有这些积累，那最好不要选择这个方向，你很可能在这方面没有明显的天赋。

反病毒研究方向至少样本是确定的，只是你需要了解操作系统底层的知识，需要具备文件格式方面的知识和逆向的能力。你如果只是爱好但是没有这方面的能力也没关系，这是一个相对工程化的研究领域。

安全服务准确地说并不是一个新的研究方向，它存在的目的是解决甲方环境里的安全问题，因此需要对各种工具和各种安全设备的能力有所了解并能熟练应用，同时还需要具备很好的沟通能力和不错的文档撰写能力。它对攻防能力的要求并没有那么高，如果你攻防天赋一般，但是沟通与写作能力还不错的话，可以考虑这个方向。

研发线其实跟安全的关系不太大，是标准的软件工程领域，在这个领域里你要做的就是软件开发类工作，因此是不是安全企业已然不重要。在这个线路上的发展脉络是：研发（应用或底层，前端或后端）—产品—测试—研发管理。研发的职业称谓是程序员或软件工程师，如果你编码能力强又喜欢底层的控制，那么可以选择底层开发或者服务器后端开发方向，如果你喜欢所有编码都要有一个视觉反馈的话，那么可以搞应用开发或服务器前端开发。事实上有相当一部分程序员是受不了没有界面反馈的开发形式的。

如果你对编码兴趣不大，又喜欢研发工作的话，可以考虑产品方向，做一名产品经理。产品经理要有良好的需求分析能力、需求定义能力、资源协调能力和进度掌控能力，是技术线里对综合素质要求较高的职业，但是整体上看产品经理的收入水平要比程序员的低一档。虽然互联网企业的 CEO 都声称自己是最好的产品经理，但是你要明白一点，一个好的产品经理是很难在企业里做到很高的位置的，因此是否做产品经理，最重要还是看自身的综合能力是否够强。

当然还可以选择做测试工作，测试工作是在一个已知的空间里寻找未知的Bug，再配合一些自动化测试工具，这是一个通过培训或学习可以稳步成长的职位。但是测试是一个相对来说比较枯燥也比较辛苦的职业，尤其在赶进度的时候，研发会放松自己对代码的质量要求，而把所有质量预期都压给测试人员。

当然你如果做产品经理能力不够，做技术又不想吃苦，就可以考虑做一些与研发相关的如研发管理类的技术职能工作，这部分工作相对更加流程化，做得越熟练，工作强度就会越低，稳定但上升空间不大。

支持线是技术支持类的工作，大致会分为售前和售后两种性质的工作。售前人员需要配合销售完成前期的产品沟通、解决方案的提供和项目标书中技术部分的撰写，既要有良好的知识背景与沟通能力，又要有良好的文档撰写能力，而且还要跟销售一起共担业绩，因此收入相对较好，也相对较辛苦，但是好的售前最终可以走到行业专家、解决方案架构师、咨询专家这样的更高级的位置上去。

售后又叫交付，主要负责售后的产品实施、运维工作，保证项目能够按时交付。售后更多是要熟悉产品的具体实施和使用，还要对目标环境有充分的理解，能够在各种意外情况下保证产品的顺利实施。对于售后来说，最大的坑是售前会给客户一些不恰当的预期，就像是给客户描绘了一个样板间，而交付的结果最终会让客户感觉是个毛坯房，心理落差会比较大。如何平衡好客户的这种心理落差是售后需要勇敢面对和解决的重要问题，没经验的售后往往会受不了客户的这种由于心理预期差异而带来的诘难。

营销线就是销售，当今的商业环境已经非常复杂，这就对销售提出了更高的要求。销售也是一个技巧性很强的工作，如果你觉得自己口才还可以的话，可以选择销售岗位。

职能线就是行政之类的岗位，无论在哪种类型的企业中，这种岗位的工作内容几乎都一样，相对而言专业性要求没有那么高。

4. 技术优选链条

在上面谈研发路线的时候，也大致讲了一下技术发展路线，其实技术路线的优选链条不是取决于方向而是取决于技术复杂度和难度。在技术领域，大家更主要的是拼技术实力而非为人处世能力，一些技术高手虽然在为人处世方面不擅长，但他们能沉下去，从而拿出更好的作品。

一位技术大牛曾经说过这样的话："对于技术人员来说，就是在一个领域打一个一元硬币大小的孔，但是要把孔下钻到十万公里的深度。"你研究的方向可以很窄，很小众，但是要研究得足够深，才能获得更多的尊重和话语权，这个就是技术优选链条的发展逻辑。

从技术难度上看，前端的技术难度没有后端的高，应用开发的难度没有底层开发的高，客户端程序的难度没有网络程序的高，但是这并不妨碍好的前端程序员和好的应用开发程序员也可以把技术钻研得很深，在该领域也可以成为高手并获得尊重。

在攻防领域，应用安全的技术难度就不如二进制安全的技术难度高；在反病毒领域，样本分析的难度就不如引擎编写的难度高，而引擎编写的难度就不如病毒编写的难度高。在编程语言方面，汇编语言的难度比C语言的难度高，而C语言的难度又比脚本语言的难度高，但是这些因素依然不妨碍Python这样的脚本语言成为世界上最流行的语言，也不妨碍一些编程高手用Python语言写出比C语言程序更牛的程序。

因此选择技术难度主要是看你是否喜欢和适合。“是否适合”虽然是一个客观的度量标准，但是也可以通过主观的反馈来判断。如果在研究某个方面的技术时，你没有一种兴奋感，而是感觉到一种勉强和痛苦，那平心而论，你多半不适合这个方面。

另外，安全行业里虽然更多的是工程化的技术，但对技术的依赖是很强的。看看所有安全公司的发展轨迹就能明白，绝大多数的企业创始人和执行者都是技术出身，营销出身做好安全企业的并不多。相反你看看其他高科技领域的企业，比如联想、方正、DELL、惠普，虽然在技术研发方面的投入也非常大，但是整体还是以营销为导向的企业。

所以在安全行业，如果你喜欢技术，那么我要奉劝一句：“如果爱，请深爱。”技术钻得越深，不论对职业发展，还是将来的创业，都有莫大的好处。而且安全也应该是一个崇尚“技术尊严是最大的尊严”的行业，因为面对未知的威胁世界，如果没有好的技术，只靠营销驱动，最终会把整个行业带到一个错误的演化方向。虽然企业的发展不能“唯技术论”，但是行业的发展是一定要靠先进的技术的。

5. 学习曲线

对于安全从业者来说，既然不能迷信培养机制，那么就要求一定要有学习能力。学习能力是最重要的能力，因此不是学习与不学习的问题，而是如何学习的问题。这里有一个真实的例子，它代表了在安全早期一些安全从业者的典型困惑和我的一些心得。虽然很多从事安全行业的人早已不钻研技术了，但是我相信大多数人心中依然有一颗“技术之心”。这一点非常重要，也值得尊敬，我相信这是整个安全行业发展的重要原动力。

大部分爱好技术的从业者的最大困惑并不在于技术本身，而在于如何建立一个高效的、正确的学习曲线，如何能够更好地保护自己学习的激情，以及在激情消退之前能有更好的成就。

如果想当安全的分析员，那么在最初的学习中应该多看一些系统内核方面的书，然后可以看驱动编程类的书。

相对于内核编程，驱动编程则是另一个层面的知识，它们是两个方向，同样需要学习大量的资料，而且更难。

如果你对黑客技术感兴趣，那么《TCP/IP协议 第1卷》是必看的，还要对Linux内核很了解、很熟悉才行。如果你想知其所以然，那么只有深入到最底层，才能理解很多东西，基础不牢，遇到问题就会力不从心。

要想学习如何防感染式病毒，那么一定要学汇编语言；如果要防在网络上传播的蠕虫、木马等非感染式的病毒，只要学 C 或者 C++ 语言就足够了。

关于技术学习，有一种想法是：先学上层简单的，有了经验之后再学习底层的。这种想法是不可取的，这样其实会浪费大量的时间，而且形成习惯后会产生深入不下去的后果。

另外，搞技术更重要的不是技术本身，而是通过实践建立一个完整的思维方式和好的系统观，这些在面对一个未知世界的时候，能够给你提供更有价值的思路，所谓的“灵光一现”其实是在掌握了大量的基础知识和有了很好的系统观之后的一个必然结果。

最后，饱含对技术的热情和不忘技术的初心。这点很重要，即使多年以后你不搞技术了，也依然要对技术怀着一颗敬畏之心。

6. 顶级安全能力

当你沿着不同职业路线向前发展时，到达顶级的状态会是什么样子？如果你不了解，那么可能就没有一个终极的目标。很显然用能赚多少钱来描述职业发展的终极状态是不对的，因为赚多少钱很多时候是时间因素、能力因素和运气因素综合作用的结果，这个结果有不确定性。而终极能力是一个确定性的目标，是一个有累积效应的结果。你只有先具备顶级能力之后，才能在顶级机会来临的时候抓住它，这里描绘一下我见过的顶级能力的样子。

在研究线的反病毒领域，顶级能力是引擎编写能力和病毒编写能力。虽然引擎讲白了就是一个文件分析器，给定一个文件，用什么样的方式来判断它是病毒，这里除了要具备丰富的操作系统底层知识外，最重要的是识别算法，这是最重要的解决问题的能力。你编写的这个引擎，未必能带来任何商业上的成功，但是证明了你在反病毒领域是一个绝对的专家。而反病毒领域的病毒编写不光要熟悉操作系统的底层知识，还要非常清楚系统的控制与反控制的逻辑，这样你才能了解病毒的存活机理。

在研究线的攻防领域和安全服务领域，拼的是你发现漏洞的能力。要想发现一个系统的漏洞，这需要有非常好的大局观和系统感：你能通过一些简单的探测就发现系统的弱点在哪里；通过界面上展示的流程就能凭直觉判断哪个逻辑流程可能会出问题；凭借你对研发工程师心理的把握就能大致判断在哪些环节上他可能考虑得不够周全。要想具备这种将复杂信息瞬间处理成简单分析路径的能力，唯一的方法就是大量实践，从量变到质变。

研发线的技术顶级能力是算法设计能力和架构能力。对于底层研发人员来说，编写一个兼容性强的操作系统过滤驱动、网络协议分析驱动都是顶级能力的标志。对于应用层研发人员来说，能设计一个好的应用架构是一种顶级能力。比如说，云查杀技术难度不高，就是基于哈希值的云端匹配，但是要想把云查杀这件事情做成一个商业产品，更多的功夫是在设计应用架构上，如何利用一堆技术点构成一个高效的系统，这是一种很顶级的能力。

支持线的售前顶级能力是“讲故事”的能力，这里的讲故事并不是指能在客户面前讲几个让人轻松的笑话，而是能够用一种简单的、有效的逻辑迅速将客户带入你的逻辑体系里，让客户能够对你迅速产生信任感，从而从内心中对你的结论产生认同。举个例子，你希望客户认可并购买你的产品，如果总是“王婆卖瓜，自卖自夸”地告诉客户你的产品多么好，功能多么强，最终客户得出的结论大体是：“小心了，他又在忽悠我。”因此有经验的销售去见重要客户的时候，总是会对售前说“千万别讲产品”，因为如果你在与客户交流的过程中还在讲产品，那就证明你只是个拥有初级能力的售前人员。如何通过不讲产品的方式而达到让客户购买你产品的目的，这就需要你给客户讲一套新鲜的、引人入胜的逻辑，从而让客户得出“我需要你”的结论。

再说得详细一点儿，如果你这样讲：“今天我站在这里，是因为我发现了一个严重的问题，就是整个安全行业都在以‘威胁驱动’的技术视角来看待安全，总是希望告诉客户‘我们有什么’，而从来就没有人想去了解‘客户真正需要什么’。我们也发现，当我们用办公网络这个视角来看待安全时，安全问题和问题的解决方案已经发生了重要的变化……”相信这样的逻辑能够很快将客户带入你为他营造的一个“逻辑圈”里，愿意听你去讲，而当你讲明白“这种变化是什么，问题是什么，应该如何解决”时，当你告诉他的新概念、新逻辑和新方法论得到他认可时，他自然就能得出“只有你能干”的结论。

支持线的售后顶级能力是交付方案设计能力。能够熟练地把你的产品安装成功并教会客户使用，这不算什么，客户需要的是能够对客户的网络情况、安全建设情况和业务情况十分了解，并能够根据客户现状设计出高效的交付方案，让客户使用你的产品后产生价值。顶级售后人员都是客户的“知心大姐”，因为在整个安全建设环节，让客户最头疼的就是售后环节，销售和售前大多都在三个月以内完成任务，然后离场，而在此后一到三年的漫长时间里，客户要面对你的产品，要面对产品使用过程中的各种烦心事。仅凭态度好、听话肯定是没用的，你要能够在了解客户的整个现实环境的基础上，帮客户设计出合理、优化的方案。

营销线的销售的顶级能力并不是开单的能力，也不是讲故事的能力，而是“做局”的能力，有一个形象的说法：“初级的销售在种地，好的销售在打猎，优秀的销售在围猎，而顶级的销售在打仗。”

做局既不是阳谋，也不是阴谋，而是一种替客户规划的能力。销售需要具备这三类认知：一是行业的组成结构、特性；二是客户单位的文化、组织架构、做事风格；三是安全的新技术情况和发展方向。将这三类认知与客户当下的处境结合起来，帮助客户设计一个基于自家产品的符合客户未来方向和权益的“局”；然后把这个局进一步运作成一个招标采购的项目，这个项目的成功率就非常高了，而且这样的项目根本就不用走到“低价抢标、拼参数”的尴尬境地。

这里再总结一下，安全从业者顶级的能力就是系统思考能力、架构分析能力与规划设计能力，这是能力发展之道。

5.2　安全企业的几个问题

本章开篇讲了安全圈子与安全人，接下来的篇幅主要是深入一个安全企业的底层和内部，通过解决以下四个问题来看一下安全企业的生长逻辑。

5.2.1　问题一：为什么要了解安全企业

这其实是一个循环进化问题，即所谓的"安全围城"。在大企业待久了的优秀安全从业者，可能会想："我到底该不该创业？如果创业，我该如何创业？"要回答这个问题，你就需要了解一个安全企业的生存逻辑。

作为一个小的安全企业的创业者，你总是想让企业成长为一个大的安全企业，但是很多年过去了，企业依然很小，你可能会困惑：为什么在一个这样高速发展的快车道上，却没有快起来？这就需要了解企业增长的逻辑。

对于大的、成熟的安全企业，为什么会有人称之"传统企业"？在整个产业生态链里，它到底处在一个什么样的位置？为什么会有一些安全企业以比行业平均增速快得多的速度发展，并且迅速成为行业里的明星？虽然在 ToB 的企业安全市场里不存在爆品，但是却存在"爆品企业"，这样的爆品企业到底是一个偶然现象，还是存在一个必然的逻辑？这就需要了解企业的爆品逻辑。

当然，如果你是一个安全行业的投资人，你就更需要了解安全企业不同阶段的发展逻辑是什么，以及什么样的安全企业有可能发展成为未来的明星企业，成为明星企业的时间有多久。如果你对安全企业有一个清晰的认知，你就能有一个正确的判断逻辑，从而能够辅助你做更正确的投资决策。

如果你是甲方，那么肯定也希望能选择好的供应商或合作伙伴。那么你该如何选择呢？你需要了解一下安全企业的生存与发展逻辑，从而建立"如何知道企业好"的独立认知体系，这样才能更加客观地判断为你服务的安全企业。

如果你是一个安全从业者，那你更应该先看清楚整个产业和企业，然后选择一个有未来的方向，在这个方向上做出优秀的成绩。

5.2.2　问题二：什么决定企业生存

安全是一个碎片化市场，其原因之一是所有付费的客户都能够提出独一无二的需求，都有可能找不到一个现成的产品来满足该需求，而这个需求碰巧摔在了你的面前，那么机会的窗口就为你打开了。

许多创业的安全团队都可以忍受比打工低得多的薪水来承载创业梦想，而且在安全行业的每个发展阶段都有这样的团队出现，于是就造成了一个假象：只要有一个机会摆在面前，只要能吃苦，终有一天能够成功。但是我想说的是，如果在这种状态下等待成功，那多半是一个小概率事件，而小概率事件在大部分情况下是不发生的，即使放在十年的尺度上能够发生，但是很少有创业团队能撑得了这么久。可以这样讲，每一个需要结婚、生子、组建家庭的创业者，面对这样低的成功概率，都抗不住压力。

事实上，今天的创业环境是这样的：安全版图在不断扩大，安全企业在不断增多，资本也在不断加持。对于一个创业型安全企业来说，"吃苦"已经不能解决任何问题，而要想真正解决问题，就要了解安全企业的基因和自己创业的基因是什么，以及如何基于该基因描绘一个更好的演化终局。

5.2.3 问题三：什么决定企业增长

几乎所有企业都希望增长，许多安全创业企业的创始人，在谈及企业为什么发展不起来时，给出的理由大多是：老板的格局和眼光不行；或者员工敬业度和创新力不行，斤斤计较又不给力；或者投资人水平不行，听不懂我们做的事情；等等。

这时候你可能需要问自己一些问题：你是否了解 ToB 安全行业跟 ToC 安全行业有哪些不同？你有没有开始考虑建设一个好的商品制造系统？公司发展不起来到底是你找不到客户，还是客户找不到你的优秀之处？你如何能够让投资人听懂并且相信你做的事情可以带给他们一个更好的未来？

当你要为自己的员工或投资人讲一个企业增长的故事时，你就需要了解一个好的商品制造系统的核心要素有哪些，它们如何才能够有效运转。

5.2.4 问题四：什么决定企业能够成为"爆品"

为什么一个只有三十多年历史的行业已经出现了老牌安全厂商或传统安全厂商？为什么在三百家厂商群雄逐鹿的"试炼场"里却依然有年轻的厂商异军突起，成为安全行业里的明星企业？抛掉一些偶然的因素，我们可以看到这样的企业的崛起是有一定必然性的，是在天时、地利、人和多方因素共同作用下的一个近似于必然的结果。

在今天这个商业复杂巨系统里，已经成功的路径是很难复制的，但是看清趋势，然后根据自身条件顺势而为，走出一条属于自己的快速增长道路，是完全有可能的。要想成为行业里的"爆品企业"，你可能需要了解企业模式和先进的企业架构应该是什么样子，在这样的架构之下再辅以成熟的商品制造系统，如果还能够迎合安全发展的大潮流，则成为未来的明星企业是完全可能的。

5.3 如何理解技术基因

安全行业是一个讲究技术基因的行业，这里面有两个原因：一是威胁对抗是在一个未知的解题空间里寻找最优解，因此需要一些新的技术或新的算法才会有效；二是安全产品无法通过第三方证明和自证的方式来证明有效，因此只能通过让客户认可技术的方式来佐证产品的有效性。在安全行业发展早期或者对于一些安全的初创企业来说，安全企业必须要有技术基因，因此整个行业里有“技术立业”的说法。而在今天的竞争格局里，技术虽然不是企业成功的唯一标准，但是技术却是企业成功的前提，新技术的开发或技术形象的包装已经是安全企业的一个必备能力。

技术基因由技术范式、技术领域和技术演化三部分构成。所有安全技术都可以抽象成一种范式，基于该范式，针对不同的安全问题和场景衍生出不同的技术领域，每个技术领域又可能有不同的流派，然后就会有不同的技术演化方向。这里没有好与不好，而是根据不同的演化方向，你可以看到未来不同的技术终局，处于技术演化前段的安全企业，未来的想象空间一定没有处于演化后段的企业大。

5.3.1 技术范式

所有安全技术都遵循监控、检测、处置这样的技术范式（如图 5-2 所示）。

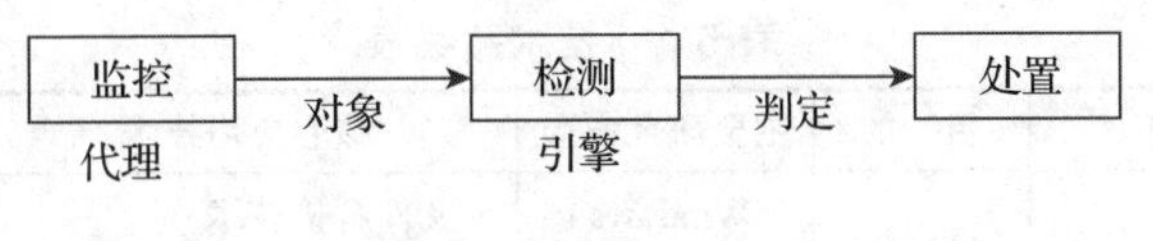

图 5-2 技术范式

整个安全产品的工作模式是这样的：最前端有一个被称为“代理”（Agent）的组件，对被保护目标进行实时的监控，将探测到的“对象”（比如内存片段、文件、网络流量、URL 等）的上下文信息送到“检测”（Detect）组件里进行相应的威胁判定，判定成功后就启动相应的“处置”(Protect）手段，试图解决掉威胁。

代理组件在终端领域叫“监控程序”，在网关安全领域叫“探针”，在身份访问领域叫“安全访问代理”，虽然称呼不同，但它们做的都是同样的事情，就是对对象的行为进行监控，或者叫感知（Sensor），或者叫预测（Predict），或者叫识别（Identify）。

检测组件是安全产品里最核心的部分，通常叫“引擎”（Engine），就是一组特定的算法。不同厂商的引擎实现原理是不同的，技术差异性和先进性也就体现在这个地方。平时提到的分析（Analysis）、匹配（Matching 或 Mapping）也指的是该组件的作用。

处置是发现威胁后产生的相应动作，有响应（Respond）、防御（Prevent）、缓解（Mitigation）等几种不同的说法，当然处置的动作也可细分为告警、阻断、审计等。

5.3.2 技术领域

前面谈到的 14 个赛道，是从产品应用的层面来对安全行业进行分类，但是如果我们下沉到技术领域层面，则目前存在 8 个技术领域（如图 5-3 所示）。

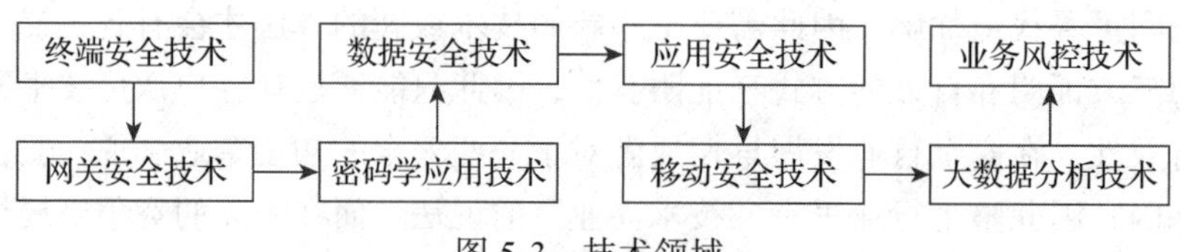

图 5-3 技术领域

这8个技术领域为：终端安全技术、网关安全技术、密码学应用技术、数据安全技术、应用安全技术、移动安全技术、大数据分析技术、业务风控技术。这几类技术领域是互相独立的，是八个独立的演进路线，几乎没有复用的可能。图上的箭头只是表明一个按时间演化的先后顺序，一个初创企业前期只有可能选择一种技术领域和一个技术路线，后期如果企业要想进行跨赛道的横向演进，也必然需要组建不同技术背景的研发团队。

5.3.3 技术演化

可以按照目的、主要研究方向、核心应用技术和技术演进路线来看看这八个技术领域的技术路线（如表5-1所示）。

表 5-1 技术路线表

序 号	技术领域	目 的	主要研究方向	核心应用技术	技术演进路线
1	终端安全技术	反病毒	Windows 内核研究与编程	● 文件解析技术 ● 终端管控技术	杀毒—管控—EDR
2	网关安全技术	反黑客	Linux 内核研究与编程	● 网络层协议解析技术	防火墙—IDS/IPS—SOC
3	密码学应用技术	防篡改	密码算法的软硬件应用	● 加密技术 ● 认证技术	数字证书—身份认证—IAM—零信任
4	数据安全技术	防止数据泄露	文件加解密与内容识别	● 文件透明加解密技术 ● 文件沙箱技术 ● 数据访问隔离技术	加解密—DLP—数据库安全—数据治理
5	应用安全技术	防 Web 攻击	应用层协议解析	● Web 层面的漏洞扫描与攻击防御技术 ● 流量清洗技术 ● 反向代理技术	● 云安全—云防护 ● 漏扫—WAF
6	移动安全技术	移动业务保障	Andriod 与 iOS 操作系统环境编程	● 移动虚拟化技术 ● APP 加固与封装技术 ● 移动管控技术	App 加固—MDM—BYOD—移动业务安全
7	大数据分析技术	安全态势分析	大数据处理与分析	● 可视化技术 ● 关联分析技术 ● 数据挖掘技术 ● 深度分析技术	威胁情报—SIEM—态势感知
8	业务风控技术	防止业务相关风险	行为风险建模	● 业务风险建模技术 ● UBA/UEBA 技术 ● AI 反欺诈技术	业务反欺诈—AI 反欺诈

终端安全技术领域研究反病毒，主要研究方向是Windows内核研究与编程，因为长期以来病毒生存环境都是以Windows操作系统为主。这里有两个核心应用技术：一是文件解析技术，这是反病毒引擎的核心技术，就是给定任意一个文件，如何有效地对文件格式进行解析，对内容是不是病毒进行判定（当有了引擎之后，剩下的就是反病毒工程师针对引擎特性将病毒样本通过分析变成特征库并供引擎调用）；二是终端管控技术，它的核心是在内核驱动程序的控制下，对终端的各个环节（比如操作系统、应用程序、网络、外设）分别进行控制。

从技术演进路线来看，终端安全技术领域是沿着杀毒、管控、EDR这样的脉络发展的。从严格意义上讲，EDR是在终端侧实现的基于大数据的行为分析，不应该归在终端安全技术领域内，但是从技术演进路线上看，EDR是终端安全技术发展的下一个新形态。

网关安全技术领域研究反黑客，主要研究方向是Linux内核研究与Linux环境下的编程。业内所有的网关类产品都是在一个裁剪的Linux版本下进行二次开发和编译，这样会导致没有一个网关安全产品能正常运行在一个标准的Linux操作系统之下，这就是网关类产品一定要提供一个单独的硬件盒子的原因。网关安全的核心应用技术就是网络层协议解析技术，至于反黑客本身，都会在开源框架下加上网络攻击报文的检测规则库。

从技术演进路线上看，网关安全技术会沿着防火墙、IDS/IPS、SOC这样的路线发展。就是先对网络访问进行管理，然后对黑客入侵行为进行识别和拦截，最后对所有网关安全设备进行统一管理。

密码学是一个比较特殊的领域，严格意义上讲密码属于学术，而安全属于工程。另外，密码算法里无论对称算法还是非对称算法，都是公开算法，谁都可以免费使用，安全行业只是对密码学算法的具体应用，没有技术门槛，但是密码学应用于不同的场景，就产生了相应的应用门槛，因此该技术领域被称为密码学应用技术领域。该领域研究防篡改——防止身份的篡改和数据的篡改，因此该技术领域是个通用技术领域，被广泛应用于各种场景。该领域的主要研究方向是密码算法的软硬件应用，核心应用技术是加密技术与认证技术，其中加密技术广泛应用于数据防篡改领域，而认证技术则广泛应用于身份防假冒场景。

密码学应用技术领域的技术演进路线为数字证书、身份认证、身份与权限管理（IAM）、零信任。数字证书与密钥体系被称为密码学基础设施，在密码学基础设施的基础上构建身份认证技术体系，而基于身份认证又发展了多因素认证和身份与权限管理的新场景，在该场景下，又融入VPN技术、应用访问代理技术、终端安全技术，形成一个更新的场景——零信任，零信任是一个典型的技术驱动而产生的新场景。

数据安全技术领域研究防止数据泄露，主要研究方向是文件加解密与内容识别，核心应用技术为文件透明加解密技术、文件沙箱技术和数据访问隔离技术。文件透明加解密技术主要应用于早期的数据安全产品，表现形式就是一个底层驱动，当进行读文件操作时，底层驱动就在内存中把加密文件动态解密后的明文展示给你，当进行写文件操作时，再把新文件重新进行加密；文件沙箱技术本质上是一种数据隔离机制，采用文件重定向原理，将后续的所有文件操作都重定向到另外一个目录，从而保证原始的文件不被修改；而数据访问隔离技术被应用于数据库安全场景，当访问数据库的数据时，可以对数据库里的数据进行动态处理，保证了数据库里数据的安全，这类产品的标准形态是各种数据库脱敏系统或数据库审计系统。

该技术演进路线为加解密、DLP、数据库安全和数据治理，是沿着终端数据流动管理、网络数据流动管理、数据库数据流动管理和数据全生命周期管理这样的逻辑进行发展的。《数据安全法》的实施意味着今后的数据安全要向着数据整体治理的方向演进，单一的数据安全产品已经成为过去时，而未来综合数据安全产品将是主流。

应用安全技术领域研究防Web攻击，主要研究方向是应用层协议解析，核心应用技术可分为Web层面的漏洞扫描与攻击防御技术、用于抗DDoS场景的流量清洗技术和用于云防护领域的反向代理技术。反向代理技术除了应用于云防护、云监测领域，还会用于上网行为管理的堡垒机场景、云上的身份代理CASB场景以及零信任场景。

技术演进路线有两条：一条是基于Web本身安全的漏扫到WAF的发展道路，另一条是基于单点流量清洗的云安全场景和基于分布式的云防护场景。

移动安全技术领域研究移动业务保障，是唯一一个将业务与安全紧密结合的领域，原因是在移动领域单谈安全价值太低。该领域的主要研究方向是Android与iOS操作系统环境下的编程，核心应用技术有移动虚拟化技术、App加固与封装技术、移动管控技术。

技术演进路线跟赛道的演化逻辑相同，即从App加固、MDM、BYOD到移动业务安全，移动业务安全是对移动安全技术的综合应用。

大数据分析技术领域研究安全态势的分析，主要研究方向是大数据处理与分析，核心应用技术有：可视化技术，大家常说的“地图炮”就是这类技术；关联分析技术，就是多维数据的关联和钻取；数据挖掘技术和深度分析技术，就是利用机器学习的算法对数据进行深度分析，这也是AI技术能够派上用场的典型使用场景。

技术演进路线是从单一数据收集的威胁情报过渡到单一日志分析的SIEM类产品，再过渡到复杂的态势感知形态。

业务风控技术领域研究如何防止业务相关风险，主要是防止外部人员和内部人员对业务系统造成的非法影响，其核心目标就是对人的行为进行风险分析。该领域的主要研究方向是如何根据业务属性进行行为风险建模，核心应用技术是业务风险建模技术、UBA和用户和实体行为分析（User and Entity Behavior Analysis，UEBA）技术、AI防欺诈技术。

技术演进路线是从人为分析的业务反欺诈到AI反欺诈，AI技术在安全行业的精确匹配领域价值不大，因为AI的识别精度很低，但是在复杂数据分析领域有着广阔的应用前景。

5.4 好的企业必须要有商品制造系统

互联网产品设计领域有一句经典的话："好产品都是运营出来的。"这里说明了一个互联网典型的产品演进模式，就是不断通过用户的反馈来优化产品，从而达到通过一个好产品进行商业变现的目的。这句话成立的前提是产品新版本的交付与用户的反馈都必须是实时的，因此这种产品设计思想只适用于可以通过互联网实时触碰用户的互联网属性产品。

产品经理实际上是一个需求经理，其常态工作就是判断用户需求的合理性在哪里以及商业变现功能的不合理性在哪里，产品经理并不用真实地跟用户打交道。另外，一个拥有广泛小白用户的互联网产品，产品经理在用户心中就是上帝，用户今天想要的功能有可能明天就真实地出现在产品里，因此即使是在用户见面交流会上，用户也是怀着对上帝般敬意的粉丝，因此互联网经济又叫"粉丝经济"。

而在 ToB 的企业安全市场里，这种产品设计思想并不适用。一方面产品新版本交付与客户反馈都是滞后的，一个功能的反馈时间往往需要以月或年为单位来计算，这样滞后的需求无法真正驱动产品的迭代；另一方面产品只要付费就成为商品，购买商品的用户就会变成客户，客户往往是购买之后才会真正开始评价商品，商品一旦出了问题还会对厂商进行质询，客户在这里是上帝，而产品经理只是上帝的仆人。

当一个 ToB 的产品经理面对无数个上帝的时候，需求判断与商业变现功能设计能力就变得微不足道了，这时候就需要真正了解商品制造流程。

5.4.1 商品制造系统

ToB 企业安全市场的产品设计逻辑应该是这样一句话："好的商品是协同出来的。"对于企业来说，需要了解并建立一个符合自己实际情况的"商品制造系统"(如图 5-4 所示)。

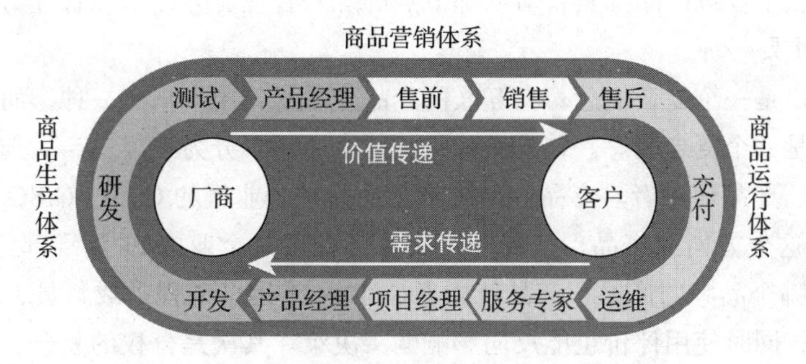

图 5-4 商品制造系统

商品制造是一个复杂的过程，整个系统是由商品生产、商品营销和商品运行三个相对独立又有联系的体系共同协同出来的。在这个商品制造系统里，对产品经理的能力要求提高了，但是产品经理的地位却降低了，产品经理是重要但非决定性的一环，因此虽然 ToB

企业安全市场的规模要远小于互联网市场的规模，但是产品设计难度却大大增加了，ToC的产品经理是完全不适应这样一个系统的。

商品生产体系就是我们常说的研发体系，核心要素是产品经理、开发和测试；商品营销体系就是我们常说的销售体系，核心要素是售前与销售；商品运行体系就是我们常说的交付体系，核心要素是售后、运维、服务专家、项目经理的交付职能。产品经理是整个系统的纽带，他负责维护商品制造系统正常运转的两大链条：价值传递链条与需求传递链条。

产品经理是产品的定义者，需要将产品的价值通过售前和销售的口和脑尽量不失真地传递给客户，同时需要将产品实际运行过程中产生的问题和新的需求通过交付、运维、服务专家和项目经理的口和脑尽量不失真地传递回来，为产品迭代升级提供正确的决策依据。要保证信息不失真是极其困难的，尤其在大营销架构下的中大型安全企业里，因此在重要的场合，产品经理就需要冲到一线，亲自跟客户交流。

5.4.2　商品生产体系

1. 企业级产品特性

企业级安全产品产生的直接目的不是通过使用而获得流量，然后间接完成商业变现，而是通过产品本身的售卖直接获得利润，因此它具备了跟互联网产品完全不同的特性。

第一，管理是产品的元需求。在一般产品经理眼里，似乎产品的产生就是为了解决用户“痛点”，就是为了提供更多的“痒点和爽点”，就是在满足用户的“贪、嗔、痴”。但是在甲方企业，这些都变得不那么重要，因为安全产品在解决安全问题的同时，已经变成了一个管理工具。在传统的产品价值体系里，你的存在要么是可以帮助客户赚钱，要么是可以帮助客户省钱，而安全产品存在的价值更多是辅助客户管理，帮助客户满足合规的要求，因此每一款企业级产品都具备对局部节点的统一管理能力，因此管理与管控是安全产品功能设计里重要一环。

第二，用户是一个复合概念。在互联网产品体系里，用户只有一种，而在企业级产品体系里，用户是一个复合概念。首先是分级的复合，至少分为三级：产品选型决策者、产品购买决策者、产品使用者。产品选型决策者往往是企业里的CSO、CISO或处长，他们决定是否需要这个方向的产品；产品购买决策者往往是企业的IT运维部门经理或科长，他们决定需要哪个品牌的产品；产品使用者往往是IT运维工程师或科员，他们决定该产品的使用评价，同时使用评价也能反向影响购买决策。其次是分权的复合，很多合规产品都要求“三权分立”，即要有管理员、操作员、审计员，而厂商还要保留一个能够分配各种角色与权限的超级管理员，这样一来，一个安全产品就拥有了超级管理员、管理员、操作员、审计员、决策人这样几个角色，在保密行业还会有一个特殊用户——“保密员”。产品经理要考虑不同权限的角色的不同诉求，并通过产品的方式实现，这是互联网产品经理不会考虑也不知道如何考虑的问题。

第三，专业是一种权力。为什么企业安全产品大多数不太考虑“用户体验”？那是因为很多时候产品需要被当作收权的“抓手”，安全的手要想伸到其他部门里，首先要证明安全的必要性，这时候安全产品解决的核心问题就是如何把更多的问题暴露出来。另外，当一个功能超多、操作复杂的安全系统摆在其他部门面前的时候，这种专业性本身既是权力，又是一种优越感的体现，因此安全产品的管理后台往往都是非常复杂的。

第四，产品周期具有“以人为本”的特性。互联网 ToC 产品的生命周期取决于你的用户数量和用户控制力度。这种用户控制力度有一个好听的名字叫“用户黏性”，当你拥有绝对数量用户的时候，你的用户黏性和产品竞争力自然就产生了，除非有一个更强势的产品且有更强势的补贴才有可能翻盘。

而决定企业安全产品生命周期的要素有两个：一是自然采购周期，二是负责人的任职周期。往往一个产品的自然采购周期是 1 年、3 年和 5 年，在一个自然采购周期结束的时候，就是产品自然的翻盘时期，你几乎不可能保证产品在采购周期内的用户满意度是百分百，也不能保证百分百不会出现问题。即使你的商务关系非常到位，那还存在该项目的负责人调岗、任期结束或者在权力博弈中失利的意外情况，这样的任职周期几乎跟采购周期相同，但是它们有可能交错进行，比如在产品采购期还没到时任职期已经到了。

新领导上任，几乎可以确定前期的项目会被翻盘，这里有个博弈悖论：你的产品如果效果好，那是上任领导的政绩，如果效果不好，继续使用就是这任领导的坑，填坑的最佳方式就是重新建设，你的产品设计里就要考虑如何提高产品的替换成本。

2. 产品演进模式

如果说产品经理就是需求经理，大概没有人会反对，但是对于优秀的 ToC 产品经理来说，他们肯定不赞同。因为他们认为一个好的产品经理不应该只是会分析和分解需求，还应该了解用户的“贪、嗔、痴”，应该了解人性，做需求没错，但是只懂得做需求肯定是错误的。

而对 ToB 产品经理来说，除了要管理需求和了解人性外，还要了解公司治理、组织架构、国家政策、行业规范、企业制度对一个产品可能带来的潜在影响，要有能力在这些因素的互相制约下考虑如何设计安全产品。

更重要的是还要考虑安全产品的几种不同的演进模式，这些演进模式还要符合上述因素的制约，安全产品在这里就从简单产品的设计模式，进入了复杂系统的设计模式。

对于整个 ToB 企业安全产品设计来说，需求演进只是其中一环，此外还有威胁演进、技术演进、理论演进这三种独立又互相影响的产品演进模式。为了对付像 APT 这样的高级威胁，就诞生了反 APT 类产品，这是威胁驱动下的产品演进结果；当出现大数据分析技术时，就出现了“态势感知”类产品，这是在新技术驱动下的产品演进模式；当有了“零信任”“自适应”这样新的理论体系和指导模型时，就出现了相应的安全产品，这是在理论驱动下的产品演进模式。

3. 商品设计逻辑

掌握需求演进、技术演进、威胁演进、理论演进这四大产品演进模式只是 ToB 产品经理的基本功，要想设计一个好的产品，还需要理解商品设计逻辑，这里需要考虑价值闭环、用户歧视、架构通识和替换成本。

一个好的 ToB 企业安全产品，必然要能够完成价值闭环，要能够同时具备发现问题、分析问题和解决问题的能力，即前面提到的那个通用范式。一个只有发现能力的安全产品对客户来说往往是低价值感的，就像大部分的扫描器都是免费或低价交付给客户的现状一样，就像态势感知早期的地图炮和大屏只产生了“展示”这样的核心卖点，很快就到了发展的瓶颈期一样。一个好的企业安全产品必须能够自我完成一个小的价值闭环，最好的产品设计是任意安全产品组合在一起都能形成更大的一个价值闭环。

一个好的 ToB 企业安全产品，还必须有完善的商业逻辑，其中授权体系设计和功能设计就要考虑用户歧视的因素。一方面可以把产品按功能进行模块化拆分，不同模块由不同的授权来控制，可以给客户描绘一个功能全景，但是当用户决定采购时，就会按功能模块数量来付费，这样一个标准产品就可以卖出不同的价格。另一方面也可以把产品按性能进行拆分，一般分低配、中配和高配三种型号，不同配置的价格不同，这样同一款产品，就可以卖出几万元、几十万元到百万元不等的价格。

架构通识是企业级安全产品形态架构的不成文约定。早期所有企业级软件产品都分客户端和管理端两部分，客户端为最终用户提供使用功能，管理端则为企业的安全管理人员提供一个统一管理的入口；早期安全类硬件则提供单点的硬件设备，该设备上同时提供使用功能和管理功能，用户每购买一台安全硬件设备，就会有一个单独的管理界面。

新型的企业级安全产品，无论是软件还是硬件，都已经形成了一个统一的架构通识，就是都会有前端感知、中台管控、后台分析这样的三级产品架构。很少再有单点防护类产品了。

由于产品生命周期的存在，就有产品被替换的可能性，如果你设计的产品的替换成本较高，也会提升产品的竞争力。决定替换成本的因素有四个：一是功能复杂度，功能越多则学习成本就越高，替换成本就越高；二是实施难度，实施难度越高，替换成本就越高，比如终端安全产品的实施难度就远大于网关安全类产品；三是定制化程度，为客户定制的功能越多，则替换成本越高；四是管理融合度，与管理的融合度越高，则替换成本越高。如果客户把你的产品当作工作考核的一部分来使用，甚至客户根据你的产品特性和指标制定了相应的管理制度，那么替换成本会远高于只把你的产品当作工具的情形。

4. 产品经理能力指南

ToC 产品经理的终极目标是做一款成功的产品，而 ToB 产品经理的终极目标是让产品获得成功，因此 ToC 产品经理是需要在一个点上做到极致的人，而 ToB 产品经理是要在一个面上都做到恰到好处的人。

一个好的 ToB 产品经理要同时具备产品战略规划、产品架构、产品设计、产品包装和客户博弈五大能力。

产品战略规划能力主要是指产品的宏观策略制定能力。产品上市后在整个行业里的定位是什么，需要有什么样的理论体系支撑，需要进行什么样的技术演进路线，需要设计一个什么样的生命周期和市场退出策略，这些都是产品战略规划的工作内容。

产品架构能力主要是指产品的形态规划能力。一个产品的整体形态是如何定义的，有哪些关键组件，该产品在整个公司的位置是怎样的，跟其他产品的关系如何，这些都是产品架构的工作内容。

产品设计能力就是常说的需求管理或需求分析能力，有两方面内容：一方面是把客户需求转化成产品需求，再转化成技术需求，然后与相应的功能对应起来，从而产出产品需求文档或产品交互设计方案；另一方面是协调研发资源，跟踪需求的研发实现过程，并保证产品或功能能够按约定时间完成。

产品包装能力是指推销产品的能力。一提起包装，大家会自然想到这应该是市场部的工作，但是随着安全产业的发展，采用单一产品模式的安全企业势必会越来越少，大部分企业将面临多产品线外部共同协同、内部共同竞争的现实局面。这就要求产品经理必须懂得如何包装自己的产品，这里面有三个方向的工作。

一是讲一个销售能听懂的、客户又爱听的产品故事，最常用的手段是写一个好的产品主打 PPT 和销售一指禅，这一部分是解决你产品的卖相问题；二是写一套完整的售前材料，如白皮书、解决方案、招标参数等，能够帮助售前更好、更快地产出客户需要的招标方案或解决方案，这一部分是让售前更愿意把你的产品写入方案；三是在售前阶段协助销售与客户进行交流，在出现产品问题后能够很好地阐明问题，让客户依然对你产生信任感，这一部分是让售前和销售觉得你的产品有价值。

要想做好上面三点，除了需要很好的文档撰写能力之外，更重要的是你的演讲能力。你能够通过内部培训或内部宣讲的方式快、狠、准地将产品价值传递出去，能够在客户现场瞬间让客户对你的产品产生兴趣，这些都非常有助于产品的生存。衡量 ToB 安全产品是否是爆品的指标不是用户数，而是销售额，产品包装是能够产生产品溢价的重要能力。

客户博弈能力主要是指处理客户矛盾和控场的能力。跟前面提到的沟通能力很相似，但是沟通能力主要是指能快速听明白客户说了什么和能快速让客户理解你说的是什么。从底层看，这是一种逻辑表达能力，但是博弈能力是一种在极端情况下跟客户沟通的能力，要求有很强的心理感知能力和很好的商务谈判技巧。比如有时候你合理拒绝或顶撞一下客户，反而会比一味顺从客户效果更好。

客户博弈能力主要体现在两个方面：一是客户层面的危机公关，当你的产品出现问题甚至是严重问题时，你如何做可以让客户不但不生气，反而对你产生更大的信任感；二是需求收敛，即预期管理能力，当客户向你提出各种各样的要求时，你需要做的是合理拒绝，或者不放大客户的预期和不过度承诺。这都需要在你对公司产品、技术、客户心理精准把握的前提下，通过博弈而达到双赢结果。

5. 研发的职能

在 ToB 的企业安全领域，研发也已经不单纯只是编码职责了，研发需要承担三大职能：生产产品、定制产品、维护产品。

关于生产产品，需要技术经理将产品经理的产品设计方案转化成技术实现方案，并组织研发人员进行开发实现，然后组织测试人员来保障功能开发的质量。

当客户提出新需求时，如果标品不满足，还需要在标品的基础上制定定制开发计划，并在主线代码版本上建立代码分支，还要兼顾这些分支在未来的某个时间点合并到主线代码版本的策略。

当产品出现前端服务专家无法解决的疑难问题时，研发人员还要负责进入现场去收集信息，极端情况下还需要在客户现场进行现场开发和调试。

研发的这些职责是 ToC 的研发经理无法理解也不会配合的。有一个真实的例子：当客户出现问题需要研发人员现场支持时，一个互联网安全公司巨头的研发人员明确表示，开发人员和产品经理不会去现场，这种事情你们销售和售前解决。

5.4.3 商品营销体系

商品生产体系解决了厂商侧的产品生产问题，而营销体系则需要解决客户侧的产品交付问题。如果说产品经理的核心目标是让产品获得成功，那么营销体系的核心目标就是帮助客户获得成功。

由于 ToB 企业安全市场是一种复杂用户、复杂场景下的复杂问题解决模式，销售单靠“吃饭、唱歌”这样的传统销售方式已经不行了，还要搞清楚客户真正的困局在哪里。

1. 客户困局

信任局是销售首先要面对的客户局面。你打开了门，靠什么取得客户信任？大部分人都认为会靠品牌和资质，上来就谈自己的品牌有多好，资质有多多，其实这些根本无法真正建立客户对你的信任，你的品牌如果真的足够大，那就该是客户主动来找你了。你可以设想一下，如果是初创企业呢，既没品牌，又没资质，还缺少案例，那么靠什么来打动客户？

其实建立客户信任的最核心要点是你的专业性，这体现在三个方面：一是站位，你要能够站在产业高度，对产业和技术发展趋势总结得头头是道；二是方法论，基于对安全的理解，你要能够讲明白你是如何提炼出问题的，并且你打算如何解决；三是实现能力，你基于这样的方法论你是如何实现产品的，是否有典型的客户认可。只要你站位够高，理论够先进，实现能力够强，就一定能获得客户的信任和认可。

问题局是客户需要你的原动力。如果客户找到你且愿意跟你谈，八成都是出了事或者为了不出事，这时候你要能清楚地知道这些问题的根源是什么，市场上有什么样的解决方案，它们都有什么样的优劣势，而你是如何解决的。这里面是一套完整的可以让客户相信的逻辑，要求你要具备一定领域的专业知识和高度，如果总是一味地说："我们是大品牌，一定能够为您解决"这样的话，反而会适得其反。

合规局是客户想要免责的理由。合规市场是安全行业里最重要的一个市场，因为这个市场是一个既定的、客户需要你的市场。在这个局里，客户往往是不懂安全或者不想搞安全的，但是迫于某种规范要求，必须得有免责手段，因此他们需要的是免责背书，不是真正的使用。在这种场合，厂商的品牌和资质就会十分管用，如果贸然采购了一个小品牌，出了问题就算跳进黄河也洗不清了。

2. 企业安全生意逻辑

知道了客户需要的局，还需要了解企业安全生意的逻辑。企业安全生意的第一个逻辑是：生意模式的演化是单向的。安全触碰客户的模式有两种：一种是通过渠道、集成商或枪手的方式间接接触客户，俗称"渠道模式"或"分销模式"；另一种是通过原厂商销售直接触碰客户，俗称"大客户模式"或"直销模式"。一般在安全行业里两种模式都有，中小企业的生意通过渠道模式完成，大企业的生意通过直销模式完成，但是这两种模式天生是有冲突的，因此安全企业的现状都是以一种模式为主。

但这是两条腿，因此直销型企业总是希望能把渠道做起来，而渠道型企业也总是希望能往直销方向拓展，但是安全行业只存在一种有效演进方向，那就是渠道型企业可以演进为以直销为主的模式，但是直销型企业很难演进为以渠道为主的模式。

原因在于渠道里能销售的必须是标准品，沟通成本与部署实施成本都要很低才行，这就是公有云厂商没办法成为私有云厂商的底层原因，因为公有云厂商的云平台是一个极度不标准的系统，根本无法在短时间内变成标准交付的产品。而安全产品的发展趋势一定是从标准化向定制化发展，因此直销型企业需要解决的核心问题不是如何把定制化产品变成标准产品，而是如何让定制化变得更有效率。

企业安全生意的第二个逻辑是：价格屠刀是跟随者挑战领导者的必然武器。各个行业都会出现有着"价格屠夫"之称的企业，它们通过供应链整合使产品成本更低，然后通过低价快速占领市场，于是在安全行业里总有人问："是不是某某企业核心竞争力就是杀低价？"

这里其实说明了一个道理，就是技术创新是困难的，技术演进是漫长的，但是技术抄袭却是迅速而短暂的，因此同类产品的竞争总是处在同质化竞争的状态，于是大家能想到的就是"杀低价"。但是需要理解的一点是："价格屠刀"其实不是某个企业的专利，也不代表该企业的产品没有核心竞争力，而只是代表某个领域的市场跟随者要想快速颠覆市场领导者的既有份额，最有效的武器必然是杀低价，因为一旦获得了一个客户，三五年之内都可以持续做生意，所以头一单亏本只是策略而不是问题。

企业安全生意的第三个逻辑是：结构性竞争将取代功能性竞争。许多人会问："在如今这样一个产品同质化时代，安全企业如何保持竞争优势？"这其实是对价格战的一种担忧，甚至很多业内资深人士都会认为，国内安全行业发展不起来的最重要原因，就是恶意竞争导致大家都没有利润，因此大家都发展不起来。

可能在过去十年，安全行业是这样的，但是在未来的企业安全市场里，这样的依靠价格优势的功能性竞争模式将会被结构化竞争模式取代。结构化竞争就是用新的产品、理念和技术来取代旧的产品、理念与技术。就像互联网行业总在谈的"颠覆式创新"那样，颠覆的力量总是来自行业之外。比如不是更牛的汽车企业，而是新兴的电动汽车企业，颠覆了旧汽车企业的市场。在安全行业未来上演的也是 NGFW（下一代防火墙）厂商会颠覆防火墙厂商的市场，NGSOC 会颠覆传统的 SOC 市场，零信任会颠覆 VPN 与身份管理市场，今后的安全竞争更多地会是这样的结构性替代。

企业安全生意的第四个逻辑是：生意关口前移。可能大家认为的生意模式是这样的场景：你看到甲方的招标信息，知道甲方有某些方面的安全需求，于是你准备好材料去应标，然后通过商务分、技术分的综合评比，最后你以综合分最高中标。这样的生意模式在安全行业是有的，但是将会越来越少，这种行为用行业术语讲叫"抢标"，用销售的土话讲叫"打猎"，而以后安全生意将会从四处"打猎"模式过渡到"围猎模式"和"种地模式"，生意的关口将会从"打标"阶段前移到"控标"和"控预算"阶段。行业里有一个更高级的词汇，叫作从"破局"到"做局"，简单地讲，做局就是立项、控标与围标。

事实上当你看到招标文件时，基本上可以判断这场仗已经打完了，你过去极有可能是个陪衬。安全企业的销售数字按季度归属的话，基本上符合 1∶2∶3∶4 的规律，即第一季度能够完成全年销售任务的 10%，而第四季度会完成全年销售任务的 40%。

为什么会呈现出这样的规律？因为大部分客户的安全建设都是走预算制，即第四季度开始筹划申报明年的预算，而申报预算的依据是甲方企业今年预算执行的情况，如果今年申报的安全预算没花完，那么明年相应的预算支出就会减少。因此大部分甲方企业会出现"突击花钱"的情况，即需要快速立个名目，把今年的预算在今年花完。于是第三季度开始的"突击花钱"和第四季度开始的"新年预算"活动就成了销售行为的开始，而花钱的名目很重要，你必须帮助甲方领导设计一个合理花钱的项目，要么是目前必要的，要么是面向未来有创新意义的。

3. 销售模式

看完商品营销体系中的客户侧逻辑，我们再看看销售模式（如图 5-5 所示）。

无论销售的方法有多少种，销售的模式只有三种：L1 级别的产品型销售、L2 级别的顾问型销售、L3 级别的企业型销售。整个销售行为就是围绕着客户价值和企业价值的平衡而展开的商业博弈，厂商尽量避免对客户价值极高而对企业价值极低的项目出现，即图中三角形项目，当然客户也会尽量避免出现对企业价值极高而对客户价值极低的项目出现，即图中方形项目，双方博弈的结果就只会出现 L1、L2、L3 三种情况。

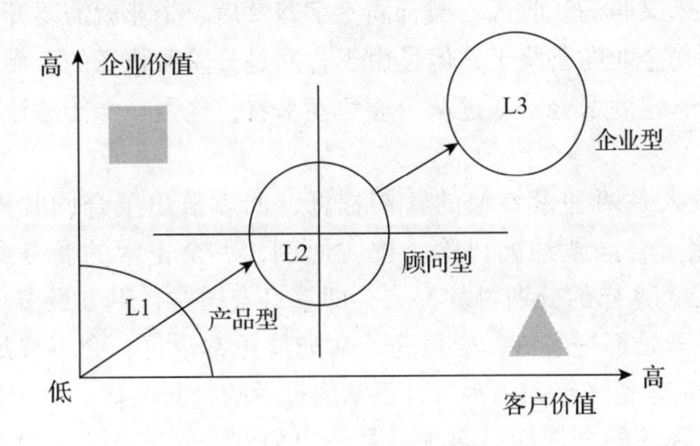

图 5-5　销售模式

L1 级别是对客户和企业都价值低的产品，ToC 的产品就符合这类销售模式，在这个领域里，传统的品牌、价格、产品功能都是影响客户决策的关键点，因此传统的营销理论依然有效。而 L3 级别是客户价值和企业价值同时最大化的销售模式，但是这种模式只能是双方企业高层之间的战略合作模式型的销售，不具备可复制性。因此企业安全市场核心的销售模式就集中在 L2 级别上。而在 L2 级别的顾问型销售模式中，价格只能占据客户 9% 的心智，品牌只能占据 19% 的心智，功能只能占据 19%，而剩下的 53% 是需要通过顾问型销售的模式来最终占据客户的心智。

顾问型销售的核心本质就是让客户对你产生信任感，当你的产品趋于同质化时，对产品功能的诠释已经不能拉开客户对你的认知差距，这时候就需要从外围对客户心智进行“围猎”，而这时，整个生意模式就从商务为主导的传统销售方式过渡到商务敲门，售前、产品、交付共同围猎的新销售方式。

4. 营销杠杆

对于一个安全企业来讲，营销体系就像军队，市场开拓的过程像极了排兵布阵，长期积累就形成了固定的打法，于是被称为“营销风格”，但是随着未来竞争的进一步加剧，安全企业要想灵活机动地快速发展，已经不能依赖于某种不变的风格，而是要建立一种更加灵活的营销机制，营销杠杆就是用来控制这种灵活度的。

就现状来看，一共有合同数量、合同收入、回款、压货收入、毛利润五种杠杆机制，这五种杠杆其实是五种销售考核机制，不同机制所带来的效果是不同的，因此采用哪种机制，取决于企业的市场开拓策略。

合同数量和合同收入往往是快速进入市场的实力企业最常用的营销杠杆，这是最快产生行业案例的方式。许多成熟行业的安全主管都不太愿意成为第一个吃螃蟹的人，因此都要求安全厂商要有同行业应用案例，如果企业用合同数量来作为考核标准的话，就会有一些销售利用自己的人脉，迅速签订一些战略合作协议、框架协议，会让企业短时间内拥有大量案例。合同收入又叫确认收入，当合同签字盖章后，企业就需要开出等值的发票，这样该数值就可以算作企业的营收了，但是由于合同是分阶段执行的，而且这些合同是有毁约风险的，因此有一定的水分，不过从企业角度来看，这是一个能够让企业快速发展的激进型营销杠杆。

回款与压货收入是两种紧缩型的营销杠杆，回款挤出了合同收入里分阶段交付的水分，同时也排除了合同毁约的风险。按照惯例，一个正常的商务合同基本上会采用5∶4∶1（或3∶4∶3）这样的分期付款模式。即签订合同时，甲方最多会支付50%的合同首付款；然后厂商开始部署实施，交付完成后如能正常运行，会再拿到40%的合同中期款；产品上线并稳定运行半年到一年后，再拿到最后的合同尾款。

回款就是不管你签的合同额是多少，最终以划到公司账户上的资金为准，因此一个100万元的合同，如果按确认收入来考核的话就是100万元的销售业绩，如果按回款就是50万元的销售业绩。这个回款里还是有水分，就是有可能你是通过总代压货的方式产生的账面收入，钱是真实的钱，但是货却事实上还躺在总代的仓库里，并没有真正形成消费，业内管这种模式叫作“寅吃卯粮”，是通过绑架代理商来完成销售业绩的常用手段，因此要想让数字更真实，就需要在回款里面挤掉压货收入这个水分。

毛利润（简称毛利）是最平衡的营销杠杆。毛利是产品销售价格减掉产品成本后剩下的部分，这代表了企业的营利能力，毛利越多则企业的营利能力越强。这里的毛利也有两种算法：一种是销售口径的产品毛利算法；另一种是财务口径的企业毛利算法。之所以会出现这两种算法，是因为衡量企业真正营利能力的是企业毛利，它是营业收入减去营业成本，但是营业成本对于销售来说是不可见且无法证明的，最终企业可以通过这种不透明的方式给销售少算毛利从而达到少给和不给销售提成的目的。

因此销售考核更好的营销杠杆就是产品毛利算法，即只给销售算产品的毛利，不算项目的毛利。比如说，软件产品由于没有介质成本，因此给销售可以按100%计算毛利，硬件产品按销售售价减去硬件介质成本后剩下的金额给销售算毛利，然后按这个指标来考核销售，具体该项目实际是亏是赚，跟销售无关。这种方法简单、好操作，因此是成熟安全企业普遍的做法，但是我也看到一些小的创业型安全企业，还在用企业毛利的算法给销售算业绩，这种做法会极大地损害销售的积极性。

当然真正衡量企业营利能力的是净利润，但是没有任何安全企业会把它作为营销杠杆，因为净利润有很强的财务操作弹性，而且企业净利润跟企业管理水平有很大的关系，所以这是企业CEO该扛的责任，不能转嫁到营销体系上。

事实上整个安全行业产品的毛利率普遍在70%左右，而净利率在20%左右，如果毛利高于该数值，则证明该企业的产品有很强的溢价能力，要么是产品商业逻辑设计得好，要么是销售的商务控制力强。如果企业净利率在20%以内，则证明该企业的成本管理出现了问题，或者在采用一种激进的企业发展策略。

5. 售前的迷惘

如果销售是那个打猎的人，那么售前就是那个刨坑、织网的人。虽然售前很重要，但是售前实际上会面临身份的尴尬、收入的困惑和发展的苦恼三大迷惘。

售前身份其实是比较特殊的，在研发人的眼里，售前不懂技术；在产品人眼里，售前不懂产品；在销售眼里，售前不懂销售。好像售前除了忽悠客户、写写标书就什么都不会了，然后就是不断给客户过度承诺，不断给产品线挖坑。因此早期售前是划在支持线里，根本不算技术人员，但是后来大家觉得这对售前这个职业不公平，于是一些企业就把编码工作叫作“研发”，把支持工作叫作“技术”。

平心而论，售前的待遇既不如研发高，也没有销售高，干的又是一堆累活，是一个非常“辛苦”的职业。但是对于销售来说，产品线是无法支撑大量的客户交流工作的，因此一部分安全企业开始采用捆绑售前与销售的方式来运作，即每一份销售业绩里，会有一定比例的奖金是发给售前的，只是销售会拿大头，而售前拿小头。这样就能调动起售前的积极性，是一种好的营销体系架构设计。

安全行业是一个需要终身学习的行业，因此从业者都非常看重职业发展。而对于售前来说，天天要见大量客户，写大量标书，很少有时间对产品和技术进行深入的学习和研究，时间一长就感觉是一个纯体力活，没有发展空间。因此有相当一部分售前会考虑转型，要么往前端转，成为一名真正的销售，要么往后端转，成为产品线的产品经理。

5.4.4 商品运行体系

之所以叫商品运行体系而不叫交付体系，是因为这一环节是一个过程型的动态环节，该环节运行得高效才能保证整个商品制造系统的高效性。

售后负责产品的部署、实施、安装、调试、操作培训等工作，是一个基本不需要太多沟通能力的高科技熟练工种，因此可以进行批量培养。

一般情况下，售后把产品交付给客户之后，所有产品的运维权就移交给客户，但是由于客户的技术水平不一，有许多客户无法更好地发挥产品的作用，于是就出现了产品运维工程师，这些工程师往往采用驻场的工作方式，客户提供工作场地，这些运维工程师就在客户现场办公。

运维过程中如果出现问题，还有一个服务专家的角色存在，他能够快速定位和解决问题。他往往会熟练使用研发提供的一些内部工具，如内存 Dump 工具、日志分析工具等，能够通过这些工具快速定位问题和解决问题，对于解决不了的问题，就要反馈给产品线，最终有可能由研发工程师亲自上门来解决问题。

安装产品、使用产品、解决产品问题这三个环节都是操作性较强的技术型工作，更贴近产品。因为是三个孤立的点，所以需要将它们串起来，这就需要项目经理的角色，项目经理会更贴近客户侧，有更好的沟通能力，可以听懂客户需求，对客户需求进行响应，并在公司内部协调各方的资源，因此项目经理是客户满意度的关键因素。

5.4.5 产品形态的优劣势

安全厂商最终生产的是产品，而安全产品的经典形态有三种：软件、硬件、服务。服务又分两种：一种是以人为交付主体的服务，如安装服务、安全评估服务等；另一种是以云端交付为主体的“SaaS 服务”。由于是讨论产品形态，因此本节讨论的服务是指 SaaS 服务。

原则上，安全产品可以以任何形态进行交付，因为虽然硬件本质上也是软件，软硬件本质上也可以是服务。但是这三者无论从对甲方客户的影响还是从给人的主观感觉上看都不一样，因此产品的形态选择，其实就变成了商品策略的一部分。一般情况下，终端类产品往往是软件形态，网络类产品是硬件形态，云安全类产品是服务形态。

以硬件形态切入安全市场的新型产品，其最大的优势是不改变客户的网络结构，不会对既有的 IT 架构带来负担，还能成为有利补充。劣势有两个：一是定位精度不够，只能定位到 IP，无法定位到具体的终端；二是控制粒度不够，只能做到网络级的控制，无法做到端到端的控制。

以软件形态切入安全市场的新型产品往往就是终端类安全产品，其优势有三个：一是客户黏性大、更换成本高，一旦安装成功，很难换掉；二是定位精确，可以定位到具体的终端；三是控制精准，可以做到端到端的控制。劣势有两个：一是交付成本高且交付周期长，要逐端来安装部署，还可能会出现大量兼容性问题；二是会影响最终的客户体验和管理架构，软件类安全产品无论如何都会对终端的性能造成损耗并影响员工体验，前期推广压力大，在多终端上要安装多个“代理程序”（Agent），会影响客户已有的终端管理架构。

以服务形态切入安全市场的新型产品，其优势是交付轻、商务成本低，售前、售中、售后都可以通过网络集中交付的方式来完成，有很强的边际效应，规模越大，效益越明显。劣势有四个：一是国内大部分是隔离网，SaaS 形态无法支持；二是按量付费模式跟国内预算制的采购模式有冲突；三是订阅制服务跟国内甲方客户的消费习惯有冲突，大部分甲方客户已经形成了第一年买永久授权、以后每年交升级维保费这样的消费习惯，很难接受订阅制；四是跟甲方客户的喜好有冲突，国内甲方客户更喜欢可控度高的本地化交付的东西，而云端 SaaS 服务不可控，一旦云端出问题，主体责任还在客户方。

5.5 一张图看清安全企业的价值

5.5.1 企业统一发展模型

如果将安全企业看成一个整体，放入产业发展这个框架之上，就能够看到企业的一个清晰的发展逻辑（如图 5-6 所示）。

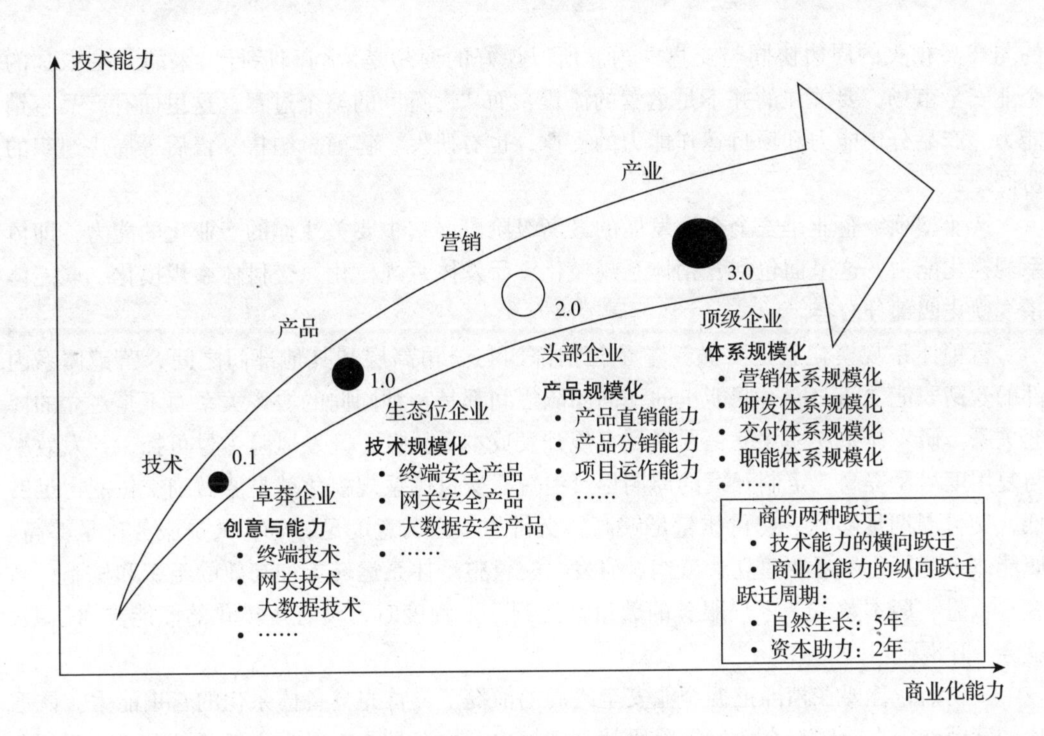

图 5-6 企业统一发展模型

从发展角度来看，一个安全企业的发展会大致经历草莽企业、生态位企业、头部企业和顶级企业四种发展阶段，站在安全的角度来看企业发展的话，这四个阶段对应的是技术、产品、营销、产业四个演进阶段。

技术型的草莽企业的核心价值是看你技术上是否有创意和是否有很好的技术实现能力。该技术必须在某个领域里有一定的独特性或领先性，在独特性与领先性之间，领先性的价值要大于独特性。独特性有时候未必是一件好事，它意味着主流安全视野无法理解你，也就不可能接纳你，你就无法获得整个产业的话语支持，资本也很难选择你，你就无法拿到属于你的“生态位”，更无法发展成为一个生态型安全企业。从这个角度上看，安全行业需要的是大家可以理解的“新”，而不是理解不了的“颠覆”。

产品型生态位企业的核心价值是技术规模化能力，即把技术转化成产品的能力，是否能真正了解客户需求，解决客户的问题。技术跟产品有相关性，但不是一一对应关系。往往同样一个技术，在不同的场景下，会衍生出不同的产品，因此产品是技术商业化变现的手段，不是目的，在大多数产品经理思维里，技术跟产品是一一对应的，这一点是要特别注意的。

营销型头部企业的核心价值是产品规模化能力，即把产品卖成“商品”的能力。一方面要看企业的整体营销能力，看能不能通过把一个典型客户问题变成行业乃至全行业通用的解决方案；另一方面也要看企业对商品的理解力，一个好的商品除了包装外，还有好的与产品相关的周边协同与支撑能力。所以说好的商品是协同和运行出来的。在 ToB 的企业安全市场，要关注的并不是运营的流程，而“运行”的整个过程，这里面有产品直销能力、产品分销能力和项目运作能力的支撑，也有研发、售前、销售、售后等周边组织的协同。

产业型顶级企业是安全企业发展的最高级阶段，它主要关注你的产业化的能力，即体系规模化能力，这里面包括营销体系规模化、研发体系规模化、交付体系规模化、职能体系规模化四部分内容。

营销体系规模化就是要做到整个营销部门与公司高层和其他部门之间、营销体系内部的营销职能之间、同一职能里的不同团队之间都是一种同向的协作关系而不是对立的博弈关系。研发体系规模化就是要做到常规开发成本尽量低，开发风险尽量可控，开发效率与复用度尽量提高，定制开发的周期尽量缩短。交付体系规模化就是要做到交付能力足够低，交付周期足够短，交付质量足够高，交付的客户满意度足够好，人员服务比足够高。职能体系规模化就是要建立让营销、研发、交付整个体系运转更加高效的组织和机制，当客户数量、版本数量、客户服务的数量都达到一定程度时，没有规模化的职能支撑体系，就会一片混乱。

一句话，你要在精准把握企业安全终局的前提下，首先具备体系化的营销能力。体系化的营销能力在营销型企业发展阶段就已经解决了，但是要想成为真正意义上的产业型企业，还要在体系化研发能力和体系化交付能力上下功夫，并设计一个好的企业模式、设计一个好的企业架构，然后把这三种体系化的能力高效运行起来。

安全企业都要考虑自己目前处于技术型企业、产品型企业、营销型企业、产业型企业这四个企业发展阶段的哪个阶段，并考虑如何尽快完成向更高形态的跃迁。根据经验，跃迁的平均周期是 5 年，如果有好的资本助力，可以把每个阶段的周期缩短至 2 年，换句话说，在资本大量进场的现状下，留给一个企业的时间也就只有 2 年时间，在这 2 年时间里，如果一个企业还没想明白和做明白，那么很快就会被淘汰。

阶段跃迁的主要能量来源有两个：一是技术能力，二是商业化能力。技术能力是指你能不能找到一个好的技术，来解决一个安全问题；商业化能力是指你的这个解决方案能不能得到客户的认可，客户愿意买单。商业化能力是沿着技术、产品、商品、爆品的逻辑在演进；而技术能力则是要看一个企业对技术终局的理解，以及在技术终局理解基础之上如何快速地跨越赛道鸿沟与技术领域周期。

5.5.2　企业增长思考

在商业认知上，大家已经达成了共识：现在已经不是大鱼吃小鱼的时代，而是快鱼吃慢鱼的时代。时间对于所有安全企业都是等长的，唯有增长速度是可以自我控制的。关于企业增长，有些行业专家的观点是：企业快速增长能力就是持续做出正确决策的能力。这句话非常正确，那么如何才能持续做出正确的决策呢？对于安全行业，这里提出四个前提：一是正确把握商业化前提下的技术终局；二是认清“服务”的困境；三是理解 IT 与安全的矛盾与统一；四是在技术支点的前提下快速跨越赛道鸿沟。

1. 商业化前提下的技术终局

不同的互联网终局理解，会推导出不同的企业经营理念，产生不同的企业模式，形成不同的企业发展道路。为什么别人的成功之路不能成为你要走的路？首先，原因不在于对方的道路是否正确，而在于对方先基于自己现有资源、条件和认知产生不同的终局理解，然后在该理解之下推导出企业发展之路，如果没有这个前提，你就无法走别人走过的路；其次，在系统论里，复杂系统里的因果关系都是概率型因果，同样的因未必能导致相同的果，因此每个企业都需要在一个复杂系统里找到一个新的发展逻辑，而不是套用其他人的成功套路。

我们先谈技术终局。目前整个行业的顶级专家对安全技术终局有五种理解。

1）服务化安全终局。认为未来安全的终极形态是服务化，因此提出了安全即服务（Security as a Service，SaaS）的概念，认为未来安全都将以服务的形式来提供。但是安全即服务的提法只存在于概念描述的场景，平时出现的“SaaS”都是“软件即服务”的意思。

2）云计算安全终局。认为未来的 IT 形态终局就是云计算，即便是今天的私有云市场，未来也终将演化为公有云或混合云的市场，因此安全也必将是向软件即服务（Software as a Service，SaaS）方向演进。

3）万物互联安全终局。认为未来是万物互联的世界，因此未来的安全方向也将是万物互联的安全。

4）数据化安全终局。未来安全一定是基于数据驱动的、有大数据分析加持的新安全，而非现在的基于人工分析的、依靠“先验知识”的传统安全。

5）智能化安全终局。未来安全也一定是基于 AI 技术的，能应用于更复杂的数据分析场景，可以解决客户更复杂的安全问题。

抛弃商业化前提而单纯谈技术终局都是不现实的，因为对于安全企业来讲，技术能力与商业化能力同样重要。不能商业化的技术，即使未来再美好，也只会成为“前浪”提前死在沙滩上，只有能商业化的技术终局，才是安全企业要考虑的技术终局。或者说，一定要在商业化的框架里来理解技术终局，无法在现实商业化和未来商业化这两个节点划出一个可实现路径的技术终局，都可以先不理会。

另外，商业化前提还要放在国内安全市场的大背景下考虑，目前我们看到的一个事实是，国际市场的发展逻辑跟国内市场的发展逻辑虽然技术同源，但是演进方向上的偏差已经越来越大了，因此国际的一些观点，会越来越不适合放在国内市场的框架里讨论。

因此，在商业化的尺度下，在国内安全市场的范围内，我们再看上面的五大技术终局。

直到今天，安全即服务的订阅模式最多只占到企业营收的10%，基本在1%左右，以十年为尺度，很难看到这种模式会成为安全营收的主流，具体原因会在后面阐述。

云计算安全、万物互联安全也很难成为好的商业化技术终局，其中的道理放在接下来的“IT与安全的矛盾与统一”里阐述。

数据化安全与智能化安全其实是威胁识别模式的两个演进阶段。随着威胁质和量的爆炸式发展，威胁识别一定会经历从人工分析黑、白数据开始，到大数据技术分析灰数据，然后再到AI技术模拟人工分析灰数据这三个发展阶段，因此这两个是未来安全行业的商业化技术终局。

2.“服务”的困境

从产品形态的视角来看，硬件类产品有介质成本，利润率最低；软件类产品虽然介质成本趋于零，但是有交付运维成本，利润率居中；服务类产品介质成本和交付运维成本都趋于零，也极易形成规模化效应，而且已经是国外产品的主流形态，从逻辑上看，也应该是我们未来安全产品的“形态终局”，但是事实却并非如此。

这里有必要再认真分析一下。服务类产品在安全行业里其实分为三种收费模式：人天模式、包年模式和订阅模式。

传统安全视野里的“安全服务”主要指的是以人为交付主体的“人天模式”，像安全评估、渗透测试、应急响应、安全巡检、安全运维等标准的安全服务都属于这类。

安全产品的“数据类”服务往往采用“包年模式”。所有软硬件类安全产品的价格体系都是“功能授权+升级维保服务”的构成模式，功能授权是一次性买断的永久授权，一次付费，终生有效，而升级维保服务则是需要按年付费的“包年模式”，只是按照行业惯例，升级维保服务的费用跟产品挂钩，是产品售价的25%。当然也会有一些单独的“数据类”服务，比如威胁情报服务，一般是按年付费。

对于其他的软件（比如ERP软件），这个升级维保费用往往是收不到的，而安全行业里，这个费用大概率是可以收到的，为什么同样是升级维保服务，在安全行业里更容易收到费用？这是由产品的“售卖价值”决定的。ERP类软件往往收不到升级维保费用的原因是：这类软件产品的售卖价值是“功能”，客户只要没有使用新功能的需求就不会付费升级；而安全产品的售卖价值是“能力”，客户只要不升级就没办法使用最新的特征库，就不具备应对新攻击的能力，因此基本上客户都会默认购买升级维保服务。

安全SaaS类产品往往采用“订阅模式”，跟前面提到的数据服务类产品有三个方面的不同：一是这类产品的功能和升级维保服务是一体的，你只要按时缴费，就能同时享有最新的功能和最新的特征库；二是它采用在线交付和在线使用的模式，而数据类服务，往往采用线上交付、线下导入的使用模式；三是“订阅模式”其实是按月付费模式，如果包年，往往还可以享受两个月的优惠，像云计算甚至还可以按秒计费。

为什么“安全即服务”的模式无法成为一个商业化终局呢？我们分别对安全服务的这

三种形式进行分析。人天模式服务的利润率基本上在10%以下。在业内，以“攻防”为目的的安全服务都是采用人天模式，在客户侧的经验报价差不多是每人天8000元，最后成交价格大致在3000元左右，每月工作日为21天，就相当于一个人月是6万元，一个人年是70万元左右，而一个好的攻防人员每年的成本也至少是70万元。这样的价格对甲方来说已经很有压力了，但是对于安全厂商来说还是在亏。

以“运营”为目的的安全服务基本上采用人年模式，成本最低要20万元，但是卖给甲方最高也就30万元，再高甲方客户可能就自己招人，不会买人年服务了，按这个模式计算，人年模式的安全服务也就30%的毛利，站在整个企业运营的角度看，利润率就几乎为零了。人天模式的服务形式因为与人绑定，与人的专业能力呈正比，而这种专业能力是一种不可再生资源，也很难通过培训的方式批量生产，所以这种服务不具备规模化特性，很难成为一个好的商业模式。

包年模式的数据类服务基本上没有交付和运营成本，利润率很高，但往往是跟安全产品打包为一体的服务，传统上属于安全产品利润的一部分，而独立的数据服务在国内占比还非常小，要将这种小众类的服务形式做成主流并获得大量甲方客户的认可，还需要非常长的产业发展周期。

订阅模式的SaaS类服务，在线交付、在线使用、在线支付的成本都几乎为零，是一个非常轻量的模式，利润率很好，是最有可能规模化的服务模式，但是在国内接受度并不高，其中最重要的原因就是“数据信任问题”。既然掏了钱，数据的所有权就应该是我自己的，但是在SaaS服务模式下很明显，所有数据都是SaaS服务厂商的，客户对数据只有使用权，大部分甲方会觉得数据不可控。国外SaaS类服务已经非常流行，那是因为西方的主流意识是“契约文化”，只要有契约，客户不太担心数据被“私用”的问题。但是中国主流意识是“道德文化”，而在SaaS应用场景，客户无法相信道德可以保证客户的数据不被私用，而安全厂商也无法用技术逻辑证明来建立这种信任，因此，这种形式很难在有实力的甲方客户那里得到普遍认可。这就是为什么尽管私有化部署安全厂商依然有拿走数据的可能性，但是客户的感受会好很多，至少从技术逻辑上可以证明数据是被客户控制而非厂商控制的。

3. IT与安全的矛盾与统一

IT与安全的伴生关系，是最近十年行业里才逐渐建立起来的新认知，就像前面提到的那样，从安全开始只跟威胁相关，到后来跟IT是配套关系，再到现在跟IT是内生关系的演化路线上看，安全规模跟IT规模是正相关的，事实上大家如今也都在用安全投入跟IT的投入比来对未来安全市场进行预估。

但是这种预估的方法有个最大的问题，就是忽略了“成熟度”这个因子。安全行业的成熟度是由威胁的数量与威胁的复杂度来决定的，如果抛掉成熟度只谈占比，是没有太大实际意义的。就像2005年，在手机还是塞班、Java操作系统时代，就有人预言移动安全时代要到来了，那时候老牌的安全厂商如瑞星、赛门铁克、卡巴斯基都推出了相应的移动安全软件，但是冷静地看，那时候在手机里活跃的病毒只有上百种，有相当一部分还是那种通过发送有缺陷短信导致手机宕机的短信泛洪攻击，直到 2010 年前后，随着 Android 操作系统的兴起和移动威胁数量达到上万种之后，移动安全市场才开始有起色。

根据前面提到的安全赛道理论，用环境视角来看，终端安全、网关安全和应用安全解决的是办公网络环境安全，移动安全解决的是移动办公网络环境安全，云计算安全解决的是云计算环境安全，物联网安全解决的是物联网环境安全。在这几个环境下，安全领域的成熟度有三种。

1）高安全投入占比、低客户数量的低成熟度。很明显，移动安全、云计算安全和万物互联安全属于低成熟度安全市场，这些领域威胁数量少，IT 还处于基础设施建设阶段，虽然单个项目的安全占比可以高达 10%，但这是因为客户需求和安全产品的竞争态势都在初期阶段，所以可以保证单项目的毛利很高，但是整个市场容量很小。

2）低安全投入占比、高客户数量的中成熟度。办公网络安全属于中成熟度安全市场，整个 IT 基础设施建设已经非常成熟，目前整个 IT 建设处于数字化转型或 IT 升级阶段，因此整体安全占比只有 2%，但是客户数量大，因此是整个安全市场的主力。

3）高安全投入占比、高客户数量的高成熟度。目前国内还没有出现该类市场，但是美国市场已经是该模式，这是国内安全市场下一阶段的发展模式。

综上所述，移动安全、云计算安全、物联网安全都不是目前好的商业化技术终局，有实力的企业可以布局，但是普通的安全企业要凭借这样的技术终局来做到企业快速增长，是极具挑战性的。

安全企业如果想要做到企业快速增长，就需要基于正确的技术终局理解，做好跨越赛道鸿沟。

4. 跨越赛道鸿沟

前面曾经测算过，单一赛道很难养活一个安全企业，因此安全企业发展的必由之路就一定是在未来某个时候开始着手跨越赛道，而赛道的跨越也必然要依赖某种逻辑，否则很可能会造成研发资源的浪费，过早地走上弯路，错过企业快速增长的时间窗口。

整个赛道跨越的大逻辑依据的是相关性与经济性，因此安全企业可以参考跨越赛道鸿沟模型（如图 5-7 所示）。

图 5-7 中左侧的每一个条框就是一个安全赛道，里面忽略了区块链安全和 AI 安全两个还极不成形的赛道，并把零信任赛道归为身份安全的一个高级发展阶段，因此形成了 11 个赛道的跨越图。右侧条块的长度表明了该赛道出现的大致时间长短，条块越长表明该赛道出现的时间越久；右侧条块内的内容是同一个赛道内细分技术或产品的演进方向。

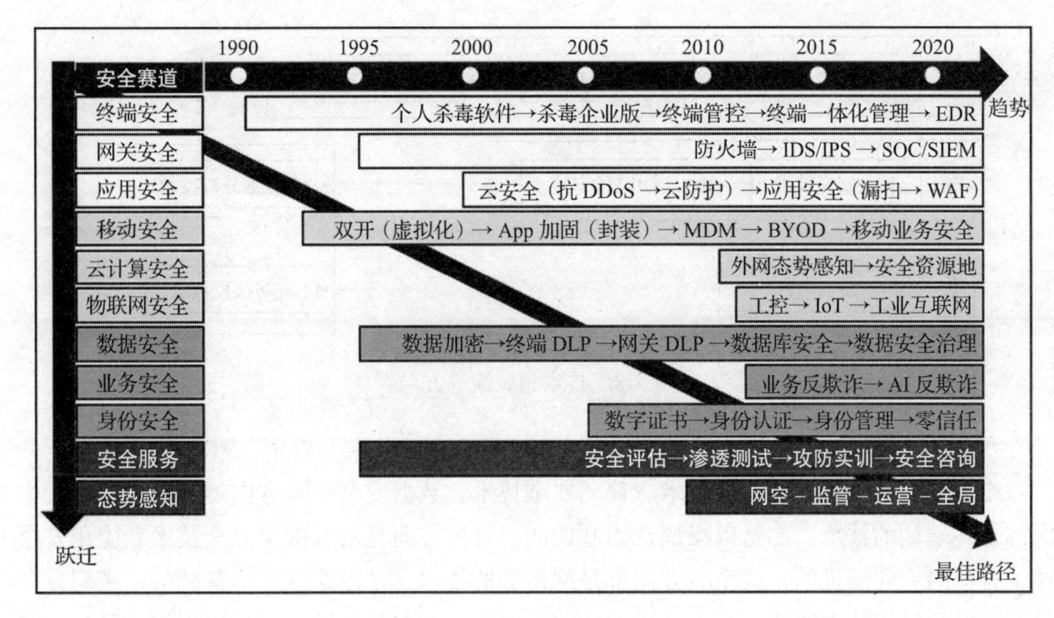

图 5-7　跨越赛道鸿沟模型

图 5-7 中有三个方向，横坐标代表趋势发展逻辑。横坐标向右伸展，代表了该赛道的时间演进长短和技术演进方向，时间演进趋势与最上面时间刻度对应，技术演进趋势与每个赛道条块内的内容对应。

纵坐标代表了赛道跨越的一个跃迁逻辑。这里面包含三个跃迁逻辑：一是端、管、云的技术发展逻辑；二是办公网络、移动网络、云计算网络、物联网络的环境变迁逻辑；三是 IT 层、数据层、业务层、身份层、智能层的分层上移逻辑。

斜着的箭头代表了赛道跨越的最佳路径。它表明在赛道跨越的同时要考虑赛道的发展阶段。比如说一个终端安全厂商如果在 2010 年想要跨越到移动安全赛道，它可以从 App 加固产品开始，但是该终端安全厂商如果在 2015 年想跨越到移动安全赛道，就应该从移动业务安全类产品开始，如果这时还要做 App 加固类产品或 MDM 类产品，很明显就是极不经济的策略。

从图 5-7 可以看到，在赛道跨越的路径上，尽量不要做逆向跨越，比如一个网关安全厂商向终端安全领域跨越，这种逆向跨越的代价非常大，成功率很低，如果非要跨越，则必须寻找一个好的技术支点。例如某个安全厂商以 VPN 产品作为技术支点，可以成功地向移动安全领域和终端安全领域逆向跨越。

前面也提到了支撑所有安全赛道的八个技术领域，下面就从技术领域的角度看看技术领域的正确演进方向（如图 5-8 所示）。

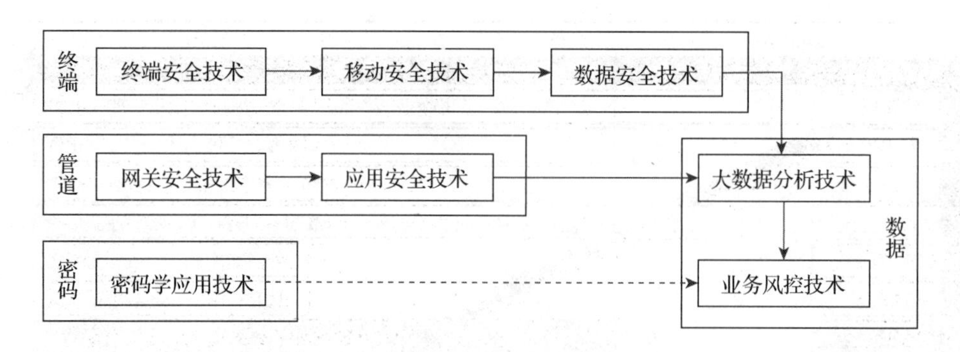

图 5-8　技术领域演进方向

八个技术领域按照技术相关性可以分为四个大方向：终端、管道、密码和数据。

终端方向是沿着终端安全技术、移动安全技术、数据安全技术方向演进的，这个大方向都是终端侧的技术，都是以反病毒为基础的；管道方向是沿着网关安全技术、应用安全技术这样的方向演进的，这个大方向都是网络侧的技术，是以防黑客为基础的；密码方向只有密码学应用技术这样一个可演进的方向，这个大方向都是以密码学应用技术和身份安全为基础的；数据方向是沿着大数据分析技术、业务风控技术的方向演进的，这个大方向都是数据驱动的技术，以数据挖掘与分析技术为基础。

从技术角度看，终端、管道和密码这三个大的方向是独立的技术大方向，互相之间尽量不要纵向跨越，否则也会带来研发成本过高的不经济问题，但是这三个大技术方向却都可以向“数据”这个大方向上演进，因为攻防驱动与数据驱动是两个不同的解题思路，是每个安全企业都必须要投入的新兴领域。

特别地，图 5-8 中从密码学应用技术方向向大数据分析技术方向跨越也是很难的，但是因为它跟身份相关，所以如果要跨越，可以尝试向业务风控技术方向跨越，该方向还有一定的技术相关性，其他赛道则差得更远，除非你的某款产品具有很强的在其他领域的支点作用。

5.5.3　企业价值评价

在过去的商业逻辑里，企业价值是由企业创造的价值定价的，而目前企业的价值是由资本定价的。在企业上市前，企业的价值由企业的资本估值决定，而上市后，企业的价值由企业的市值决定，这些都不是由企业当前创造的利润决定的，而是由资本市场对企业未来的预期决定的。

在投资领域，虽然企业估值有着非常复杂的算法，但总体的逻辑是以企业的营收或利润为杠杆。在安全行业里，往往是采用 10 倍 PS（企业营收）或 30 倍 PE（企业利润）作为企业的定价依据。营收高的企业可以按照 10 倍 PS 的方法来跟投资人交涉，而营利能力强的企业则可以按 30 倍 PE 的定价法跟投资人讨价还价，如果是还没有营收的初创企业，往往是从你需要的钱和愿意出让的股份开始谈，一般情况下是在出让10%股权的情况下，看你需要多少钱，大致在1000万元到3000万元之间，但这要求该初创企业已经有领先的技术、成形的产品和讲得通的商业模式。因此1亿元估值是一个有营收能力的初创企业的初步价格。

价格的确定只能证明该企业已经成为一个商品，可以自由买卖，这是个技术型工作，没有更多的发挥空间，但是更重要的是：资本到底要不要投你？同样1亿元的估值，资本为什么投资的是你而不是他人？

这里就涉及一个企业价值评价的问题，有些投资大佬的投资逻辑是投熟人，这其实说明至少他的投资逻辑是看重"团队价值"。但是这种逻辑显得太单一，为了更好地看清楚一个安全企业的真正价值，需要引入一个更合理的企业价值评价体系（如图5-9所示）。

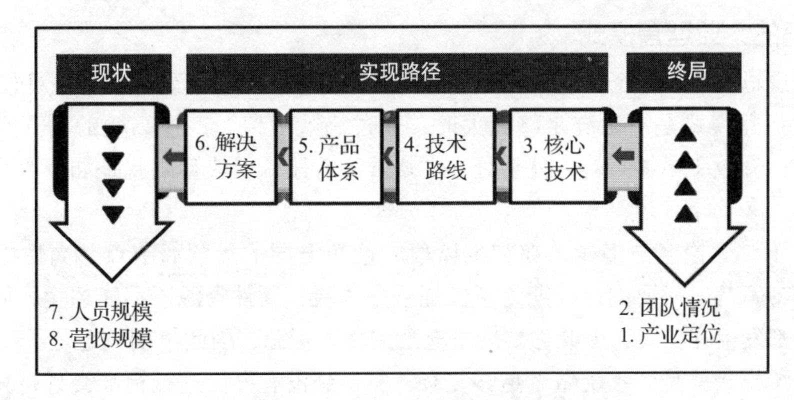

图5-9　企业价值评价体系

前面论述过，在新企业安全的3.0时代，核心能力就是看一个企业的趋势把握能力，而趋势把握说到底就两件事情：一是对未来终局的理解；二是基于现状为企业规划一个更合理的实现路径。

在这个大逻辑下，可以引入产业定位、团队情况、核心技术、技术路线、产品体系、解决方案、人员规模、营收规模8个维度的指标。这8个指标是按照重要程度进行顺序排序的，即最先出现的指标重要程度最高。

产业定位和团队情况是两个决定终局的指标维度，要占有更高的比重。产业定位是考察一个安全企业的终局能力，评价的本质是看能做多大。团队情况是考察企业整体的认知能力，评价的本质是看企业到底能否做大。从这个逻辑上看，投资人投入的策略其实就是企业终局投资策略。

核心技术、技术路线、产品体系、解决方案这4个维度决定了企业到终局之间可能的实现路径，这些信息通过企业官方网站就能获得，只是需要信息获得者对整个安全行业的技术与产品能先有一个基础的认知。核心技术考察的是企业是否具有核心价值，评价的目的是企业的生存基因是否够好。技术路线考察的是企业的发展格局，评价的目的是看企业能否做强。产品体系考察的是企业的市场控制力，评价的目的是看企业的赢利基因是否足够好。解决方案考察的是企业的定制化能力，评价的目的是看企业成长能力是否够好。

人员规模和营收规模是企业现状维度的指标。人员规模考察的是企业的性价比，评价的目的是看企业投入产出比是否够好。营收规模考察的是企业的健康度，评价的目的是看企业能否长久生存。

5.5.4　先进企业模式

每个企业都有自己的企业模式，是否先进则是仁者见仁、智者见智的事情，但是站在整个安全行业发展的维度上看，先进的企业模式包括三方面的内容：正确的企业运营模式、先进的企业营销模式和高效的企业组织模式。

1. 正确的企业运营模式

按照大逻辑，可以把企业运营模式分为两种：规模化运营模式和复杂系统模式。

规模化运营模式是当系统足够庞大时，通过高效运营而产生高额的利润空间，在规模不够大、运营效率不够高时，就会处在"烧钱"阶段，最典型的就是如今大火的云计算生意。

试想一下，无论客户多少，在初期阶段，遍布全国的运营商节点、高性能的物理机器、充足的带宽都是必要的，前期为了保证服务体验，硬件资源还不能超卖，而且大部分的访问流量都发生在白天，因此你要准备充足的峰值资源，因此早期一定是不经济的。

复杂系统模式就是将系统做得足够复杂，复杂到没有办法进行标准交付，只能通过各种附加的服务来保障复杂系统的正常运营，从而产生高额的附加值利润空间。

从这个特性看，传统的安全系统都是规模化运营模式，而新的安全系统大部分需要复杂系统模式，如态势感知系统就是典型的复杂系统模式的生意。

选择正确的企业运营模式就是：企业要考虑清楚，你要选择一个什么样的企业运营模式，然后基于该模式产生相应的企业战略规划和合理的企业架构。

当你选择规模化运营模式后，你就必须不断通过技术的复杂性来降低系统使用的复杂性，并且不断通过规模化运营手段来使商业运转变得更有效率。

当你选择复杂系统模式后，你要做的就是不断地围绕着复杂系统提供越来越丰富的服务型产品，以帮助客户降低使用该系统的难度，这时更多的不是投入技术，而是如何构建一个合理的支撑团队，并且保证支撑团队运营的高效。因此规模化运营模式要求的是企业更强的技术能力，而复杂系统模式则要求企业要有更强的组织设计能力与管理能力。

2. 先进的企业营销模式

虽然三十多年来，安全行业的营销模式没有太大的改变，但是已经有了一些要改变的苗头，总结一下就是整个安全行业开始"用三只眼来看世界"。

第一只是销售的眼睛。这是最传统的营销模式，就是客户先告诉销售他需要什么，这就是所谓商机，然后销售再告诉产品线客户需要什么，然后产品线就准备相应的产品，如果产品不具备市场竞争力，产品线就要快速补齐产品短板，从而让销售可以顺利销售。从本质上讲，销售解决的是“你要什么”的问题，这时候销售的视野就决定了企业市场的规模。

第二只是产品营销的眼睛。有一些先进的安全企业发现了上述营销模式的弊端，于是引入了“产品营销”这样的职能。产品营销是从产品线里培养起来的，为某个单一产品线的销售数字负责的营销经理具备与客户沟通的素质和能力，拥有比销售和售前更强的产品线知识，了解产品整体的演进路线与下一步的规划。一方面他们能够站在销售的角度，帮助销售跟客户进行深度沟通；另一方面他们能够站在产品线的立场，发现销售的问题。从本质上讲，产品营销解决的是“我能给你什么”的问题，这时候企业市场规模将不再由销售的视野来决定，而是由产品营销的视野来决定。

第三只是咨询规划的眼睛。当一些安全企业看到安全未来是向复杂系统模式演进的时候，那么就一定会出现一种营销模式，就是帮助客户做整体的安全规划，如果客户认可了你的整体规划能力和规划方案，那么未来 3 到 5 年的安全生意基本上就会由你来控盘。从本质上讲，咨询规划解决的是“你应该有什么”的问题，这时候市场规模将不再由销售和产品营销的视野来决定，而是由整个安全企业的视野来决定，企业对安全的理解有多高和多深就决定了客户的整体安全规划是否交给你来做。

举一个简化的例子，如果用销售的眼睛来看市场，那么客户会说：“我需要杀毒。”于是销售就卖给客户一套杀毒软件，做成了 30 万元的项目。但是如果这时候终端的产品营销经理告诉销售：“我想跟客户再深度沟通一下，看看客户真正的安全需求是什么？”沟通的结果是客户真正要解决的是企业中所有办公终端的管理问题，因此产品营销经理就给客户提供了杀毒、管控、运维并外加终端大数据分析的终端安全整体解决方案，该项目有可能就变成了 300 万元。如果这时公司的咨询规划经理又告诉客户，只做好办公终端的安全是不够的，应该将办公区的哑终端、IoT 终端、移动终端进行统一管理，建设一个完整的终端安全体系，并且要考虑非法终端的违规外联和内联问题，因此还需要准入与准出系统，而且终端最终的目的是访问业务，因此还要考虑终端到业务的安全访问问题，因此完整的终端安全体系里还要考虑零信任体系的建设，这样一来，整个终端安全的项目可能就做成了 3000 万元的项目。

这就是三只眼睛看到的不同的世界及其给企业带来的不同的价值，未来采用复杂系统运营模式的先进安全企业都将建立起以销售为主、产品营销和产品咨询为辅的新型企业营销架构。

3. 高效的企业组织模式

企业在经营过程中，总是希望能够找到商业模式的红利、产业的红利，从而忽略了组织的红利，比如互联网里的免费安全就是商业模式的红利，它让 360 迅速崛起，产生的效果是非常明显的，而视频、短视频就是产业的红利，在初期也能产生巨大的商业价值。而对于安全行业来说，由于它是一个与IT伴生的行业，因此商业模式红利和产业红利都不会那么明显，而随着安全复杂化的演进趋势，组织的红利就会显得越来越重要。

要了解什么是高效的组织模式，先看一下传统安全企业里存在的两种低效的企业组织模式：营销团队博弈和产品线主导营销。

营销团队博弈模式是大部分安全企业不得已而采用的模式，即营销任务是营销的老大与企业CEO之间博弈的结果，当CEO制定企业年度销售任务时，CEO总是希望能定一个超出行业平均增速的增长率，比如说50%，但是营销老大为了保证自己能够很好地活下来，就会跟CEO讨价还价为20%，双方博弈的结果就是最终定下一个30%的增长率。如果今年情况好的话，营销老大就有可能将今年要下单的项目运作为明年的项目，这样可以保证明年依然有好的收成；如果今年情况不太好的话，营销老大就有可能找到一些关系好的代理商用压货的方式保证今年的收成不至于太差。这样的营销模式就会人为将一个企业的增长率稳定在30%左右，其实这不是一个企业真实的增长能力，而是由于双方站位不同而导致的一种博弈现象。

有的安全企业会采用产品线主导营销的组织模式，即企业往往为了能够精准地核算成本，会把营销成本计入产品线，甚至由产品线出钱来包养销售，即产品线能带回来多少销售数字，就能享有多少营销资源，好处是可以保证企业利润率，坏处是强势产品会挤压弱势产品的生存空间，有可能会扼杀未来的“现金牛”型产品。

高效的企业组织模式就是能够很好地解决企业运营问题的一些方法，总体来说有合伙人制度、营销资源池、研发乐高化与交付层次化四种常用方法。

上面提到的营销团队博弈问题就是由于营销老大跟企业执行者利益不一致而导致的，解决该问题的最好办法就是推行合伙人制度，将营销老大变成企业合伙人并从具体的管理中抽离出来，然后制定一个完善的合伙人制度，对于营销老大来说，他既熟悉具体的营销套路，又站在了公司层面，因此能够帮助企业执行者发现一些隐性问题。从销售层面看，有了长期激励，他们就会有部分人放弃短期回报从而能够最大限度地将真实营销数字暴露出来。

为了解决上面提到的产品主导营销模式导致的强势产品挤压弱势产品的生存空间的问题，需要设置营销资源池的机制，即把所有营销资源与产品独立出来，建立营销线和产品线双向考核的机制。对于营销体系来说，销售的考核目标是数字，只要数字完成，不关心你销售的是哪款产品；而对于产品线来说，以数字考核为主，也会使产品线努力让每个销售尽量多地卖自己的产品，这样产品线就会主动考虑产品的竞争力、成熟度和产品线对营销支持的力度，由于营销体系和产品体系同时介入销售环节，也会大大减少“销售藏数”的人为现象。

前面提到过，要想成为顶级安全企业，就要成为产业级安全厂商，而产业级安全厂商有三个基本特征：体系化营销能力、体系化研发能力和体系化交付能力。

合伙人制度与营销资源池是为了解决体系化营销能力建设问题，而研发乐高化就是为了解决体系化研发能力建设问题，这里有三部分内容：首先是代码乐高化，能够维护高效的代码库、高效的版本迭代库和高效的公共模块库；其次是平台乐高化，能够独立出平台性组件，为多产品提供共性支撑；最后是能力乐高化，最终能够将安全能力独立出来，根据客户不同的场景可以任意组合成新的产品。从目前的发展进程看，几乎每个成熟的安全企业都做到了代码乐高化，一些头部安全企业正在进行平台乐高化的研发重构，但是几乎还没有安全企业能够做到能力乐高化，这个是未来所有安全企业应该努力的方向。

交付层次化是为了解决体系化交付能力建设问题。用常规眼光看，交付人员就是售后实施团队，只要是产品在使用过程中出现问题，都是交付工程师的责任。但是仔细分析一下，产品交付实施、产品运维、产品问题排查以及产品售后问题客户沟通要求不同的能力，如果采用一人多责的方式，势必会对人的素质产生过度依赖，从而导致要么售后实施质量上不去，要么售后人员成本下不来。如果将上面的售后职能进行拆解，分别由不同的人来承任，这样在某个方面的能力，就可以通过专业培训的方式批量化培养，虽然整体交付人数会大幅度上升，但是整体的交付成本会下降，最终得到交付体系化的结果。

第6章

甲方企业安全体系规划指南

在实际的安全商业逻辑里，我们往往把甲方企业里负责安全建设的决策人直接代指甲方客户，表面上看甲方客户是乙方安全厂商的衣食父母，但是实际上甲方客户要弱势许多，在越来越多的选择面前，客户却越来越孤独。

首先讲安全建设。明明威胁事件摊到每个企业头上是小概率事件，但是安全建设这件事要不干吧，每天病毒感染、网站被黑、数据被盗之事此起彼伏，那么多知名企业都被攻击了，万一我也被攻击了怎么办？你说安全这件事要干吧，就是个黑洞，无限的投入也不能保证安全，所以干不干？从哪儿干？

再谈安全责任。关于安全，这事不干，出了问题你要负责；干了，出了问题你更要负责。这事对安全厂商来说就是一个生意，对于客户来说却是生命。厂商可以在售前阶段无限忽悠你，一旦出现问题也可以在售后阶段无限拖延你，再出问题大不了退货不干了，但是客户却不能擅自离场，“只能打碎牙齿和血吞”，哪怕是再靠谱的厂商也会做出不靠谱的事，摊上这些，客户也只能认了。

终于解决了安全干不干的问题，怎么干又成了新问题。市场上的国际组织、知名政府机构、知名咨询公司、知名厂商，每年都会产生大量的安全概念、模型和热词，这些都是行业顶级安全智慧，一定是有价值的，但是哪些适合我，我该怎么选择？问厂商？一个厂商一个答案，它们告诉你的都是事实，但是是否对你有价值，这个还得你自己去掂量。

搞定了怎么干，找谁干的问题也很麻烦。你要找厂商谈理念、询技术、聊产品，这就很像相亲大会，要在一个小时之内决定和哪个厂商共度余生，从逻辑上看就是一件很扯的事，但是你又必须“做一个艰难的决定”，于是你一定选择听起来更靠谱的那个，于是产品包装和宣讲口才就成了打开客户大门的决定性因素。好不容易你选择好了厂商，看好了它的方案，结果一报价，超预算十倍，最后双方共同让步，申请特价、消减模块、项目分期，最后你得到了一个符合价格预期的阉割版系统，不出事就是万幸，出了事责任肯定还是你的。

在这里，我们就聊聊安全建设的那些事，和你一起面对原本属于你的孤独。

6.1 企业安全建设困境

多年来我接触过大量的甲方客户，他们最大的变化就是这么多年终于想明白一个问题：只谈论安全产品是没用的。早年的甲方客户见你后的第一句话就是：请介绍一下你们的产品和技术吧！但是现在，在见客户前竟然连销售的第一句话都是：见客户千万不要谈产品和技术！

表面上看是客户已经听腻了单纯单品式的推销，希望能听到一些你跟其他厂商不一样的东西，细究之下，这种变化其实暴露出一个非常有价值的信息是：在安全方面客户以前考虑的是如何解决某一个安全问题；而现在客户考虑的更多是如何进行安全建设。

就像我国社会主要矛盾已经从“人民日益增长的物质文化需要同落后的社会生产之间的矛盾”转化为“人民日益增长的美好生活需要和不平衡不充分的发展之间的矛盾”一样，随着客户安全需求的升级，安全行业也开始从解决“有无”问题发展到解决“如何更好”问题的阶段。

6.1.1 建设的困境

在跟各种各样的客户进行交流的过程中，我发现他们对安全建设普遍产生的困惑是：

- 为什么该上的安全产品都上了，还是不安全？
- 为什么我已经符合等保合规要求了，还是不安全？
- 为什么我都过了 ISO 27001 认证了，还是不安全？
- 我知道我肯定不安全，但是我不知道哪儿不安全？

为什么客户做了他们被反复告知的要做的事情，反而更没有安全感？是产品不行，还是安全规定有问题？我们先抛开为什么，看看客户困惑背后的逻辑。他们的困惑的背后逻辑有三点：一是不清楚过去安全建设效果如何；二是不清楚以安全产品为主的套娃式的建设模式能否解决安全问题；三是不清楚未来的安全建设该如何做。

既然暴露的是安全建设问题，那我们就从安全建设模式来看看，甲方客户的建设模式有四种。

第一是“我有病，你有药吗”的单点防御模式，这种就像头痛医头、脚痛医脚一样，有问题才开始想到做安全建设，是一种病急乱投医的模式。

第二是“你不能说我有病”的安全合规模式，按政策要求做完了规定动作，即使出现了问题，那也不是我的责任，这是一种被动的免责模式。

第三是“我能证明我没病”的管理体系模式，以国际的安全管理体系规范作为安全建设的指导，这是一种管理导向的僵化模式。

第四是“你有什么药，看看我得了什么病”的自我建设模式，把市面上能用到的新产品和新技术都上一套，这是一种目的性很强的盲目模式。

为什么客户会采用这几种模式呢？其背后的安全建设推导逻辑有三个：一是从威胁的

角度来推导安全建设的整体逻辑；二是从合规的角度来推导安全建设的整体逻辑；三是从信息化的角度来推导安全建设的整体逻辑。

除此之外，还有第四个逻辑：从实战化角度来推导安全建设逻辑。随着这几年“护网行动”的深入开展，一些重要的企业开始以这种攻防演练的结果作为下一步安全建设的依据。

当然，这种安全建设推导逻辑会产生一个新的困惑：安全建设真的需要满足极端场景的要求吗？

6.1.2　思想的误区

在安全体系化建设进程中，有三种不太明显的安全建设思想误区：厂商误区、营销误区和客户误区。

1. 厂商误区

安全厂商在安全方面的专业度是毋庸置疑的，因此甲方客户都会被安全厂商的安全建设思想所引导。当然甲方客户被安全厂商引导本身也是个悖论，如果甲方客户不听安全厂商的理念而一意孤行，那么出现的后果一定是甲方自己承担，安全本来就是无论你投入什么样的建设成本，误报与漏报问题都是永远存在的，如果安全厂商再推掉安全建设的责任，甲方客户是很难承受的。另外，业余无法挑战专业，即使顶级的甲方企业有资深的安全建设负责人，但是跟顶级安全企业里的资深专家比，相对还是业余的。

安全厂商根本出发点是逐利，因此所有的观点就会有明显的倾向性，如果甲方客户无法分辨这种倾向性并加以变化为己所用的话，对自身的安全建设是没有帮助的。

比如说某互联网安全厂商推出的著名的“四大网络安全假设”：一是假设系统一定有未被发现的漏洞；二是假设一定有已发现但仍未修补的漏洞；三是假设系统已经被渗透；四是假设内部人员不可靠。而基于这四大假设给出的安全建设方案是使用源代码审计、渗透测试、威胁情报、杀毒软件、态势感知、业务安全网关、UEBA等产品或服务。

四大假设的逻辑是上面提到的四种建设模式里的“从实战化角度来推导安全建设逻辑”，是一种非常先进的安全逻辑。从内容上看，说的也都是真理；但是站在甲方客户角度来看，如果真要依据该假设的思想来建立一个企业的网络安全体系，则很难操作。

我们具体分析一下，假设一和假设二本质上是漏洞管理的问题；假设三本质上是应急响应体系建设的问题；假设四是内部人员风险管理的问题。这里有几个问题。一个企业的网络安全体系建设是否包括这些内容？如果按照这个思路来做，是否就能建设成一个有效的企业网络安全体系？整个网络安全体系的建设是否购买了上面提到的这些产品和服务就可以了？很明显，从甲方企业角度来看安全体系的建设，四大假设是远远不够的，同时给出的解决方案也不是最优解。

2. 营销误区

市场研究公司、安全厂商、安全媒体支撑起了整个安全市场的活跃度与热度，但是热度之下，甲方客户其实需要冷静评估一下，这些市场话术里，哪些是言不由衷的，哪些是言过其实的，哪些又是站着说话不腰疼的。

一些好的市场研究公司会推出一些先进的安全思想，如果安全厂商觉得没有价值，这些概念型的思想就无法真正落地成有效的安全产品，甲方客户也无法知道这些安全概念是否真的有用。如果安全厂商觉得有道理，进行附和，这些市场研究公司的安全思想就成为安全厂商的有力背书，从而更加证明了安全厂商的先进性。

安全媒体则往往打着中立的旗号，为客户提供有价值的信息和资讯，其本质也基本上是市场研究公司概念的解读和安全厂商的市场宣传通道。

市场研究公司基于对安全行业的研究而推出更多新的概念，目的是炒作自己；安全厂商承接了这些概念后，把自身产品往上靠，获得了先进性的背书；安全媒体承接了市场研究公司和安全厂商的概念，开始利用舆论进行二次加工和传播，炒热了市场。

安全市场炒作模式发展历程分为三个阶段：事件营销阶段、评测竞赛阶段和概念炒作阶段。

事件营销是传统安全的1.0时代的典型营销模式，那时候的经典三动作是：发新品，抓新病毒，拿一级品的销售许可证。评测竞赛是互联网安全的2.0时代的典型营销模式，那时候经典的三动作是：曝企业漏洞，过国际评测，拿比赛大奖。概念炒作是新企业安全的3.0时代的典型营销模式，今天经典的三动作是：办安全大会，提安全概念，发行业报告。

有几个耳熟能详的经典的市场炒作出的安全思想，比如说："世界上只有两种企业，知道自己被黑的和不知道自己被黑的"，比如说"天下武功，唯快不破"，比如说"未知攻，焉知防"，比如说"安全建设就是攻防平衡"，这些都是乍听起来非常有道理，但是仔细分析却发现有许多逻辑漏洞，不具备实际的价值。

3. 客户误区

甲方客户需要通过"预算"动作来决定下一年立项的合理性，通过"立项"动作来决定项目的合理性，那么立什么样的项目才算合理？大致有三种立项的动机：解决某个威胁产生的安全问题，合规要求，某些新场景出现。

在这样的动机下，安全立项就会产生三个误区。为了解决安全问题而立项，安全建设就像打补丁，是一种随机式的建设模式，随着建设项目越来越多，补丁式的安全体系将会出现越来越不可控的情况。因合规要求而进行安全建设，这是一种罗列式的建设方式，完成了规定动作，但却不清楚安全的效果，虽然出现了安全问题可以毫不羞愧地宣称跟自己没关系，但是内心却始终会产生一些疑惑：这样做真的有效吗？因为某些新场景出现，比如移动办公、居家办公等场景的出现，也会产生基于新场景的安全需求，针对这种安全问题进行立项，往往要求新式的建设模式，喜欢用大量新的产品和技术来解决这类问题，但是新就意味着不成熟，最终未必会形成有效的安全体系。

6.1.3 合规的困惑

合规是安全行业里最大的词汇，几乎是安全生意的代名词，合规也是安全行业里一个接近“贬义”的词汇，基本上已经成了落后、僵化的代名词，通俗地讲，就是觉得谈合规很低级，合规没用。同时，合规也是一个边界比较模糊的词汇，什么是合规大家都理解，但是合规具体包括什么内容，大家就开始含糊了。因此，只有理解了合规的本质，才能真正理解合规的困境。

1. 合规的层次

仔细分析一下，合规本身讲的是五个层面的内容：国际标准、国家政策、行业规范、安全模型和参考架构。

国际标准以ISO为代表，出台了大量的指导文件，在规范技术方面起到了非常显著的作用；国家政策以网络安全法、等级保护制度为代表，是目前国内最有影响力的合规体系；行业规范是各个行业出台的整体规范，涉及范围广，不同行业有不同的要求；安全模型是知名咨询公司或安全厂商出品的对安全行业进行形式化研究后的成果，属于安全方法论，逻辑上成立，实际上是否成立还需要真实的案例来验证，比如SANS的“滑动标尺模型”、Gartner的“自适应模型”等；参考架构则是某个机构的最佳实践的成果，属于安全建设过程的方法论，比如Google的BeyondCorp零信任架构。

2. 标准的悖论

表面上看，标准似乎是权威的，但是如果深究标准形成的过程，标准其实是集体博弈的结果。标准本身代表着话语权，因此标准的形成必然要邀请行业的专家，这些专家必然要来自行业内知名的厂商，这些厂商势必要代表各自的厂商利益。

因此作为一个标准的主起草厂商，在标准起草之初必然会将自己产品上的一些特性都暗埋进标准里，一旦这样做了，该厂商就拥有了先发优势。但是当起草的标准拿出来公投时，其他厂商都会发现主起草厂商的“小动作”，就会把厂商的埋点挖出来，然后再加上自己产品的特性，于是标准的讨论大会就是各厂商群体博弈现场，厂商一方面进攻，一方面妥协，最终标准会在多次的集体博弈过程中，形成一个中庸的结果，既不先进，也不完整。

3. 等保的本质

在安全行业，合规的内涵等同于“等保”，虽然等保制度作为安全行业里最重要的规范，一方面已经成为政策层面上的一面旗帜，各种研讨会搞得轰轰烈烈，另一方面与甲方客户私下交谈时，他们大致觉得这些都是规定动作，没什么实际效果，一些有条件的客户则会明确表明，不要按等保的要求来出方案，要更加先进。

这种设计与实际的差异一定是出现了认知偏差，到底是等保错了，还是厂商理解错了，还是用户使用错了？要想判断这一点，就要先了解一下等保制度的本质和核心内容。

从最高层面上看，等级保护制度可以看作国家级的信息安全顶层设计，也是顶级的行业智慧，它的核心思想就是把信息系统进行分类、分级，不同安全级别对应不同的安全要求。

我们从分类分级的角度来看，等级保护制度将计算机安全共分为五个等级，第一级是用户自主保护级，第二级是系统审计保护级，第三级是安全标记保护级，第四级是结构化保护级，第五级是访问验证保护级，我们通过下面一张表就能搞清楚前四个等级之间的核心差异（如表 6-1 所示）。

表 6-1　等级保护制度等级比较表

保护等级	能力目标	能力要求	管理要求	覆盖范围	适用单位
一级	• 能够对抗来自个人的、拥有很少资源的恶意攻击 • 在威胁发生后，能够恢复部分功能	防护	一般执行（部分活动建制度）	通信 / 边界（关键资源）	适用于小型私营和个体企业、中小学、乡镇所属信息系统；县级单位中一般的信息系统
二级	• 能够对抗来自小型组织的、拥有少量资源的恶意攻击 • 在系统遭到损害后，能够在一段时间内恢复部分功能	防护 / 检测	计划实施（主要过程建制度）	通信 / 边界 / 内部（重要设备）	适用于县级某些单位中的重要信息系统；地市级以上国家机关、企事业单位内部一般的信息系统
三级	• 能够对抗来自大型的和有组织的团体的、拥有较为丰富资源的恶意攻击 • 在威胁发生后，能够较快恢复绝大部分功能	策略 / 防护 / 检测 / 恢复	统一策略（管理制度体系化）	通信 / 边界 / 内部（主要设备）	一般适用于地市级以上国家机关、企业、事业单位内部重要的信息系统
四级	• 能够对抗来自国家级别的、敌对组织的、拥有丰富资源的恶意攻击 • 在威胁发生后，能够迅速恢复所有功能	策略 / 防护 / 检测 / 恢复 / 响应	持续改进（管理制度体系化 / 验证 / 改进）	通信 / 边界 / 内部 / 基础设施（所有设备）	一般适用于国家重要领域、部门中涉及国计民生、国家利益、国家安全，影响社会稳定的核心系统

从能力目标、能力要求、管理要求、覆盖范围和适用单位等 5 个方面可以很清楚地看到，前四级每级的差异性，而且也能够看出如果按照这样的目标来建设，等级保护会是一个非常有用的指导。

我们再看一下等级保护制度安全框架的整体结构（如图 6-1 所示）。

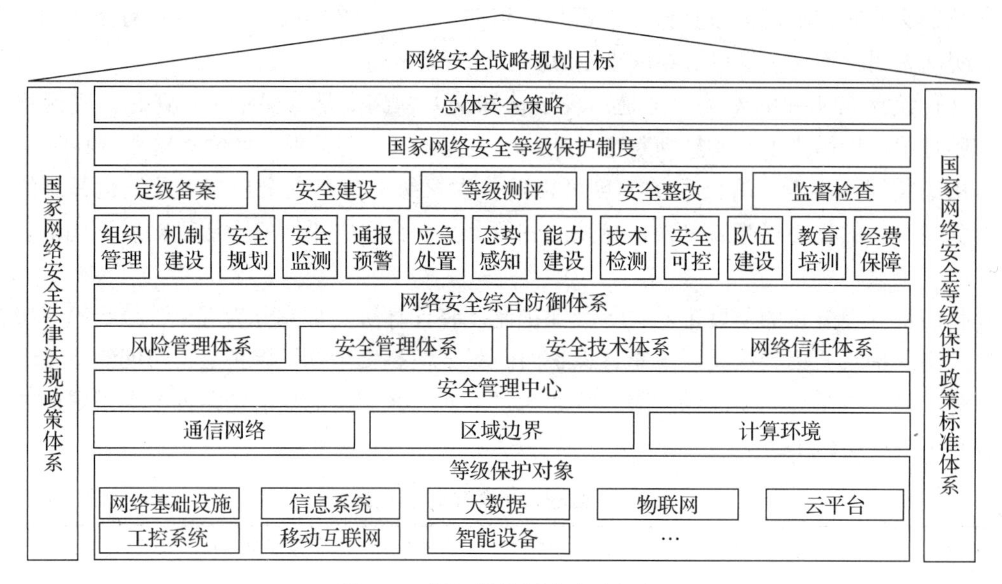

图 6-1 等级保护制度安全框架

从上向下看，在顶层设计上，描述了网络安全战略规划目标、总体安全策略和国家网络安全等级保护制度；描述了法律法规政策、等级保护政策标准两个体系支撑；规定了定级备案、安全建设、等级测评、安全整改、监督检查等五个实施步骤；明确了组织结构；建立了风险管理、安全管理、安全技术、网络信任四大体系；提出了安全管理中心的新概念；规定了通信网络、区域边界、计算环境三个安全核心要素的分级保护细则；并提出了网络基础设施、信息系统、大数据、物联网、云平台、工控系统、移动互联网、智能设备等多种等级保护对象。

从这个安全框架的整体结构上看，整个等级保护制度的整体架构也是完整的。

等级保护最核心的部分就是安全能力要求，它分为通用要求和扩展要求两大部分，这两部分的结构相同，都分为技术要求、管理要求两大部分。每一部分又按照安全类、安全控制点、技术要求项、管理要求项的结构来组织内容，下面我们就看一下“通用要求”（如图 6-2 所示）。

技术要求分为安全物理环境、安全通信网络、安全区域边界、安全计算环境、安全管理中心五个安全类；管理要求分为安全管理制度、安全管理机构、安全管理人员、安全建设管理、安全运维管理五个安全类。

从分级角度来看，一级具有 19 个技术控制点、23 个管理控制点；二级具有 29 个技术控制点、37 个管理控制点；三级具有 34 个技术控制点、37 个管理控制点；四级控制点没有增多，而是增加了更多的技术要求项，由于四级控制点较少，因此图 6-2 就不做展示了。

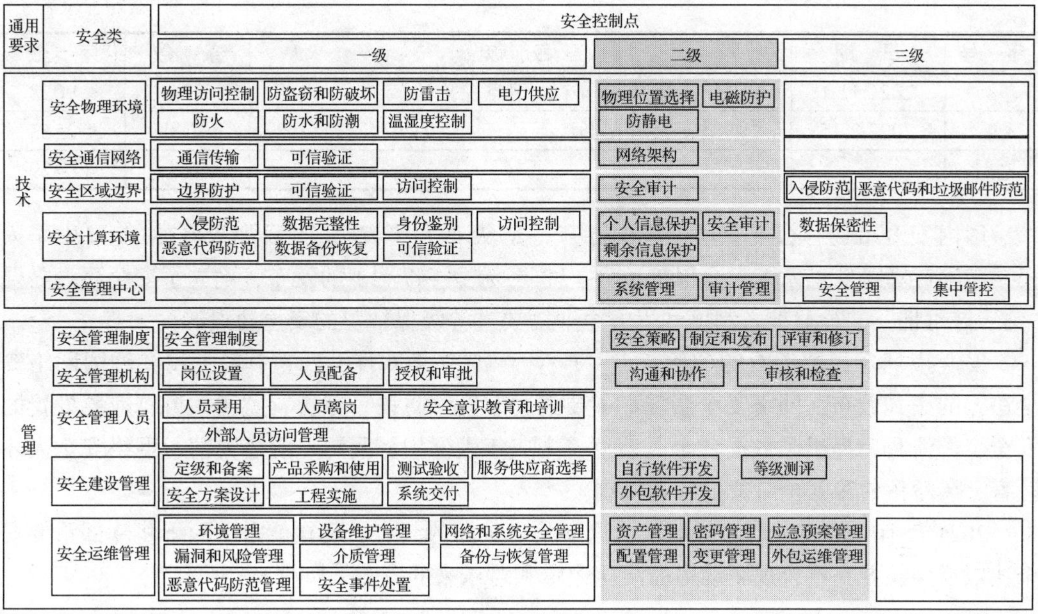

通用要求	安全类	安全控制点 一级	二级	三级
技术	安全物理环境	物理访问控制、防盗窃和防破坏、防雷击、电力供应、防火、防水和防潮、温湿度控制	物理位置选择、电磁防护、防静电	
	安全通信网络	通信传输、可信验证	网络架构	
	安全区域边界	边界防护、可信验证、访问控制	安全审计	入侵防范、恶意代码和垃圾邮件防范
	安全计算环境	入侵防范、数据完整性、身份鉴别、访问控制、恶意代码防范、数据备份恢复、可信验证	个人信息保护、安全审计、剩余信息保护	数据保密性
	安全管理中心		系统管理、审计管理	安全管理、集中管控
管理	安全管理制度	安全管理制度	安全策略、制定和发布、评审和修订	
	安全管理机构	岗位设置、人员配备、授权和审批	沟通和协作、审核和检查	
	安全管理人员	人员录用、人员离岗、安全意识教育和培训、外部人员访问管理		
	安全建设管理	定级和备案、产品采购和使用、测试验收、服务供应商选择、安全方案设计、工程实施、系统交付	自行软件开发、等级测评、外包软件开发	
	安全运维管理	环境管理、设备维护管理、网络和系统安全管理、漏洞和风险管理、介质管理、备份与恢复管理、恶意代码防范管理、安全事件处置	资产管理、密码管理、应急预案管理、配置管理、变更管理、外包运维管理	

图 6-2　等级保护安全能力通用要求

除了通用要求外，扩展要求又约定了云计算、物联网、移动互联、工业控制系统等四个新场景，每个场景的技术要求结构跟通用要求类似。

从上述内容可以看到，等保其实并不是一个安全建设指导规范或框架，而是一个安全建设的验收字典，根据一个验收字典来推导整个安全建设的方案，是目前所有安全厂商等级保护方案的逻辑，本身是有问题的，因此客户会觉得价值不大。

4. 合规的趋势

据不完全统计，跟网络相关的法规有 100 多部，从 1994 年到 2022 年，在安全行业里有着深远影响和重要地位的安全法规，有 9 部。2021 年是安全法规大年，有 4 部安全相关法规颁布，再结合其他 5 部，这 9 部法规共计 417 条 4 万余字（如表 6-2 所示）。

表 6-2　重要安全法规一览

序　号	日　期	名　称	条　数	字　数
1	1994.2.18	《中华人民共和国计算机信息系统安全保护条例》	31	2073
2	2007.6.22	《信息安全等级保护管理办法》	44	7303
3	2017.6.1	《中华人民共和国网络安全法》	79	10 005
4	2020.1.1	《中华人民共和国密码法》	44	4968
5	2021.9.1	《关键信息基础设施安全保护条例》	51	5647
6	2021.9.1	《网络产品安全漏洞管理规定》	16	2372
7	2021.9.1	《中华人民共和国数据安全法》	55	5470

（续）

序　号	日　期	名　称	条　数	字　数
8	2021.11.1	《中华人民共和国个人信息保护法》	74	9028
9	2022.2.15	《网络安全审查办法》	23	2563
总计			417	49 429

国内安全市场“合规驱动力”的原点，是从1994年2月18日那天开始的。《中华人民共和国计算机信息系统安全保护条例》（国务院令147号）的发布，确立了安全厂商需要“销售许可证”的行业准入制度和甲方企业需要“等级保护”的安全建设制度。

安全市场合规驱动力的“新奇点”产生于2017年6月1日《中华人民共和国网络安全法》的正式颁布。网络安全法规定了要建立制度、防护、分析、监测预警与应急处置的安全工作流程，提出了数据、个人信息、未成年人保护、漏洞、网络舆情、网络安全人才教育、风险评估等安全对象的管理机制。

2021年有4部安全新法规诞生，这又是一个新的起点。现在就自上而下将9部重要安全法规贯穿，看一看合规驱动力的演化逻辑和对未来的影响（如图6-3所示）。

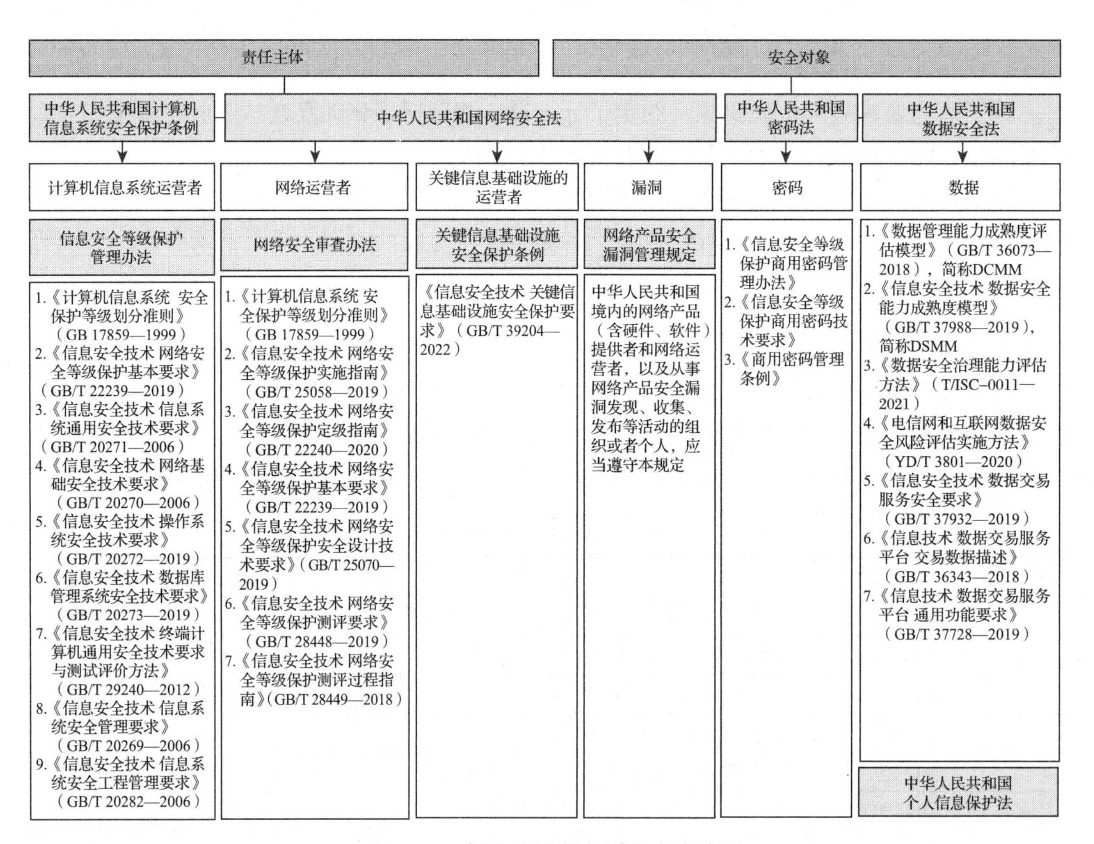

图6-3　9部安全法规解读逻辑框架

在这 9 部安全法规里，有上位法性质的法规有 5 部：《中华人民共和国计算机信息系统安全保护条例》《中华人民共和国网络安全法》《中华人民共和国密码法》《中华人民共和国数据安全法》和《中华人民共和国个人信息保护法》。虽然其中第一部只是个条例，但是影响深远，是国内第一个较详细的安全合规规范。

上述顶层指导文件往下落地，可以分成“责任主体”和“安全对象”两大尺度。责任主体是 IT 视角下的分类，安全对象是安全视角下的分类。

站在“责任主体”的尺度上，整个法规体系约定了三类组织的安全建设指导：计算机信息系统运营者、网络运营者和关键信息基础设施的运营者。计算机信息系统运营者的安全建设指导对应《信息安全等级保护管理办法》，同下面众多的技术规范一起构成了“等保 1.0”的安全合规体系；网络运营者的安全建设指导对应下面众多的技术规范构成的“等保 2.0”的安全合规体系；关键信息基础设施的运营者的安全建设指导对应《关键信息基础设施安全保护条例》，同下面众多的技术规范一起构成了“关基”安全合规体系。而下层的准则、指南、方法、要求等规范本质就是相关的安全建设指导文件。

站在“安全对象”的尺度，整个法规体系约定了三类安全对象：漏洞、密码和数据。针对漏洞的防护，对应《网络产品安全漏洞管理规定》，其中包括网络产品（含硬件、软件）提供者、网络运营者，以及从事网络产品安全漏洞发现、收集、发布等活动的组织或者个人三大类角色；针对密码的保护，对应《中华人民共和国密码法》，下面有一些密码管理和商用密码管理的规定；针对数据的保护，对应《中华人民共和国数据安全法》和《中华人民共和国个人信息保护法》，前者偏重企业数据，后者关注个人数据。

站在更大的框架下看，“责任主体”下的法规体系是在“国家安全”的框架下制定的；而“安全对象”下的法规体系是在“数字经济”的框架下制定的。“责任主体”的整体逻辑是：只要你是这个角色，你就要按照要求来执行相应的安全动作。而“安全对象”比如漏洞、密码和数据都是从业务视角切入的新维度，它们最大的特点是已经脱离了具体的 IT 环境和具体的责任主体单位，是一种横向打穿的尺度，其整体逻辑是：我不管你是什么角色，也不管你做了什么，你必须要保证我要求的安全效果。

这两个框架是相互作用和互相补充的，当这两个框架同时起作用的时候，你就能发现这样一个事实，过去谈的“合规”只是未来合规的一个起点，未来的合规要在“等保”的框架上加上更多的框架。

未来在这样的合规框架下，安全建设已经不能依赖某个安全产品、某种解决方案来解决，而是需要融入企业的治理架构之中，是管理、技术、运营的综合考虑结果，这部分法规的解释和落地，具有很大的弹性，解决方案很难标准化，因此企业需要将安全作为企业战略的一部分来设计。

6.2 甲乙博弈的现状

从外部视角看，甲方客户跟安全厂商似乎是顾客与商家的买卖关系，一手交钱一手交货。从乙方视角看，安全厂商总是喜欢把甲方当作衣食父母，自己要为人民服务。但是事实上甲方客户可以根据喜好换厂商，而厂商也可以拒绝某些客户，而且双方关系越好，就越不能无话不谈，安全厂商总要在甲方客户面前保持最美好的形象，而甲方客户也总是喜欢让厂商互撕以便充分暴露出厂商的缺点，这就像谈一场不以结婚为目的恋爱，本质上是一种通过信息不对称而带来谈判优势的博弈关系。

1. 甲方的网

作为一个安全厂商，当提到甲方客户时，可能更关注甲方的组织结构，试图找到决策链条，销售之间互相盘道也是比认识的领导的职位高低，而事实上，了解甲方的网络框架，将会变得越来越重要（如图 6-4 所示）。

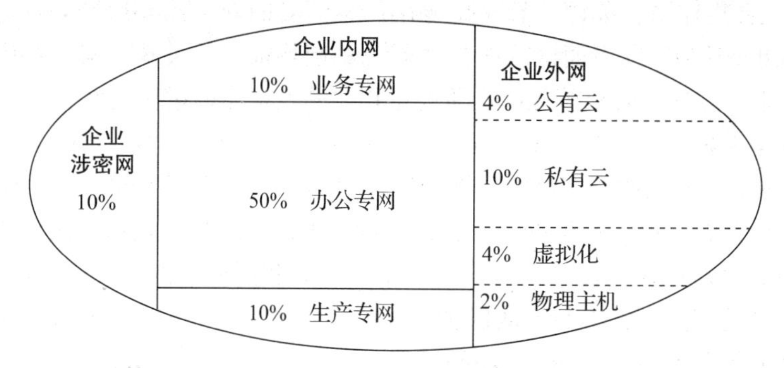

图 6-4 甲方客户网络框架

在安全厂商眼里，甲方客户的内部网络统一被称为企业网络，但是不同行业、不同客户的企业网络的内涵是不同的，有的是一张网，有的却是多张不同的网。大致可分成三张网：企业涉密网、企业内网和企业外网。一般情况下，企业涉密网同互联网物理隔离，同时受国家保密局指导，网内的设备按照国家保密要求进行操作；企业内网与企业外网之间进行物理隔离或逻辑隔离，有的企业又可以细分为用于各地营业部门互联互通的业务专网、用于生产的生产专网和用于员工办公的办公专网；而企业外网则可以通过网关设备与互联网连通。

如果把企业的这三张网映射到整个安全生意规模上来，大致的比例是企业涉密网安全约占 10%、企业内网安全约占 70%、企业外网安全约占 20%。大致一半的安全生意来自企业内网里的办公网络。如果我们把企业外网安全简单地看成是由服务器构成的网络，那么也可以细分出物理主机安全约占 2%，虚拟化安全约占 4%，私有云安全资源池约占 10%，公有云安全约占 4%。

当用三张网的视角来看整个安全市场时，会产生一个非常重要的认知，无论云计算如何发展，对安全市场的整体影响最多只是 20%，而无论公有云如何发展，最终对安全市场的影响也就是 4% 左右。

2. 甲方问题

很多时候，安全厂商觉得甲方客户生意难做，原因是甲方太强势或太矫情，给钱少且要求高；而甲方客户总是觉得安全厂商只是为了卖东西，打着为人民服务的幌子在割客户的韭菜，一点也不负责任。事实上，这种强烈博弈心理是由双方的视角差异导致的（如图 6-5 所示）。

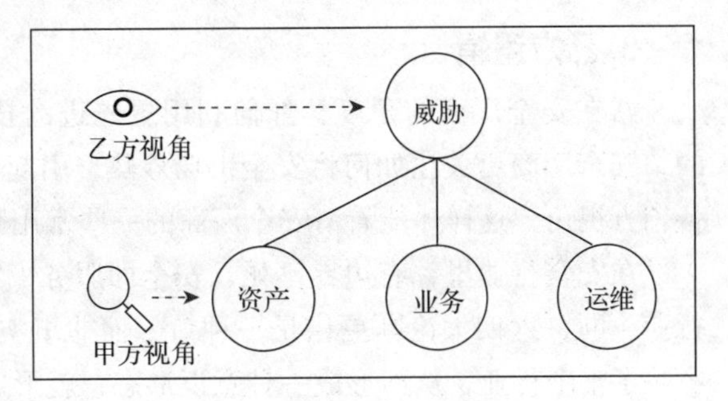

图 6-5　甲乙双方视角差异

整个安全行业就是在威胁对抗的大逻辑里发展起来的，因此在乙方眼里，只看到威胁问题，因此给甲方讲的就是“你有病，我有药”这样简单的卖药的故事。为什么甲方客户听到这样的故事非但不感动，反而会觉得要么你是在吓唬，要么你是在恐吓？因为在安全的重要性上已经形成共识，而恶性的安全事件对于每一个甲方客户来说确实是一个小概率事件，另一方面也确实出现过安全厂商为了让客户相信“有鬼”而自己“扮鬼”的先例，俗称“收保护费”，更主要的是，客户觉得你并不了解他。

在甲方眼里，资产、业务和运维是他每天面临的实际问题，而这三个问题，不在安全厂商的传统考虑范畴之内。

在实施一个安全建设之前，客户面临的最大问题其实不是如何开始，而是从哪儿开始，翻译过来就是资产管理问题。这里的资产指的是 IT 资产，包括各类的终端、服务器、网络设备、安全设备等，对于甲方客户来说，人员规模越大，资产的确定就越困难，入库资产清单与实际环境中的资产往往是无法一一对应的，在实际环境中往往会出现比你想象中多得多的 IT 资产。当资产的数量与种类不能确定时，基于资产的安全暴露面就成为不可知状态，因此安全建设的边界就很难确立。所以，安全厂商在开始做生意之前往往要帮助客户梳理企业资产的情况，然后根据实际情况进行后续的安全方案设计。

早期甲方客户的安全建设都是围绕着企业网络与 IT 系统进行的，但是随着云计算、大数据、物联网、移动互联等新兴场景的涌现，传统的物理边界被打破，使得安全的重心开始从以 IT 系统为核心转向以业务系统为核心。更多的安全建设不再是为了解决某种威胁，而是为了解决由于某些新业务系统诞生而引入的新的安全风险。安全与业务的结合成了甲方客户天然的需求，而成了安全厂商天然的噩梦。

很多时候是甲方客户的运维能力而非厂商的安全能力导致了安全问题，但是甲方客户却总是希望安全厂商能够用技术手段来解决运维问题。比如说，经典的弱口令问题、数据库注入问题、软件及时升级问题和系统补丁管理问题，这四个问题从严格意义上看都不是技术问题，都是通过管理和运维的方式就能解决的，不在安全厂商的传统考虑范畴之内，但是目前越来越多的安全厂商开始认识到通过教育和据理力争是无法改变甲方客户的现状的，于是安全厂商开始开发一些安全产品或安全功能来帮助甲方客户来解决这种非技术问题。也就是说，早期安全厂商的理念是尽量避免用技术手段来解决管理的问题，但是未来，安全厂商将越来越多地面对用技术手段来解决管理问题的场景。

3. 乙方逻辑

站在安全厂商的角度，如何利用更先进的技术来解决甲方客户的问题似乎是不重要的，安全厂商更关注如何将安全市场炒热，引起甲方客户的重视，因此甲方客户也应该具备乙方视角，这样才能看清安全厂商的一些常用套路。

在安全行业里，有边界已死、安全即服务、"未知攻，焉知防"、攻防平衡等四大著名行业论断，这四大论断更像是一种口号而非事实，但是安全厂商却互相引用，时间长了，影响了整个行业，从而形成一种意识形态，就形成了行业通识。

边界已死是十年前就开始讲的一个概念，认为互联网的深化发展会最终导致企业的边界消失，形成一个无边界的复杂巨系统网络，但是后来发现，互联网无论如何发展，都无法真正打破企业网络的围栏，就像社会无论如何开放，小区还是会有围墙和大门，而且围墙和大门的安全措施不但不会随着社会的开放越来越弱，反而会越来越强，因此安全老三样并没有被新三样彻底颠覆，而是找到了各自的适用范围。于是就出现了"新边界时代"的升级思想，像零信任厂商就开始提到"以身份为边界"或"以业务为边界"的新概念。

安全即服务是大约五年前产生的，是受云计算思想影响而产生的一种行业论断，国外的RSA安全大会上也经常上演砸盒子的活动，标志着未来的安全将是云化的安全SaaS服务，而一些国际云安全厂商也确实受到资本的追捧且发展迅速。但是事实上，安全SaaS至今仍然十分小众，IT发展的终局并没有成为安全发展的终局。

"未知攻，焉知防"也是安全厂商非常喜欢讲的话和吹的牛，更多的是希望将攻击研究在甲方客户心里合理化，希望客户产生攻击能力等于安全能力的心理错误引导。仔细想想，这句话就像是说要想救人就必须先学会杀人一样，就像是说只有学会做病毒才会杀病毒一样，是一个看似合理但是逻辑上完全站不住脚的伪行业论断。攻防的思维模式是完全不同的，攻击能力强的公司的安全产品的防御能力未必强，攻击往往不需要考虑成本和后果，而防御需要。一般情况下，人的攻击能力是极限情况下的安全破坏能力，而好的安全产品则是在大多数情况下生效的安全保护能力。因此攻的能力跟防的能力是两件事情，不能混为一谈。

攻防平衡的核心思想是说安全建设的目标是通过提高建设成本来提高攻击的成本，从而让安全建设进入一种攻防平衡阶段，让攻击者因为攻击成本过高而放弃攻击，其实这也是一个存在着逻辑错误的伪行业论断。最基本的逻辑是，安全建设都是以企业个体为单位来进行的，而攻击往往都是以组织的形式进行的。就拿DDoS攻击来说，一个企业能承受最多百G出口带宽的建设成本，而攻击往往是T级的流量；再拿黑客攻击来说，无论多么强大的防御手段，一旦黑客掌握了0-Day漏洞，多么坚固的防御体系都会被瞬间打穿；

再拿勒索病毒来说，你即使对弱口令采用了很好的管理制度和运维策略，黑客依然可以通过远程 RDP 爆破的方式进行人工投毒，这些场景其实都无法利用“攻防平衡”的思想来解决。

4. 甲乙博弈

甲乙双方的商务关系再好，也不可能成为真正意义上的“协同关系”，而是微妙的“博弈关系”。成交前，甲方客户百般挑剔，而安全厂商则百依百顺；一旦成交，角色反转，甲方客户开始威逼利诱加百般哀求，而安全厂商则扬眉吐气、处处主动。在这里，甲方的严谨和乙方的整体实力都是没用的，该出问题的时候依然会出。

这里有一个有效的博弈原则，就是甲方要做的是尽量降低对乙方技术的预期，能用硬件方式解决的问题，就尽量不要用软件的方式解决，能用管理和运维方式解决的问题，就尽量不要用技术的方式解决。另外甲方客户要清楚自己在安全厂商眼中的地位如何，如果自己的地位不够高，即使是大牌厂商也是没有资源服务自己的，很多时候还不如找一个小厂商靠谱。

谈到博弈，这里有几种常见的博弈模式：能力拼图与能力造假模式、私欲膨胀与需求收敛模式、解决问题与需求响应模式、技术优先与管理优先模式。

1）能力拼图与能力造假模式。这种模式指的是，甲方由于担心安全厂商的技术局限性，于是会找出同类的安全厂商进行约谈，每家厂商分别介绍自己的技术与功能实现，访谈结束后，甲方客户就把所有安全厂商的技术与功能统一收集起来，形成一个完整的技术要求拼图，然后以此拼图作为立项与招标的依据。而当安全厂商来应标时，为了争夺客户，对不满足的技术要求也会谎称满足，等中标后再对不满足的技术要求项进行突击开发，并利用各种手段来满足最后的验收，以验收为目的的功能开发，往往是不能解决实际问题的，因此避免能力造假的最佳方式就是不要采用能力拼图的方式来设计技术要求。

2）私欲膨胀与需求收敛模式。这种模式是指很多甲方的项目负责人会将自己个人的趣味变成对厂商的技术要求而要求厂商进行定制，比如，既然杀毒软件本身在计算机上会安装一个客户端，那么很多甲方的项目负责人就要求这个客户端干些如关键内容搜索、用户行为审计等与杀毒无关的内容。这种定制可能并不在甲方客户最初的设计内容里，而是甲方负责人自己的私欲引起的，一旦满足，会带来一系列的问题，因此最佳的方式就是安全厂商要能够引导客户进行合理的需求收敛，告诉哪些功能是不需要做的，哪些是无法做的，哪些是可以通过现有功能组合的方式来实现的。

3）解决问题与需求响应模式。有时候甲方客户会提出一个明确的需求，如果按照客户要求去做就会陷入漫长的定制开发泥潭，如果采用解决问题模式可能会很快解决。比如，客户要求浏览器产品必须具备排他功能，即只有定制的浏览器才能访问指定业务，如果员工用通用浏览器则不能访问业务，如果是需求响应模式，则需要浏览器开发团队与业务系统开发团队协商出一个私有的握手协议，从而可以屏蔽通用浏览器。但是如果是解决问题模式，则只需要增加一个应用网关或网络准入硬件，在准入硬件上进行规则设置，规定只有安装了浏览器的客户端才能正常接入内网，这样处理同样能够解决客户的问题。

4）技术优先与管理优先模式。虽然在互联网行业，有句话说懒人推动了世界的进步，虽然在软件工程领域，有句话说能用硬件方式解决的问题就不要用软件方式解决，虽然在安全领域里，有句话说能用管理方式解决的问题，就不要用技术的方式解决，但是事实上，在安全行业，越来越多技术的出现，是为了解决管理的问题。就比如说上面提到的IT资产管理问题，如今资产发现、资产上报已经成为终端安全管理软件的必备功能，而弱口令核查功能的出现，也是为了解决弱口令的发现问题，数据库防火墙产品或者WAF都能很好地解决数据库注入问题，等等。

但是我想说的是，管理优先应该是甲方客户的自觉，而技术优先应该是安全厂商的自觉。就是说，安全厂商要尽量优先将客户的问题技术化和标准化，争取一个问题解决后，就可以转化成标准功能，在所有版本中有所体现；而甲方客户要尽量优先用管理的方式来解决问题，不到万不得已，不要选择用技术的方式来解决管理的问题。

这种观点似乎听起来跟上面的说法矛盾，其实原因是软件的迭代要比硬件慢许多，技术的迭代要比产品的迭代慢许多，产品的迭代要比管理的迭代慢许多。有许多公有云厂商做不好私有云的原因都不是技术层面上做不到，而是将一个由研发人员运维的技术系统转化成一个由运维人员运维的产品系统需要做大量的产品化和商品化的事情，而这个过程是漫长而又痛苦的，没有下定决心赚私有云这种辛苦钱的公有云厂商很难愿意去做。而另一方面，关于软件系统，每增加一级复杂性，成熟的周期就会拉长，要不断地解决Bug、漏洞、兼容性、性能等问题，如果不是非常有钱且强势的甲方客户，要尽量选择管理优先的方式。

5. 甲方悖论

此处并不是否定甲方客户对安全建设的热情和努力，而是从底层逻辑上阐述一下原理，这里主要从意识、方法和手段三个方面来阐述。安全建设的三段论是要先建立正确的意识，再想出一个合适的方法，最终找到一些经济的手段。

从意识层面上看，甲方客户存在以下几个问题。

1）相信单点最优就能产生整体最优的结果。甲方客户缺乏整体建设的思想，总是希望找到某个领域最优的产品，进行拼凑，试图达到整体最优的结果。其实个体最优往往会导致整体更差的结果。

2）相信厂商的力量，相信厂商能够提供完美的解决方案。其实厂商只能基于自身的理解和产品能力来提供解决方案，如果客户不提供更高的要求，厂商连客户的需求都不愿意去了解。

3）相信和否定金钱的力量。相信有钱能使鬼推磨，相信只要钱给够，就能得到好的产品、好的解决方案和好的结果；或者正好相反，相信反正怎样都会被坑，于是将价格压到最低，求个心安。

安全行业的定价已经形成行业通识，质量评价并没有一个普适的标准，而产品的销售许可证只是一个行业准入的门槛，测评的版本可以和实际售卖的版本不一致。在这种情况下，无论产品的技术与质量好坏，无论大厂小厂，你能看到的定价几乎一致，最终以什么价格成交，要看跟销售之间的博弈结果，因此价格高低与质量好坏没有关系。为了避免这种价格上的不良博弈，很多甲方的项目会采用最低价中标的策略，不管前期的产品如何，最终是出价最低的那个方案中标。这样做的恶果也是非常明显的：后进厂商会利用恶意低价的方式拿到项目，要么用偷工减料的方式完成，要么会在后续的项目里找回来，无论如何，都会将一种显性博弈模式变成隐性博弈模式，无谓地增加了甲方监管的成本。让厂商站着把钱赚了，应该是甲方客户与安全厂商共同的追求。

4）相信定制的力量，相信标准产品无法真正解决甲方客户的问题，只有量身定制的才合适。以买衣服为例，如果你购买的是功能，那么你总能在商场里找到你喜欢的款式和面料，然后从几个不同的号码里挑出一件适合你的衣服，而如果在一个私人定制的制衣店里，要达到同样的效果却要付出高很多倍的价格，但是私人定制的制衣店里，能够提供更好的体验而不是更好的功能。

安全建设其实购买的是安全功能，而不是为你定制的体验，因此不到万不得已，不要选择定制这条道路。

5）相信技术的力量，相信总能通过技术的方式来解决管理的问题。这一点在上面已经论述过，一定是用一种相对简单的方式来解决相对复杂一点的问题，尽量不要用一种更加复杂的方式来解决相对简单的问题，因为那样会引入新的问题。

方法是建设的理念和思路，甲方客户往往希望通过厂商来获得安全建设的方法论和方法，甚至总希望通过前期多轮的沟通来讲明白自己的需求，从而让厂商提供一个更加适合自己的建设理念和思路。但事实上，这种情况就像既当裁判员，又当运动员，安全厂商最终的方案一定是基于自身产品体系的最优解，而一定不是基于甲方客户需求的最优解，因此甲方客户需要建立一套自己的方法体系。

手段就是市面上所有安全厂商提供的安全产品与服务，甲方客户考虑的重心往往是如何鉴别安全厂商的产品和技术的好坏，如何防止被安全厂商利用信息不对称的方式进行忽悠。事实上，技术同源、产品同质化已经成为业内的现实，剩下的就是利用时间来解决Bug。一个商业化的安全产品不会因为出自大厂就质量一定好，也不会因为出自小厂就质量一定差，即使是小厂，只要技术研发得足够早，就能够建立起基于时间的技术壁垒和核心竞争力。因此安全行业里没有技术壁垒，有的是利用技术构建的时间差壁垒。

因此，甲方客户的核心工作不在于验证厂商提供的安全手段是否好，而在于如何将厂商提供的安全手段有效地组织在一起，如何将不同厂商的单一产品组织成一个统一的系统，如何将厂商提供的不同的平台产品组织成一个更加复杂的系统，这里需要甲方自己做工作，而不能完全依赖某个安全厂商。

这种组织工作完全可以通过标准的接口、标准的手段或流程的方式来完成，完全不需要走到定制化开发的路径上来，因为这是一条燃烧的荆棘路。

6.3 安全方法论一览

前面提到，安全行业里介于工程与学术之间的，是一个由模型、架构和框架等多种形态的方法论填充的“工程化学术层”，这一层次在以往的安全生意中作用不大，但是随着安全行业的纵深发展，作用将会越来越大，而且随着发展，数量会越来越多，因此需要一个好的理解模式和方法。

6.3.1 方法论架构

把安全行业里目前流行的理论模型、架构和框架用一种容易理解的逻辑组织起来，可以形成一个安全方法论架构（如图6-6所示）。

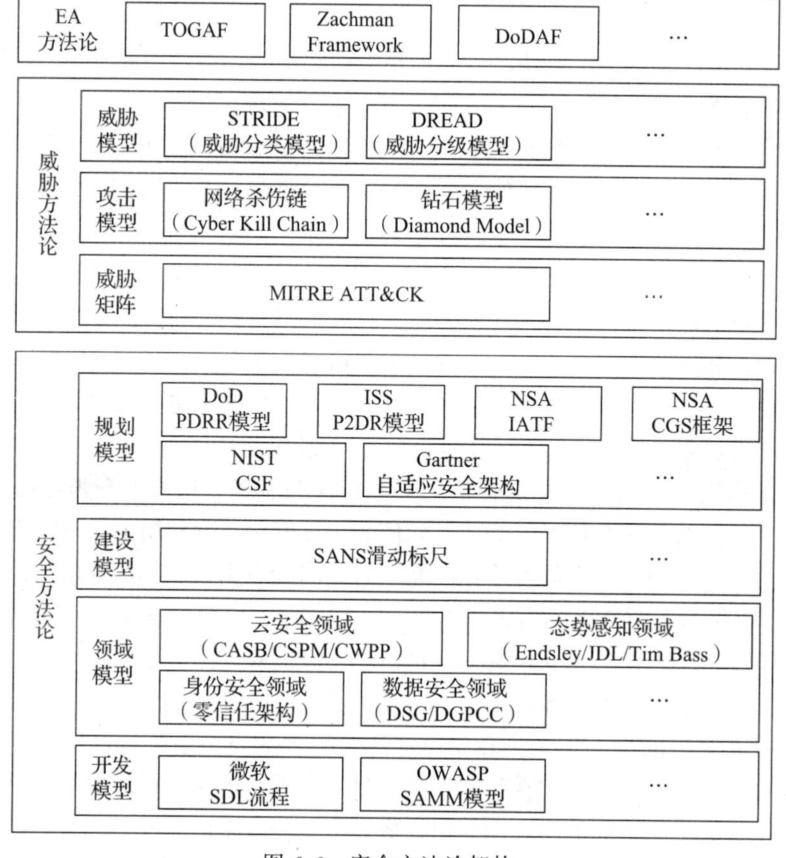

图6-6　安全方法论架构

整个架构分为三部分：企业架构（Enterprise Architecture，EA）方法论、威胁方法论和安全方法论。

EA方法论源于20世纪90年代的美国，是信息化系统的实施规模与复杂性越来越大的前提下诞生的一种系统化的设计方法。这里的“企业”指的是一种抽象的组织形态；“架构”指的是一种系统结构，并且描述了组成元素之间的相互关系、设计原则和指导以及动态演化原则。EA方法论其实就是一种用系统分析的思想来对数字化转型企业的信息化进行整体设计的方法论，目的是提升企业效率和行业竞争力。未来的企业将会越来越重视EA，并且未来的安全方法论也将会以EA方法论为基础，因此EA方法论将会成为安全人员的必修课。

威胁方法论是针对威胁进行建模分析的方法论，按照性质又可以分为针对威胁本身分析的威胁模型、针对威胁过程分析的攻击模型和针对威胁能力分析的威胁矩阵三大类。

安全方法论是与安全建设相关的方法论集合，按性质可分为规划模型、建设模型、领域模型和开发模型四部分。规划模型是用于前期安全设计的模型或框架，也经常被称为安全思想或安全理念；建设模型是研究安全如何建设的方法论；领域模型是在细分的安全领域里出现的一些安全模型，是用来清楚地描述该领域产品基本属性的方法论；开发模型是对软件开发商提供安全开发指导的方法论。

参考架构是厂商和客户目前都不够重视，但是未来重要性会不断提高的一种安全思考工具。在过去的以卖安全产品为主要商业逻辑的前提下，参考架构是没什么用的，但是随着安全系统趋于复杂的发展特性，安全建设必然会走到架构主导的道路上去，这时候参考架构则是安全架构的一个指导性框架和安全建设过程的一个有用的方法论。

但是参考架构无法直接使用，客户需要根据自身的情况进行修改或剪裁。

6.3.2 EA方法论

目前有影响力的EA方法论有开放组织架构框架（The Open Group Architecture Framework，TOGAF）、面向企业架构的Zachman框架（The Zachman Framework for Enterprise Architecture，Zachman Framework）、DoDAF架构框架（DoDAF Architecture Framework, DoDAF）。

TOGAF的基础源于美国国防部的信息管理技术架构（Technical Architecture For Information Management，TAFIM），从1995年第一个版本开始，已经发展了20多年，形成了一整套的实践体系和工具集，是目前行业里认可度最高的EA。

Zachman Framework更像是一个EA方法论的原模型，2011年公布了3.0版本，它用6×6的矩阵，从多个维度描述了企业，是一种更高级的描述企业架构的方法。

DoDAF是美国国防部（United States Department of Defense，DoD）推出的一个军方框架，于2011年更新到了2.02版本。

下面我们拿最流行的TOGAF来简单看一下一个EA大致的感觉。

TOGAF 方法

TOGAF 方法的整体架构由架构开发方法（Architecture Development Method，ADM）、ADM 开发指导与技术、架构内容框架、企业连续集（Continuum）和工具、架构能力框架五部分组成。

TOGAF 的整个大逻辑是：通过 TOGAF 方法论框架，能够在现在已有的商业能力与未来的商业愿景和驱动力之间进行有效转化，能够在已有的商业运营实践中学习，从而创造出新的商业需求，这个新的商业需求就成了未来商业创新驱动力的一部分；而新的商业愿景和驱动力则会产生非结构化的商业模式需求，从而能够进一步提高企业的商业能力。

架构中的架构能力框架指导如何将企业架构落地到业务当中，架构开发方法指导企业如何做架构，架构内容框架则提供了如何编写文档的指导。

在 TOGAF 方法中，非常有价值地提出了四种架构：业务架构（Business Architecture）、数据架构（Data Architecture）、应用架构（Application Architecture）、技术架构（Technology Architecture）。其中业务架构的目的是定义业务战略、治理结构、组织架构、关键业务流程；数据架构是描述机构所使用的数据资产和数据资源的逻辑和物理结构；应用架构是提供一张蓝图，用来描述应用的部署、交互、关系和机构的关键业务流程；技术架构是描述支撑部署业务、数据和应用服务所需要的逻辑上的软硬件能力，包括 IT 基础设施、中间件、网络、通信、处理过程、标准等。

6.3.3　威胁方法论

1. 威胁模型

针对威胁本身分析的威胁模型目前流行的有微软的 STRIDE 威胁分类模型和 DREAD 威胁分级模型，这种模型也被称为“建模”（Modeling），都是针对特定场景而言的，虽然有一定的通用性，同时局限性也比较明显。

（1）STRIDE 模型

STRIDE 模型由微软公司于 2005 年推出，最后修订时间是 2009 年，它将威胁分为六类，用六类威胁名称的首字母组成了模型的名称，因此没有中文名称。这六类威胁是：身份欺骗（Spoofing identity）、数据篡改（Tampering with data）、抵赖（Repudiation）、信息泄露（Information disclosure）、拒绝服务（Denial of service）、提权（Elevation of privilege）。

身份欺骗指的是利用其他用户名和密码登录系统的行为；数据篡改指的是对数据的恶意修改行为；抵赖是指用户做了非法操作但又抹掉了操作痕迹从而导致无法证明该操作是由该用户做的行为；信息泄露是指把信息暴露给不该看到该信息的人的行为；拒绝服务是指一些可以造成服务器拒绝服务的行为（如 DDoS 攻击）；提权是指低权限用户非法获得系

统高权限的行为。

微软引入该模型的目的是试图了解攻击者是如何改变认证数据的，如果攻击者能读取用户的配置参数会产生什么样的后果，如果访问用户的私有数据库被拒绝后会发生什么，等等，并且提供了权限控制日志（Access Control Log，ACL）、安全套接层（Secure Socket Layer，SSL）、传输层安全（Transport Layer Security，TLS）和 IPSec 验证四大能够在开发侧避免这些威胁的威胁缓解技术。

另外，微软也在应用侧提供了与 STRIDE 模型对应的缓解威胁的认证技术（如表 6-3 所示）。

表 6-3　STRIDE 模型与缓解威胁的认证技术

威胁类别	身份欺骗	数据篡改	抵　赖	信息泄露	拒绝服务	提　权
缓解技术	● 认证 ● 保护秘密 ● 不要存储秘密	● 授权 ● 哈希 ● 消息认证码 ● 数字签名 ● 防篡改协议	● 数字签名 ● 时间戳 ● 审计	● 授权 ● 隐私加强协议 ● 加密 ● 保护秘密 ● 不要存储秘密	● 认证 ● 授权 ● 过滤 ● 流量限制 ● 高质量服务	● 运行权限最小化

例如，可以通过授权、哈希、消息认证码、数字签名、防篡改协议等认证技术来解决“数据篡改”的威胁问题。

从上述模型的描述中可以看到，该模型更适合指导开发型企业，并且用于软件系统的安全防护。

（2）DREAD 模型

DREAD 模型是微软公司出品的威胁分级模型，约产生于 2007 年。整个模型分五个维度对威胁的等级进行标定，它们分别是：破坏性（Damage）、可复现性（Reproducibility）、可利用性（Exploitability）、影响用户性（Affected users）、可发现性（Discoverability）。

破坏性是标定造成明显破坏的指标，包括数据丢失、硬件或介质损坏、性能降低等情况；可复现性是标定攻击成功的指标，像漏洞利用、安装失败等情况；可利用性是标定攻击难度的指标，比如一个大学生能发起的攻击就是高可利用性的，需要行业专家才能发起的攻击就是低可利用性的；影响用户性是标定威胁攻击后能够影响用户范围的指标，比如 DDoS 攻击宕掉一台服务器能够影响许多人，这就是高影响用户性的；可发现性是标定威胁能被利用的可能性的指标，该指标很难正确评估，最安全的方法就是假定一切漏洞最终都能被利用，从而依赖其他方法来确定威胁等级。

这五个指标都采用 1～10 的分值，当对一个评估对象如软件系统进行威胁等级评估时，每项的分数相加，总分再除以 5，最后得分就是一个评估对象的威胁等级（如表 6-4 所示）。

表 6-4　DREAD 模型应用举例

威胁等级	威胁分数	说　明
破坏性	8	暂时性中断工作，但是没有造成破坏或数据丢失
可复现性	10	每次都出现设备宕机
可利用性	7	确定命令行参数对整体的影响
影响用户性	10	影响市场上这款设备的所有型号
可发现性	10	假设每个潜在风险都能被发现
最后得分	9.0	结论：该软件系统是高威胁等级的，其问题需要最优先解决

比如，如果对一个评估对象评估的分值是 9.0 分，则证明该软件系统是高威胁等级的，应该最优先解决该软件系统的安全问题。

2. 攻击模型

针对威胁过程分析的攻击模型里最著名的要算网络杀伤链（Cyber Kill Chain）模型，市场上几乎所有标榜有高级威胁对抗能力的产品，都会把杀伤链作为产品的一个标准功能。

（1）网络杀伤链

网络杀伤链模型是洛克希德·马丁（Lockheed Martin）公司于 2011 年提出的一个著名的威胁过程模型。洛克希德·马丁是美国一家军工百强企业，全球有 11 000 名员工，而该模型是洛克希德·马丁公司“情报驱动防御”模型的一部分，用于 APT 攻击的识别与阻断（如图 6-7 所示）。

该模型把那种自动化攻击的工具称为“武器”，并把整个 APT 攻击过程分为七个步骤：侦查探测（Reconnaissance）、武器准备（Weaponization）、武器投递（Delivery）、漏洞利用（Exploitation）、安装植入（Installation）、远程控制（Command&Control，C2）、目标操纵（Actions on Objectives）。

图 6-7　网络杀伤链模型

侦查探测是指利用互联网爬虫、公共会议、社交网站等渠道收集目标电子邮件地址、目标人信息等准备工作；武器准备是指把远程控制木马结合漏洞利用代码（Exploit）和后门（Backdoor）最终形成可投递的攻击代码（Payload），比如利用带漏洞的 PDF、Word 文件夹带木马；武器投递是指利用电子邮件附件、Web 网页、U 盘等方式将攻击武器投递出去；漏洞利用是指在受害者的系统上通过漏洞利用机制激活入侵代码；安装植入是指在目标机上安装远程控制木马或后门，以便长期潜伏；远程控制

（C2）是指建立远程命令与控制的通道；目标操纵是指入侵者利用键盘即可达成其入侵目标，通常这个目标是获取受害者机器上的信息，或者把他们的机器当作跳板进行内部网络的横向移动。

这七个步骤让攻击过程变得可见，并且加强了攻击分析人员对攻击者的策略、技术和过程的理解。

同时，针对杀伤链的七个步骤还提出了一个行动对抗矩阵（如表 6-5 所示）。

表 6-5　网络杀伤链的行动对抗矩阵

阶　段	检　测	禁　止	阻　断	降　级	欺　骗	消　灭
侦查探测	Web 分析	防火墙 ACL				
武器准备	网络 IDS	网络 IPS				
武器投递		代理过滤	在线杀毒			
漏洞利用	主机 IDS	补丁	DEP			
安装植入	主机 IDS		AV			
远程控制	网络 IDS	防火墙 ACL	网络 IPS		DNS 重定向	
目标操纵	审计日志				蜜罐	

在这个行动对抗矩阵中，横向标识出六种对抗行动：检测（Detect）、禁止（Deny）、阻断（Disrupt）、降级（Degrade）、欺骗（Deceive）、消灭（Destroy），中间方格里是对应的安全能力。比如网络 IDS 技术可以检测出武器准备阶段的攻击武器，而网络 IPS 技术则可以阻断攻击武器；在线杀毒可以在武器投递阶段阻断攻击武器的投递；补丁则可以禁止漏洞利用；网络 IPS 则可以阻断 C2 控制通道；审计日志可以检测出目标被控制的行为，而蜜罐可以在目标操纵阶段欺骗远程的攻击者。

通过杀伤链的研究，就可以深入理解 APT 攻击行为，从而提供一些好的反制技术。

（2）钻石模型

网络杀伤链是对整个 APT 攻击过程进行宏观描绘的模型，而钻石模型则是对每个攻击事件进行详细描绘的模型。通过对每一个入侵事件进行详细分析和描绘，就能形成一些完整的威胁情报（如图 6-8 所示）。

一个菱形标识一次入侵事件，因此也被称为一个钻石事件（Diamond Event）。每个钻石事件由四个核心要素构成：受害者（Victim）和敌对者（Adversary），能力构件（Capability）和基础设施（Infrastructure）。

这里的四要素都是抽象出来的特有概念。“受害者”很好理解，指的是在入侵事件里受到入侵的一方，可以是组织、个人，甚至可以是目标邮件地址、IP 地址、域名等；与“受害者”对立的是“敌对者”，它泛指实施攻击的一方，可以是内部人员、外部人员、个体、团队、组织等；“能力构件”稍微有些抽象，它其实指的是“敌对者”在事件当中使用的工具或技术手段；而与“能力构件”对应的“基础设施”，实际指的是“敌对者”用于投递“能力构件”时的物理或逻辑的连接架构，比如远程控制（C2）、IP地址、主机域名，比如一块在公园里捡到的有问题的U盘、一个屏幕射频泄密装置等。

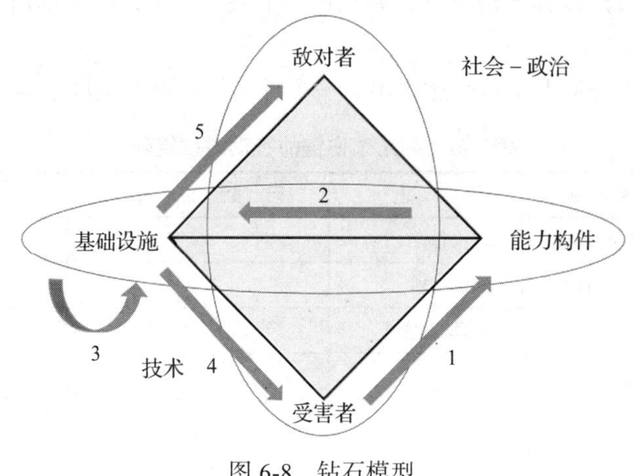

图6-8 钻石模型

这里的“敌对者”是泛指所有对抗。

同时还定义了两个元特征（Meta-feature）：技术（Technology）和社会-政治（Social-Political）。技术这个原特征总是让基础设施与能力构件发生关系，而社会-政治这个原特征让敌对者和受害者发生关系。

钻石模型通过被称为拓线分析（Pivoting）的技术来标识一个安全事件，该技术可以通过数据特征、特征的利用、数据源的关联等要素来发现其他的关系特征，比如说我们定义以下5个拓线场景（Pivot Scenario）。

1）受害者发现一个活动的恶意软件。

2）通过恶意软件逆向分析出远程控制（C2）域名。

3）通过域名逆向分析出IP地址。

4）防火墙日志显示出有更多的受害者去连接远程控制（C2）的IP地址。

5）通过IP地址反查出敌对者。

然后结合图6-8用“拓线”技术分析一下：受害者发现了一个活动的恶意软件，通过恶意软件逆向分析出远程控制（C2）域名，通过域名逆向分析出IP地址，防火墙日志显示出有更多的受害者去连接远程控制（C2）的IP地址，然后通过IP地址反查出敌对者。

钻石模型本身又是一个原子元素，它可以互相拼合，将网络杀伤链的多个钻石事件互相连接，就能形成一个复杂的结构——活动线（Activity Thread），事件与活动线再互相连接，就能形成更复杂的结构——活动攻击图（Activity-Attack Graph）（如图6-9所示）。

可以看到网络杀伤链描绘了一个攻击过程，而钻石模型则描绘了一个攻击点上的事件，并且将事件连接起来，能够形成更加复杂的入侵分析能力。

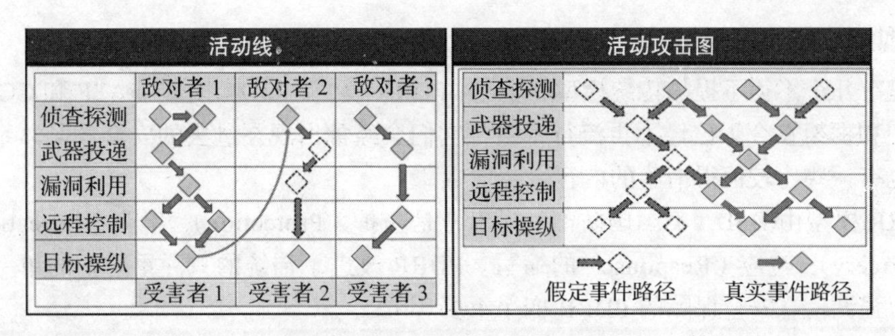

图 6-9 活动线与活动攻击图

3. 威胁矩阵

MITRE ATT&CK

MITRE 是美国政府资助的一家研究机构，该公司于 1958 年从 MIT 分离出来，并参与了许多商业和最高机密项目。MITRE 在 2013 年推出了 ATT&CK（Adversarial Tactics, Techniques, and Common Knowledge；对抗战术、技术和通用知识库），它是根据真实的观察数据来描述和分类网络对抗行为。

ATT&CK 在威胁分析领域的知名度和认可度无疑是最高的。虽然许多人把 ATT&CK 当成一个威胁模型来看，而 MITRE 公司称它为框架，但是安全厂商大部分是把它当作一个威胁矩阵。

ATT&CK 把威胁分为 12 个战术方向、100 多个技术点、300 多个技术项，形成了一个 ATT&CK 威胁矩阵。

这 12 个战术方向为：初始访问（Initial Access）、执行（Execution）、持久化（Persistence）、提升权限（Privilege Escalation）、防御绕过（Defense Evasion）、凭证访问（Credential Access）、发现（Discovery）、横向移动（Lateral Movement）、收集（Collection）、命令和控制（Command and Control）、数据渗漏（Exfiltration）、影响（Impact）。

ATT&CK 矩阵还分别针对企业环境下的 Windows、macOS、Linux 等系统环境，云环境下的 AWS、GCP、Azure、Office 365、SaaS 等系统环境，移动环境下的 Android、iOS 等系统环境进行了匹配，具有很好的参考价值。

基本上，安全厂商把 ATT&CK 当成一个攻防能力的字典在使用，在高级威胁对抗的产品体系里，都把 ATT&CK 的能力覆盖当成产品先进性的一部分，基本都会声称自己的产品已经覆盖了 ATT&CK 能力矩阵中的多少条，但是到目前为止，世界最好的安全产品也只能覆盖一半左右的能力。

6.3.4 安全方法论

看完了与威胁相关的几个方法论模型，我们看看安全领域里的比较出名的框架。

1. 规划模型

这里有几个不得不提的传统模型和框架：PDRR 模型、P2DR 模型、IATF 和 CGS 框架，这些模型和框架在今天已经不再流行，但是它们会经常出现在过去的安全产品体系中，而且里面也有一些比较值得借鉴的内容。

PDRR 模型由 DoD（美国国防部）提出，是防护（Protection）、检测（Detection）、恢复（Recovery）、响应（Response）的缩写。PDRR 改进了传统的只注重防护的单一安全防御思想，强调信息安全保障的 PDRR 四个重要环节。

P2DR 模型是美国互联网安全系统公司（Internet Security Systems，ISS）于 20 世纪 90 年代末提出的基于时间的安全模型。它把安全过程分为安全策略（Policy）、防护（Protection）、检测（Detection）和响应（Response）四个环节，强调了策略与动态闭环。

信息保障技术框架（Information Assurance Technical Framework，IATF）是由美国国家安全局（National Security Agency，NSA）制定并发布的，里面重要的一个思想是深度防御战略的要素由人（People）、技术（Technology）和运维（Operation）组成。

社区黄金标准框架（Community Gold Standard，CGS）是 NSA 于 2014 年 6 月发布的美国国家安全系统信息保障的最佳实践框架，里面把整个安全保障过程分为治理（Govern）、保护（Protect）、检测（Detect）和响应与恢复（Respond & Recover）四个环节。

在现在的安全话语体系里，NIST 的网络空间安全框架（Cyber Security Framework，CSF）和 Gartner 的自适应安全架构（Adaptive Security Architecture，ASA）是还在一直迭代的新的安全规划方法论。

NIST 的 CSF 的全称是“改进的关键基础设施网络安全框架”（Framework for Improving Critical Infrastructure Cybersecurity），最新的 1.1 版本于 2018 年 4 月公布，整体其实是一个能力矩阵（如图 6-10 所示）。

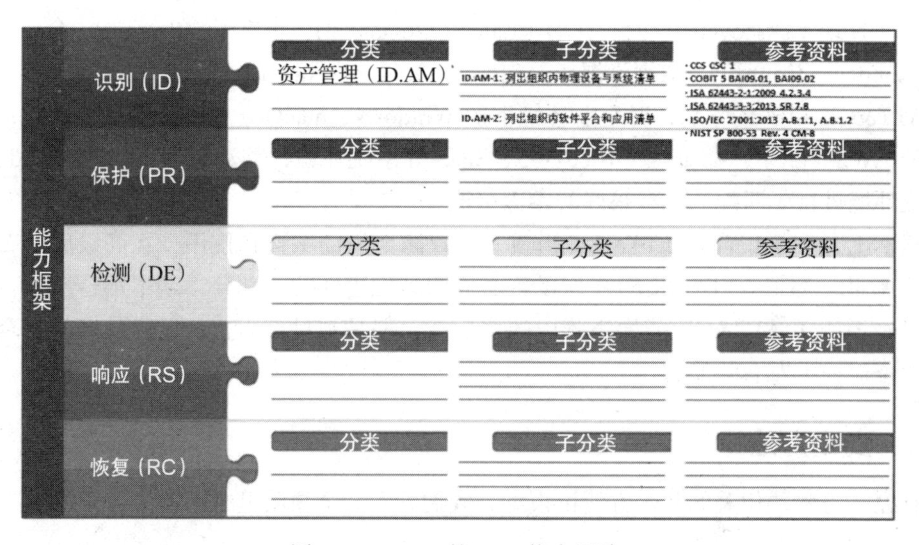

图 6-10　NIST 的 CSF 能力矩阵

CSF共由四个核心元素构成：能力（Function）、分类（Category）、子分类（Sub-category）、参考资料（Informative Reference）。能力是最高级别的安全要求；“分类”是能力的分解，即一个能力对应多个分类项；“子分类”是分类的再分解，即一个分类对应多个子分类项；“参考资料”是每个子分类项的设计依据，即出处。

能力分识别（Identify）、保护（Protect）、检测（Detect）、响应（Respond）和恢复（Recover）五个方面。这五个方面能力可以抽象成IPDRR模型，而这五个方面又分为23个分类，共计98种子分类。通过这23个分类，可以大致看到CSF能力矩阵的样子（如表6-6所示）。

表 6-6　NIST 的 CSF 的能力矩阵

能　力	序　号	分类 ID	分　类
识别（Identify）	1	ID.AM	资产管理（Asset Management）
	2	ID.BE	业务环境（Business Environment）
	3	ID.GV	治理（Governance）
	4	ID.RA	风险评估（Risk Assessment）
	5	ID.RM	风险管理战略（Risk Management Strategy）
	6	ID.SC	供应链风险管理（Supply Chain Risk Management）
保护（Protect）	7	PR.AC	身份管理和权限控制（Identity Management and Access Control）
	8	PR.AT	意识教育和培训（Awareness and Training）
	9	PR.DS	数据安全（Data Security）
	10	PR.IP	信息保护流程和规范（Information Protection Processes and Procedures）
	11	PR.MA	维护（Maintenance）
	12	PR.PT	保护技术（Protective Technology）
检测（Detect）	13	DE.AE	异常和安全事件（Anomalies and Events）
	14	DE.CM	持续安全监测（Security Continuous Monitoring）
	15	DE.DP	检测流程（Detection Processes）
响应（Respond）	16	RS.RP	响应计划（Response Planning）
	17	RS.CO	沟通（Communications）
	18	RS.AN	分析（Analysis）
	19	RS.MI	缓解（Mitigation）
	20	RS.IM	提高改进（Improvements）
恢复（Recover）	21	RC.RP	恢复计划（Recovery Planning）
	22	RC.IM	提高改进（Improvements）
	23	RC.CO	沟通（Communications）

比 NIST 的 CSF 更出名的安全规划的方法论就是 Gartner 自适应安全架构，它几乎成了所有安全厂商的主体市场话术，无论是安全体系还是安全产品都会把自适应架构当作先进性的代名词。

Gartner 自适应安全架构大约是 2014 年提出的，2017 年之后，基本上得到了国际安全领域的广泛认可，是一个面向高级威胁的自适应安全架构（如图 6-11 所示）。

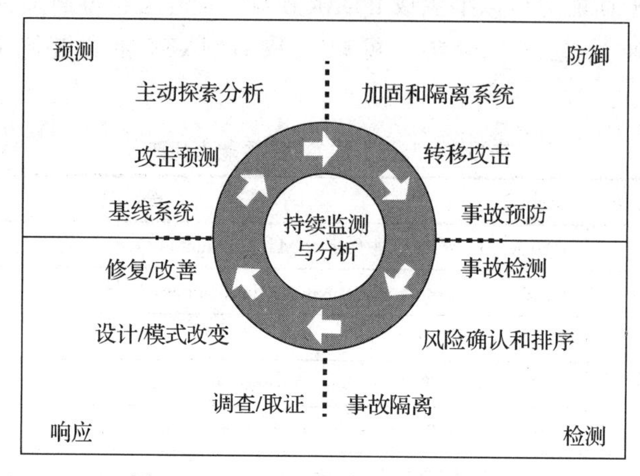

图 6-11　Gartner 的自适应安全架构

该架构总共有五个核心要素，它首先把整个威胁对抗过程分为预测（Predict）、防御（Prevent）、检测（Detect）、响应（Respond）四个主要阶段，每个阶段都有相应的安全能力配合，并通过中间的持续监测与分析（Continuous Monitoring and Analytics）手段使四个阶段形成一个动态、持续的安全闭环。因为该架构提出了预测以及持续监测与分析，非常符合态势感知类产品的设计理念，所以态势感知类产品往往会把自适应安全架构当成产品的设计理念来加以运用，而往大了讲，自适应安全架构也可是一种动态安全体系建设的参考思想。

自适应安全架构从产生开始也经历了几个发展阶段：2017 年推出了自适应安全架构的 2.0 版本，把持续监测与分析改成持续可视化和评估，同时加入了 UEBA（User & Entity Behavior Analytics）相关的内容；在四个象限大循环中引入了每个象限的小循环体系，并且在大循环中加入了策略和合规的要求。

2018 年，Gartner 在 2018 年十大安全技术趋势中首次提出的持续自适应风险与信任评估（Continuous Adaptive Risk and Trust Assessment，CARTA）模型则被视为自适应架构的 3.0 版本。

2. 建设模型

跟安全建设相关的安全方法论是 SANS 公司的“网络安全滑动标尺（The Sliding Scale of Cyber Security）模型”。

SANS 公司是一家世界知名的信息安全培训机构，该模型源于 SANS 公司 2015 年推出的“ICS515：ICS 积极防御和事件响应”（ICS515: ICS Active Defense and Incident Response）培训课程，该课程是由关键基础设施网络安全公司（Critical Infrastructure Cyber Security Company）的 CEO 兼创始人 Robert M. Lee 设计的。

网络安全滑动标尺模型把安全建设分为架构安全（Architecture）、被动防御（Passive Defense）、积极防御（Active Defense）、威胁情报（Intelligence）和进攻反制（Offense）五个阶段（如图 6-12 所示）。

图 6-12　SANS 的网络安全滑动标尺模型

并且提出：在架构安全阶段，采用普渡参考模型（Purdue Reference Model）进行安全域的划分与管理；在被动防御阶段，用多层次 ICS 纵深防御模型（Layers of ICS Defense In Depth）对不同的安全域进行分级建设；在积极防御阶段用积极网络防御周期（Active Cyber Defense Cycle）模型建立起威胁情报使用、资产与网络安全监控、事件响应、威胁与环境操控一个完整的积极网络防御周期；在威胁情报阶段采用钻石模型解决威胁情报的分析问题；在进攻反制阶段没有推荐的模型。

按照 SANS 的初始想法，网络安全滑动标尺模型只是工业控制系统安全（Industrial Control Systems Security，ICS）安全的一个积极防御模型，但是被引入国内之后，它的适用范围扩展到了整个安全建设领域，安全厂商不断在这个模型里填充着内容。

如果用这个模型来套一下安全厂商现有的全部安全能力，你可以看到一个现象，就是越靠近架构安全这一侧的安全能力越多，而越靠近进攻反制这一侧的安全能力越少。另外从安全建设的角度来看，越靠近右侧，则安全建设的性价比就越低。

3. 领域模型

整个安全领域还可以用技术的视角切割成不同的安全领域，每个领域里会有细分的安全厂商和安全产品。更重要的是，会有不同的理论指导模型，针对每个细分领域，会有不同的安全建设思想和安全建设过程，本书里不展开论述，但是需要简单提一下。比如说目前有几个典型领域：云安全领域、态势感知领域、身份安全领域和数据安全领域。

云计算将成为未来 IT 的终极形态，这已经成为行业共识，因此云安全就自然成了安全领域里最热的一个领域。云安全领域里，Gartner 定义了 CWPP（云工作负载保护平台）、CSPM（云安全管理平台）、CASB（云访问安全代理）三大云安全领域的工具，分别来解决 IaaS、PaaS、SaaS 层的安全问题，因为 Gartner 定义了详细能力图谱和运行流程，所以许多安全厂商以这三个工具模型作为产品的指导思想来研发产品。

态势感知领域是数据驱动安全思想的完美体现，也是可以将安全关口前移的最佳产品，因此态势感知也是一个很热的安全领域，Endsley、JDL、Tim Bass 是该领域中最知名的三个模型。

身份安全领域是因为零信任架构才火的，或者说，零信任架构是迄今为止参与厂商最多的跨领域级架构，完整的零信任架构要用到终端安全、身份认证、身份管理、VPN、堡垒机等技术。

零信任架构的思想虽然是统一的，但是实现方式和技术流派则差异很大。2010 年，Forrester 分析师 John Kindervag 提出了“零信任模型”（Zero Trust Model），从 2011 年到 2017 年，谷歌开始实施基于零信任体系的 BeyondCorp 计划，并于 2014 年到 2017 年陆续发表了六篇重磅论文，详细论述了谷歌实施 BeyondCorp 计划的完整过程，这算是零信任体系在业内的第一个最佳实践，于是一石激起千层浪，开始在全世界范围内出现零信任浪潮，思科、微软、亚马逊、Akamai、Cyxtera 等世界大厂开始跟进零信任，2018 年以后，国内厂商开始积极探讨零信任体系在国内的落地。2019 年 9 月，NIST 发布了“零信任架构草案”（NIST.SP.800-207-draft-Zero Trust Architecture），2020 年 8 月，“零信任架构标准”（NIST Special Publication 800-207-Zero Trust Architecture）正式发布。

数据安全领域里虽然现有的产品都是单点的数据防泄露工具，但是数据的全生命周期管理已经形成行业的共识，因此需要对数据安全的理论模型有一些了解。其中最重要的方法论是 Gartner 的数据安全治理（Data Security Governance，DSG）框架、微软的用于隐私、机密性和合规的数据治理（Data Governance for Privacy，Confidentiality，and Compliance；DGPCC）理论和我国全国信息安全标准化技术委员会于 2019 年发布的 GB/T 37988—2019《信息安全技术 数据安全能力成熟度模型》里提到的“数据安全能力成熟度模型”（Data Security Capability Maturity Model，DSMM 模型）。

4. 开发模型

微软的安全开发生命周期（Security Development Lifecycle，SDL）流程是建立在严格的软件工程管理能力之上的安全开发流程，能够在源代码级保证开发的系统具备很好的安全性。整个流程分为培训、要求、设计、实施、验证、发布、响应七个步骤，共 16 个阶段：培训、安全要求、质量门 /Bug 栏、安全和隐私风险评估、设计要求、减小攻击面、威胁建模、使用指定工具、弃用不安全的函数、静态分析、动态程序分析、模糊测试（Fuzzing Test）、威胁模型和攻击面评析、事件响应计划、最终安全评析、发布 / 存档。

OWASP 的软件保证成熟度模型（Software Assurance Maturity Model，SAMM 模型）是一个开放的框架，用以帮助组织制定并实施针对组织面临的来自软件安全的特定风险的策略，并且为所有类型的组织提供一种有效的、可衡量的方式来分析和改进其软件安全状况。SAMM 模型在最高等级上，设置了五种关键业务功能——治理、设计、开发、验证、运营，每个业务功能上定义了三个安全实践，每个安全实践定义了三个成熟度等级作为目标，每个安全实践定义了两个活动流。

无论是SDL还是SAMM，都希望在代码源头解决安全问题，是一种“白盒安全”的思维，虽然出发点是好的，但是在国内有三类开发型企业不适用。一是中小型研发企业，它们都是作坊式开发模式且没有标准的软件管理流程，更不会在开发阶段考虑安全问题；二是互联网企业，这类企业讲究快速试错、快速迭代，使用这些流程会非常影响开发效率；三是有开发能力的甲方客户，这类客户虽然自己开发业务系统，但是往往自身的开发能力有限，会大量采用外包的方式进行开发，甲方客户只是负责系统设计、项目协调和产品验收等工作，让他们的外包商推行安全开发流程也是极困难的。

而且从现实情况出发，安全开发的问题更应该用“黑盒安全”思维来考虑：对于中小型研发企业，就是走野蛮生长的模式，这一阶段只需要关注Bug，而可以忽略安全问题；对于互联网企业，基本上采用黑盒安全模式即可，即可以采用众测的方式，找一些民间白帽子用黑盒验证的方式来看看系统是否有安全漏洞，另外，有安全追求的互联网公司都建立了自己SRC机制，可以通过运营的方式来解决上线系统的安全问题；对于甲方客户来说，其实可以购买一些源代码安全漏洞扫描的产品来对要上线的系统进行代码安全检查。

6.3.5 方法论思考

到这里，我们已经对整个安全领域的方法论体系进行了一次不完备的典型性梳理，了解了一些安全方法论的知识，经过梳理，我们会发现几个问题。

第一，不管方法论如何发展，基本的模式并没有太多的变化，都是基于威胁进行更多维度的思考，在安全体系建设的过程中要更多考虑形成安全闭环，我们研究的方法论越多，就越能抽离出更加典型的本质。

第二，在安全方法论发展的过程中，同样的词汇、同样的表述在不同的方法论里被赋予了不同的内容，因此还需要深入下去，看看每个词汇、表述标识的真正含义，否则会穿凿附会、曲解本意。

第三，有些方法论为了更高的容错度和适用性，试图尽量抽离场景，形成一种更加通用的形式化论述，如果把这些方法论应用到真实的建设场景里的话，会发现还有大量的现实问题要考虑，这就像是一件均码衬衫，要么穿不上，要么即便穿上了也不能体现你自己的特点。

第四，有些方法论如各种参考架构或框架又是基于实际工作情况的一种形式化总结或理念化的指导，跟前期的安全建设目标和后期的应用场景相关性很高，直接套用同样会出现问题，这就像是一件为别人量身定做的衣服，除非你的身材跟对方一模一样，否则大概率是不合适的。

因此，需要参考这些安全方法论，并与自身的环境相结合，形成属于自己的安全建设方法论和最终落地的解决方案，这就成了每个进行安全建设的甲方客户的必修课，如何参考和结合，还是需要一些原则和方法的，这部分安全规划与建设的工作如果假借安全厂商之手，最后有可能会被错误引导，要么建设成本高、周期长，要么就是不合适。

6.4　甲方企业安全建设的思考新模式

无论什么样的甲方客户，在安全厂商面前绝大多数情况下都是弱势的，原因不在于甲方客户的经济地位和态度，而在于甲方客户是否能够建立起一套正确的企业安全建设的思考模式。

6.4.1　甲方的强势与弱势

在我们的印象中，安全行业里最终做的是生意，似乎有钱就是硬道理，甲方客户应该是强势的，也总是强势的，但其实不然，实际上安全是一个技术优选链条的作用要远大于金钱优选链条的作用的行业，于是就会出现两种类型的甲方客户。

一种是对安全非常了解的甲方客户，他们对安全厂商、安全产品、安全理念和安全技术的外在逻辑都非常了解，而且他们更了解自己的实际环境与业务情况，因此他们会非常强势，在安全建设方面会制定一套自己的标准，让所有安全厂商都按照这个标准来交付产品。当然这套标准也是安全厂商之间、安全厂商与甲方客户之间群体博弈的结果。

另外一种是对安全并没有那么了解的甲方客户，但是他们同样了解自己的实际环境与业务情况，他们不太可能写出属于自己的安全建设标准，但是他们会请安全厂商为自己设计安全建设方案，当然这个安全建设方案是厂商之间博弈的结果，甲方客户的项目负责人会拿着这个方案通过决策层和专家评审，最终走到实际的建设过程中去。

无论哪种类型的甲方客户，表面上看都是强势的，但是实际上在跟安全厂商博弈的过程中，最终都是输家，会成为弱势的那一方。因为如果甲方客户不付钱，总是看不到安全厂商完整的交付，一切纸上的方案都无法证实，甲方不会察觉出问题，所以甲方的强势没有意义。安全厂商会尽量按照甲方的意愿来修改方案，然后按照各自的利益进行激烈竞争，互相妥协，最终形成方案决议。

一旦付了钱，进入实际的交付阶段，就要真实面对整个安全体系的各种问题。这些问题如果非常严重，或者解决不了，对安全厂商来说只是丢失了一次生意，但是对甲方客户来说，往往决定的是生死。甲方还在，但是该项目的负责人可能就要以自己的职业生涯为代价来承担这一切的后果，因为在安全行业里，所有的安全建设主责都在甲方，安全厂商更像一个建筑队，只为自己交付的产品本身的功能是否达到要求负责，并不为整个方案的成败负责。

6.4.2　安全技术迭代模型

这是一个安全技术迭代的认知模型，强势的甲方往往会陷入“技术迭代周期误区”

中，原因是并不十分清楚安全技术迭代的底层逻辑（如图 6-13 所示）。

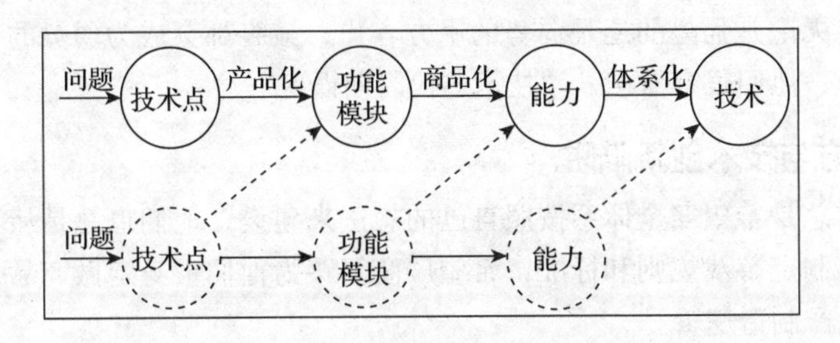

图 6-13 安全技术迭代周期模型

整个安全技术迭代周期大致可以简化为四个要素：技术点、功能模块、能力和技术。

在安全领域里，所有的产品都是沿着问题研究产生技术点、技术点产品化为功能模块、功能模块商品化为能力、能力体系化为技术这样的技术路径来迭代的。“能力”是一个甲方视角的技术词汇，它是指解决一个典型场景的安全问题的一种抽象出来的软硬件功能。从技术视角看，它可以是一个大模块，也可以是一个组件，甚至可以是一个完整的产品。比如站在甲方客户角度，整个杀毒软件产品就提供了一种能力——反病毒，而整个终端安全是由杀毒、管控、审计、补丁管理、应用控制等不同安全能力构成的。这里的“技术”指的是领域级的技术，比如 EPP、EDR、SOAR、MFA 这样的可以成为独立产品品类的大技术。

图 6-13 上虚线部分指的是要素之间关系，即一个或多个技术点复合成了一个功能模块，一个或多个功能模块复合成了一个能力，而一个或多个能力复合成了一个领域级技术。

就拿反病毒来说，对一种类型文件的病毒识别就是一个技术点，或者称之为一个技术方法，而对多种类型文件的病毒识别就是一个病毒识别的功能模块，除了多文件类型的病毒识别模块外，还增加如特征码查毒、启发式查杀等多种病毒识别方法的模块，增加对内存、外存、缓存的操作方法的功能模块，还增加界面显示与操作等功能模块，于是就形成了一种完整的反病毒的能力。将这种能力向上形成方法论，在中层形成架构和框架，向下形成产品和实际的行业应用案例，在进行这样的体系化后，就形成了终端反病毒一个技术大类。

技术点、功能模块、能力和技术这四个要素每一步的正常迭代周期是 1～3 年，即 1 年能出一个稳定可用的版本，然后就是到真实场景中进行实践和优化，经过 2～3 年成为一个成熟的技术点、功能模块或能力，基本一个技术从思想出现到成为业内公认的主流技术要经历 5～10 年的时间。从这个角度上看，其实技术创新是非常困难且风险极高的行为。

6.4.3 套路中的套路

上面谈到，无论是强势的还是弱势的甲方客户，最终都会成为弱势的一方，对于强势的甲方客户来说，他们很容易进入“技术迭代周期误区”。

1. 强势甲方与技术创新陷阱

强势的甲方总是希望安全体系按照自己的想法来建设，他们也总是从自身的实际需要出发，试图自己制定游戏规则和标准，希望厂商能够为他们量身定做产品，甚至去改变安全厂商产品的生产制造逻辑。

厂商的安全产品本质上是一种商品，商品本质上售卖的是价值而不是功能，因此会围绕着功能形成一套自洽的商品制造逻辑和一些外围的辅助性功能。比如你在超市里买的是一个水果篮，那么从水果的选择搭配到放在什么样的篮子里，最后如何封装，摆放在超市的什么位置，这一切都已经是定义好的，如果你只想要篮子里的某些水果，其实是很困难的，最有可能的是你要把整个水果篮都买回来。

你可能会说，我举的这个例子有一个 Bug，如果只是想要水果那么直接到水果区挑选就行了，为什么一定要买整个水果篮回家？事实上，你如果见过真正的水果篮就会明白，水果篮里有一些水果是你平时在水果区里见不到的，因为水果区的水果是用于日常消费场景的，而水果篮里的水果是用于节日送礼的高端消费场景的。

安全产品目前的状况跟这个场景很像。对于同一种类型的产品，安全厂商会提供一个最终的包装好的商品。如果是硬件产品，就有一个带有厂商和产品名的“盒子”和完整的安装、部署、配置流程，会有管理页面和各种指标监控；如果是软件产品，它有可能会有一个漂亮的包装，更重要的是有完整的许可授权机制，你通过商务合同决定购买哪些功能模块，然后通过授权码来决定实际使用的权益。你如果不想要其中的花边功能，只要其中最核心的功能，基本上所有安全产品都会提供一个软件开发工具包（Software Development Kit，SDK）来给甲方客户使用，还会提供多种语言调用接口来满足不同客户的开发环境，甚至如果你需要的接口不存在，还会专门为你定制一些接口。你会觉得 SDK 就像水果区的水果，而产品就像那个水果篮，两者差异还是挺大的。因为一个成熟的安全产品，都围绕着一个核心功能做了大量的外围功能，所有的功能在一起会形成一个完整的闭环逻辑。

强势的甲方，往往提出的要求就像是要水果篮里的某个水果一样，你的产品的某个功能我觉得挺好，你把它当作能力单独提供给我，这样我从 A 厂商那里拿出一个 A 能力，从 B 厂商那里拿出一个 B 能力，然后我再找一个篮子，这样就能拼出一个业内能力最强的产品来，它一定就是效果最好的。这在逻辑上一点毛病没有，但是在实际执行过程中，就会成为甲方客户和安全厂商双方共同的灾难。

强势的甲方虽然了解安全技术本身的含义，但是并不了解技术迭代的周期，先讲一个在群体博弈场景中大家都经历过但是会忽略的一种心理状态。当甲方客户要立某个重要项目时，一般情况下该项目的负责人会和自己的领导拉着多家安全厂商代表来一起研讨，项目越重要，则厂商派遣的代表的专业度就会越高，这就是一个典型的群体博弈场景，在该场景下，安全厂商一定会有三种“隐性角色”：一是领导者角色，往往是该领域的老牌厂商；二是破坏者角色，往往是有野心染指该领域的新锐厂商；三是中立者角色，知道该项目最后跟自己关系不大，就是来打打酱油，维护好跟甲方客户的关系，希望在其他项目中能合作。

当甲方提出的一个不太靠谱的需求时，往往“领导者”角色的厂商为了维护自身的利益就会适度夸大这种需求的风险，希望客户能够尽量用标准产品交付，因为甲方清楚地知道厂商的这种套路，所以就会强行挤掉这种水分。这时候“破坏者”角色的厂商会出来“捣乱”，他们支持甲方的决定，并找出各种论据来合理化这个决定，他们愿意牺牲掉前期的利润去打价格战，甚至愿意贴钱为客户进行定制开发，他们需要标杆型客户来打开市场。而“中立者”角色的厂商，本来就持有“看热闹不嫌事儿大”的心态，因此会和“破坏者”站在一起来推波助澜，当该项目被正式立项并往下推进时，基本上就是双方“噩梦”的开始。安全厂商如果能够按时做出来但问题很多，就会说因为是实验性质的，所以 Bug 比较多，如果没有按时做出来，就会从技术上找出一堆可论证的理由，于是甲方客户也只能接受这种“创新的阵痛”，最终的结果就是要么项目严重延迟，要么以一种简化的方式通过验收。

在这样的群体博弈下，看似整个结论是大家共同商议的结果，公平、公正、合理，但这就像是大家都能看破但不会说破的“皇帝的新装”，厂商会眼看着甲方客户选择了一条无比艰难的道路而不会提出异议，只能硬着头皮跟下去，因为对于厂商代表来说，他不可能承担阻止甲方技术创新的罪名，甚至甲方客户的项目负责人心里也清楚这种做法风险很高，但是在创新的压力面前，他没有更好的反对理由和替代方案。

如果了解了安全技术的迭代规律之后，你会发现，创新的成本和创新的试错成本都是极高的，如果你不是在企业或单位里位高权重、群众基础较好，而且预算充足，尽量不要做一些超越整个行业技术实现能力的事情，否则很容易成为“烈士”，即使在多年以后技术最终沿着你设想的路线在演进，那也跟你完全没有关系了。

我亲身经历的一件事是 2012 年左右接触的一个项目，一个甲方客户安全处的主任是作战指挥出身，他认为那时候的安全产品都只是一个工具，没用，他希望能够按照作战指挥的军事思想来设计一套全新的安全产品。他有完整的理论体系，但是对安全了解不多，因此找来安全行业里的领导厂商来一起来讨论，由于他当时的要求已经超出了整个安全行业的技术能力，因此这个项目做得异常艰难，项目最后勉强交付，但是那位领导却提前调走了，没有等到项目交付的那一天。多年以后我回看这个项目，它其实就是现在大行其道的态势感知产品。但是我们知道，安全行业里的态势感知技术在 2015 年之后才正式出现，2017 年左右才有产品的雏形，2018 年之后态势感知才成为行业热门技术。

其实创新分四个层次：一是技术创新，二是流程创新，三是场景创新，四是技术微创新。抛掉风险大、周期长、见效慢的第一种方式，其实还可以通过创新流程来提高目前安全建设体系的效果指标，还可以用一些现有的成熟技术来解决一些新场景的安全问题，也可以在一些典型场合里做一些微小的技术创新，做一些改动不大但可以有突出效果的小定制功能。

2. 弱势甲方与解决方案套路

如果说，强势的甲方会经常陷入创新的陷阱和技术迭代周期的误区之中，那么弱势的甲方则会经常进入解决方案的套路。

甲方弱势就意味着甲方的项目负责人对安全并不非常了解，他们没有能力制定可以控制安全厂商的游戏规则或标准，而且往往这些项目最终还要由上级领导拍板并由专家团评审，因此甲方的项目负责人就直接把方案的事情交给安全厂商搞定，他做好项目管控和厂商之间的协调工作即可。这样的想法是好的，但实际结果往往事与愿违，因为这里的每个环节都会有套路。

可以把整个项目过程大致分为三个阶段：一是解决方案撰写阶段，二是领导拍板阶段，三是专家评审阶段。我们一一说明每个阶段的套路会出现在什么地方。

先谈解决方案阶段。在编写解决方案的过程中，甲方往往先把自己的现状和想做的事情讲清楚，然后就期待厂商给出一个符合甲方自己情况的优质安全解决方案，而且这些方案不断经过甲方的挑战、安全厂商之间的博弈，按说最终的方案质量应该不错，但结果却是，基本上连合格都算不上。因为安全厂商之间的博弈不是解决对错和优劣问题，而是解决利益分配以及中标后的产品交付与实施的难度问题，双方都尽量把对方挖的坑找出来填上，然后再挖一些坑给对方，所以安全厂商博弈的结果根本无助于提高解决方案本身的质量。

一个解决方案大致是这样写成的，整个解决方案基本上会分三大部分：第一部分是需求分析，第二部分是方案规划，第三部分是方案建设。

需求分析部分都是现成材料的堆砌，一般会有安全现状、政策依据、需求分析等内容。安全现状是安全厂商积累出来的标准话术，基本上跟厂商产品白皮书上的内容一致；政策依据是方案合规性的体现，基本上是罗列一些国家法律法规、强制性的安全规范以及所属行业的行业政策；需求分析就是前面提到的甲方客户提供的自己单位的一些情况描述。

方案规划部分是整个方案的“重头戏”，一般会有设计原则、建设目标、总体设计和详细设计四项内容。设计原则往往是诸如先进性原则、合规性原则、经济原则、分期建设原则等放之四海而皆准的内容，其实除了凑字和显得文档结构完整外，没有任何实际意义。建设目标也基本上是甲方客户已经定好的内容。总体设计算是安全解决方案里唯一的新增内容，是安全厂商要根据整个项目情况为甲方客户定制的。所谓定制的总体设计，其本质上就是前面提到的那个水果篮，里面的水果早就定好了，就是安全厂商自身的产品，而这个篮子，即解决方案的总体架构图，看似是根据客户的需求推导出来的，其实就是换一个新的形式拼装一下而已。而详细设计就是根据总体架构图里定好的框框往里面填充相应的产品，所有内容都是从安全厂商不同产品的白皮书中摘抄出来的标准内容。

方案建设部分基本上是组织与人员构成、部署计划、相关管理制度、项目管理与风险评估等内容，这些也都是标准的内容。所以一个动辄百页的解决方案其实文字的工作量并不大，相反一个以年计时的项目，大量的时间是花在开会沟通和互相竞争上。

整体看下来，一个根据客户情况写出的解决方案，跟客户相关性是极小的，这样的方案从本质上就是那件均码的衬衫，能穿而已，穿上的效果就不能强求了。

再谈领导拍板阶段。职场上有一个大家都忽略的真理：当权力上行时，业务能力一定是下放的。意思是说，一个人权力越大，他的时间被各种汇报和会议占据的可能性就越大，而真正用于业务的思考时间就会越少，而拥有权力越小的人，真正用于业务上的时间就会越多。这不是说领导就一定会无所事事，而是说无论是政府机关，还是企事业单位，越往上层走，战略与务虚的价值就越大。

试想一下，一个 80% 的时间都用于参加各种会议的领导在业务方面的能力，怎么可能比一个 80% 的时间都在考虑业务的下属更专业？那么在业务上不专业的领导靠什么来判断业务本身的合理性呢？大部分时间只能通过自我的逻辑认知和下属的判断以及一些信息不对称上的优势，因此领导拍板本质上并不是要对解决方案本身的质量进行把控，而是找一个主责人，这种锅下属是不敢背的。

最后谈专家评审阶段。虽然专家是行业或甲方的有名望的专家，而且他们确实有瞬间从方案里找出 Bug 的能力，但是他们本身对安全的研究并不会太深，另外，解决方案的大部分内容都是从安全厂商的产品白皮书里直接借鉴的，本身的理念正确性与自洽程度也不会有太大的问题，因此只要答辩的那个厂商代表口才好一些，过评审的难度并不大，另外某个甲方客户的评审团名单基本上恒定，因此客户关系较好或行业耕耘较深的销售很多时候也能搞定评审团里的一些专家，这样在评审方案或评标的过程中就可以适当和合理地倾斜，大大增加通过的概率。

经过上面的分析，你会发现一个事实，如果甲方客户自身没有一个好的安全建设模式的话，无论表面上是强势还是弱势，无论采用什么样的机制来保证过程可控，最终都会处于博弈的劣势一方。因此，当安全厂商都在谈“内生安全”的时候，甲方客户真正要做的就是先建立起正确的安全思考模式。

6.4.4 安全的复杂系统论

我国科学家钱学森教授于 1990 年提出了开放的复杂巨系统（Open Complex Giant System）的概念。根据系统与其环境是否有物质、能量和信息的交换，可将系统划分为开放系统和封闭系统；根据组成系统的子系统以及子系统种类的多少和它们之间关联关系的复杂程度，可把系统分为简单系统和巨系统两大类。如果一个系统的子系统种类很多并有层次结构，它们之间关联关系又很复杂，这就是复杂巨系统，如果这个系统又是开放的，就称作开放的复杂巨系统。例如，生物体系统、人脑系统、人体系统、地理系统（包括生态系统）、社会系统、星系系统等在结构、功能、行为和演化方面都很复杂。

在网络空间框架下，互联网、移动互联网、物联网、企业内部网络都会依次演化为开放的复杂巨系统网络。而构建在这些网络之上的安全系统由于跟网络、人、威胁发生着更加复杂的关系，因此也将成为一个开放的复杂巨系统，而面对这样一个复杂巨系统，需要有与之对应的安全建设方法论。

6.4.5　安全建设元思考

1. 婚礼故事

这里讲一个婚礼筹办的真实故事。我的朋友要举办婚礼，他们首先定下一个目标，要举办一场有规格、有档次的婚礼。他们认为如果要达到这样的目标，就需要找一个有舞台的五星级酒店和好的婚庆公司，虽然场地可以决定婚礼本身的品质，婚庆公司可以帮他们决定婚礼的风格和调性，但是他们觉得在座位安排上还需要额外下些功夫，他们没有像普通婚礼那样，粗放地安排男方亲友区、女方亲友区，而是自己做了大量的工作：提前确认每一个参加婚礼的人员及其朋友的名字，把他们的名字和桌号做关联，以便礼仪小姐只要看到一个人，他们要坐的位置也就同时确定了；提前了解每个来宾之间的关系，按照他们之间的关系进行统筹安排，保证他们周围都是自己认识的朋友，实在不认识，也会按照他们之间的职业、是否有孩子、文化素质等情况进行关联，以方便能够快速破冰，互相找到共同交流的话题，防止气氛尴尬……

结果这个婚礼非常成功，做到了人人都满意，在婚礼的具体操作上，这位朋友非常专业，做了大量的工作，但是，后来当他还想按照这样的专业度来操作另外一件事的时候，我劝阻了他。我说："就拿你这个婚礼的例子来说，在五星级酒店，通过你的专业操作办了一个成功的高规格婚礼，于是你还想在另外一个场景下同样复制这样的成功，但是假如你现在是在菜市场办这样一场婚礼，虽然这两次婚礼的要素并没有发生变化，还是你和你的朋友们，你同样专业的操作会产生在五星级酒店里一样高规格的效果吗？"这位朋友豁然开朗：如果真是这样，不但效果会大打折扣，甚至还会显得很滑稽。

之所以要花大力气来讲一个跟安全不相关的"别人家的故事"，是因为就拿安全建设来说，我见过非常多的甲方客户，他们自己有多年的安全建设经验，对安全建设的操作细节非常清楚，对安全厂商的通用套路也非常明白，也会非常明确地告诉你他们想要的具体内容是什么，造成售前沟通的效果并不好，但是深聊之后会发现，虽然他们对安全操作层面的经验已经非常丰富了，但是依然会出现前面讲的那些建设困境。

2. 安全建设元思考模型

就像上面那个婚礼故事一样，要想保证好的安全建设操作的效果，只在操作层面本身下功夫是不够的，还需要关注安全建设的完整思考结构（如图6-14所示）。

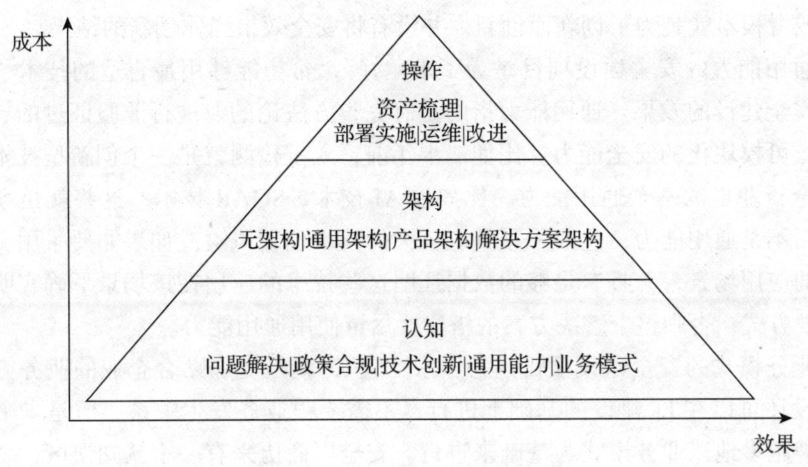

图 6-14 安全建设元思考模型

企业安全建设思考的本质就是在成本和效果中找到一个最佳平衡点，用什么样的成本，达到什么样的效果。遗憾的是目前整个行业还没有成本与效果的评估算法和体系，客户只能依赖于安全厂商对效果的承诺和对成本的报价，甲方客户最多能够从多方渠道收集数据，先确定哪个安全厂商的效果好，然后再通过砍价的方式来降低成本，如果价格实在砍得太低，那么项目就会被分成二期、三期，但是效果也就同时被分成了二期、三期。

企业安全建设思考的层次有三种：认知、架构和操作。这三者的关系是先产生认知，再做架构，然后操作。相比之下，认知的成本最低、效果最好，架构的成本和效果居中，而操作的成本最高、效果最差。如果不经历认知和架构这两层的思考，或者把这两层思考的权利交给安全厂商，而直接进入操作层面，实际效果会跟目标偏差很大。

有了上面"安全建设元思考模型"和"婚礼故事"做铺垫，现在用这个模型套一下，先谈最下层的"认知"。

这里的认知指的是指导安全建设目标和方向的元思想。由元思想产生出安全建设项目的指导思想，再由指导思想产生出安全建设项目的目标和方向。整个安全建设的元思想可以抽象出五种：问题解决、政策合规、技术创新、通用能力和业务模式。

目前安全建设项目的元思想大致是问题解决、政策合规和技术创新这三种，基于通用能力和业务模式来考虑的项目并不多。

基于问题解决的安全建设项目是为了求"安"，立项的目的就是解决某一方面已经出现的问题，比如说防止被"勒索病毒"勒索。

基于政策合规的安全建设项目是为了求"稳"，于是很多项目的目标就是符合等保三级要求，当然事实上越来越多的甲方客户已经认识到了以政策合规为目标的安全建设方案的局限性，开始明确要求安全厂商不要提供等保合规的安全建设方案。

基于技术创新的安全建设项目是为了求"新"，希望能够用最新的技术解决最新的威胁问题，或者根本就是为了创新而创新，并没有将安全效果当作创新的结果。

基于通用能力的安全建设项目是为了求“好”，希望能够用最合适的技术、以最低的成本达到安全建设的效果。通用能力指的是有完整方法论的、被行业验证过的、能形成技术生态的、可模块化的安全能力。比如二十年前，入侵检测就是一个创新型技术，而今天它就是安全行业里的一个通用能力。比如说AI技术、SOAR技术，这些就是今天的创新型技术，而不是通用能力，它的采用就有较大的技术创新风险。如果非要采用，必须选择一个封闭的应用场景，并且有足够的数据证明这些技术的应用在该场景下确实明显优于传统技术实现方式，否则整个解决方案的搭建要尽量使用通用能力。

基于业务模式的安全建设项目是为了求“宜”，就是更加贴合企业的业务方向。目前的安全建设还可以在IT建设的基础上进行，不需要跟业务发生关系，但是未来的安全建设将会越来越多地以业务模式为基础来进行。安全厂商历来有一个认知误区，就是大家尽量避免离甲方客户的业务太近，因为离甲方客户业务越近，就意味着定制化的可能性越大，安全产品就越无法实现规模化复制，久而久之就形成了在卖安全产品的时候尽量避免谈论甲方客户的业务，除非你是专门从事业务安全领域的厂商。其实离甲方客户业务近的意思是要了解甲方客户的业务逻辑，才能真正解决甲方客户安全建设的效果问题。

谈完了认知，再谈最上层的“操作”。这里的操作指的是安全的建设实施方案和具体的实施过程。无论什么样的建设实施方案，都需要经历资产梳理、部署实施、运维、改进四个主要阶段。都要做大量的前期情况摸底、网络结构调研、资产梳理、方案确定、部署实施、运维及运维之后的改进计划等工作。这是一个极其漫长而且又成本高昂的系统工程。但是很多项目都是部署实施之后才发现有问题，于是再重新立项，重新进行，造成投入产出比很低。

谈完了底层的“认知”、上层的“操作”，最后再谈谈该模型最重要的部分，中层的“架构”。这里的架构指的是基于安全认知的一个宏观的、整体的、系统的能够指导未来三到五年安全建设的框架结构，也可以称之为“安全架构”。

在过去三十多年的安全发展史中，许多有经验的甲方客户已经建立起了高认知能力并非常清楚自己的建设目标和方向，也有着极其丰富的安全建设操作经验，但是无论是安全厂商还是甲方客户，都忽略了一个重要的环节——安全架构。

没有好的安全架构，就像是在一个菜市场里用五星级酒店的操作手法来实现的一场婚礼，最终的结果就是效果大打折扣。安全架构设计模式有四种：无架构、通用架构、产品架构、解决方案架构。

无架构设计模式就是不做架构，直接针对单点问题进行安全建设，比如立个终端安全的项目去买杀毒软件，立个网关安全的项目去买防火墙等。

通用架构设计模式是指直接套用如自适应的、美国军方的一些国际通用的安全参考架构或安全框架当作安全建设项目的安全架构来凑合着用，这种属于“大架构下的建设正偏差”，就像你明明是想种一小块地，但是却为此做了一个农场的规划。

产品架构设计模式是将安全厂商的产品直接打包成一个安全架构，或者直接使用安全产品的产品架构当作安全建设方案的安全架构，这种属于“小架构下的建设负偏差”，结果就会出现上面所说的那种在菜市场里办五星级婚礼的滑稽场景。

解决方案架构设计模式是基于甲方客户企业架构或业务模式进行安全架构设计的一种全新的架构设计模式。事实上，目前国内甲方客户大部分采用前三种架构设计模式，但是可以预见的是，随着企业安全体系建设的成熟，这种解决方案架构设计模式将会变得越来越重要，从而成为未来安全建设的首选架构设计模式。

6.4.6 安全建设思考的三个视角

最近几年，在安全行业有个词出现的频率很高，叫“甲方视角”，如果仔细分析一下，这种说法背后其实有几层含义。第一层含义是一个早期安全建设方案的弊病是过于“乙方视角”，就是安全厂商总是喜欢站在自己的角度来教育甲方客户，或者说服甲方客户安全建设应该怎么做，并没有站在甲方客户的角度来考虑甲方需要的安全建设是什么。时间久了，就出现了一堆安全的“豆腐渣”工程，造成了安全投资的浪费。这就是所谓的“产品经理思维”要站在客户的角度来分析痛点，并进行解决。第二层含义是“甲方视角”与“乙方视角”的内容是不同的，甚至可能是完全相反的方向。

那么，到底有多少个视角呢？它们之间的不同之处是什么？安全建设到底应该采用什么样的视角？相信这是大家都想弄清楚的问题。

从角色位置来看，与安全建设相关的有三大视角：“甲方视角”“乙方视角”“丙方视角”。

甲方视角是站在甲方客户的立场上看安全建设应该怎么做。从生意角度上看就是“预算视角”，一切项目的成功与否是看是否能够申请出预算来；从责任上看就是“使用视角”，是安全建设项目的所有者和使用者以及承担安全建设项目的质量主责、运营主责和效果主责的视角；从技术角度看甲方视角就是“业务视角”，在这个视角下会强调“业务属性”，甲方客户不会纠结某种威胁的对抗技术是什么，也不会为产品里出现了一种高级的对抗技术而欣喜，他们只关心我的问题有没有解决，问题解决之后会不会给我的业务带来不良的后果。如果上了一个安全手段导致了我正常业务的中断或影响了正常办公秩序，那么我宁肯先“裸奔”着，等出了事再说。

乙方视角是站在安全厂商的角度来看安全建设应该怎么做。从生意角度上看就是“售前视角”，就是如何能够配合甲方更顺利、更快地拿到安全预算；从责任上看就是“建设视角”，拥有安全项目的建设主责和项目正常运营时的售后服务主责，但不对项目的效果负责；从技术角度看就是“产品视角”，在这个视角下会强调“技术属性”，安全建设方案里总是会声称我用什么样的产品，使用什么样的技术，解决了什么样的安全问题，这更多像是卖药，强调的是药的成分如何、如何服用，如果服了药病还没好，再过来复查一下，看看是不是得了其他的病。

丙方视角是站在安全顾问的角度来看安全建设应该怎么做。从生意角度上看就是“咨询视角”，要帮助甲方客户确定一个靠谱的安全建设方案；从责任上看就是“规划视角”，只为安全建设规划的内部负责，即交付给甲方客户的是一个设计图和规格要求，比较中立，既不会忽悠甲方，也不会偏袒乙方；从技术角度看就是“架构视角”，在这个视角下会强调“理论属性”，会出现各种模型、架构和框架的安全方法论作为安全建设方案的理念支撑，这更像是卖蓝图，强调的是最终看到的效果是什么样的，我会用什么样的方法，以及为什么用这样的方法。

总结一下，甲方视角就是预算视角、使用视角、业务视角，强调业务属性，更看重与业务的相关性；乙方视角就是售前视角、建设视角、产品视角，强调技术属性，更看重技术和能力；丙方视角就是咨询视角、规划视角、架构视角，强调理论属性，更看重理论的先进性。

这样分析下来，我们能够很容易地发现，一个好的安全建设方案，并不是要通过专业判断进行三选一的取舍，而是应该同时具备这三个视角的内容，因此安全建设的指导元思想是：站在业务的角度，采用先进的理论模型与架构，用通用的安全能力实现一个与客户应用场景契合的高效能安全解决方案。

因此，在今天这个以网络空间为思考尺度的时代，需要在上述元思想指导下，推演出一个更为有效的企业安全建设方法论体系。

6.5 企业安全建设方法论

6.5.1 企业安全建设的行业范式

在正式谈网络空间尺度下企业安全建设方法论之前，需要了解一下目前企业安全建设的标准行业范式。大致分为从工具使用到平台运营、从特征驱动到数据驱动、从局部防御到全局感知、从能力拼图到闭环运行四种。

1. 从工具使用到平台运营

从工具使用到平台运营是安全管理趋于成熟化的一种建设范式。早期安全建设大多数由威胁问题和合规需求导出解决方案，最终都是工具级产品的交付，即使产品形态上有管理控制台，但依然是以提高每个节点的管理效率为目的。

当安全向复杂方向演化时，安全建设也必须向着体系化方向发展，最终安全建设解决方案将过渡到平台级产品的交付，即从前期的简单的管理控制台，演化成复杂的管理中心、策略中心与数据中心。

比如终端安全领域的杀毒软件企业版向终端安全管理系统的演化，网络安全领域的SOC向NGSOC、SIEM的演化都是这样的建设范式。

2. 从特征驱动到数据驱动

从特征驱动到数据驱动是威胁对抗趋于成熟化的一种建设范式。早期的威胁以病毒、木马为主，威胁特征明显、威胁动作典型且样本集数量不大，因此采用“模式匹配”的特征码技术就能够实现精准识别与自动清除。

而随着高级威胁的出现，威胁的出现频率越来越低，威胁的特征越来越不明显，威胁动作也越来越不典型，因此更多需要采用“数据关联”或“机器学习”的数据分析技术。

特征驱动需要的是更多的前端算力，而数据驱动则需要更多的后台算力和数据存储。无论是杀毒、防黑或者是发现内部威胁事件，都会从建设特征驱动的安全体系过渡到建设数据驱动的安全体系。

3. 从局部防御到全局感知

从局部防御到全局感知是体系化建设趋于成熟化的一种建设范式。局部防御是利用具备“防御能力”的安全产品在关键终端、关键网络位置上设置关卡，对威胁进行实时的发现和自动消灭。

全局感知则是利用具备“感知能力”的安全产品在更多的终端、更底层网络位置上设置探针，对威胁进行实时的感知和通过后台的数据分析进行定性，并通过人机协同的方式进行定向的响应处置。

4. 从能力拼图到闭环运行

从能力拼图到闭环运行是甲方视角成熟化的一种建设范式。在“你有病，我有药”的乙方视角下，整个安全体系建设一直是“能力主导”模式，遵循的是木桶理论，即不断地增加安全投入，只是为了给自己拼一张更完整的安全能力的拼图，于是企业安全建设就成了给企业安全打补丁的建设。

当甲方视角崛起的时候，安全建设才能过渡到“我怎么样才能健康”的“效果主导”模式。这时候对于每一笔投入，都要考虑如何构建一个以业务为中心的“闭环运行体系”，它指的是用一个或多个安全产品实现一个完整的安全逻辑，解决的是一个完整的安全需求。也就是平时经常提到的“全生命周期”的概念，安全能力不需要全，但是每一个安全建设项目的结果，就应该是为企业构建一个某方面的“全生命周期安全体系”。

举例来说，零信任就是典型的在身份安全维度上的一个闭环运行体系，它不再强调安全能力建设，而是强调在身份安全访问这个安全建设目标上要实现整个流程的闭环。

6.5.2 也谈内生安全

内生安全是安全行业里的新锐厂商奇安信于BCS2019大会上提出来的安全理念，是奇安信最新的安全规划方法论，也算是业内第一个基于三方视角的全新安全方法论。

1. 内生安全内容

奇安信提到内生安全在市场上已经存在的五种实例：微软和英特尔组成的Wintel联盟、中国电子（CEC）打造的由飞腾（Phytium）CPU+麒麟（Kylin）操作系统组成的“PK

体系”、沈昌祥院士推动的可信计算、邬江兴院士研制的拟态防御、孙优贤院士建立的全生命周期工业系统控制体系。这几种可以看作是在 IT 框架下的内生安全。

奇安信的内生安全主要讲的是攻防过程中的内生安全，具有自适应、自主、自成长三个特点。内生安全的自适应就是指信息化系统具有针对一般性网络攻击的自我发现、自我修复、自我平衡的能力，具有针对大型网络攻击的自动预测、自动告警和应急响应的能力，具有应对极端网络灾难、保证关键业务不中断的能力。内生安全的自主指的是基于客户自身的业务特性，立足于自己的安全需求，建设自主的安全能力。内生安全的自成长指的是对安全能力动态提升的要求，核心是人的进步和成长。

实现安全几何造型的途径是依靠聚合：信息化系统和安全系统的聚合，产生自适应安全能力；业务数据和安全数据的聚合，产生自主安全能力；IT 人才和安全人才的聚合，产生自成长的安全能力。

2. 内生安全框架

如果说奇安信在 BCS2019 大会上提出的内生安全只是一个安全概念的话，那么在 BCS2020 大会上内生安全已经变成了一个安全方法论。整个逻辑是：内生安全的关键是管理，管理的关键是框架，框架的关键是组件化。

内生安全的“管理”是指这样一种“新管理”模式：由数据驱动，通过与安全体系中的能力平台和服务平台有效对接，实现对安全技术、安全运行等各方面要素的有效管理，从而发现和规避黑客利用安全体系里的漏洞发起的攻击，克服人的不可靠性，弥补人的能力不足。这种新管理模式的表现形式，可以是网络安全管理大平台，也可以是网络安全管理运营管理中心。它用“一个中心五个滤网”，从网络、数据、应用、行为、身份五个层面来有效实现对网络安全体系的管理，从而构建无处不在、处处结合、实战化运行的安全能力体系。

内生安全的“框架”是指采用系统工程的思想，让安全也具有“涌现”效应，能实现“1+1>2”的效果。在信息化系统的功能越来越多、规模越来越大、与用户的交互越来越深的时候，单一的、堆叠的安全产品和服务，哪怕是最新、最先进的，都无法保证不被黑客穿透，但内生安全系统，能够让安全产品和服务相互联系、相互作用，在整体上具备单个产品和服务所没有的功能，从而保障复杂系统的安全。框架有两个重点，就是把安全能力“理清楚”，“建起来”。然后通过管理让网络安全体系具有动态防御、主动防御、纵深防御、精准防护、整体防护、联防联控的能力。

先说“理清楚”。内生安全体系建设，需要先体系化地梳理、设计出保障政府和企业数字化业务所需要的安全能力，才能确保这些安全能力能够融入信息化与业务系统中去。

再说“建起来”。融合是建设的关键，将安全能力深度融入物理、网络、系统、应用、数据与用户等各个层次，确保深度结合；还要将安全能力全面覆盖云、终端、服务器、通信链路、网络设备、安全设备、工控、人员等要素，避免局部盲区，实现全面覆盖。这种将安全能力合理地分配到正确位置的建设过程，就是安全能力组件化的过程。这种安全能力组件，是软件化、虚拟化、服务化的。科学、合理地将安全能力组件进行组合、归并，建立相互作用关系，确保了安全能力的可建设、可落地、可调度。

在具体建设过程中，需要一个全景化的技术部署模型，全面描绘政企机构的整体网络结构、信息化和网络安全的融合关系，以及安全能力的部署形态。

框架的关键是组件化，用工程化的思想，把体系中的安全能力，映射为可执行、可建设的网络安全能力组件，构成内生安全框架，这些组件与信息化进行体系化聚合，是安全框架落地的关键。为这些体系设计并解构出了十个网络安全工程以及五方面的支撑能力任务，简称“十大工程、五大任务”。

十大工程是指新一代身份安全、重构企业级网络纵深防御、数字化终端及接入环境安全、面向云的数据中心安全防护、面向大数据应用的数据安全防护、面向实战化的全局态势感知体系、面向资产 / 漏洞 / 配置 / 补丁的系统安全、工业生产网安全防护、内部威胁防控体系、密码专项十个领域的安全框架；五大任务是实战化安全运行能力支撑、安全人员能力支撑、应用安全能力支撑、物联网安全能力支撑、业务安全能力支撑五个方向的支撑体系建设。

3. 商业化包装的背后

内生安全无疑是一个商业化的包装，就像云计算之于分布式计算，但是它至少提供了有价值的逻辑。内生安全概念的本质是把安全作为信息化建设的一个基础设施，实现 IT、CT 和 OT 层面全面的安全，并且要与信息化进行同步规划、同步建设和同步运营。

6.5.3 网络空间安全企业架构

企业架构（EA）是一个企业信息化设计的方法论，而未来的企业架构，是一个在网络空间的框架下将安全映射到企业架构的新企业架构——网络空间安全企业架构（Cyberspace Security Enterprise Architecture，CSEA）(如图 6-15 所示)。

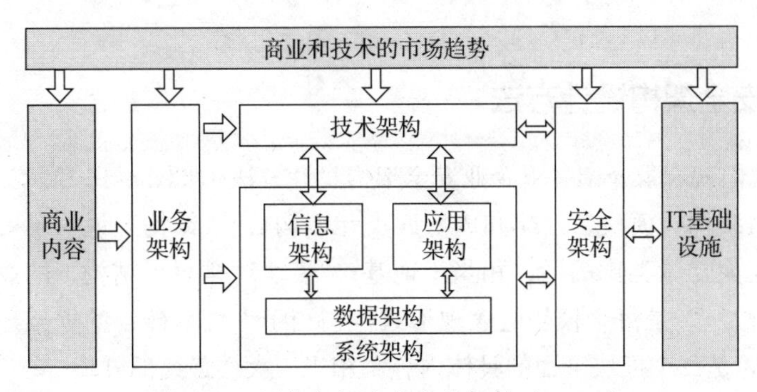

图 6-15 网络空间安全企业架构（CSEA）

在图6-15里，灰色部分的商业和技术的市场趋势、商业内容和IT基础设施是企业现实存在的事实，我们可以称之为“商业前提”。业务架构、技术架构、应用架构、数据架构是传统EA方法论的四个基本架构。如果想让一个企业的数字化商业更有效率，就必须在“商业前提”的基础之上先规划好这四个基本架构。

如果在网络空间的框架下来考虑EA，那么对于某些企业的业务系统来说，除了应用架构之外，还会有信息架构，更重要的是必须有安全架构，因为网络空间呈现的两个典型特征是开放性和复杂性，在这样的前提下，安全必然要从外挂的方式转向内生方式，而安全设计也必然要从堆砌产品的模式转向安全架构模式。

从图6-15中可以看到，信息架构、应用架构和数据架构可以统一为系统架构，因此整个网络空间安全企业架构设计的核心内容就是业务架构、技术架构、系统架构和安全架构这四大架构的设计。

网络空间安全企业架构里还有三层逻辑：一是所有架构都是基于企业自身的“商业前提”进行推导和设计的；二是每个架构之间既独立又相互作用，这些作用关系的细节需要针对每个企业自身的“商业前提”分别进行设计；三是商业前提与架构之间是相互迭代关系，即好的架构可以优化和促进现实的商业前提，而改变后的商业前提在企业运营的过程中会产生新的问题和需求，从而驱动着架构进行相应的改变。

在这里，是想表达几个重要观点。一是过去的厂商视角的安全建设方案已经过时了，以后应用的效果会越来越差。二是安全建设方案应该引入架构思想。架构思想是一种丙方的视角，这样做会让整个安全建设具有一个统一的逻辑结构，你会非常清楚每一个安全建设项目在整个结构里处于什么样的位置，能够达到什么样的效果，未来的安全建设应该向什么方向走，以及未来需要发起什么样的安全项目。只要架构本身设计得合理，基于架构发起的所有安全建设项目的合理性就容易被论证并让人信服。三是安全架构的设计必须以企业的EA为基础。安全架构不能凭空产生，也不能根据市面上已经存在的架构或框架来生搬硬套，它必须是基于对甲方客户自身信息化条件的理解和对业务现状和企业架构的了解的。

6.5.4　企业安全架构设计方法

接下来，我们就着重介绍一下企业安全架构设计方法（如图6-16所示）。

该模型里由结构、模块、性质和内容四类元素构成。“结构”说明了安全建设的大的思路，如果拿盖大楼做类比的话，相当于地基；“模块”是每个结构下的逻辑层次，相当于大楼框架；“性质”是每个模块的表现形式，相当于大楼是砖混的框架还是混凝土现浇的框架；“内容”是每个模块下面的具体内容，相当于大楼最终的外墙。

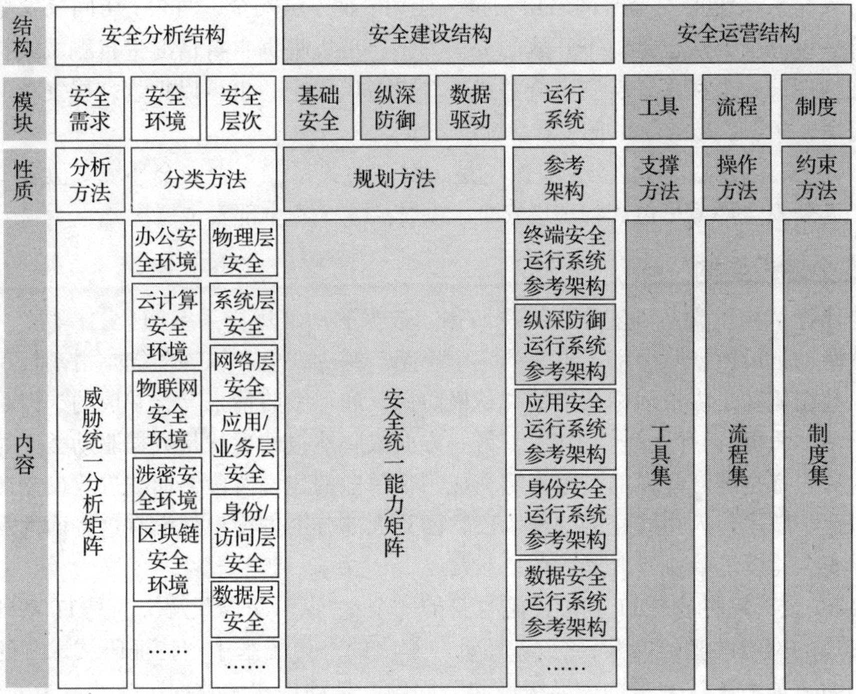

结构	安全分析结构			安全建设结构				安全运营结构		
模块	安全需求	安全环境	安全层次	基础安全	纵深防御	数据驱动	运行系统	工具	流程	制度
性质	分析方法	分类方法		规划方法			参考架构	支撑方法	操作方法	约束方法
内容	威胁统一分析矩阵	办公安全环境 云计算安全环境 物联网安全环境 涉密安全环境 区块链安全环境 ……	物理层安全 系统层安全 网络层安全 应用/业务层安全 身份/访问层安全 数据层安全 ……	安全统一能力矩阵			终端安全运行系统参考架构 纵深防御运行系统参考架构 应用安全运行系统参考架构 身份安全运行系统参考架构 数据安全运行系统参考架构 ……	工具集	流程集	制度集

图 6-16　企业安全架构设计方法模型

该模型有三个大的结构：安全分析结构、安全建设结构和安全运营结构，分别对应安全建设的事前、事中和事后三个阶段。安全分析结构解决为什么要干和干的思路的问题；安全建设结构解决具体要怎么干的问题；安全运营结构解决要怎么做才能产生好的效果的问题。下面就对这三大结构进行拆解说明。

1. 安全分析结构

安全分析结构包含安全需求、安全环境和安全层次三个“模块”。安全需求解决建设的依据问题，本质是一个安全需求的分析方法，内容是一个分析工具——“威胁统一分析矩阵”，运用该工具，可以帮助甲方客户快速确定面临的安全问题，并推导出具体的安全需求。该工具会在后面详细讲述。

安全环境解决建设的场景问题，本质是一个安全场景的分类方法，根据目前整个产业具有多个具体的、相对独立的场景。安全环境按照实际情况可分为：办公安全环境、云计算安全环境、物联网安全环境、涉密安全环境、区块链安全环境等。该分类方法是个开放的分类方法，可以根据自身需要进行相应的删减或扩充，比如可以把移动办公安全环境和大数据安全环境单独分离出来。

安全层次解决建设的方向问题，本质是一个安全建设方向的分类方法，会从信息化建设视角来对安全建设方向进行分层，然后对应到不同的“安全环境”中去。安全层次可分为物理层安全、系统层安全、网络层安全、应用/业务层安全、身份/访问层安全、数据层安全等，该分类方法也是一个开放的分类方法，可以根据自身情况进行删减或扩充。比如可以把物理层安全和系统层安全合并成一个设备层安全，也可以把物理层安全、系统层安全、应用/业务层安全合并成一个系统层安全。

另外，“安全环境”与“安全层次”是一对多的关系，一个安全环境对应多个安全层次。比如办公安全环境里包含物理层安全、系统层安全等全部安全层次。

2. 安全建设结构

安全建设结构包含基础安全、纵深防御、数据驱动、运行系统四个“模块”。这个结构是从“滑动标尺模型”中衍生出来的一个思路。基础安全和纵深防御是滑动标尺里的原始元素。数据驱动是由滑动标尺里的“积极防御”和“威胁情报”合并成的，但是很难讲清楚什么是“积极”，什么是“消极”，另一方面威胁情报的现状是数据驱动类产品的一个外部输入源，都是配套建设的，很难定义成一个单独的建设阶段，而“进攻反制”本身就是一个法律、技术与人相结合的综合手段，而且大部分甲方客户都没有这方面的需求，因此在实际安全建设里单独列出来意义并不大。

“基础安全”解决的是IT基础设施自身的安全；“纵深防御”解决的是IT基础设施连接起来形成的网络的整体安全；“数据驱动”解决的是传统基于“特征码技术”的威胁精准识别与防御能力无法解决的“高级威胁”问题，是利用“大数据”与“行为分析技术”完成的威胁深度识别能力。

在这里，基础安全、纵深防御、数据驱动这三个模块本质上是安全的规划方法，内容是一个“安全统一能力矩阵”，它是一个安全能力需求的分析工具，是一张站在整个产业维度上的安全能力全景图。有了这张图后，甲方客户就不需要先听安全厂商来讲自家的产品有什么功能，然后再根据这些功能来构建自身的安全体系了，因为这种方式就是“削足适履”，最终效果肯定不好。甲方客户完全可以根据这张图来先判断自己需要什么样的安全能力，然后去市场上找到合适的安全厂商来满足。

运行系统是解决安全能力应该怎么用的问题，本质上是一个安全的建设方法，形式上就是一个安全参考架构。虽然目前市面上许多安全产品也都声称系统，如“终端安全管理系统”，其实其本身是一个“复杂产品”，而这里讲的系统则是从实际场景推导出的跨产品的可以形成安全闭环的可运行的系统或体系。

根据前面的安全环境与安全层次，会有不同的运行系统参考架构，比如终端安全运行系统参考架构、纵深防御运行系统参考架构、应用安全运行系统参考架构、身份安全运行系统参考架构、数据安全运行系统参考架构等内容。甲方客户如果按照该参考架构进行相应的建设，就可以形成一个该安全建设方向上的可运行的系统，能够形成安全的闭环，很好地解决某个方向的问题。

3. 安全运营结构

安全运营结构包含工具、流程和制度三个模块，帮助甲方客户搭建有效的安全运营体系。"工具"解决的是用什么来做安全运营的问题，它本质上是安全运营体系的一个"支撑方法"，内容就是一个"工具集"，这个工具集可以是一个安全产品，也可以是多个安全产品，还可以是一堆开源小工具，形态和个数并不重要，重要的是这个工具集必须具备前面描述的安全能力和配套的运行系统，这样整个安全运营体系才有可能正常运转起来。

"流程"解决的是"人"以什么样的方式来驱动这些"工具"的问题，本质上是安全运营体系的"操作方法"，内容是一个"流程集"，就是我们经常说的 SOP（Standard Operation Procedure）。这个流程需要根据企业自身情况进行定制，并且根据运行的结果进行优化。流程建立有许多方法，其中最著名的就是戴明环方法，又称 PDCA 模型（Plan-Do-Check/Study-Act，计划 – 执行 – 检查 – 处理）。

"制度"解决的是流程固化与流程效果评估的问题，本质上是安全运营体系的约束方法，内容是一个"制度集"。过去的企业安全建设套路里有一个重要的误区就是把制度放在了第一位，先建制度，然后根据制度来约束人，因此安全建设就会越做越重，越做越僵化。实际上制度是最后才需要制定的，是把运行和优化得非常有效率和效果好的流程用制度的方式固化下来，然后用文化的方式传递出去，并通过适度的指标来对流程进行效果评估，形成安全运营的质量保障体系。

6.5.5 从 EA、RA 到 SA 的最新范式

纵观整个安全市场，所有安全厂商都希望自己的产品和解决方案离客户的业务越远越好，因为离客户的业务越近，定制化的可能性就越大，最终会沦为甲方客户的外包开发商。但是，当一个安全厂商拿着自己通用的安全解决方案给甲方客户看时，甲方客户总是说，你不懂我的业务，你这个通用的解决方案对我没用。那么到底有没有一个方法让安全厂商离客户的业务近而又不会进入定制化开发的恶意循环呢？

答案就是采用我们现在提到的这个新的安全建设范式，但是对于安全厂商也会有一个新的要求，就是在未来的安全产品研发模式上，除了软件工程上讲的把功能尽量乐高化和模块化之外，更重要的是在架构设计上要把安全能力与安全产品分离。

举个装修的例子，未来的安全能力就像是装修的材料，大到一面墙，小到一个门把手，都是标准化的，但是装修出来的结果却是个性化的，我们知道，每个家庭用的装修材料都是相同的，但是装修出来的效果最终都是不一样的，而我们的安全产品未来就像样板间一样，只是给客户展示一下不同的风格的最终效果，而客户最终不是购买你的产品，而是购买你能提供的最终效果。而未来安全公司也会从以卖材料为主的原材料厂商进化成为装修公司，通过设计方案提供从设计到装修的一条龙服务。

总结一下，整个网络空间安全企业架构（CSEA）设计方法的核心要义，就是要根据企业的企业架构（EA）来了解企业的业务逻辑，然后向甲方客户提供自己的参考架构（RA），让客户了解安全厂商对安全的理解，最终结合成一个符合企业实际情况的安全架构（SA）。企业的 EA 就是毛坯房，安全厂商提供的 RA 就是样板间，而 SA 就是最终给甲方客户的

装修效果图。

网络空间框架下的企业安全建设新范式就是一场从产品交付模式到架构交付模式的演化。

6.6 网络空间企业威胁统一分析方法

在前面企业安全架构设计方法模型中提到了两个工具：威胁统一分析矩阵与安全统一能力矩阵。威胁统一分析矩阵的目的是看清楚目前威胁的全景状况，以帮助甲方企业针对不同的威胁提出治理规划的需求。安全统一能力矩阵的目的是看清楚目前安全能力的全景状况，以帮助甲方根据现有的安全建设情况分析自己欠缺的安全能力的建设方向。

6.6.1 威胁统一分析矩阵

如果我们把威胁当成研究对象，在威胁类型、威胁种类、作用对象、产生后果四个维度填充上相应的内容，就拥有了一个威胁统一分析模型（如图6-17所示）。

威胁类型	威胁种类	作用对象	产生后果
1. 恶意代码	1. 病毒/木马/蠕虫	1.终端	1. 系统异常
2. 黑客攻击	2. 后门/黑客程序	2.互联网服务器	2. 系统被控制
3. 高级威胁	3. DDoS/CC攻击	3.内部服务器	3. 服务器拒绝服务
4. 业务风险	4. Web服务器攻击	4.重要单位服务器	4. 服务器被拖库
	5. 系统服务器攻击	5.软件产品	5. 服务器被控制
	6. 勒索软件	6.企业业务数据	6. 金钱勒索
	7. 流量/挖矿木马	7.企业秘密数据	7. 消耗资源
	8. APT攻击		8. 机密泄露
	9. 供应链攻击		9. 攻击跳板
	10. 业务欺诈		10. 经济损失
	11. 信息泄露		11. 机密泄露
	12. 信息盗窃		

图6-17 威胁统一分析模型

目前共有4种威胁类型、12种威胁种类、7种作用对象和11种产生后果，如果我们把这些维度的数据组成一张表，就形成了威胁统一分析矩阵（如表6-7所示）。

表6-7 威胁统一分析矩阵

威胁类型	威胁种类	作用对象	产生后果
恶意代码	病毒 / 木马 / 蠕虫	终端	系统异常
	后门 / 黑客程序	终端	系统被控制
黑客攻击	DDoS/CC 攻击	互联网服务器	服务器拒绝服务
	Web 服务器攻击	互联网服务器	服务器被拖库
	系统服务器攻击	内部服务器	服务器被控制

（续）

威胁类型	威胁种类	作用对象	产生后果
高级威胁	勒索软件	终端	金钱勒索
	流量 / 挖矿木马	互联网服务器 / 终端	消耗资源
	APT 攻击	重要单位服务器	机密泄露
	供应链攻击	软件产品	攻击跳板
业务风险	业务欺诈	企业业务数据	经济损失
	信息泄露	企业秘密数据	机密泄露
	信息盗窃	企业秘密数据	机密泄露

如果我们能够不断地扩充和优化这些维度以及每个维度里的内容，那么就能形成一张关于威胁分析的全景图，以方便我们对威胁态势进行统一的掌握。

6.6.2　安全统一能力矩阵

如果我们把安全能力当成研究对象，分成物理位置、软件环境、安全对象、安全动作四个维度，每个维度填充上相应的内容，就拥有了一个安全统一能力模型（如图 6-18 所示）。

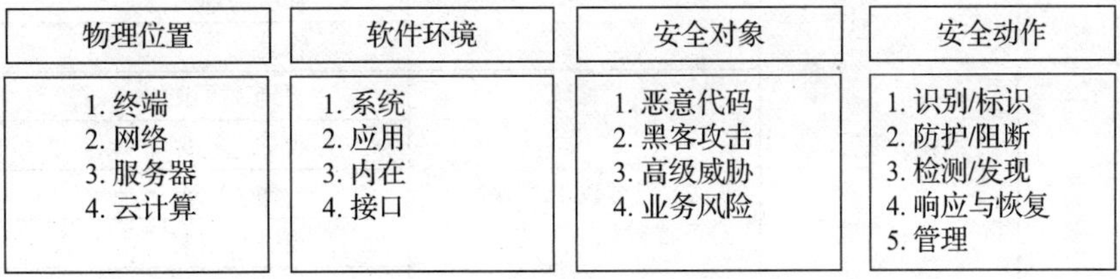

物理位置	软件环境	安全对象	安全动作
1. 终端 2. 网络 3. 服务器 4. 云计算	1. 系统 2. 应用 3. 内在 4. 接口	1. 恶意代码 2. 黑客攻击 3. 高级威胁 4. 业务风险	1. 识别/标识 2. 防护/阻断 3. 检测/发现 4. 响应与恢复 5. 管理

图 6-18　安全统一能力模型

目前共有 4 种物理位置、4 种软件环境、4 种安全对象、5 种安全动作，如果我们把这些维度的数据组成一张表，就形成了安全统一能力矩阵，下面就拿“终端”这个物理位置来实际看一下（如表 6-8 所示）。

表 6-8　安全统一能力矩阵

物理位置	软件环境	安全对象	安全动作
终端	系统	恶意代码	识别 / 标识
			防护 / 阻断
			检测 / 发现
			响应与恢复
			管理

（续）

物理位置	软件环境	安全对象	安全动作
终端	系统	黑客攻击	识别 / 标识
			防护 / 阻断
			检测 / 发现
			响应与恢复
			管理
		高级威胁	识别 / 标识
			防护 / 阻断
			检测 / 发现
			响应与恢复
			管理
		业务风险	识别 / 标识
			防护 / 阻断
			检测 / 发现
			响应与恢复
			管理
	应用	恶意代码	识别 / 标识
			防护 / 阻断
			检测 / 发现
			响应与恢复
			管理
		黑客攻击	识别 / 标识
			防护 / 阻断
			检测 / 发现
			响应与恢复
			管理
		高级威胁	识别 / 标识
			防护 / 阻断
			检测 / 发现
			响应与恢复
			管理
		业务风险	识别 / 标识
			防护 / 阻断
			检测 / 发现
			响应与恢复
			管理

如果我们能够不断地扩充和优化这些维度以及每个维度里的内容，那么就能形成一张关于安全能力的全景图，以方便我们针对这些能力与行业里的安全产品所具有的能力进行统一对照分析。

第7章 企业安全体系建设指南

其实不管是甲方客户，还是安全厂商，有了正确的企业安全认知和方法论之后，还需要一个好的企业安全体系建设方法。

对于大多数甲方客户来说，安全体系建设不是一个全新的话题，而是漫长的时间线上的一个“历久弥新”的话题。历久大家都能理解，说弥新，是因为每一次立项都是一个全新的话题。过去的建设经验无法继续复制，因为安全体系建设的逻辑是试图基于过去的技术和经验积累来解决未来不确定性问题。

对于大多数安全厂商来说，安全体系建设基本上是一个全新的话题，因为安全厂商自身的安全体系建设逻辑与给客户提供的安全体系建设逻辑是完全不同的两种逻辑，大部分安全厂商自身的安全体系建设，都不会以“安全产品为核心”的模式进行构建，而是以“安全服务为核心”的模式来构建，这种构建模式会让自身的安全需求跟甲方客户的安全需求产生很大的差异。

因为甲方客户的安全认知、安全技术、安全服务等能力跟乙方安全厂商有很大的差异，所以往往是基于“安全产品为核心”的模式构建自身的安全体系。因此安全厂商给甲方客户提供的建设方案都是基于标准产品和标准服务模式的，同时是基于其他甲方的实际服务经验的，这些获取的经验往往都是碎片化和不完整的。同时由于人员的高流动性，也导致安全厂商的甲方客户实践经验会更加碎片化和不完整。

在本章中，我们站在甲方客户立场上，以甲方视角来看一下企业安全体系建设该如何做。

7.1 现有安全体系建设逻辑与幸存者偏差

几乎每个大型企业都有自己的安全体系，但是几乎每个企业的安全体系都不一样，下面我们就分别看看目前市面上存在的几种大的安全体系建设逻辑，以及它们存在的主要问题。

7.1.1　传统安全体系建设的标准逻辑

第6章里谈到了甲方客户安全建设的困境，这是安全体系建设逻辑与新的安全发展趋势不匹配所导致的。目前有四种主流的建设逻辑：威胁与技术建设逻辑、合规建设逻辑、IT驱动建设逻辑和业务驱动建设逻辑。

1）威胁与技术建设逻辑。这种逻辑是基于“威胁点”或“技术点”来建设，比如当你看到反病毒体系建设、EDR体系建设、安全运营平台建设、攻防靶场体系建设这类字眼时，基本上都是基于这种逻辑来建设的。

2）合规建设逻辑。这种逻辑是按照等级保护的要求，先选择一个建设档位，比如等保二级、等保三级，然后按照定级备案、安全建设、等级测评、安全整改、监督检查等标准等级保护流程进行建设，建设完成后通过得分拿到相应的结果证明。

3）IT驱动建设逻辑。这种逻辑一般是按照企业的IT架构进行构建。有两种情况：一种是按照云、管、端三级IT结构来建设，比如说终端安全治理体系建设、网络安全体系建设、纵深防御体系建设、云计算安全体系建设等；另一种是按照IT环境的逻辑来建设，比如说办公网络安全、移动网络安全、云安全、5G安全、物联网安全等。

4）业务驱动建设逻辑。这种逻辑一般是按照企业的应用架构或业务架构逻辑进行构建，即不管安全体系建设的发起方是谁，安全体系建设的目标都是保障数字化业务，比如业务安全、数据安全、身份安全、供应链安全等。

7.1.2　企业安全体系建设的最佳实践

除了上述企业安全体系建设的标准逻辑外，也有一些安全实践的思考者试图基于最佳实践的方式来探讨安全体系建设的有效路径。

1. 互联网企业安全最佳实践

有一些最佳实践类的指导书籍，把互联网企业的安全体系建设内容分为理论、技术与实践三个部分。

理论部分包括安全组织、安全建设方法论等内容；技术部分包括基础安全措施、网络安全、入侵感知体系、漏洞扫描、移动应用安全、代码审计、办公网络安全、安全管理体系、隐私保护等内容；实践部分包括业务安全与风控、大规模纵深防御体系设计等内容。

具体说明如下：

理论部分的安全组织是指安全队伍的建设；安全建设方法论是指SDL、STRIDE威胁建模、ISO 27001相关内容。

技术部分的基础安全措施是指安全域和系统加固、配置与补丁管理；网络安全主要是指抗DDoS攻击、网站防护；入侵感知体系主要是指主机入侵、Webshell、僵尸网络等；漏洞扫描主要是指资产相关的漏洞管理；移动应用安全是指移动环境的安全；代码审计是指源代码安全；办公网络安全是指办公环境的安全，如终端管理、安全网关、DLP数据防泄露等；安全管理体系是指制度和流程；隐私保护主要是指数据安全相关建设。

实践部分的业务安全与风控主要是指业务反欺诈相关内容；大规模纵深防御体系设计主要是指数据流视角、服务器视角、IDC视角、逻辑攻防视角等不同视角下的安全体系的剪裁问题。

2. 金融行业企业安全最佳实践

有一些最佳实践类的指导书籍，把金融行业安全体系建设内容分为安全架构和安全技术。

安全架构分为安全规划、内控合规管理、安全团队建设、安全培训、外包安全管理、安全考核、安全认证、安全预算、总结与汇报等内容；安全技术分为互联网应用安全、移动应用安全、企业内网安全、数据安全、业务安全、邮件安全、活动目录安全、安全热点解决方案、安全检测、安全运营、安全运营中心、安全资产管理、应急响应等内容。

具体说明如下：

安全架构里的安全规划主要指规划框架、目标、现状和差距分析；内控合规管理主要是指合规、内控与风险管理、制度管理、业务连续性管理等内容；安全团队建设是指安全组织建立；安全培训是指安全培训体系建立；外包安全管理是指安全外包业务的管理；安全考核是指安全考核与评价体系；安全认证是指类似于ISO 27001这样的安全能力认证；安全预算、总结与汇报是指安全预算管理。

安全技术里的互联网应用安全是指互联网业务区的Web应用安全、系统安全、网络安全、数据安全、业务安全等；移动应用安全是指App开发安全与App业务安全；企业内网安全跟上面的办公网络安全类似，有安全域、终端安全、网络安全、服务器安全等内容；数据安全是指终端数据、网络数据、存储数据、应用数据等的安全；业务安全主要是指账号安全、反爬、大数据风控等内容；邮件安全是指入站安全、邮件账号安全、垃圾邮件、邮件钓鱼等内容；活动目录安全是指权限、组策略等内容；安全热点解决方案是指DDoS攻击防护、勒索病毒防护、补丁管理、堡垒机管理、加密机管理等内容；安全检测是指漏洞相关管理；安全运营是指安全运营的架构与工具；安全运营中心是指SOC类产品；安全资产管理是指安全资产的管理；应急响应是指安全事件的分类、分级管理等内容。

7.1.3 新一代网络安全框架的厂商实践

有的安全厂商基于自身的安全规划实践提出了新一代的网络安全框架，比如奇安信的基于内生安全最佳实践的新一代网络安全框架。

新一代网络安全框架是结合当前政府、金融、运营商等大型机构的网络安全普遍需求，借鉴国内外大型机构网络安全最佳实践和网络安全架构研究成果，提出面向“十四五”的网络安全规划“十大工程、五大任务”建议框架，为政企机构提供从甲方视角、信息化视角、网络安全全景视角出发的顶层规划与体系设计思路与建议。

其中包括新一代身份安全、重构企业级网络纵深防御、数字化终端及接入环境安全、面向云的数据中心安全防护、面向大数据应用的数据安全防护、面向实战化的全局态势感知体系、面向资产 / 漏洞 / 配置 / 补丁的系统安全、工业生产网安全防护、内部威胁防护体系、密码专项等十大工程，以及实战化安全运行能力建设、安全人员能力支撑、应用安全能力支撑、物联网安全能力支撑、业务安全能力支撑等五大任务。

新一代网络安全框架改变了以往概念引导加产品堆叠为主的规划模式，而是利用系统工程方法论，从顶层视角建立安全体系全景视图以指导安全建设，强化安全与信息化的融合，提升网络安全能力成熟度，凸显安全对业务的保障作用。

它的整体逻辑是：促进业务目标实现 > 以安全能力为导向 > 规划安全工程项目 > 建设落地安全体系（技术 + 运行）> 提升安全能力 > 促进业务目标。

它的核心目标是促进政企数字化业务。为实现该业务目标，网络安全体系建设应以网络安全能力为导向，遵循叠加演进的网络安全能力滑动标尺模型，在基础架构、纵深防御、积极防御、威胁情报等不同类别的安全能力方面，找准能力差距，明确具体的安全能力目标。

为有效形成和持续提升网络安全能力，从甲方用户的信息化建设视角，规划网络安全领域的十大工程和五大任务，这些工程和任务基本覆盖了信息化建设的各种场景，也可以根据实际规划需要进行组合或拆分。在安全项目建设过程中，主要落脚点是安全技术体系和安全运行体系，其中安全技术体系反映了各个安全技术领域的能力和部署方式，安全运行体系则是为了克服安全产品无效堆叠的弊端，着眼实战化要求，提升安全运行能力，打通人 + 技术 + 流程，以实现识别—防护—检测—响应的有效闭环。

7.1.4　安全体系建设的幸存者偏差

幸存者偏差指的是当取得的资讯仅来自幸存者时，此资讯可能会与实际情况存在偏差。比如，二战期间，英美对返航的战斗机进行弹痕分析发现，弹痕集中在机翼部位，而驾驶舱和油箱很少有中弹痕迹。于是决定加固机翼装甲。而统计学家阿伯拉罕·马尔德则指出：现在我们收集的样本全是返航飞机的样本，它们多数机翼中弹，这就说明，即使机翼中弹，飞机也有很大的概率能够成功返航，而恰恰是那些没有什么弹痕的部位，比如驾驶舱和油箱，当它们中弹的时候，飞机连返航的机会都没有，所以需要加固那些没有弹痕的部位。这就是幸存者偏差。

上面谈到的内容中，无论是传统安全体系建设的标准逻辑，还是企业安全体系建设的最佳实践，或者是新一代网络安全框架的厂商实践，都存在这样的幸存者偏差。因此在安全建设实践过程中，它们虽然都是有益的参考，但是几乎无法直接使用。

我们就拿“点线面体”的战略思考框架来分析一下。

传统安全体系建设的标准逻辑里的威胁与技术建设逻辑是典型的点式逻辑，本身是基于某个威胁或技术点的；合规建设逻辑是一个线式逻辑，本身就是一个典型且标准的安全建设过程；IT 驱动建设逻辑和业务驱动建设逻辑本质上都是不同的安全建设切面。这些思路都不完整，很容易形成片面的安全建设结论。

企业安全体系建设的最佳实践里的互联网企业安全最佳实践和金融行业企业安全最佳实践，看似是一个体系，其实本质上是由一个个安全散点和一个个安全切面组成的松散集合，它们可能单点最优，但是无法做到整体最优。就像是一个安全建设的零件仓库，还没有给出拼装图，需要企业基于自己的理解进行组合和拼装。

新一代网络安全框架的厂商实践里的十大工程、五大任务本质上是由十五个安全切面构成的一个建设框架，属于一个静态体系，缺乏基于发展尺度的动态架构和能力演进的路径。

因此，对于甲方客户来说，最重要的不是拥有一堆零件，而是一个完整的安全体系建设蓝图。

7.2 你需要一个好的解决方案

物理世界的安全事件往往是由自然灾害（比如地震、水灾等）引起的，因此容易防、管、控。跟物理世界安全事件的性质不同，信息世界的安全事件都是智力对抗的结果，当出现更强的信息化基础设施、更强的安全技术时，就会有更新的、能穿透信息化基础设施和安全技术的威胁出现，因此安全本身的发展就是不确定性的，它本质上是一个试图通过过去经验来解决未来问题的行业，因此对创新的要求比其他行业更高。

往大了说，本书中提到的安全文明是与信息文明相伴而生的；往小了说，安全跟信息化建设、IT 技术发展、软件工程进化是密不可分的。因此，安全行业的底层驱动力是不断变化的，安全建设的模式也会随之发生变化。

未来的安全建设模式一定是基于架构的体系化的解决方案建设模式，因此，每个企业都需要一个好的安全建设解决方案，同时，还需要一个更好的理由。

7.2.1 你需要一个理由

过去，所有安全建设模式都是问题驱动的，出现一个问题，就基于该问题进行立项处理，构建一种安全能力，随着安全事件数量的逐步增多，安全体系就建设得越来越完善和庞大。

但是，随着新威胁的不断产生、安全行业的不断发展、甲方安全建设的不断推进，安全变成了一个复杂系统，威胁的数量、种类、攻击方法越来越多，安全的理念、框架、架构、模型、技术、产品、厂商越来越多，甲方安全建设的项目、产品、服务支撑越来越多。

因此，对于甲方客户来说，在进行企业安全建设时，越来越不需要知道“要怎么干？”，而是越来越需要知道“这么干的理由是什么？”。这就说明，甲方客户越来越需要安全建设背后的逻辑支撑，而不是表面的产品和技术支撑。

当甲方客户需要一个理由时，他就越来越不需要一个产品（Product）、一种服务（Service），而是越来越需要一个好的解决方案（Solution）。

7.2.2　你需要一个解决方案框架

对于安全厂商来说，从卖产品到卖解决方案是一个必然的生意模式和思想的转变。虽然在很多年前，安全厂商就已经提出了解决方案的概念，但是当时由于安全行业还相对简单，那时候的解决方案其实就是一体化的思想——产品功能的一体化、软硬件产品形态的一体化、产品服务的一体化、工具管理的一体化等，其本质还是卖产品，只不过是卖一个复杂度比较高的产品，或者就是产品 + 服务的形式而已。

而现在所说的解决方案是一个系统，它应该有一个完整的框架，而且这个框架不再是单一甲方客户或单一安全厂商的事情。它已经变成了一个协同架构，必须双方协作完成（如图 7-1 所示）。

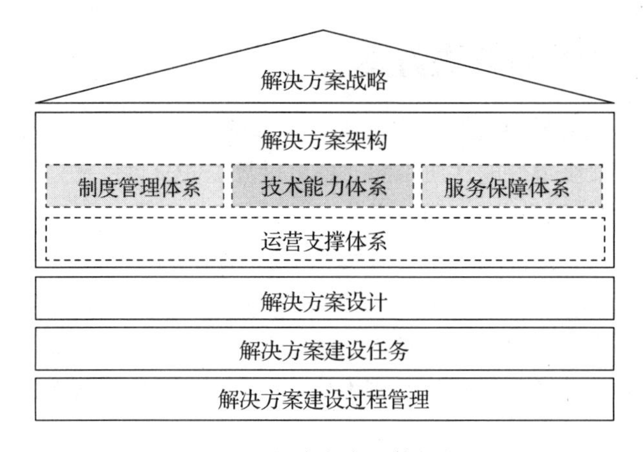

图 7-1　解决方案整体框架

安全体系建设需要自顶向下的完整规划与设计：需要一个解决方案战略，在里面确定好愿景与目标、理念与原则；需要完整且适合自身情况的解决方案架构；需要根据这个架构来进行好的解决方案设计；根据这个设计制定解决方案建设任务；根据建设任务来开展建设过程，然后进行解决方案建设过程管理，最终完成安全体系建设，进入下轮的安全建设迭代。

解决方案架构包括制度管理体系、技术能力体系、服务保障体系和运营支撑体系四大要素。

1）制度管理体系是以甲方客户为主、安全厂商为辅的方式来建立的，需要甲方客户制定新的管理制度或修正现行的管理制度。

2）技术能力体系是以安全厂商为主、甲方客户为辅的方式来建立的。它包括对甲方客户 EA 的理解，以及基于该架构的安全能力构建等内容。

3）服务保障体系一般包括日常运维服务、实战化支撑服务、常规人才培养服务，其中日常运维服务和常规人才培养服务要以甲方客户为主，而实战化支撑服务要以安全厂商为主。

4）运营支撑体系是一个值得讨论的要素，有的甲方客户把日常运维服务的内容放在该体系里，有的甲方客户把安全绩效考核和评估的内容放在该体系里。这里的运营支撑体系更多是指安全建设的价值考虑与设计。因为安全建设项目往往被当作成本项目，很难获得充足的资金支持，而安全建设项目本身又渗透到日常的企业管理工作之中，对每个人的工作都产生影响，同时对于每个企业来说安全事件又是低频的事件，很容易给企业的决策层带来投资回报率低的不良印象。因此，在安全建设之初就应该规划清楚，每一个安全项目的建设最终能产生什么样的效果、带来什么样的价值。

需要说明的是，这里的解决方案指的其实并不是全新的解决方案或针对某个问题的解决方案，而是包含着甲方客户过去的、现在的以及未来的全部安全体系建设规划。本质上，这个解决方案是甲方客户的安全规划与建设全景图，这个全景图就像航海地图一样，使得甲方客户在安全建设的海洋里能做到心中有数、不迷路。但是实际上，由于各种各样的历史原因，几乎没有一个甲方客户能拿得出这样一张安全建设的全景图，所以，这里提到的解决方案框架，其实是甲方客户的安全建设全景框架与演化路径。

7.2.3 解决方案解决的不仅仅是问题

为用户提供的解决方案有三种尺度：一是站在技术尺度为甲方客户提供的产品或产品组合级解决方案；二是站在企业尺度为甲方客户提供的产品、制度加安全运营的规划级解决方案；三是站在客户尺度为甲方客户提供的愿景级解决方案。

我们再深入思考一下，其实技术尺度解决的是甲方客户的部门级问题，在这种尺度下，需要关注的是部门的业绩；企业尺度解决的是甲方客户的企业级问题，在这种尺度下，需要关注的是企业的愿景；而客户尺度解决的是甲方客户的组织级问题，在这种尺度下，需要关注的是企业的文化。

往往创业型安全厂商喜欢提供技术尺度的解决方案，综合型安全厂商喜欢提供企业尺度的解决方案，只有极少数的创新型或顶级的安全厂商才会关注客户尺度的解决方案。因此这里需要着重说一下什么是愿景级或组织级的客户尺度解决方案。

我们从目标这个维度来看，技术尺度解决方案的目标是帮助客户解决实际存在的安全问题，企业尺度解决方案的目标是帮助客户解决企业整体安全体系的建设问题，一个是单点问题，一个是系统级的静态客观问题。但是我们往往忽略了一个事实，就是企业是由组织构成的，组织是由一个个活生生的人构成的，于是这就变成了一个系统级的动态主观问题。因此客户尺度解决方案的目标就是要基于客户实际的组织架构和组织文化，帮助客户通过安全建设来获得组织上的成功。

可能有人会有疑问：企业尺度解决方案也提供企业管理制度，客户尺度解决方案与它有什么不一样？其实我们仔细想想，这两者最大的不同是：企业尺度解决方案只是提供了静态的制度，是照章办事；而客户尺度解决方案是要考虑到最终的执行结果，完全要基于客户的实际情况来考虑。在方案设计之初就要推演，在这个客户的现有组织架构下，该解决方案能否适应客户的组织架构和组织文化，能否帮助客户获得成功。

如果用这种逻辑来考虑，那么你就要思考客户成功的具体内容是什么。有的客户成功是指能帮他解决问题，有的客户成功是指能帮他搞定他的领导，有的客户成功是指能帮他搞定其他部门，有的客户成功是指能帮他搞定一个新的场景或新兴的业务，等等。

所以，解决方案的定义就可以简单定义为“能够解决客户问题的方案”，但是一个好的解决方案的定义就应该是“符合逻辑且打动人心的方案”。符合逻辑就是技术尺度和企业尺度；而打动人心就是客户尺度，就是能够帮助客户成功。

7.3 如何确立自己的解决方案框架

在这个框架里，有两部分最重要的工作：一是解决方案战略设计，二是解决方案架构设计。

解决方案战略设计主要包括愿景与目标、理念与原则两大部分内容。愿景与目标往往是甲方客户的立项初衷，难度不大，一般可以从业务保障、法律合规两方面入手。要注意的是，从威胁或技术角度切入的愿景与目标，往往立不住，比如说解决勒索病毒、高级威胁，或者说建立大数据分析体系这样的目标很难成为立项的理由。

理念与原则，表面上看是你做事的依据，但本质上是一个解决方案的亮点所在，如果推敲不好，就容易让解决方案显得平庸。比如先进性原则、实用性原则、开放性原则、节约性原则、安全性原则、可靠性原则、可维护性原则、可扩展性原则、成熟稳定原则、平稳过渡原则、实用易用原则等内容，经常可以在各种解决方案文档里看到，虽然这样组织内容没有错误，但是会显得比较平庸，没有亮点，不够打动人心。

最好的方式是基于已经定好的愿景和目标来提炼原则，比如：如果我们的目标是“数字化保障”，那么“业务优先与安全并重原则”就会显得比较有亮点；如果我们的目标是合规，那么“合规与效果并重原则”就会比较打动人心。

解决方案架构的制度管理体系、技术能力体系、服务保障体系和运营支撑体系这四大要素，就是架构设计的四部分工作，具体的设计方法和参考架构可以参见7.5节的内容，这里只说明一个原则，就是解决方案架构的四大体系设计可以根据甲方客户的实际情况进行任意组合，往往只需要完成技术体系和服务支撑体系这两部分内容就行。

7.4 如何找到安全建设的触发点

甲方客户的安全建设团队或安全厂商的解决方案设计团队设计的完整的安全建设框架，有可能过于庞大，从长期来看是好事，但是短期未必能够打动客户，或者未必能够帮助甲方客户的安全团队来影响他们的领导以获得决策支持。此外，大部分甲方客户都有着多年的安全建设经验，手里已经积累了大量的安全产品。

这时就需要一个切入点——一个触发动作或触发时机，才能将这个安全建设框架推动起来，目前看，有三种触发机制：威胁触发、管理触发、业务触发（如图 7-2 所示）。

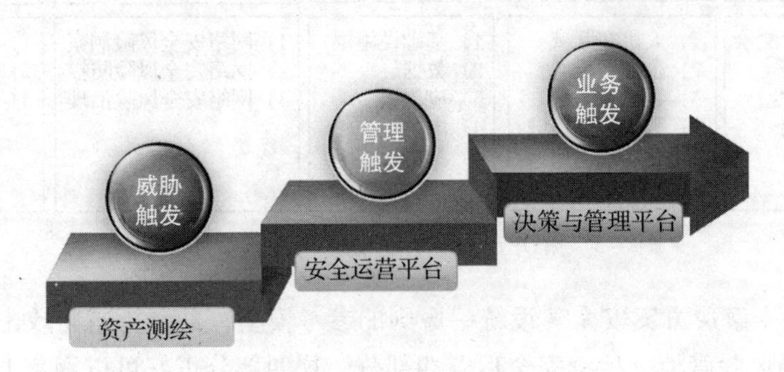

图 7-2　解决方案触发机制

如果最近企业内部出现了如数据泄露、勒索病毒、上级通报等一些安全事件，那么就非常容易使用“威胁触发”机制。该机制的原理是：通过资产测绘的方式，梳理企业内部的所有 IT 资产与安全资产，梳理企业 IT 系统的整体威胁暴露面，利用“威胁暴露面的收敛工作”来推动整体解决方案框架的持续演进。

如果企业内部近期没有发生安全事件，但是本身又进行了多年的安全建设工作，那么必然会存在大量的安全设备，这里就可以使用“管理触发”机制。该机制的原理是：通过建设安全运营平台的方式，把所有安全设备的日志进行统一收集、整理和分析，通过日志的聚类分析、关联分析、行为分析等大数据分析手段，先把安全设备都管理和运营起来，然后利用“安全大数据分析结果与效果”来推动整体解决方案框架的持续演进。

如果企业内部有业务革新的要求，就可以使用“业务触发”机制。该机制的原理是：利用一些定制的“决策与管理平台”，在业务流程的基础上将安全流程植入进去，通过保障业务来发现安全问题，利用“安全保障业务”的思路来推动整体解决方案框架的持续演进。

事实上，威胁、管理、业务这三种触发机制本身又是企业安全建设的一个“演化路径”，安全建设的最终目的必然是从解决威胁到完善管理，最终达到实现安全业务的终极目标。因此，从任何一个切入点切入，都可以推动安全建设框架沿着这个“演化路径”来发展完善。

7.5　网络空间企业安全建设统一架构

7.5.1　安全建设统一原则

确立自己的解决方案框架的核心，就是确立解决方案架构，而解决方案架构其实就是安全建设架构，而确立安全建设架构之前，要首先确立安全建设原则（如图 7-3 所示）。

1. 威胁攻击面收敛	2. 分层分域保护		3. 全局风险管控	4. 持续安全运营
	分域	分层		
1）网络空间资产测绘 2）本地资产测绘 3）供应链资产测绘 4）数据资产测绘 ……	1）人机交互域 2）企业网络域 3）数据中心域 4）服务器主机域 5）终端接入域 ……	1）基础设施层 2）数据层 3）应用层 4）内容层 5）身份层 ……	1）网络安全风险洞察 2）网络安全风险防控 3）网络安全风险治理	1）制度管理 2）服务保障 3）运营支撑

图 7-3　解决方案安全建设统一原则参考模型

图 7-3 是一个解决方案安全建设统一原则的参考模型，共分为威胁攻击面收敛、分层分域保护、全局风险管控、持续安全运营四部分，这四部分正好可以涵盖上面谈到的从威胁、管理到业务的安全建设演化路径。

威胁攻击面收敛部分主要是面向"威胁"的安全建设原则。这部分内容是开放式的，甲方客户可以根据自己的实际目标，对细则项进行增删，一般情况下包括网络空间资产测绘、本地资产测绘等内容，其中供应链资产测绘、数据资产测绘是目前还没有但未来一定会有的内容。

分层分域保护主要是面向"管理"的，是基础的、静态的安全能力建设原则。这部分内容主要以"等保合规框架"为主，根据甲方客户的 IT 架构进行分域，根据安全行业的攻防实践进行分层。分域和分层这两部分内容都是开放式的，需要根据甲方客户的实际目标进行取舍。一般情况下域包括人机交互域、企业网络域、数据中心域、服务器主机域、终端接入域等内容；层包括基础设施层、数据层、应用层、内容层、身份层等内容。

全局风险管控主要是面向"管理"的，是全局的、动态的安全能力建设原则。这部分内容主要以"实战攻防框架"为主，兼顾关键政策和最新的安全法规要求。内容包括网络安全风险洞察、网络安全风险防控、网络安全风险治理三个阶段的内容。

持续安全运营主要是面向"业务"的治理能力建设原则。这部分内容主要以"企业治理框架"为主，构建制度管理、服务保障与运营支撑三个体系。

7.5.2　安全建设统一架构

根据上面的解决方案安全建设统一原则，再加上现有的安全能力，就能得出解决方案安全建设统一架构（如图 7-4 所示）。

这个统一架构的细节内容都是安全能力，可以根据自己的实际情况进行相应的增删，也可以调整每一个安全能力的粒度。

总结一下，未来的安全建设，越来越不是先干出来的，而是先想出来的。

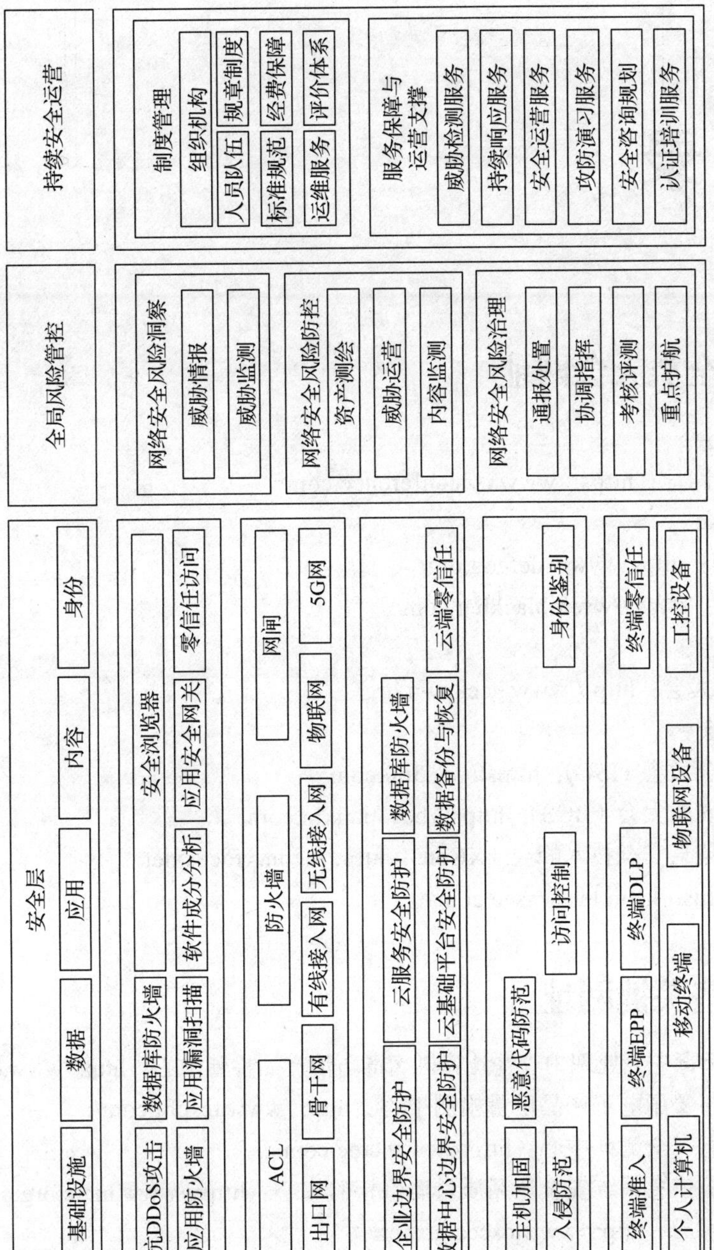

图 7-4　解决方案安全建设统一架构

附　　录

附录 A　安全类大会网址

顶级安全大会：

- RSA 大会网址：https://www.rsaconference.com/

顶级黑客大会：

- DEF CON：https://www.defcon.org/
- Black Hat：https://www.blackhat.com/

顶级破解大会：

- GeekPwn 大会：http://www.geekpwn.org/

国内安全大会：

- 互联网安全大会（ISC）：https://isc.360.com/
- 北京网络安全大会（BCS）：https://bcs.qianxin.com/
- 安全焦点信息安全技术峰会（XCon）：http://xcon.xfocus.net
- KCon：https://kcon.knownsec.com/

附录 B　一些关键网址

国家计算机病毒应急处理中心暨计算机病毒防治产品检验中心：http://www.cverc.org.cn/

公安部安全与警用电子产品质量检测中心：http://www.tcspbj.com/

信息产业信息安全测评中心：http://www.ctec.com.cn/

公安部计算机信息系统安全产品质量监督检验中心：http://www.mctc.org.cn/

国家密码管理局：http://www.oscca.gov.cn/

中国信息安全测评中心：http://www.itsec.gov.cn/

AV-Comparatives: http://www.av-comparatives.org/

AV-TEST：http: //www.av-test.org/

CheckMark（西海岸实验室）：http://www.westcoastlabs.com/

OPSWAT：http: //www.opswat.com/

VB100：http: //www.virusbtn.com/

参考文献

[1] 百度百科．宇宙大爆炸理论 [EB/OL]. [2021-02-11]. https://baike.baidu.com/item/%E5%A4%A7%E7%88%86%E7%82%B8%E5%AE%87%E5%AE%99%E8%AE%BA?fromtitle=%E5%AE%87%E5%AE%99%E5%A4%A7%E7%88%86%E7%82%B8%E7%90%86%E8%AE%BA&fromid=726227.

[2] 百度百科．奇点定理 [EB/OL]. [2021-02-11]. https://baike.baidu.com/item/%E5%A5%87%E7%82%B9%E5%AE%9A%E7%90%86/4788608?fromtitle=%E5%A5%87%E7%82%B9&fromid=82736#1_1.

[3] 百度百科．赛博空间 [EB/OL]. [2021-11-12]. https://baike.baidu.com/item/%E8%B5%9B%E5%8D%9A%E7%A9%BA%E9%97%B4.

[4] 维纳．控制论：或关于在动物和机器中控制和通信的科学 [M]. 郝季仁，译．北京：科学出版社，2019.

[5] 杨义先，钮心忻，等．安全简史：从隐私保护到量子密码 [M]. 北京：电子工业出版社，2017.

[6] 格雷克．信息简史 [M]. 高博，译．北京：人民邮电出版社，2017.

[7] 麦克雷．天才的拓荒者——冯·诺依曼传 [M]. 范秀华，朱朝晖，等译．上海：上海科技教育出版社，2008.

[8] 庞德斯通．囚徒的困境 [M]. 吴鹤龄，译．北京：北京理工大学出版社，2005.

[9] VON NEUMANN J. First draft of a report on the EDVAC（Moore School of Electrical Engineering University of Pennsylvania [Z]. 1945.

[10] “科普中国”科学百科词条编写与应用工作项目．信息安全 [EB/OL]. [2021-02-11]. https://baike.baidu.com/item/%E4%BF%A1%E6%81%AF%E5%AE%89%E5%85%A8/339810.

[11] 吴翰清．白帽子讲 Web 安全：纪念版 [M]. 北京：电子工业出版社，2014:8-9.

[12] 赵彦，江虎，胡乾威，等．互联网企业安全高级指南 [M]. 北京：机械工业出版社，2016:28.

[13] 聂君，李燕，何扬军，等．企业安全建设指南：金融行业安全架构与技术实践 [M]. 北京：机械工业出版社，2019:2.

[14] Microsoft Company. Threats definition[EB/OL]. (2008-09-26)[2021-02-11]. https://docs.microsoft.com/cn-us/previous-versions/cc961483(v%3dtechnet.10).

[15] TALHAH M. What is a " threat? " [EB/OL].(2006-02-21) [2021-02-11]. https://docs.microsoft.com/en-us/archive/blogs/threatmodeling/what-is-a-threat.

[16] Microsoft Company. The STRIDE threat model[EB/OL].(2009-11-16) [2021-02-11]. https://docs.microsoft.com/en-us/previous-versions/commerce-server/ee823878%28v%3dcs.20%29.

[17] Microsoft Company. Threat modeling for drivers[EB/OL]. (2018-06-27)[2021-02-11]. https://docs.microsoft.com/en-us/windows-hardware/drivers/driversecurity/threat-modeling-for-drivers.

[18] Lockheed Martin.Your mission is ours[EB/OL]. [2021-02-11]. https://www.lockheedmartin.com/en-us/who-we-are.html.

[19] Lockheed Martin. Intelligence-driven computer network defense informed by analysis of adversary campaigns and intrusion kill chains [EB/OL]. [2021-02-11]. https://www.lockheedmartin.com/content/dam/lockheed-martin/rms/documents/cyber/LM-White-Paper-Intel-Driven-Defense.pdf.

[20] Lockheed Martin. The-cyber-kill-chain-body[EB/OL]. [2021-02-11]. https://www.lockheedmartin.com/content/dam/lockheed-martin/rms/photo/cyber/THE-CYBER-KILL-CHAIN-body.png.pc-adaptive.full.medium.png.

[21] 杨义先，钮心忻 . 安全通论：刷新网络空间安全观 [M]. 北京：电子工业出版社，2018.

[22] 闫怀志 . 网络空间安全原理、技术与工程 [M]. 北京：电子工业出版社，2017.

[23] BROOKS F P. No silver bullet— essence and accident in software engineering[M]//Information Processing 1986: proceedings of the IFIP tenth world computing conference. Amsterdam: Elsevier, 1986: 1069–1076.

[24] 江海客 . 后英雄时代的 AVER 与 VXER[J/OL]. 计算机应用文摘，2002(2)[2021-03-12]. http://www.cqvip.com/QK/90997X/200202/7008182.html.

[25] MBA 智库 . 模型 [EB/OL]. [2021-03-12]. https://wiki.mbalib.com/wiki/%E6%A8%A1%E5%9E%8B.

[26] 百度百科 . 框架 [EB/OL]. [2021-03-12]. https://baike.baidu.com/item/%E6%A1%86%E6%9E%B6/1212667.

[27] 360 企业安全研究院 . 走进安全：网络世界的攻与防 [M] 北京：电子工业出版社，2018.

[28] JONES D G，DEWDNEY A K. Core war guidelines [EB/OL]. [2021-04-23]. http://corewar.co.uk/standards/cwg.txt.

[29] DEWDNEY A K. In the game called core war hostile programs engage in a battle of bits [EB/OL]. (2017-10-05) [2021-04-23]. http://corewar.co.uk/dewdney/1984-05.htm.

[30] F-Secure.Searching for the first PC virus in Pakistan [EB/OL]. (2011-03-21)[2021-05-12]. https://www.f-secure.com/v-descs/brain.shtml.

[31] 韩筱卿，王建峰，钟玮，等 . 计算机病毒分析与防范大全 [M]. 北京：电子工业出版社，2006.

[32] KUMAR N, KUMAR V. Vbootkit: compromising windows vista security [EB/OL]. [2021-05-12]. https://www.blackhat.com/presentations/bh-europe-07/Kumar/Whitepaper/bh-eu-07-Kumar-WP-apr19.pdf.

[33] 周鸿祎 . 周鸿祎自述：我的互联网方法论 [M]. 北京：中信出版社，2014.

[34] IDC. IDC 发布最新版全球网络安全支出指南——2020 年中国网络安全市场总体支出将达到 87.5 亿美元 [EB/OL]. [2021-05-12]. https://www.idc.com/getdoc.jsp?containerId=prCHC46140120.

[35] IDC.IDC: 2025 年中国网络安全总体市场规模将达到 188 亿美元 增速持续领跑全球 [EB/OL]. [2021-06-11]. https://baijiahao.baidu.com/s?id=1706687600209662039&wfr=spider&for=pc.

[36] Gartner.Gartner 权威发布：全球网络安全产业规模发展情况及趋势预测 [EB/OL]. [2021-11-11]. https://www.freebuf.com/articles/paper/167137.html.

[37] 叶蓬 . 美国 2021 财年网络空间安全预算占 IT 预算比值超过 20% [EB/OL]. (2020-08-24) [2021-06-11]. https://blog.51cto.com/yepeng/2523274.

[38] Gartner.Gartner 权威发布：全球网络安全产业规模发展情况及趋势预测 [EB/OL]. [2021-06-11]. https://www.freebuf.com/articles/paper/167137.html.

[39] 安全牛 . 中国网络安全行业全景图（2020 年 3 月第七版）发布 [EB/OL](2020-04-03) [2021-06-14]. https://www.aqniu.com/focus/jiaodiantua/66442.html.

[40] 林丰蕾 . 金山雷军：灰鸽子已进入全民黑客时代 [EB/OL]. (2007-03-22)[2021-07-21]. http://www.techweb.com.cn/finance/2007-03-22/171090.shtml.

[41] 360 核心安全技术博客 . 首次现身中国的 CTB-Locker“比特币敲诈者” 病毒分析 [EB/OL]. (2015-01-21)[2021-08-12]. https://blogs.360.cn/post/ctb-locker.html.

[42] Microsoft. Microsoft 安全公告 MS17-010 - 严重 Microsoft Windows SMB 服务器安全更新（4013389) [EB/OL]. (2017-03-14)[2021-08-21]. https://docs.microsoft.com/zh-cn/security-updates/securitybulletins/2017/ms17-010.

[43] 360 公司 . 奇虎大事记 [EB/OL]. [2021-08-21]. http://www.360.cn/about/history.html.

[44] 腾讯公司 . 腾讯电脑管家大事记 [EB/OL]. [2021-08-21]. https://guanjia.qq.com/about/history.html.

[45] 人民网 . 腾讯安全联合实验室矩阵发布 七大掌门人首次集中亮相 [EB/OL]. (2016-07-

04)[2021-08-21]. http://it.people.com.cn/n1/2016/0704/c1009-28522287.html.

[46] 天涯社区.揭开金山毒霸的数字谜团——析金山蓝色革命[EB/OL]. (2002-11-06)[2021-09-21]. http://bbs.tianya.cn/post-develop-6714-1.shtml.

[47] 北方网.金山突然发动“蓝色安全革命”众厂商众说纷纭[EB/OL]. (2002-09-12)[2021-09-21]. http://it.enorth.com.cn/system/2002/09/12/000416818.shtml?utm_source=ufqinews.

[48] 老佳.安软那些事（六）：孰是孰非——2002年的那场蓝色革命[EB/OL]. (2012-02-03)[2021-09-21]. https://community.norton.com/comment/403543.

[49] EICO.SUCOP(超级巡警）杀毒软件界面设计[EB/OL]. (2008-01-07)[2021-09-07]. http://www.visionunion.com/article.jsp?code=200801060017.

[50] InfoQ.腾讯云鼎实验室掌门人Killer谈网络安全[EB/OL]. (2019-04-20)[2021-09-07]. https://page.om.qq.com/page/OWjWDlhOqoLTd-pn3yyuHkww0.

[51] 北信源.关于我们[EB/OL]. (2019-04-20)[2021-08-25]. http://www.vrv.com.cn/about-41.html.

[52] 央广网.腾讯企业安全新网络防护模式亮相429首都网络安全日[EB/OL]. (2018-04-28)[2021-08-25]. https://baijiahao.baidu.com/s?id=1598964660822766683&wfr=spider&for=pc.

[53] CSDN.阿里技术工程师讲述云盾背后的故事[EB/OL]. (2014-10-09) [2021-08-25]. https://www.csdn.net/article/2014-10-09/2822005.

[54] 百度百科.百度安全中心[EB/OL]. [2021-08-25]. https://baike.baidu.com/item/%E7%99%BE%E5%BA%A6%E5%AE%89%E5%85%A8%E4%B8%AD%E5%BF%83/427887?fr=aladdin.

[55] 百度百科.3B大战[EB/OL]. [2021-08-25]. https://baike.baidu.com/item/3B%E5%A4%A7%E6%88%98/1768465?fr=aladdin.

[56] 凤凰网.人民日报：“棱镜门”曝光“美式暗战”[EB/OL]. (2013-06-28)[2021-08-25]. http://news.ifeng.com/world/special/sndxiemi/content-3/detail_2013_06/28/26889686_0.shtml.

[57] CSDN.阿里去IOE化[EB/OL]. (2013-11-07)[2021-08-25]. https://blog.csdn.net/hzhsan/article/details/14445477?ops_request_misc=%257B%2522request%255Fid%2522%253A%2522158741704519195239847916%2522%252C%2522scm%2522%253A%252220140713.130102334.pc%255Fall.%2522%257D&request_id=158741704519195239847916&biz_id=0&utm_source=distribute.pc_search_result.none-task-blog-2~all~first_rank_v2~rank_v25-4.

[58] 通信信息报.运营商去IOE各有千秋 规模化面临四大挑战[EB/OL]. (2015-12-29)[2021-08-25]. http://chinasourcing.mofcom.gov.cn/contents/52/63211.html.

[59] 新浪财经 . 宝钢集团称 360 软件不安全 通知全体员工卸载 [EB/OL]. (2012-12-19)[2021-08-25]. http://finance.sina.com.cn/chanjing/gsnews/20121219/200014055991.shtml.

[60] 中国新闻网 . 中国 2020 年将制定个人信息保护法、数据安全法 [EB/OL]. (2019-12-20)[2021-08-25]. https://baijiahao.baidu.com/s?id=1653421847040744974&wfr=spider&for=pc.

[61] 电脑商情报 .VMware 力推数字化工作空间 Workspace ONE 平台发布 [EB/OL]. (2016-03-01)[2021-08-25]. https://www.sohu.com/a/61230774_118794, 2016.03.01.

[62] Google.Android for Work[EB/OL]. (2018-08-21)[2021-08-25]. https://www.jianshu.com/p/12525b357d12.

[63] 雷克汉姆，德文森蒂斯 . 营销的革命 [M]. 陈叙，易娜，译 . 北京：电子工业出版社，2002.

[64] 雷克汉姆 . 销售巨人：大订单销售训练手册 [M]. 石晓军，译 . 北京：中华工商联合出版社，2010.

[65] 安全内参 . 吕毅：基于攻击视角完善信息安全弹性防御体系的思考 [EB/OL]. (2018-07-10)[2021-08-25]. https://www.secrss.com/articles/3846.

[66] 安全内参 . 吕毅：浅析组织 IT 和安全战略 [EB/OL]. (2019-04-23)[2021-08-25]. https://www.secrss.com/articles/10200.

[67] Open Group.The TOGAF standard, version 9.2 overview[EB/OL]. [2021-08-25]. https://www.opengroup.org/togaf-standard-version-92-overview.

[68] ZACHMAN J A. The concise definition of the Zachman framework[EB/OL]. [2021-08-25]. https://www.zachman.com/about-the-zachman-framework.

[69] ZACHMAN J A. The framework for enterprise architecture: background, description and utility[EB/OL]. [2021-08-25]. https://www.zachman.com/resources/ea-articles-reference/327-the-framework-for-enterprise-architecture-background-description-and-utility-by-john-a-zachman.

[70] ZACHMAN J A. 1987 IBM systems journal-a framework for information systems architecture[EB/OL]. [2021-08-25]. https://www.zachman.com/resources/ea-articles-reference/49-1987-ibm-systems-journal-a-framework-for-information-systems-architecture.

[71] DoD.The DoDAF architecture framework version 2.02[EB/OL]. [2021-08-25]. https://dodcio.defense.gov/Library/DoD-Architecture-Framework/.

[72] Microsoft.The STRIDE threat model[EB/OL]. [2021-09-01]. https://docs.microsoft.com/en-us/previous-versions/commerce-server/ee823878%28v%3dcs.20%29.

[73] Microsoft.STRIDE threats in commerce server[EB/OL]. [2021-09-01]. https://docs.

microsoft.com/en-us/previous-versions/commerce-server/ee810587%28v%3dcs.20%29.

[74] Microsoft.Identifying techniques that mitigate threats[EB/OL]. [2021-09-01]. https://docs.microsoft.com/en-us/previous-versions/commerce-server/ee798428%28v%3dcs.20%29.

[75] Microsoft.The DREAD approach to threat assessment[EB/OL]. [2021-09-01]. https://docs.microsoft.com/en-us/windows-hardware/drivers/driversecurity/threat-modeling-for-drivers.

[76] Lockheed Martin.The cyber kill chain[EB/OL]. [2021-09-01]. https://www.lockheedmartin.com/en-us/capabilities/cyber/cyber-kill-chain.html.

[77] MITRE. Getting started with ATT&CK[EB/OL]. [2021-09-01]. https://www.mitre.org/sites/default/files/publications/mitre-getting-started-with-attack-october-2019.pdf.

[78] MITRE. ATT&CK 101 blog post[EB/OL]. [2021-09-01]. https://medium.com/mitre-attack/att-ck-101-17074d3bc62.

[79] 云深互联 . 一文看懂 ATT&CK 框架以及使用场景实例 [EB/OL]. (2019-10-12)[2021-09-01]. https://www.secpulse.com/archives/115412.html.

[80] 卢丹，王妍 . 美国网络安全体系架构简介 [EB/OL]. (2017-08-03)[2021-09-01]. https://www.sohu.com/a/161934605_99909589.

[81] NIST. Framework for improving critical infrastructure cybersecurity[EB/OL]. [2021-09-01]. https://nvlpubs.nist.gov/nistpubs/CSWP/NIST.CSWP.04162018.pdf.

[82] 安全喷子 . 自适应安全架构的历史和演进 [EB/OL]. (2018-08-14)[2021-09-01]. https://www.secrss.com/articles/5695.

[83] SANS.The sliding scale of cyber security[EB/OL]. (2015-07-22)[2021-09-01]. https://www.sans.org/webcasts/sliding-scale-cyber-security-100517.

[84] SANS. About: why SANS? [EB/OL]. [2021-09-01]. https://www.sans.org/about/why-sans/.

[85] 安全牛 .5 分钟了解谷歌 BeyondCorp 零信任安全模型 [EB/OL]. [2021-03-17]. https://www.aqniu.com/learn/65462.html.

[86] OWASP. OWASP 软件保障成熟度模型（SAMM）V2.0[EB/OL]. (2020-09)[2021-03-17]. http://www.owasp.org.cn/owasp-project/OWASPSAMM2.0.pdf.

[87] 钱学森 . 一个科学新领域——开放的复杂巨系统及其方法论 [J/OL]. 上海理工大学学报，2011，33（6）：526-532.

[88] 梅多斯 . 系统之美：决策者的系统思考 [M]. 邱昭良，译 . 杭州：浙江人民出版社，2012：104-118.

[89] 米歇尔 . 复杂 [M]. 唐璐，译 . 长沙：湖南科学技术出版社，2018：120-142.

[90] 齐向东 . 内生安全 以聚合应万变 [EB/OL]. (2019-08-21)[2021-03-17]. https://baijiahao.

baidu.com/s?id=1642469431877583419&wfr=spider&for=pc.

[91] 虎符智库 . 齐向东在 BCS 2020 上的演讲全文来了！ [EB/OL]. (2020-08-10)[2021-03-17]. https://bcs.qianxin.com/2020/news/detail?nid=375.

[92] MBA 智库 . 什么是戴明循环 [EB/OL]. [2021-03-17]. https://wiki.mbalib.com/wiki/%E6%88%B4%E6%98%8E%E5%BE%AA%E7%8E%AF.

[93] 齐向东 . 漏洞 [M]. 上海：同济大学出版社，2018.

[94] 奇安信战略咨询规划 . 网络安全全景视角下的新一代企业安全框架概述 [EB/OL]. (2020-04-27)[2021-04-12]. https://www.secrss.com/articles/19016.

[95] 奇安信战略咨询规划部 . 内生安全 新一代网络安全框架体系与实践 [M]. 北京：人民邮电出版社，2021.

[96] 百度百科 . 幸存者偏差 [EB/OL]. [2021-05-12]. https://baike.baidu.com/item/%E5%B9%B8%E5%AD%98%E8%80%85%E5%81%8F%E5%B7%AE/10313799?fr=aladdin.

[97] 安全牛 . 威胁建模的主流框架、工具与最佳实践 [EB/OL]. (2020-04-21)[2021-04-12]. https://mp.weixin.qq.com/s/SsRnYXvMa5Rv74yWyTUlxw.

后　记

经过几年时间，终于结束了。就像怀胎十月，经历了无数难熬的时间，终于诞生了孩子的父母，你不知道接下来会发生什么，也不知道在这个未知的世界里孩子能走多远，你只是尽自己最大的努力，让孩子聪明、健康。

在写作的过程中，我能够深深感受到“写一本书”和把你知道的内容“用书的形式”沉淀下来有多大的不同。你要有一个出发的原点，需要寻找一个合理的视角，需要构建一个完整的、庞大的又不失逻辑的体系。所以，我怀着对整个产业的热爱，对安全的理解，对文字的敬畏，通过对逻辑的梳理，通过迭代式的不断打磨，终于写到了最后一章。虽然还不够完美，但是我已经尽力呈现出我心中的一本书应该有的样子。

写书的过程是一个“身体下地狱，灵魂上天堂”的极端体验之旅。把整本书的逻辑梳理出来形成章，细化到每一节时，你要重新构建你的逻辑体系，然后形成三级、四级的“小节”，这些都要在你的脑海里形成鲜明的逻辑线。下笔时，你又要考虑段之间、句之间、词之间乃至标点符号之间的逻辑关系，以及它们组合在一起的效果是什么。

在写作的过程中，还有可能突然跟前面的内容有逻辑冲突，这时候前面的内容就要改写，整个过程是十分痛苦的，你会感觉心力交瘁，而且写出来的内容还未必能达到要求。但是当你把一个难以理解的复杂安全世界拆解完又形成一个新的容易被理解的世界时，当你把许多看似杂乱无章的信息摆放在它该在的逻辑位置时，当文中内容呈现出如程序般理性的美感时，你内心会觉得非常舒服，觉得付出是值得的。

从答应写书时的一时冲动，到中途毫无进展的放弃，再到最后重燃热情，自己对安全行业的认知也不断地升维，到今天最终呈现出来这样一个安全认知体系。

在今天这样一个复杂巨系统的世界，你能看到，试图将问题简单化的科学实证逻辑，很难解释在复杂巨系统里发生的事情，而许多事情只有通过系统的视角，才能真正看到内部的规律。

不敢说我解开了安全行业发展的密码，但是至少提供了一个新的视角、新的维度来重新审视安全行业。由于时间的长度、知识的广度和认知的深度等限制，我对安全世界的解构一定不会一步到位，但是我已经尽己所能。在解构之后，我也尝试对安全世界进行重构，而这种重构也只是一个构想，虽然有一些实践数据的支撑，但它还依赖于今后有更多的实际案例来修正。

不管如何，我已经给出了一个撬动安全世界的支点，你站在这个支点上，一定会让后续的演化变得更加丰富和清晰。

欢迎所有对安全充满好奇的你和我一起看看未知的安全世界！

作者

2022年10月24日于北京